国家级一流本科专业建设成果教材

功能材料基础与应用

贺显聪　主编

张传香　巨佳　副主编

Fundamentals and Applications of Functional Materials

化学工业出版社

·北京·

内容简介

《功能材料基础与应用》分7章和附录。第1章为绪论，介绍功能材料的概念、发展、特点、分类及学科内容。第2章全面、系统阐述功能材料电、磁、光的物理基础。第3～7章分别介绍电学、磁学、光学和能源材料的基础与应用，主要内容包括电性材料与器件：如传统导电材料与器件、半导体材料与器件、绝缘体材料与器件和超导体材料与器件；功能转换材料与器件：如压电材料与器件、热释电材料与器件、铁电材料与器件、热电材料与器件、热敏材料与器件、光电材料与器件、电光材料与器件；磁性材料与器件：如软磁材料与器件和硬磁材料与器件；光学材料与器件：如激光材料与器件、光纤材料与器件、发光材料与器件、红外材料与器件和液晶材料与器件；能源材料与器件：如锂离子电池材料与器件、太阳能电池材料与器件、燃料电池材料与器件和超级电容材料与器件。附录实验，有助于读者巩固学习内容和工程实践。书中以电、磁、光为主线介绍理论与材料，理论解析深入浅出，通俗易懂，强调功能材料组成、结构、工艺与性能之间的关系，着重通过具体案例介绍，使读者掌握材料和器件性能特征及实际应用，如器件应用背景、工作原理、结构组成、核心材料选用、材料及器件制备工艺等。

《功能材料基础与应用》内容和结构守正创新，印记“新工科”特征，可作为高等学校本、专科学生和研究生教学用书，也可作为相关专业科研人员参考用书。

图书在版编目（CIP）数据

功能材料基础与应用/贺显聪主编．—北京：化学工业出版社，2021.6（2024.11重印）

高等学校规划教材

ISBN 978-7-122-38869-8

Ⅰ.①功… Ⅱ.①贺… Ⅲ.①功能材料-高等学校-教材 Ⅳ.①TB34

中国版本图书馆 CIP 数据核字（2021）第 060289 号

责任编辑：陶艳玲　　文字编辑：苗　敏　师明远

责任校对：张雨彤　　装帧设计：史利平

出版发行：化学工业出版社（北京市东城区青年湖南街 13 号　邮政编码 100011）

印　　装：北京盛通数码印刷有限公司

787mm×1092mm　1/16　印张 18½　字数 457 千字　2024 年 11 月北京第 1 版第 5 次印刷

购书咨询：010-64518888　　售后服务：010-64518899

网　　址：http://www.cip.com.cn

凡购买本书，如有缺损质量问题，本社销售中心负责调换。

定　　价：58.00 元

版权所有　违者必究

前　言

功能材料是指具有优良的物理、化学、生物学等功能及其相互转化的功能，用于非结构目的的高新技术材料，能直接做成元器件和复合产品，涉及电力电子、微电子、计算机、自动化、能源、信息、空间、生物工程、海洋工程、医疗、智能制造和物联网等众多高新技术产业，已经成为材料科学中最活跃的前沿学科。功能材料及其器件是我国“863 计划”“973 计划”“国家重点研发计划”等研究项目中最重要的内容，也成为近几十年材料研究和开发成果最为辉煌的领域，为我国乃至全球科学技术进步和经济发展起到了重要的推动作用，功能材料及其器件的发展将成为制衡未来全球经济和综合国力的关键因素。

功能材料及其器件多学科交叉融合，应用各种新技术和新工艺，涉及领域非常广泛。材料科学与工程、金属材料、高分子材料、无机非金属材料、材料物理、材料化学等相关专业均结合国家战略性新兴产业开设了功能材料教学课程，然而真正结合当前时代背景、具有“新工科”特色的功能材料教材却较少。本书是编者在高校多年授课内容基础上，借鉴各种图书的优点，编写的一本新工科特色的教材。本书同时吸收了南京工程学院材料科学与工程专业的建设成果，是国家级一流本科专业建设成果教材。

本书具体编写思路：①精选内容，以“电”“磁”“光”为主线，物理基础具有共性，涉及的新材料契合国家新兴产业发展战略。②合理构建体系结构，集中介绍功能性材料共性物理基础，在夯实理论基础上学习材料组成、结构、工艺与性能之间的关系，通过具体案例将理论与应用相结合，完全理顺功能材料的学科内容与关系，将基础理论、材料和器件融为一体。③建立内容模块，将电性材料与器件、功能转换材料与器件、磁性材料与器件、光学材料与器件、能源材料与器件进行全面、系统归类，有利于读者选择性学习。④内容难易适中，理论与实际应用紧密结合，充分体现学以致用的“工程教育”和“新工科”人才培养理念，不仅是材料科学工作者的读物，而且是电子、信息、能源等领域工程师和研究者的读物，既适用于本、专科学生，又适用于专业研究生。⑤在系统阐述功能材料知识结构的基础上，简单介绍各种功能材料的发展，设计思政元素和实验内容，拓展学科内涵，增强趣味性和科学性，体现时代特征。

本书分 7 章和附录，第 1 章绪论、第 2 章 2.3、第 3 章 3.1 和 3.4 及附录由贺显聪（南京工程学院）和赵毅杰（金陵科技学院）编写；第 2 章 2.1、2.7、2.8，第 4 章 4.4、4.5 由尹康

（南京工程学院）和汪洋（南京时恒电子科技有限公司）编写；第 2 章 2.2、2.6，第 3 章 3.2，第 4 章 4.6、4.7，第 6 章由姚函妤（南京工程学院）、贺显聪和梁栋（金陵科技学院）编写；第 2 章 2.4，第 3 章 3.3，第 4 章 4.1、4.2、4.3 由朱睿健（南京工程学院）和管浩（盐城工程院）编写；第 2 章 2.5、第 5 章由于皓（南京工程学院）、巨佳（南京工程学院）和贺显聪编写；第 7 章由张传香（南京工程学院）、戴玉明（南京工程学院）和贺显聪编写。由贺显聪完成本书统稿、全面修改和核对工作。由南京工程学院李晓泉教授全面审稿。本书向读者提供 PPT、思考题参考答案。

本书在编写过程中参考了大量期刊文献、教材和专著，书后列出了参考文献，在此向版权所有者表示深深的谢意。本书编写前期吕学鹏（南京工程学院）和陈舒恬（南京工程学院）老师做了大量贡献，广西大学物理学院陶小马教授对第 2 章物理基础部分提出宝贵意见，西南大学材料科学与工程学院陈异教授对介电材料与器件部分也提出了宝贵意见，在此谨向他们表示衷心的感谢。由于编者水平有限，本书不足之处恳请读者批评指正。

编　者
2020 年 8 月于南京

目　录

第1章 绪论

1.1 功能材料的概念及发展

材料是人类赖以生存和发展的物质基础，是人类认识自然和改造自然的重要工具。材料科学的发展一直与人类社会的发展息息相关。纵观整个人类文明的发展史，材料科学的发展大致经历了五个阶段。

① 使用纯天然材料阶段，也就是通常所说的石器时代。受生产力限制，远古时代的人类只能直接使用已有的天然材料或者对已有天然材料，如兽皮、甲骨、羽毛、树木、草叶、石块、泥土等进行打磨、切屑、钻孔等简单加工。

② 单纯利用火制造材料阶段，人们称之为铜器时代和铁器时代。在距今1000多年前到20世纪初这个漫长的时期，随着社会的发展，人类逐步掌握了材料的高温煅烧、冶炼和加工技术。其代表性材料为陶瓷、青铜器及铁器。例如采用天然矿土烧制陶器、砖瓦、瓷器，从各种天然矿物中提炼铜、铁、铅、锡等金属。

③ 利用物理和化学原理合成材料时代。20世纪初，随着物理和化学等学科的发展以及各种检测技术的出现，人类开始研究材料的化学组成、化学键、结构、性质、合成与制备工艺等，逐步探索出了根据物理和化学原理指导材料合成及制备的一系列方法，开始人工合成材料，如合成塑料、合成纤维、合成橡胶、合金材料、超导体材料、半导体材料、光纤材料等。

④ 材料的复合化时代。20世纪50年代，为了适应高新技术的发展以及人类文明程度的提高，利用新的物理和化学方法，根据实际需要设计具有独特性能的材料，使材料性能得到充分发挥。金属陶瓷的出现是复合材料时代到来的标志，如玻璃钢、梯度功能金属陶瓷都是复合材料的典型实例。

⑤ 材料的智能化时代。模仿自然界动物或植物的一些独特功能制造的仿生材料，在材料没有受到绝对破坏的情况下可进行自我诊断和修复，如形状记忆合金、自愈合混凝土、自修复轮胎等。

总之，材料科学的发展趋势是超纯化（从天然材料到合成材料）、量子化（从宏观控制到介观和微观控制）、复合化（从单一到复合）、设计化（从经验到理论）。20世纪以来，材料的发展速度是前所未有的，在科技和文明高度发展的今天，国际学者已经将材料与信息、能源、生物技术并称为现代文明的四大支柱。

功能材料发展具有悠久的历史，我国早在两千多年前就将天然磁铁做成罗盘，利用其方向敏感或地磁场敏感的特性指导行军、航海等活动。但是功能材料的概念在近几十年才被逐渐了解、接受并采用，由美国贝尔研究所的莫尔通博士于 1965 年提出，后来经材料科学领域学者的大力提倡，逐渐为各国普遍接受。功能材料定义为“具有优良的电学、磁学、光学、热学、声学、力学、化学和生物学等功能及其相互转化的功能，用于非结构目的的高新技术材料”。而相对应的结构材料是指以力学性能为主，用于结构目的的材料。功能材料和结构材料并不能截然分开，有些材料在某些场合作为结构材料使用，而在其他场合则作为功能材料使用，例如不同用途的弹簧材料；有些材料在某种场合兼具结构材料和功能材料的用途，如铜合金、铝合金等。1971～1981 年间日本先后出版了《功能材料入门》《高分子功能材料》《陶瓷功能材料》《电子陶瓷基础与应用》等书。同时，我国材料科学家谈到材料学科分类时，也把功能材料列为材料的一大类。

随着工业革命的兴起，机器制造、交通、航运、建筑等快速发展，导致结构材料的发展十分迅速，形成了庞大的生产体系，产能急剧增加。而功能材料除了电工电子材料随电力工业的发展有较大的增长外，其他大部分功能材料的发展相对缓慢。但是第二次世界大战后，随着高新技术产业的飞速发展，如微电子技术、计算机技术、自动化技术、能源技术、信息技术、空间技术、海洋工程技术、生物工程技术、医疗技术、智能制造技术和物联网技术等，功能材料在国民经济中占据着日益重要的地位，成为支撑这些高新技术产业的重要物质基础，是新技术革命的先导和引爆剂。从 20 世纪 50 年代开始，伴随着以计算机技术为代表的信息革命，微电子技术在生产和生活中发挥着越来越重要的作用，半导体材料也随之实现了跨越式发展。20 世纪 60 年代出现了激光技术，光学材料的面貌焕然一新。20 世纪 70 年代，光电子材料日新月异。20 世纪 80 年代，形状记忆合金等智能材料得到迅猛发展。随后，以核能材料、新能源材料、生物医用材料、催化材料、信息材料等为代表的新材料迅速崛起，形成了如今较为完善的功能材料体系。目前研究和开发材料的重点已从结构材料转向功能材料。一个国家能否掌握新材料，特别是高性能新型功能材料是一个国家能否在科学技术上处于领先地位的关键之一。

1.2 功能材料的特点与分类

功能材料与结构材料相比，其特点主要表现在以下几个方面：a. 在性能上，以材料的电、磁、光、声等物理、化学、生物特性为主，这些功能与材料的微观结构和微观粒子的运动状态密切相关。b. 在用途和评价上，功能材料与器件一体化，由器件体现功能材料的性能优劣；而结构材料一般通过材料自身体现其性能优劣，往往以原材料或半成品的方式出售给下游的产品加工企业。c. 在生产技术和规模上，采用先进的新工艺和新技术，知识密集、多学科交叉、技术含量高，如急冷、超净、超微、超纯、薄膜化、集成化、微型化、密集化、智能化及精细控制等；具有品种多、批量小、个性化、产品更迭迅速的特点。d. 在聚集形态上，功能材料的形态非常多，有气态、液态、液晶态、非晶态、准晶态、晶态、混合态、等离子态等；除了三维立体材料外，还有二维、一维和零维材料；除平衡态材料外，还有非平衡态材料等。

功能材料种类繁多，涉及面广，其分类暂无公认的统一标准，目前主要根据材料的物质属性、功能属性和应用领域进行分类，每种类型的功能材料还可以根据不同的分类标准继续细分。

① 根据材料的物质属性可将功能材料分为金属功能材料（主要以金属键结合）、无机非金属功能材料（主要以离子键结合）、有机功能材料（主要以共价键和分子键结合）以及复合功能材料。

② 根据材料的功能属性可将功能材料划分为电学功能材料、磁学功能材料、光学功能材料、热学功能材料、声学功能材料、力学功能材料、化学功能材料、放射性相关功能材料、能源转换功能材料、生物技术和生物医学功能材料等。

③ 根据材料的应用领域可将功能材料分为信息材料、电子材料、军工材料、核材料、储能材料、储氢材料、传感器材料、计算机材料、仪器仪表材料、航空航天材料等。

1.3 功能材料的学科内容

功能材料是综合运用现代科学技术成就、多学科交叉、知识密集的高新技术材料。因此功能材料涉及的学科领域非常广泛，如量子力学、固体物理、普通物理、结构化学、无机化学、有机高分子化学、生物学和医学等是功能材料的基础理论课程内容；材料科学基础和材料工程基础等是功能材料的重要专业理论和工艺课程内容；同时涉及光、电、磁、声、热等现代设备技术和分析测试技术，以及计算机计算与处理技术等。功能材料具体的学科内容可简要概括为以下三个方面。

① 功能材料学：主要研究功能材料的成分、结构、性能、应用及其相互关系，在此基础上，研究功能材料的设计和发展途径。

② 功能材料工程学：研究功能材料的合成、制备、提纯、改性及使用技术和工艺等。

③ 功能材料表征和测试技术：研究一般通用的理化测试技术在功能材料上的应用及各类特征功能的测试技术和表征。

1.4 本书内容与特色

本书以“电”“磁”“光”为主线，具有共性物理基础，涉及的新材料契合国家新兴产业发展战略，基本涵盖功能材料的主要内容。将电性材料与器件、功能转换材料与器件、磁性材料与器件、光学材料与器件、能源材料与器件进行全面系统归类。首先阐述功能材料的相关基本理论，然后介绍一些典型功能材料的基本特性，重点解析材料组成、结构、工艺与性能之间的关系。在此基础上，通过一些兼具代表性和新颖性的案例详细说明相关功能材料的选材、制备与应用。以器件应用背景、工作原理、结构组成、材料选用、材料及器件制备工艺为核心内容，使读者对功能材料的实际应用不再停留在模糊的认知上，可以实实在在地了解功能材料如何转化为工业产品。每章以不同形式展现思政，培养良好的职业道德、自强不息的奋斗精神、真挚的爱国情怀，增强专业认同感、使命感和自豪感，符合工程教育认证标准和社会主义核心价值观。最后设置实验，通过实验掌握功能材料及器件的基本制备、组装及性能测试等，体现新工科特色。根据高等工程教育发展和市场对功能材料相关专业人才需求的变化设计内容和结构，突出应用能力培养，强化工程能力，体现本书的创新性和适用性。

思考题

1. 思考人类社会的发展与材料的发展有何关系。
2. 阐述材料发展过程中的几个重要阶段。
3. 如何理解功能材料的概念?
4. 思考功能材料的发展历史、现状和未来。
5. 与结构材料相比较，功能材料有何特点?
6. 思考功能材料的分类及学科内涵。
7. 举例说明功能材料与器件在科技进步和国民经济发展过程中的重要作用。

第 2 章 功能材料的物理基础

功能材料要求具有良好的电学、磁学、光学、热学等物理、化学、生物医学性能，在通信、人工智能、集成电路、能源等领域广泛应用。尤其是前沿电性功能材料、磁性功能材料、光学功能材料和能源材料等都具有共性的物理基础，本章将对各种功能材料的物理性能及相关理论进行逐一介绍，所用到的知识主要来源于固体物理、金属物理、半导体物理、介电物理、高分子物理等材料物理的分支。对本章相关内容感兴趣的读者可以参考上述领域内的经典著作进行延伸阅读。

2.1 材料导电的基本理论

2.1.1 材料的导电性

2.1.1.1 电阻率与电导率

根据欧姆定律，流过导体的电流 I 与导体两端的电压 U 成正比：

$$I=\frac{U}{R} \tag{2.1}$$

式中，R 为导体的电阻，其大小不仅与材料的固有属性有关，还与导体的长度 l 及截面积 S 有关：

$$R=\rho\frac{l}{S} \tag{2.2}$$

式中，ρ 为电阻率，$\Omega\cdot m$。电阻率只与材料的固有属性有关，与材料的尺寸无关，因此人们常用电阻率表征材料的导电性优劣。

除了电阻率，研究中也常用电导率 σ 表征材料的导电性，电导率 σ 与电阻率 ρ 之间存在关系：

$$\sigma=\frac{1}{\rho} \tag{2.3}$$

电导率 σ 的单位为西门子每米，记为 $S\cdot m^{-1}$。此时欧姆定律可表达为：

$$J=\sigma E=\frac{E}{\rho} \tag{2.4}$$

式中，J 为流经导体的电流密度，即单位时间内通过电流方向上单位截面积的电量；E 为导体所处的电场强度。因此，从微观角度来看，欧姆定律的意义为：流经导体的电流密度 J 与其所处的电场强度 E 成正比，比例系数为电导率 σ。

除了电阻率 ρ 及电导率 σ，工程中还经常采用相对电导率（IACS%）表征材料的导电性。将 20℃时标准退火铜的电导率（$\sigma=5.8\times10^7 S\cdot m^{-1}$）定义为 100%，其他材料的电导率与之相比的百分数即为该材料的相对电导率。例如，常见导电性较好的纯金属包括 Ag、Cu、Au、Al、Zn、Ni、Fe 等，其相对电导率分别为 108.4%、103.1%、73.4%、65%、28.3%、25.2%、17.2%。表 2.1 列出了一些常见材料室温时的电导率，其中的金属指的是纯金属。

表 2.1　常见材料室温时的电导率

材料	电导率/$S\cdot m^{-1}$	材料	电导率/$S\cdot m^{-1}$
Ag	6.30×10^7	304 不锈钢	1.45×10^6
退火 Cu	5.80×10^7	Hg	1.02×10^6
Au	4.10×10^7	石墨	$(2.0\sim3.0)\times10^5$（层内方向）
Al	3.45×10^7	Ge	2.17
Zn	1.69×10^7	Si	1.56×10^{-3}
Ni	1.46×10^7	耐火砖	$<10^{-6}$
Fe	1.03×10^7	尼龙	$10^{-13}\sim10^{-10}$
Sn	9.17×10^6	酚醛树脂	$<10^{-11}$
Pb	4.55×10^6	玻璃	$10^{-15}\sim10^{-11}$
Ti	2.38×10^6	硫化橡胶	$<10^{-12}$
康铜	2.04×10^6	聚乙烯	$<10^{-14}$

2.1.1.2　电导率的微观表达式

材料中可以定向迁移的带电粒子称为载流子，常见的载流子有自由电子，空穴及正、负离子。物体导电现象的微观本质是载流子在电场作用下定向迁移。电导率可表述为：

$$\sigma=nq\mu \tag{2.5}$$

式中，n 为载流子浓度，个$\cdot m^{-3}$；q 为载流子的电荷，C；μ 为载流子迁移率，$m^2\cdot V^{-1}\cdot s^{-1}$。若材料中同时存在多种载流子，则总电导率为：

$$\sigma=\sum_{i=1}^{n}\sigma_i=\sum_{i=1}^{n}n_iq_i\mu_i \tag{2.6}$$

根据材料电导率的不同，可将材料分为导体、半导体及绝缘体，其中导体的电导率随着温度升高而减小，半导体的电导率一般随着温度升高而增大，绝缘体几乎不导电。

导致上述现象的原因是不同材料的载流子浓度以及载流子迁移率与温度之间的关系不同，归根结底是材料的导电机制不同，只有对不同材料的导电机制有了正确的认识，才能合理调控材料的电性能。

2.1.2　材料的导电理论

在大学物理课程中大家已经了解了原子是构成物质最基本的单元。经典的原子模型认为原子是由一个带正电荷的原子核以及多个带负电荷的电子组成的，二者的电荷量相同，且电子围绕原子核做旋转运动。但经典原子模型解释不了原子的稳定性和原子光谱（尖锐的线状光谱），所以丹麦科学家玻尔等人提出了量子理论，该理论对经典的原子模型作了两点重要修正：

① 电子绕核运动的轨道是分立的，只能在一些半径为确定值 r_1，r_2，……的轨道上运动。这种在确定半径轨道上运动电子的状态称为定态。每个定态的电子具有一定的能量 E，因为电子绕核运动的轨道半径只能取分立的数值，因此能量 E 也是分立的，这称为能级的分立性。当电子由 E_1 能级跃迁至 E_2 能级时会发出（$E_1>E_2$）或吸收（$E_1<E_2$）频率为 ν 的电磁波，且电磁波频率与电子能级之间存在关系：

$$E_1-E_2=h\nu \tag{2.7}$$

式中，h 为普朗克常数。由于电子定态的能量 E 是分立的，因此根据式(2.7) 可知原子光谱也是分立的，这与实验结果高度吻合，说明了该修正项的合理性。

② 处于定态的电子，其角动量 L 也只能取一些分立的数值，而且必须是约化普朗克常数 $\hbar$ 的整数倍：

$$L=|\boldsymbol{r}\times m\boldsymbol{v}|=n\hbar=\frac{nh}{2\pi} \tag{2.8}$$

$\boldsymbol{r}$、m、$\boldsymbol{v}$ 分别为电子运动时的径向矢量、质量及速度，n 为整数。h 及 $\hbar$ 分别为普朗克常数及约化普朗克常数。式(2.8) 即角动量的量子化条件。

能量的分立性以及角动量的量子化条件是玻尔理论的两条核心思想。

玻尔理论虽然可以定性地解释原子的稳定性（即定态的存在）以及原子光谱，但不能解释电子衍射现象，因为他认为电子的运动仍然遵循牛顿力学。要克服玻尔理论的缺陷，就必须摒弃牛顿力学，采用波动力学（或量子力学）理论。

近代量子力学的核心观点是一切微观粒子的运动均具有波粒二象性。粒子性与波动性通过德布罗意物质波公式联系起来：

$$\lambda=\frac{h}{P}=\frac{h}{mv} \tag{2.9}$$

式中，λ 为波长；h 为普朗克常数；m 为粒子的质量；v 为粒子的运动速度；P 为动量。式(2.9) 表明一个动量为 P 的微观粒子的运动状态（或属性）宛如波长为 λ 的波的属性。以电子为例，基于该观点，通过外加电场可以改变电子的动量，那么电子波的波长也会随之改变。通过合适的电场加速及磁场聚焦，可以使电子波的波长减小至晶体晶面间距的数量级（一般为 10^{-10}m 数量级），进而满足布拉格公式，发生电子衍射现象。

由于电子的运动具有波动性，因此，描述电子在某一时刻的确切位置并无实际意义，只需要了解电子在某一位置出现的概率即可，一般用波函数 $\psi(x, t)$ 来定量描述电子的运动状态以及在某处出现的概率，$|\psi|^2$ 表示 t 时刻在坐标 x 处的电子云密度（即单位体积内电子出现的概率），$\psi(x, t)$ 表示的是一维原子链模型，如果是三维空间，则应当用 $\psi(x, y, z, t)$ 表示。

波函数满足波动力学基本方程，也就是薛定谔方程：

$$\mathrm{i}\hbar\frac{\partial\psi}{\partial t}=\hat{H}\psi \tag{2.10}$$

式中，i 为虚数；$\hbar$ 为约化普朗克常数；ψ 为波函数；t 为时间；$\hat{H}$ 为哈密顿算符。

$$\hat{H}=-\frac{\hbar^2}{2m}\nabla^2+U \tag{2.11}$$

式中，U 为电子所处周期性势场的势能；m 为电子质量；∇^2 为拉普拉斯算符。

$$\nabla^2=\frac{\partial^2}{\partial x^2}+\frac{\partial^2}{\partial y^2}+\frac{\partial^2}{\partial z^2} \tag{2.12}$$

原则上来说，只要给定了边界条件，即电子所处的周期性势场 $U(x, y, z)$ 即可求解出电子运动的波函数，进而推导出电子的能量 E、角动量 L 等物理量，相关公式推导过程可参考《量子力学》《理论物理》等教材。

在求解孤立原子的波函数时涉及四个量子参数，即主量子数 n，角量子数 l，磁量子数 m 以及自旋量子数 m_s。主量子数 n 是决定原子中电子能量以及距离原子核平均距离（即电子所处的量子壳层）的主要参数。$n=1, 2, 3$，……，随着 n 的增加，电子能量依次增加。从内到外，依次为 K 壳层（$n=1$）、L 壳层（$n=2$）、M 壳层（$n=3$），……。角量子数 l 给出了电子在同一量子壳层内所处的能级（电子亚层），它决定了电子轨道角动量的大小。$l=0, 1, 2, 3$，……，一般依次用 s、p、d、f，……表示，且能级依次升高，反映了电子轨道的不同形状。磁量子数 m 给出了每个轨道角动量量子数的能级数或轨道数，它决定了轨道角动量 l 在外磁场方向上的投影值，$m=0, \pm 1, \pm 2$，……，$\pm l$。常见的 s、p、d、f 各轨道依次有 1、3、5、7 种空间取向。自旋量子数 m_s 是表示电子不同自旋方向的量子参数，它决定了自旋角动量在外磁场方向上的投影值。$m_s=\pm 1/2$ 表示顺时针和逆时针两种自旋方向。如果不考虑电子的自旋-轨道耦合，那么原子中电子的运动状态一般就由主量子数 n、角量子数 l、磁量子数 m 以及自旋量子数 m_s 这四个参数决定。

研究不同材料的导电机理其实就是求解不同边界条件下电子运动状态的波函数，进而推导出电导率或者电阻率的微观表达式。在学习本章后续内容时一定要把握电子运动的两个特点：一是波粒二象性，二是能量或者能级的分立性。理解了电子运动的这两个特点才能更加深刻地理解材料的导电性。

人们对材料导电性物理本质的认识是从金属开始的，特鲁德及洛伦兹等人首先提出了经典自由电子理论，随着量子力学的发展，索末菲等人提出了量子自由电子理论。该理论与经典自由电子理论相比有了明显的进步，但仍有许多现象解释不了，因此布洛赫等人又在此基础上提出了能带理论。能带理论是目前物理学界公认的描述材料导电性最准确的一种学说，大部分电功能材料的电学特性都可以用能带理论解释。下面对这三种导电理论进行简要介绍。

2.1.2.1 经典自由电子理论

经典自由电子理论认为，在金属晶体中，正离子构成了晶体点阵，并在晶体中形成了一个均匀的电场，价电子是完全自由的，称为自由电子，自由电子随机分布在整个晶体点阵中，不同电子具有相同的能量，称为“电子气”。无外加电场作用时，自由电子在正离子构成的晶体点阵中做无规则运动，从统计学上看，自由电子沿各个方向的运动彼此抵消，因此不产生电流。施加外电场后，自由电子将沿电场方向定向迁移，形成电流。自由电子在定向迁移时将与正离子发生碰撞，使自由电子运动受阻，因而产生了电阻。

根据该理论可推导出电导率的微观表达式为：

$$\sigma=\frac{ne^2 l}{2mv}=\frac{ne^2\tau}{2m} \tag{2.13}$$

式中，n 为载流子浓度；e 为基本电荷；l 为自由电子运动的平均自由程（即两次碰撞之间的平均位移）；m 为电子质量；v 为电子平均运动速度；τ 为弛豫时间（即两次碰撞之间的平均运动时间）。

该理论成功推导出了导体电导率的微观表达式，对于以电子导电为主的材料（例如金属、重掺杂 N 型半导体），根据该理论还可推导出载流子热导率与电导率之间的关系（即维德曼-弗兰兹公式）：

$$\kappa_C = L\sigma T \tag{2.14}$$

式中，κ_C 为载流子热导率；L 为洛伦兹常数；σ 为电导率；T 为热力学温度。对于大部分金属及重掺杂半导体，经推导可知 $L=\frac{1}{3}\left(\frac{\pi k_B}{e}\right)^2 \approx 2.45\times10^{-8}\mathrm{V}^2\cdot\mathrm{K}^{-2}$，$k_B$ 为玻尔兹曼常数。

经典自由电子理论存在不少缺陷，例如不能解释霍尔系数反常现象（一般情况下，金属的霍尔系数 $R_H<0$，但某些金属的霍尔系数 $R_H>0$）；用该模型预测的电子平均自由程比实验测量值小得多；用该模型估算的金属电子比热容远大于实验测量值；不能从微观角度解释导体、半导体、绝缘体的区别等。正是因为存在这些缺陷，所以索末菲等人将量子力学的相关成果引入，对经典自由电子理论进行了补充及完善，提出了量子自由电子理论。

2.1.2.2　量子自由电子理论

量子自由电子理论同样认为金属中正离子形成的电场是均匀的，自由电子与正离子之间没有相互作用。该理论还认为，金属原子的内层电子保持着单个原子时的能量状态，但最外层的价电子根据量子化规律具有不同的能级。

根据粒子的波粒二象性可知，对于一价金属，自由电子的动能为：

$$E=\frac{1}{2}mv^2=\frac{\hbar^2}{2m}K^2 \tag{2.15}$$

式中，m 为电子质量；v 为电子平均运动速度；$\hbar$ 为约化普朗克常数；$K=2\pi/\lambda$ 为波数（λ 为波长），是表征金属中自由电子可能具有的能量状态的参数。该公式表明，自由电子的动能 E 与波数 K 之间存在抛物线关系。在一维模型中，自由电子只能沿着 $+K$ 或者 $-K$ 方向运动，波数 K 越大，则自由电子的动能 E 也越大。不同电子的波数不同，根据式 (2.15) 可知其能量状态也不同，有的处于高能态，有的处于低能态。根据泡利不相容原理，每个能态中最多只存在自旋相反的一对电子，自由电子将从低能态至高能态依次排布。0K 时电子具有的最高能态称为费米能 E_F，不同材料的费米能不同。

如图 2.1(a) 所示，无外加电场时，E-K 曲线沿 E 轴对称，说明沿 $+K$、$-K$ 方向运动的电子数目相等，彼此相互抵消，因而材料中无电流产生。但施加外电场后，电场将使沿着电场方向运动的电子能量降低，而与电场方向相反运动的电子能量升高，最终结果如图 2.1(b) 所示。

由于施加外电场后，那些费米能附近的电子将沿电场方向运动，因此沿 $+K$、$-K$ 方向运动的电子数目不等，金属呈现出导电性。简而言之，金属中并非所有自由电子都参与导电，只有那些处于较高能态的电子（即费米面附近的电子）才能参与导电。

根据量子自由电子理论可推导出电导率的微观表达式为：

$$\sigma=\frac{ne^2 l_F}{2mv_F}=\frac{ne^2\tau_F}{2m} \tag{2.16}$$

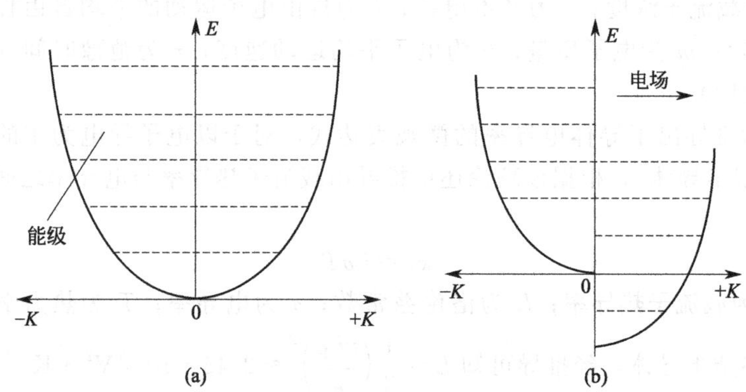

图 2.1 量子自由电子理论一维自由电子的 E-K 曲线

(a) 无外加电场；(b) 有外加电场

式(2.16) 与式(2.13) 非常相似，n 为载流子浓度；e 为基本电荷；m 为电子质量；但其他参数的含义不同，l_F、v_F 及 τ_F 分别为费米面附近的电子平均自由程、电子平均运动速度及弛豫时间。

采用量子自由电子理论可以解释一价碱金属的导电性，但其他金属如过渡金属，电子结构复杂，电子分布不再是简单的费米球，必须用能带理论才能对其导电性作出合理解释。

2.1.2.3 能带理论

晶体中电子轨道数量非常多，不同电子能级之间的间隙很小，以至于可以将电子轨道的能级看成准连续的，即能带。与量子自由电子理论相似，能带理论也认为金属中的价电子是公有的，其能量是量子化的，价电子的运动也遵循费米-狄拉克统计规律；不同的是能带理论认为材料中由正离子点阵所产生的电场是不均匀的，是一个周期性势场。价电子在金属中的运动会受到晶格周期性势场的调制，从而导致能带发生分裂，产生了禁带和允带。

(1) 准自由电子近似

对于某一维晶体，假设所有电子形成一个不变的平均势场，而正离子点阵形成周期性势场，则每个电子所处的势场仍是周期性的，即

$$U(x)=U(x+na) \tag{2.17}$$

式中，U 为势能；x 是电子的空间位置坐标；a 是晶格常数；n 是整数。

为求解电子在周期性势场中运动的波函数，需确定 $U(x)$ 的表达式，并将其代入薛定谔方程求解。为了便于方程求解，可作如下假设：①晶体无穷大，晶格点阵完整无缺陷，不考虑表面效应；②不考虑晶格振动对电子运动的影响；③不考虑电子之间的相互作用，每个电子的运动是相互独立的；④晶格周期性势场随空间位置的变化较小，可作为微扰处理。该假设称为准自由电子近似。在此假设下周期性势场 $U(x)$ 可展开为傅里叶级数：

$$U(x)=U_0+\sum_{j=1}^{n}U_n\mathrm{e}^{\frac{\mathrm{i}\pi nx}{a}} \tag{2.18}$$

式中，U_0 为常数项；e为自然对数的底数；i为虚数；n 为整数；a 为晶格常数。将式(2.18) 代入薛定谔方程的常规表达式化简，可得知电子在一维周期性势场中运动的薛定谔方程为：

$$\frac{\mathrm{d}^2\psi}{\mathrm{d}x^2}+\frac{2m}{\hbar^2}(E-U)\psi=0 \tag{2.19}$$

式中，ψ 为波函数；x 为空间位置坐标；m 为电子质量；$\hbar$ 为约化普朗克常数；E 为电子能量；U 为电子在晶格中的势能。布洛赫等人证明了式(2.19) 的解具有如下形式：

$$\psi(x)=\mathrm{e}^{ikx}f(x) \tag{2.20}$$

式中，$f(x)$ 是 x 的周期性函数，$f(x)=f(x+na)$；k 为波矢。该结论称为布洛赫定理。在准自由电子近似下，利用布洛赫定理，可解薛定谔方程。

式(2.20) 与自由电子波函数 e^{ikx} 相比，只相差一个周期性因子 $f(x)$。e^{ikx} 表示平面波，布洛赫定理表明晶体中运动电子的波函数是一个被周期性函数 $f(x)$ 所调制的平面波。

(2) 能带

在准自由电子近似下，利用布洛赫定理可解出薛定谔方程，得出 E-x 关系，为了表述方便，我们更习惯于绘制 E-K 曲线，其中 K 表示波数，如图 2.2 所示。此时电子的动能 E 与波数 K 的关系仍大致符合式(2.15) 所描述的抛物线关系，但在 $K=\pm\frac{n\pi}{a}$处，能量 $E=E_n\pm|U_n|$不再是准连续的，电子在填满 $E=E_n-|U_n|$的能级后只能占据 $E=E_n+|U_n|$的能级，两个能级之间的能态是禁止的。以 $K=\pm\frac{3\pi}{a}$为例，只要波数 K 的绝对值稍有增加，电子便会由 B 能态转变为 A 能态，A、B 能态之间存在能隙 ΔE。

能隙的存在意味着禁止电子具有 A、B 能态之间的能量，能隙所对应的能带称为禁带，而能量允许的区域则称为允带。允带出现的区域通常可分为第一、第二、第三布里渊区，而禁带往往出现在布里渊区的边界上。允带与禁带相互交替，形成了晶体的能带结构。

根据准自由电子近似条件以及布洛赫定理可以求解不同边界条件下的薛定谔方程，进而描述电子的运动状态，具体的推导过程较为繁琐，我们这里不作介绍，感兴趣的读者可以参考《固体物理》中关于一维周期性势场克龙尼克-潘纳模型的介绍。

图 2.3 描述了晶体中固体能带与原子能级之间的联系，在原子结合成晶体后，原来孤立原子中的一个电子能级由于相邻原子的相互作用而分裂成一个能带，能量低的带对应于内层电子的能级，而对内层电子而言，原子之间相互作用影响较小，因此能量低的带较窄。

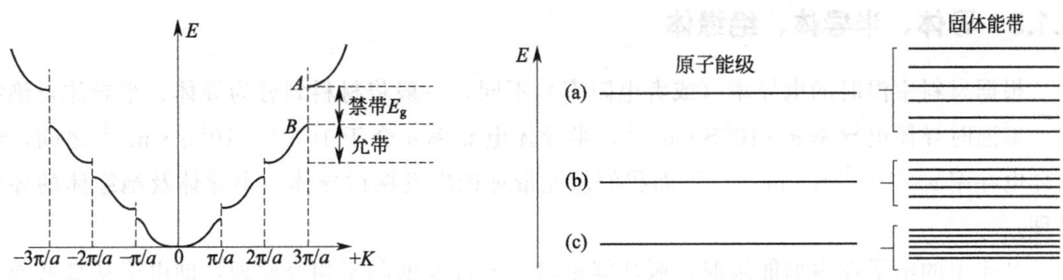

图 2.2　能带理论一维自由电子的 E-K 曲线

图 2.3　原子能级与固体能带

根据能带理论的描述，材料的电导率为：

$$\sigma=\frac{n^*e^2l_\mathrm{F}}{2m^*v_\mathrm{F}}=\frac{n^*e^2\tau_\mathrm{F}}{2m^*} \tag{2.21}$$

式(2.21) 与式(2.16) 基本相同，但 n^* 表示有效载流子浓度，即单位体积内实际参与导电过程的载流子数目。m^* 表示载流子有效质量，考虑了晶体点阵对电场作用的结果。不同材料的 n^* 及 m^* 差异较大。e 为基本电荷。l_F、v_F、τ_F 分别为费米能级附近自由电子运动的平均自由程、电子平均运动速度、弛豫时间。

需要说明的是，上述结果都是根据单电子近似推导出来的，该近似条件对某些材料并不适用，此时需要采用多电子理论。在多电子理论中，不同电子之间并不是独立的，而是存在相互作用。分两种情况：若电子之间的剩余库仑作用较强，而自旋轨道的相互作用较弱，则应当先考虑电子之间的耦合作用，再考虑自旋轨道耦合，称为 LS 耦合；若电子自旋轨道之间的相互作用较强，而各电子之间的相互作用较弱，应当先考虑自旋轨道的耦合，再考虑电子之间的耦合作用，称为 JJ 耦合。多电子理论建立后，单电子近似的结果常作为多电子理论的起点，在解决某些复杂问题时，两种理论是相辅相成的。

能带理论是目前研究固体电子运动状态的主流理论，广泛用于研究导体、半导体及绝缘体的电学性能，为光电、热电、压电等不同领域的电功能材料提供了一个统一的分析方法。但能带理论并不是一个毫无瑕疵的学说，时至今日仍有不少物理学家不断地引入一些量子力学的最新成果以丰富该理论。我们需要辩证地看待能带理论，虽然该理论经受住了大量实验的检验，但它毕竟只是一种近似理论。能带理论的基础是单电子近似，将原本相互关联运动的微观粒子，看成在一定平均势场中彼此独立运动的粒子。所以，能带理论并不是一个精确的理论，在应用中必然存在一些局限性。

例如能带理论不能合理解释过渡金属氧化物的导电性。以 MnO 为例，MnO 晶体的每个晶胞中含有一个 Mn^{2+} 及一个 O^{2-}，核外电子排布分别为 Mn^{2+}：$1s^2 2s^2 2p^6 3s^2 3p^6 3d^5$ 和 O^{2-}：$1s^2 2s^2 2p^6$，总共有 5 个锰的 3d 电子及 6 个氧的 2p 电子，根据核外电子排布规则，2p 带应是全满的，3d 带是半满的。3d 带与 2p 带未发生交叠，根据能带理论，MnO 晶体应该是导体。实际上，这种晶体是绝缘体，在室温下电阻率约为 $1.0\times10^{13}\Omega\cdot m$。又比如能带理论预言 ReO_3 是绝缘体，而该材料实际上却是良导体，室温下电阻率约为 $1.0\times10^{-7}\Omega\cdot m$，与铜的电阻率相近。其他如超导电性、晶体中电子的集体运动等，都需要考虑电子-声子以及电子-电子耦合作用，无法采用单电子近似的能带理论去解释。

2.1.3 导体、半导体、绝缘体

根据材料室温时的电导率（或者电阻率）不同，一般将材料划分为导体、半导体及绝缘体。室温时导体电导率 $\sigma>10^3 S\cdot m^{-1}$，半导体电导率 σ 介于 $10^{-10}\sim10^3 S\cdot m^{-1}$ 之间，绝缘体电导率 $\sigma<10^{-10} S\cdot m^{-1}$。下面我们从能带理论出发探讨导体、半导体及绝缘体的导电机理。

晶体中的电子在占据能级时，服从能量最低原理及泡利不相容原理，即电子从最低能级至最高能级依次占据能带中的各个能级，每个能级最多只允许两个自旋相反的电子存在。若一个能带中所有能级均已被电子填满，该能级称为满带，满带中的电子不参与导电。一般原子内层的所有能级都已被电子填满，因此内层电子对导电基本无贡献。相反，若某一能带中没有任何电子占据，则称为空带。

在某一能带中，部分能级被电子占据，这种能带中的电子在外电场作用下具有导电性，称为导带，而由价电子形成的能带称为价带。

2.1.3.1 导体和非导体的区别

不同材料的能带结构不同，导致其导电性存在巨大差异。图 2.4 为不同材料的能带结构示意图。图 2.4(a) 和 (b) 为导体的能带结构，分为两种情况：一种是价带与导带重叠，没有禁带；另一种是价带未被价电子填满，此时价带本身就是导带。在这两种情况下，价电子就是自由电子，金属导体即使在温度较低的情况下仍具有大量自由电子，具有很强的导电能力。而对于非导体（包括半导体和绝缘体），导带与价带被禁带隔开，在较低温度下，电子的能量不够，很难从价带跃迁至导带，因此电导率远低于导体。

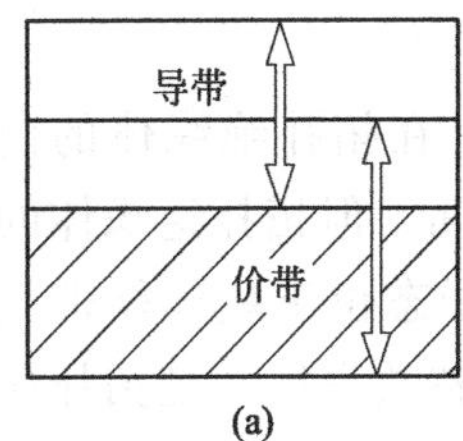

(a)

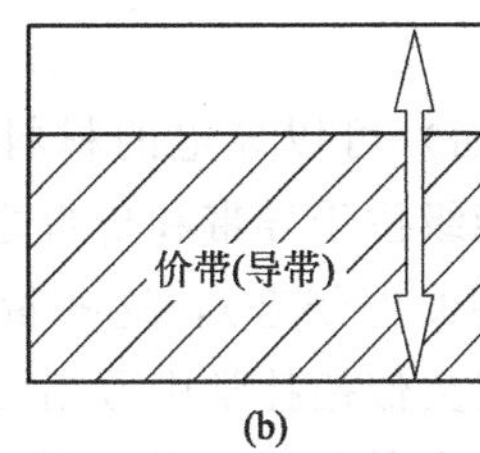

(b)

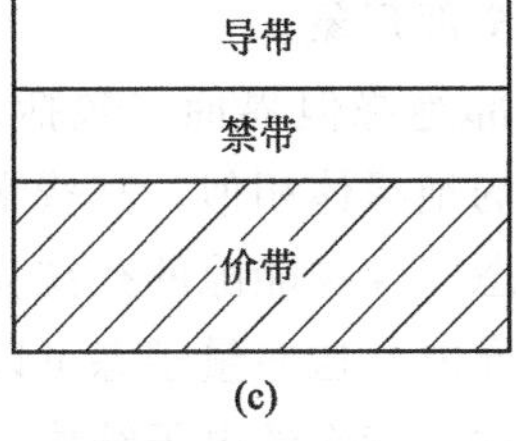

(c)

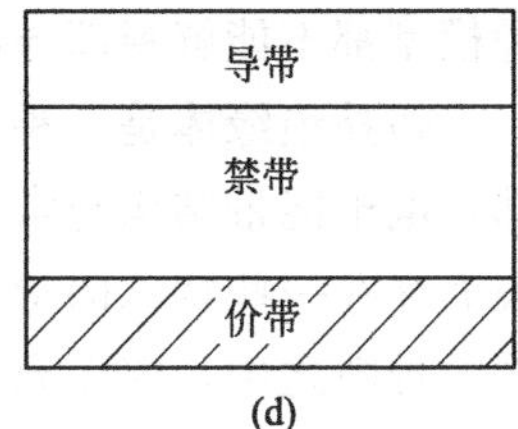

(d)

图 2.4　不同材料的能带结构示意图

(a) 和 (b) 金属；(c) 半导体；(d) 绝缘体

2.1.3.2 半导体和绝缘体的区别

半导体与绝缘体的能带结构相似，其区别仅仅是禁带宽度的大小。禁带宽度也称为带隙，一般用 ΔE 或 E_g 表示。如图 2.4（c）所示，半导体的禁带宽度较小，一般 $E_g \leqslant 4\text{eV}$，在外场（例如光照、高温、磁场、辐射等）作用下，价带中的部分电子将被激发越过禁带，进入导带。这样导带中有了导电的电子，而价带中相应地产生了空穴。在外电场作用下，导带中的电子定向迁移形成电流。同时价带中的电子可以跃迁产生新的空穴。这种电子的定向迁移相当于空穴沿电场方向定向迁移，称为空穴导电。在半导体中，价带中的空穴及导带中的价电子均可以参与导电，即半导体存在空穴导电和电子导电两种机制，这是半导体与导体导电机理的最大不同。半导体的导电性很差，因此杂质对半导体的导电性影响很大，如 Si 中掺入十万分之一的 B，其导电性将提高 14 倍。

如图 2.4（d）所示，绝缘体的能带结构与半导体相似，但其禁带宽度较大，一般 $E_g >$ 4.0eV（也有学者认为绝缘体 $E_g > 3.5\text{eV}$，不同文献中该数值略有差异），即便在外场作用下，电子也很难从价带跃迁至导带，因此其载流子浓度低，导电性极差。

材料的电导率或者电阻率不同只是一种外在表象，其本质原因是能带结构不同。有些半导体通过重掺杂，室温电导率可达到与导体相当的水平，但其禁带宽度未变，仍属于半导体。如表 2.2 所示，由于晶体的能带结构不容易受到杂质或外场的影响，因此今后在区分导体、半导体和绝缘体时应当优先将能带结构而非电导率（或电阻率）作为分类依据。

表 2.2　导体、半导体及绝缘体的分类

室温电学参数	导体	半导体	绝缘体
室温电导率/S·m^{-1}	$>10^3$	$10^{-10}\sim10^3$	$<10^{-10}$
室温禁带宽度/eV	$\leqslant 0$	0.2～4.0	>4.0

2.1.4 其他特殊导电特性

需要补充说明的是，近年来也出现了一些新导电机制材料，例如超导体和拓扑绝缘体。物质在某个温度下（即超导转变温度 T_c）电阻为零的现象称为超导，具有超导性质的材料称为超导体。目前研究者在金属、陶瓷及聚合物中均观察到了超导现象，研究较多的超导材料有 Y-Ba-Cu-O、Hg-Ba-Ca-Cu-O、Ti-Ba-Ca-Cu-O、Bi-Sr-Ca-Cu-O 等体系。虽然从超导现象发现至今已超过一百年，但关于超导的机理至今没有令人信服的解释。学者们提出的二流体理论、伦敦方程、金兹堡-朗道理论、BCS 理论等学说都能解释部分超导现象，但任何一种模型都不能解释超导的全部现象。

拓扑绝缘体是一种内部绝缘但界面（包括表面）可以导电的材料。在拓扑绝缘体的内部，电子能带结构与常规的绝缘体相似，其费米能级位于导带和价带之间。但拓扑绝缘体的表面存在一些特殊的量子态（穿越能隙的狄拉克型的电子态），这些量子态位于块体能带结构的带隙之中，因而允许导电。这些量子态可以用类似拓扑学中亏格的整数表征，是拓扑序的一个特例。拓扑绝缘体这一特殊的电子结构，是由其能带结构的特殊拓扑性质所决定的。目前常见的拓扑绝缘体有 BiSb、Bi_2Se_3、Sb_2Te_3、Bi_2Te_3、PbTe、SnTe 等。

2.2 半导体的基本理论

18 世纪电现象被发现后，人类开始对半导体材料有了认识。半导体的电学性能介于导体与绝缘体之间，即室温电阻率处于 $10^{-3}\sim10^{10}\Omega\cdot m$ 范围内，禁带宽度为 0.2～4.0eV，并具备以下几个主要特征：①电阻率温度系数为负值，即温度升高电阻率反而下降；②光敏感性，产生光伏效应或光电导效应；③一般具有较高的热电动势，能制备小型热电制冷器；④PN 结具有整流效应。

2.2.1 半导体的能带

在半导体晶体中，原子之间的距离很小，使得每一个原子中的价电子除受本身原子核及内层电子的作用外，还受到其他原子的作用。在本身原子和相邻原子的共同作用下，价电子不再属于各个原子，被晶体中原子所共有，可以在整个晶体中运动，这种情况称为价电子共有化运动。

正是这种价电子的共有化，使得单个原子分立的价电子能级分裂成一系列准连续的能带。图 2.5 说明了单个硅原子的价电子能级变成共价晶体中价电子能带的演变过程。单个硅原子 3s 能级上有两个价电子（图 2.5 中实心圆球所示），3p 能级上也有两个价电子，因为 3p 能级最多可容纳六个价电子，所以还有四个空位（图中空心圆球）。在共价晶体中，原子间的共价键结合得比较紧密，原子间距减小，价电子的共有化运动使得 3s 和 3p 能级分裂成满带和空带。若一块纯净无缺陷的硅单晶中有 N 个原子，在 0K、无外界影响的条件下，$4N$ 个价电子把价带中的所有能级全部填满，则称为满带；而导带中具有的可容纳 $4N$ 个价电子的能级中没有价电子，故称为空带。在满带和空带之间不存在能级，这一能量区间称为禁带。满带顶的电子能量用 E_v 表示，空带底的电子能量用 E_c 表示，禁带宽度用 E_g 表示。显而易见，$E_g=E_c-E_v$。

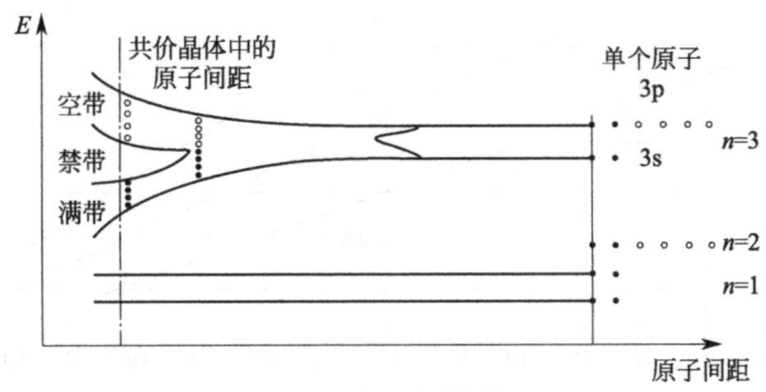

图 2.5　硅共价晶体能带图的演变过程

2.2.2　半导体本征性质

本征半导体是不含任何杂质的半导体，表征半导体本身固有特性。依据能带理论，在绝对零度和无外界影响的条件下，半导体的价带是满带，导带是空带。当半导体受到热（光照或升温）激发时，一部分价带中的价电子吸收大于 E_g 的能量跃迁到导带中形成自由电子，同时在价带中出现了空位（称为空穴），其他价电子在运动中极易填补到相邻空位上，从而产生新的空穴，其效果等价于空穴移动，如图 2.6 所示。施加外电场后，电子和空穴能够在晶体内自由移动，从而使得半导体能够导电。从图 2.6 可以看出，自由电子位于导带底，空穴处在价带顶，而且产生一个自由电子就会留下一个空位，可见本征半导体在被激发过程中自由电子和空穴浓度是相等的，即为本征激发。这种激发产生的电导为本征电导，产生的能够导电的自由电子和空穴统称为载流子。

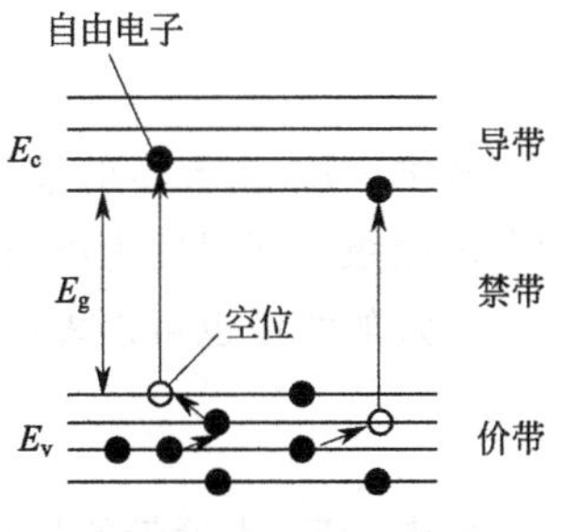

图 2.6　本征激发过程

2.2.2.1　本征载流子浓度和费米能级

在一定温度下，晶体的热振动吸收能量，半导体中不断产生自由电子和空穴，与此同时，空穴和电子在运动中复合，即导带中的自由电子又跃迁到价带空位上，使得电子-空穴对消失。在热平衡状态下本征半导体载流子浓度主要由温度决定，温度越高，载流子浓度也越高。图 2.7 为三种半导体材料本征载流子浓度与温度的关系，随着温度在适宜范围内变化，载流子浓度可以很容易地改变几个数量级，单位体积的载流子浓度 n_i（电子-空穴对浓度）可以表示为：

$$n_i=n_e=n_h=K_1T^{\frac{3}{2}}e^{-\frac{E_g}{k_BT}} \tag{2.22}$$

式中，n_e、n_h 分别为导带中的电子浓度和价带中的空穴浓度；n_i 为本征载流子浓度；$K_1=4.82\times10^{15}K^{-3/2}$；$T$ 为热力学温度；k_B 为玻尔兹曼常数。

由式(2.22) 可知，本征载流子的浓度除了与温度有关外，还与禁带宽度 E_g 有关。300K 时，纯硅 $E_g=1.12eV$，$n_i=1.5\times10^{10}$ 个 · cm^{-3}；纯锗 $E_g=0.72eV$，$n_i=2.4\times10^{13}$ 个 · cm^{-3}；单晶砷化镓 $E_g=1.424eV$，$n_i=1.8\times10^{6}$ 个 · cm^{-3}。本征半导体在室温下电子-空穴浓度与金属自由电子浓度（约为 10^{22} 个 · cm^{-3}）相比极小，因此它们只有很微弱的导电能力。

与金属不同，半导体在受热时，其导电能力增加是因为温度升高，价带中电子热运动加

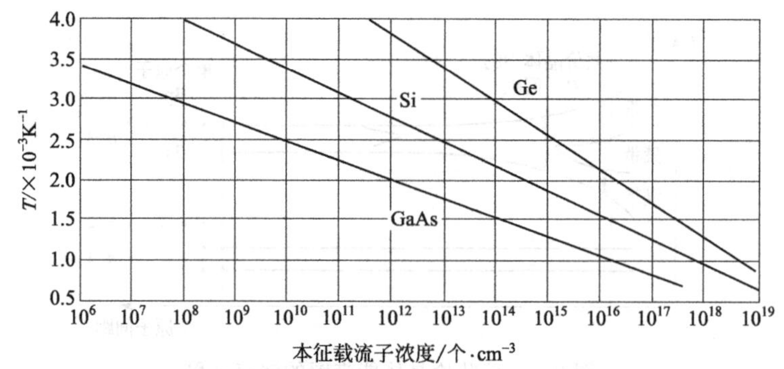

图 2.7　三种半导体材料本征载流子浓度与温度的关系

剧，使电子能够获得更高的能量，从而使跃迁到导带中的电子数增加，载流子浓度也增加。这些受热激发到导带中的自由电子，其最低能量为导带的最低能量，因此，自由电子浓度还可以表示为：

$$n_e = Ae^{-\frac{E_c - E_F}{k_B T}} \tag{2.23}$$

式中，E_c 为导带的最低能量，即导带底能量；$A=K_1T^{3/2}$，可近似看作常数；E_F 表示费米能级，即温度为绝对零度时固体能带中充满电子的最高能级；k_B 为玻尔兹曼常数。

空穴的浓度也可以表示为：

$$n_h = Ae^{-\frac{E_F - E_v}{k_B T}} \tag{2.24}$$

式中，E_v 为价带的最高能量，即价带顶能量。在本征半导体中，由于 $n_e=n_h$，所以费米能级 E_F 位于导带和价带的中央。

2.2.2.2　本征半导体的迁移率

在外电场的作用下，自由电子沿着电场的反方向发生漂移，而空穴的运动方向就是电子的反方向，这两种载流子的定向漂移就产生了电流。大量载流子的定向移动有恒定的平均速度，而且与外加电场强度成正比。那么，自由电子及空穴的平均速度就可以表示为：

$$\bar{v}_e = \mu_e E, \bar{v}_h = \mu_h E \tag{2.25}$$

式中，E 为电场强度；$\bar{v}_e$ 和 $\bar{v}_h$ 分别为自由电子及空穴的平均速度；μ_e 和 μ_h 分别为自由电子和空穴的迁移率，表示在单位电场（$V \cdot cm^{-1}$）下两种载流子的平均漂移速度（$cm \cdot s^{-1}$）。从式(2.25) 可以看出，迁移率可以表示半导体内部自由电子和空穴整体的运动快慢。表 2.3 列出了 300K 时，几种常见半导体材料的电子和空穴迁移率。在同一半导体中，自由电子迁移率高于空穴迁移率。

表 2.3　几种常见半导体材料在 300K 下的电子和空穴迁移率

半导体材料	电子迁移率/$cm^2 \cdot V^{-1} \cdot s^{-1}$	空穴迁移率/$cm^2 \cdot V^{-1} \cdot s^{-1}$
Si	1900	500
Ge	3800	1850
GaN(纤锌矿结构)	1245	370
GaN(闪锌矿结构)	760	350
InN	3100	—
SiC(3C 闪锌矿结构)	980	60

续表

半导体材料	电子迁移率/$cm^2 \cdot V^{-1} \cdot s^{-1}$	空穴迁移率/$cm^2 \cdot V^{-1} \cdot s^{-1}$
SiC(4H 纤锌矿结构)	480	50
SiC(6H 纤锌矿结构)	375	100
GaAs	9340	450
ZnO	226	180

2.2.2.3　本征半导体的电导率

在电场作用下，自由电子的漂移运动与电场方向相反，空穴漂移运动与电场方向相同，因此，自由电子和空穴都具有导电能力。半导体的电导率可以看作两者叠加的结果，其电导率 σ 为：

$$\sigma = n_e q \mu_e + n_h q \mu_h \tag{2.26}$$

式中，q 为基本电荷量；n_e 和 n_h 分别为自由电子及空穴的浓度；μ_e 和 μ_h 分别为自由电子和空穴的迁移率。因为本征半导体中 $n_e = n_h = n_i$，故本征半导体的电导率为：

$$\sigma = nq(\mu_e + \mu_h) \tag{2.27}$$

温度升高会加剧半导体中价电子的热运动，从而有更多的自由电子跃迁到导带中，最终载流子数目增加促使半导体的电导率增大。这与金属随温度升高而电导率下降正好相反。结合式(2.22) 和式(2.27)，本征半导体电导率可以表示为：

$$\sigma = q(\mu_e + \mu_h) K_1 T^{\frac{3}{2}} e^{-\frac{E_g}{2k_B T}} \tag{2.28}$$

从式(2.28) 可以看出，若忽略 $T^{\frac{3}{2}}$ 项的影响，本征半导体的电导率随温度升高呈指数型增加。通过半导体材料电导率和温度的关系就可以根据式(2.28) 计算材料的禁带宽度 E_g，同时也可以根据 E_g 和 T 求出电导率 σ。

例： 某种半导体材料在 20℃下电导率为 $2.5\times10^4 S \cdot m^{-1}$，100℃时为 $1.1\times10^5 S \cdot m^{-1}$，试求该材料的禁带宽度 E_g。(玻尔兹曼常数 $k_B = 1.3806\times10^{-23} J \cdot K^{-1}$，基本电荷量 $e = 1.6021\times10^{-19} C$)

解： $T_1 = 20℃ = 293.15K$，$T_2 = 100℃ = 373.15K$，$\sigma_1 = 2.5\times10^4 S \cdot m^{-1}$，$\sigma_2 = 1.1\times10^5 S \cdot m^{-1}$

根据式(2.28)，忽略 $T^{3/2}$ 项的影响可得：

$$\ln\left(\frac{\sigma_1}{\sigma_2}\right) = -\frac{E_g}{2k_B}\left(\frac{1}{T_1} - \frac{1}{T_2}\right)$$

将相关数据代入，求得 $E_g = 0.349eV$。

2.2.3　半导体掺杂的性质

在室温下本征 Si 半导体的载流子浓度仅有 10^{10} 个 $\cdot cm^{-3}$ 左右，导电能力很差，而且本征半导体的电导率受温度影响很大、不易控制。通常需要在本征半导体中掺入一定量的杂质元素来优化其电学性能，因为杂质元素（如周期表中第ⅤA、ⅢA 族的元素）电离能比本征半导体的禁带宽度小得多，因此杂质的电离和半导体的本征激发会发生在不同的温度区间。掺杂半导体与本征半导体重要的区别在于，掺杂半导体的自由电子或空穴浓度可以独立改变，即浓度不相等。以硅和锗为例，若在本征硅和锗中掺入ⅤA族元素即可形成N型（电子型）半导体，掺入ⅢA族元素则得到P型（空穴型）半导体。

2.2.3.1 N型半导体

在本征Si中掺入少量五价元素如P、As、Sb等可以使晶体中的自由电子浓度极大地增加，这是因为五价元素中原子取代晶格中一个四价Si原子后，多余的一个电子没有与它紧密结合的原子，就形成了一个自由电子，如图2.8（a）所示。这种能提供多余价电子的元素称为施主杂质。若施主杂质的电子进入导带，价带不会产生相应的空穴，所以自由电子浓度远高于空穴浓度。依靠施主提供的电子导电的掺杂半导体称为N型半导体，施主杂质也称N型杂质。

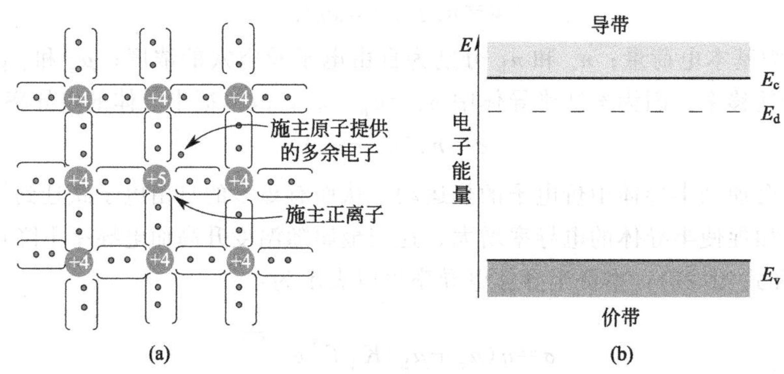

图2.8 N型半导体电子结构示意图（a）与N型半导体能带示意图（b）

N型半导体的能带分布是经过实验和理论计算验证的。两种结果均表明价电子的能级——施主能级 E_d 靠近导带底部。这是因为半导体本身的价带（满带）没有位置容纳多余的电子，所以额外电子只能靠近导带底部，如图2.8（b）所示。从能带图中就可以看出，激发这些额外电子进入导带的能量只要满足 $\geqslant E_d$ 即可，所以此时决定该半导体电学性能的参数不再是 E_g 而是 E_d。与此同时，费米能级 E_F 也不再位于禁带中央而向导带方向移动。

由于N型半导体自由电子浓度高于空穴浓度，所以将自由电子称为多数载流子，简称多子。在N型半导体中，本征激发产生的空穴在热运动时与自由电子相遇的机会远大于本征半导体，空穴被复合消失的数量更多，所以N型半导体中空穴浓度小于本征半导体，将N型半导体中的空穴称为少数载流子，简称少子。施加外加电场后，N型半导体中的电流主要由多数载流子——自由电子产生。

图2.9为N型晶硅载流子浓度与温度的关系，在温度极低的范围内，杂质最先电离产生载流子，此时本征激发的载流子浓度很低，该温度区间称为杂质电离区；当温度进一步升高，本征激发载流浓度仍然较低，而杂质电离的载流子达到饱和浓度，称为施主耗尽。因此在中间温度范围内的载流子浓度保持恒定，仍然由电离的杂质浓度决定；温度继续升高，本征激发的载流子浓度大量增加，这时半导体的载流子浓度由本征激发载流子和电离的杂质浓度共同决定，该温度区间称为本征区。为了能够精确调控工作半导体的电学性能，人们在制备半导体器件时都将工作温度控制在该半导体材料的非本征区间，一般不会考虑本征激发的载流子，这时载流子浓度主要由掺杂的杂质浓度决定。

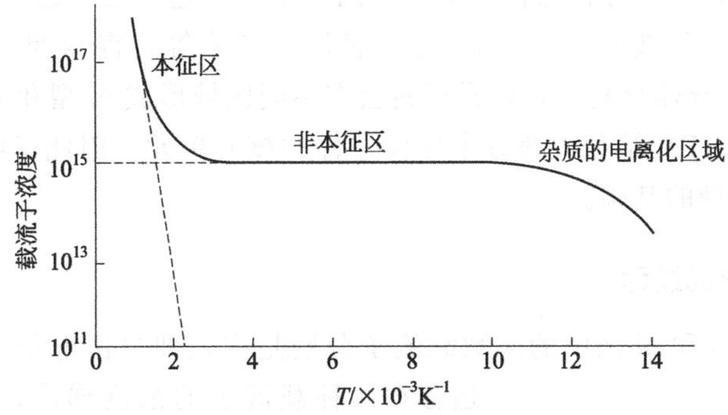

图 2.9　N 型晶硅载流子浓度与温度的关系

2.2.3.2　P 型半导体

在本征 Si 中加入少量三价元素如 B、Al、Ga、In 等，可以使晶体中空穴浓度升高。这些三价的杂质原子只有三个价电子，取代晶格的四价 Si 元素时只能形成三个共价键，产生一个缺位，如图 2.10(a) 所示。这个缺位要结合一个晶体中的价电子从而使晶体产生空位。这种能提供多余空位的杂质称为受主杂质，依靠受主杂质产生的空穴导电的掺杂半导体称为 P 型半导体，受主杂质也称 P 型杂质。

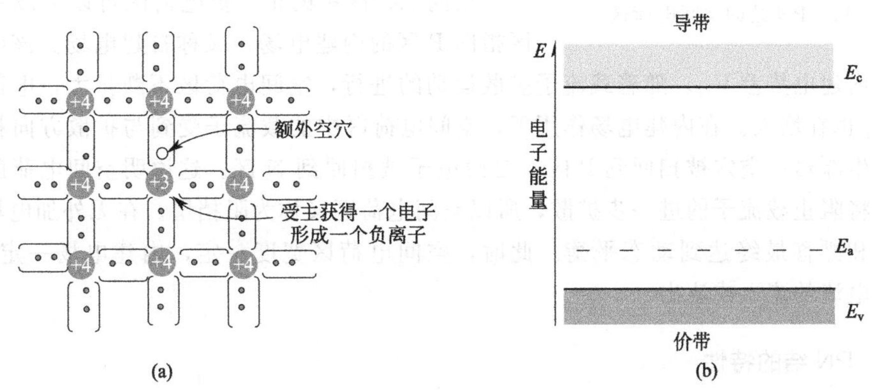

图 2.10　P 型半导体电子结构示意图（a）和 P 型半导体能带示意图（b）

同样地，理论计算和实验结果表明，P 型半导体中允许价电子占有的受主能级 E_a 非常靠近价带顶，即受主杂质接受电子并产生空穴所需的能量只稍高于价带，如图 2.10(b) 所示。相应地，P 型半导体的费米能级 E_F 位置靠近价带。

P 型半导体中的空穴为多数载流子，自由电子浓度小于本征载流子，即电子是少数载流子。施加外电场时，P 型半导体中的电流主要由多数载流子——空穴产生，即以空穴导电为主。

与 N 型半导体的施主耗尽相似，P 型半导体的受主杂质提供的空穴达到极限时，就产生了受主饱和。空穴浓度与温度的关系仍遵循图 2.9 所示规律。

2.2.4　PN 结的特性

N 型或 P 型半导体独立存在时，都是电中性的，即电离杂质的电荷量和载流子的总电荷量是相等的。若要制备半导体器件，需要将两种半导体连接在一起。PN结是利用适当的工艺方法（如合金法、扩散法、离子注入法、薄膜生长法等）将N型（或P型）杂质掺入到P型（或N型）半导体材料中，这样材料会在不同区域形成N型和P型半导体，两者的结合处就形成PN结。PN结是大部分半导体器件的核心单元。因此了解PN结的特性是掌握半导体器件工作原理的基础。

2.2.4.1 PN结的形成过程

在PN结中，P区和N区中的多数载流子分别是空穴和自由电子，所以在PN结的两边存在两种载流子的浓度梯度，势必会发生自由电子和空穴的扩散。自由电子由N区向P区扩散，空穴由P区向N区扩散。随着多数载流子扩散运动的进行，PN结附近的N型半导体正电荷数高于剩余的电子浓度，形成了正电荷区域。同样地，PN结附近的P型半导体负电荷数高于剩余的空穴浓度，出现了负电荷区域，如图2.11所示。这就形成了PN结的空间电荷区或耗尽区，区域内的电荷称为空间电荷。

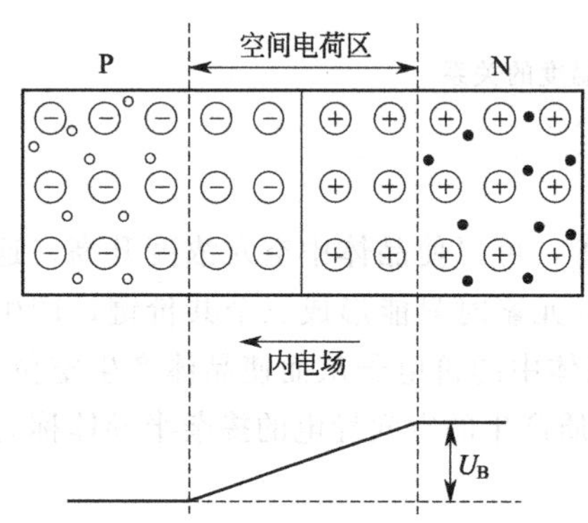

图2.11 PN结的空间电荷区

空间电荷区中的正、负电荷区可以形成一个由N区指向P区的内建电场，又称自建电场。该电场的电势差称为内建电势差V_D。随着载流子扩散运动的进行，空间电荷区不断扩大，电荷量不断增加，V_D也在增大。在内建电场作用下，空间电荷区中的载流子受到与扩散方向相反的作用力而产生漂移：空穴被扫回到P区，自由电子被扫回到N区。这说明空间电荷区产生的内建电场将阻止载流子的进一步扩散，所以空间电荷区又称为阻挡层。在无外加电场时，电子的扩散和漂移最终达到动态平衡。此时，空间电荷区宽度一定，内建电场一定，V_D一定，没有电流的流入或流出。

2.2.4.2 PN结的特性

PN结具有众多物理特性，例如电流电压特性、电容效应、隧道效应、雪崩效应、开关特性、光电效应等。其中电流电压（I-V）特性是PN结最基本的性质。

当在PN结两侧施加外电压时，若P型侧接正电压，N型侧接负电压，则有电流从P区流向N区；若反方向施加电压时，则几乎没有电流产生，如图2.12所示。当施加正向电压（P型为正，N型为负），因为外加电场与内建电势差方向相反，因而会使空间电荷区两端电势差减小，相应地空间电荷量减小，内建电场减小，载流子的漂移减弱，扩散大于漂移，所以产生了P区向N区的电流，该电流随电压的增大呈指数型上升，称为正向电流；当施加

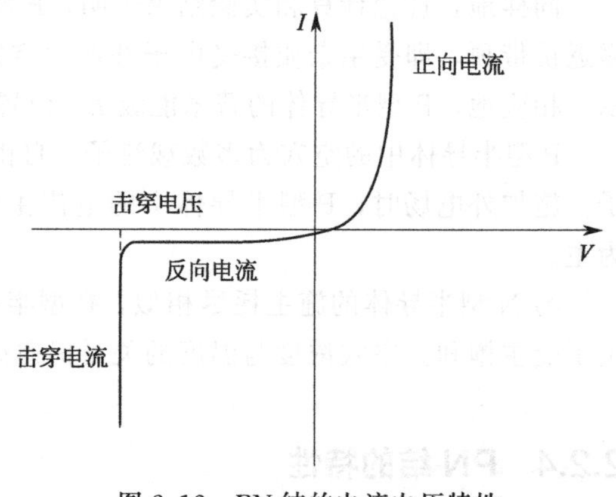

图2.12 PN结的电流电压特性

负向电压（N 型为正，P 型为负），空间电荷区的电势差增大，空间电荷量增多，内建电场增强，电荷的漂移作用加强，从而使得多子的扩散运动完全被阻止，而且 P 区的电子被强电场扫到 N 区，N 区的空穴被强电场扫到 P 区，形成了 N 区向 P 区的电流，由于该电流是少子漂移形成的，所以通过的电流非常小，不随外加电压的增大而变化，称为反向电流。可以看出，PN 结的主要特性是单向导电性，反映出其整流特性。

2.3 超导体的基本理论

1911 年，荷兰莱登大学的卡梅林·昂纳斯在测量水银的电阻时，如图 2.13 所示，发现在 4.2K 附近电阻突然跳跃式地下降到仪器无法测量到的最小值，其变化超过 10^4 倍。经多次实验证实后，他将这种在一定温度下金属突然失去电阻的现象称为超导现象或超导电性。发生这种转变现象的温度称为临界温度。材料失去电阻后的状态称为超导态，而材料有电阻的状态就称为正常态。

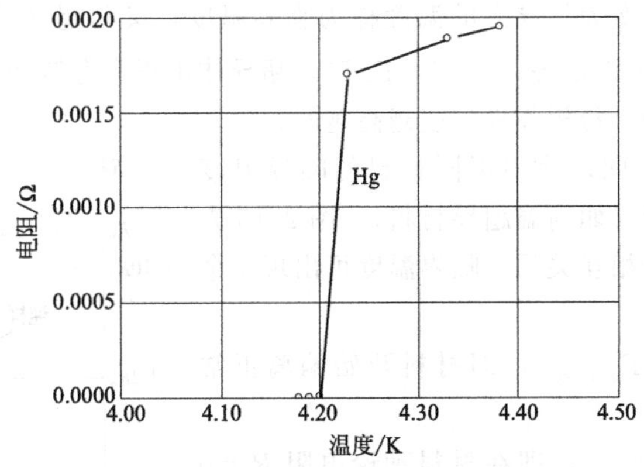

图 2.13　水银在 4.2K 时电阻突变

2.3.1 超导体的基本物理特征

2.3.1.1 零电阻效应

当超导体的温度降到某一数值时，超导体的电阻突然消失，这就是超导体的零电阻效应。物质产生电阻与其晶格的振动对电子的散射和其内部的晶格缺陷及杂质原子对电子的散射有关。在高温时，物质的电阻以前者的贡献为主；在低温时，不纯金属以杂质贡献为主。因此要验证低温下金属电阻与温度的关系，就要求金属越纯越好。昂纳斯进行试验时所用到的纯物质就是当时他能得到的最纯的金属——Hg，他发现了超导现象。后来，物理学家用最精确的方法也测不出超导态有任何电阻，确认了零电阻效应是任何超导体的一个基本物理特征。

2.3.1.2 迈斯纳效应

1933 年，德国物理学家迈斯纳和奥菲尔德对锡单晶球超导体做磁场分布测量时发现，不论是先降温后加磁场，还是先加磁场后降温，只要锡球过渡到了超导态，超导体内的磁通

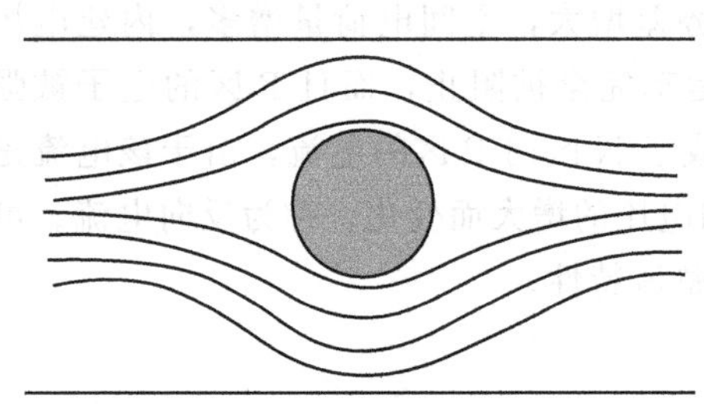
图 2.14 迈斯纳效应示意图

线似乎一下子被排斥出去，保持体内磁感应强度或磁通密度等于零，这一性质被称为完全抗磁性或迈斯纳效应，如图 2.14 所示。超导体的迈斯纳效应指明超导态是一个热力学平衡状态，与进入超导态的途径无关，从物理上进一步认识到超导电性其实是一种宏观的量子现象。仅从超导体的零电阻现象出发得不到迈斯纳效应。同样，用迈斯纳效应也不能描述零电阻现象。因此，迈斯纳效应和零电阻效应是超导态的两个独立的基本物理属性，衡量一种材料是否具有超导电性，必须看其是否同时具有零电阻效应和迈斯纳效应。

2.3.2 超导体的临界参数

2.3.2.1 临界温度

超导体从正常态转变为超导态的温度称为临界温度，又称超导转变温度，用 T_c 表示。当 $T>T_c$ 时，超导体呈正常态；当 $T<T_c$ 时，超导体由正常态转变为超导态。要实现超导材料的大规模实际应用，希望临界温度越高越好。

材料的组织结构不同，使用不同材料的临界温度跨越了不同的温度区域（如高温超导材料）。图 2.15 为临界温度参数与电阻的相互关系。临界温度可出现 4 个临界温度参数：

① 起始转变温度 $T_{c(on\ set)}$，即材料开始偏离正常态线性关系时的温度。

② 零电阻温度 $T_{c(n=0)}$，即在材料理论电阻 $R=0$ 时的温度。

③ 转变温度宽度 ΔT_c，即（1/10～9/10）R_n（R_n 为起始转变时材料的电阻值）对应的温度区域宽度。其宽度越窄，说明材料的品质越好。

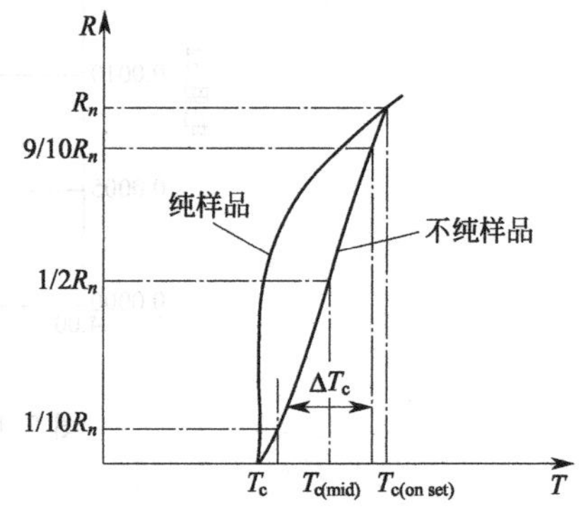

图 2.15 临界温度参数与电阻的相互关系

④ 中间临界温度 $T_{c(mid)}$，即 $0.5R_n$ 对应的温度值。对于常规超导材料，这一温度值有时可视为临界温度。

2.3.2.2 临界磁场强度

材料的超导电性也可以被外加磁场所破坏，即有磁力线穿入超导体内，材料就从超导态转变为正常态。一般将可以破坏超导态所需的最小磁场强度称为临界磁场强度，用 H_c 表示。不同的超导体 H_c 不同，并且是温度的函数，即

$$H_c=H_0\left[1-\left(\frac{T}{T_c}\right)^2\right] \qquad (T\leqslant T_c) \tag{2.29}$$

式中，H_0 为绝对零度时的临界磁场强度；T_c 为临界温度。由此可见，当 $T=T_c$ 时，$H_c=0$，换句话说，超导体临界温度是在无磁场强度下超导体从正常态过渡到超导态的温度。随着温度的下降，H_c 升高，到绝对零度时达到最高。

需要指出的是 H_c 还与材料的性质有关，不同的材料其 H_c 不同。因此，根据超导体在磁场中的不同行为，可将超导体分为两类，第一类超导体在 H_c 以下显示超导性，当 $H>H_c$ 时，立即转变为正常态。第二类超导体表现出来的行为与第一类超导体截然不同，它有两个临界磁场强度，即下临界磁场强度和上临界磁场强度，分别用 H_{c_1} 和 H_{c_2} 表示。当 $H<H_{c_1}$ 时，与第一类超导体相同，表现出完全抗磁性；当 $H_{c_1}<H<H_{c_2}$ 时，第二类超导体处于超导态与正常态的混合状态；当 $H>H_{c_2}$ 时，超导部分消失，超导体转为正常态。图 2.16 为第二类超导体的磁化曲线。

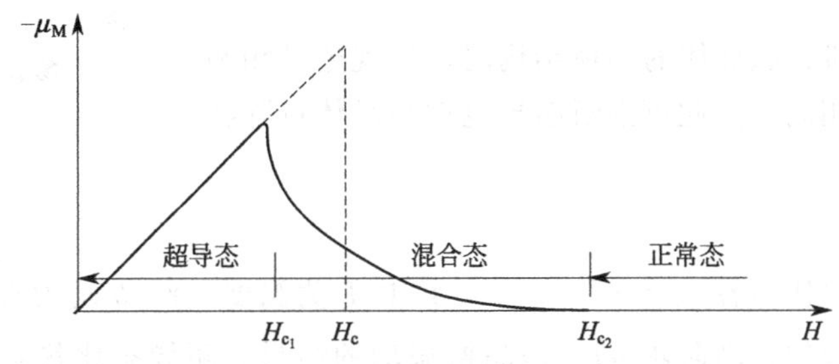

图 2.16　第二类超导体的磁化曲线

一般来说，第二类超导体的 H_{c_1} 较小，H_{c_2} 则比 H_{c_1} 高一个数量级，并且大部分第二类超导体的 H_{c_2} 比第一类超导体的 H_c 要高得多。

2.3.2.3　临界电流

通过超导体的电流也会破坏超导态，当电流超过某一临界值时，超导体就出现电阻。将产生临界磁场强度的电流，即超导状态允许的最大电流称为临界电流，用 I_c 表示。这个现象可以从磁场破坏超导电性来说明。半径为 r 的超导线中通过电流 I 时，在超导线表面上产生的磁场强度 H 为：

$$H=\frac{I}{2\pi r} \tag{2.30}$$

如果 I 很大，使 H 超过了 H_c，那么超导线的超导电性便被破坏了，由此得到：

$$I_c=2\pi r H_c=I_0\left[1-\left(\frac{T}{T_c}\right)^2\right] \tag{2.31}$$

I_0 为绝对零度时的临界电流。临界电流不仅是温度的函数，而且与磁场强度有着密切的关系。对于第一类超导体，由于 H_c 都不大，I_c 也较小，不实用。对于第二类超导体，在 H_{c_1} 以下的行为与第一类超导体相同，此时 I_c 也可以按第一类超导体考虑。当第二类超导体处于混合状态时，超导体中正常导体部分通过磁力线与电流的作用，产生洛伦兹力使磁通线在超导体内发生运动，但非理想的第二类超导体内总是存在阻碍磁运动的“钉扎点”，如缺陷、杂质、第二相等。随着电流的增加，洛伦兹力超过了钉扎力，磁力线开始运动，此状态下的电流是该超导体的临界电流。

2.3.2.4　三个临界参数的关系

超导体有三个基本临界参数，即临界温度 T_c、临界磁场强度 H_c 和临界电流 I_c。三个临界参数具有相互关联性，要使超导体处于超导状态，必须使这三个临界参数都满足规定的条件，任何一个条件遭到破坏超导状态随即消失。三者关系可用图 2.17 所示曲面来表示。在临界曲面以内的状态为超导态，其余均为正常态。

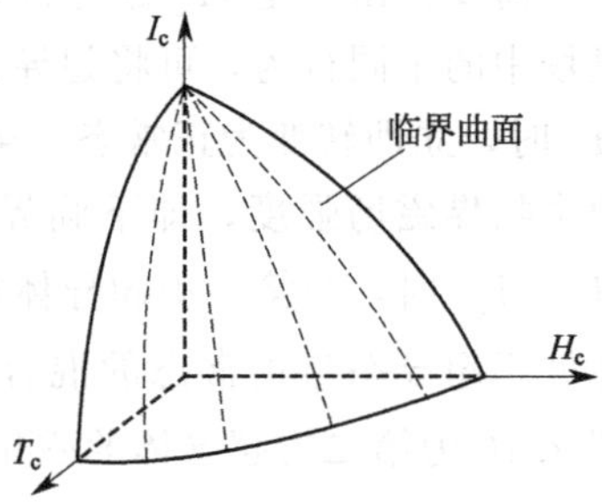

图 2.17 超导体三个临界参数之间的关系

2.3.3 超导体的其他性质

超导电性除了 2 个基本物理特征和临界参数以外，还有如下性质。

（1）晶体结构

X 射线晶体学研究超导体的晶体结构时，发现超导相和正常相的晶体结构相同，据此可推断超导电性与晶体点阵特性的变化没有关系。

（2）比热容

正常金属的低温比热容 $c_V=\gamma T+bT^3$，其中 T 为温度，γ、b 均为常数。线性项 γT 是由传导电子激发引起的，高阶项 bT^3 是晶格振动的结果。超导态比热容 $c_V=a[\exp(-\Delta/k_BT)]+bT^3$（$\Delta$ 代表超导电子所处能量与费米能级差，a、b 均为常数，k_B 为玻尔兹曼常数，T 为温度），很明显超导态下传导电子的性质发生了十分明显的变化。

（3）超导能隙

金属处于正常态时，基态与最低激发态之间没有能隙。一旦发生超导相变，就会出现能隙 $E_g=2\Delta$。因此，超导体中的能隙与相互作用的电子气相联系。能隙的存在是超导态的一个特征，但并不具有普适性。

（4）同位素效应

实验发现超导元素不同同位素的超导转变温度 T_c 与同位素原子质量 M 之间存在式(2.32)的关系。

$$M^{\alpha}T_c=\text{常数} \tag{2.32}$$

式中，α 为系数，对于大多数超导体，$\alpha=1/2$。同位素效应使人们想到电子-声子相互作用与超导电性有密切的联系，因而对超导理论的建立产生了重要的影响。需要指出的是高温氧化物超导体表现出很弱的同位素效应。

2.3.4 超导电性的微观机制

自超导现象发现以来，科学界一直在寻找能解释超导这一奇异现象的理论，先后提出唯象理论，BCS 理论等。这些理论各有其合理性，同时也存在局限性。它们在机理上并不互相排斥，相反可以互相补充。但到目前为止，所有理论的一个严重不足之处就是，它们并不能预测实际超导材料的性质，也不能说明由哪些元素和如何配比才能得到所需临界参量的超导材料，尤其对于高温超导现象的解释，还没有比较完善的理论。下面简单介绍解释超导电现象的理论和微观机制。

2.3.4.1 二流体模型和伦敦方程

1934 年，戈特和卡西米尔提出超导体的二流体模型，二流体模型认为：

① 金属处于超导态时，金属共有化的自由电子一部分“凝聚”成性质非常不同的超流电子，另一部分仍为正常电子。两部分电子占据同一体积，彼此独立运动，在空间上互相渗透。

② 正常电子的性质与正常金属自由电子相同，受到振动晶格的散射而产生电阻，对热力学熵有贡献。

③ 超流电子处于凝聚状态，不受晶格振动散射影响，对熵无贡献，电阻为零，在晶格中无阻地流动。

二流体模型对超导体零电阻效应的解释是：当 $T<T_c$ 时，出现超流电子，它们的运动是无阻的，超导体内部的电流完全来自超流电子，它们对正常电子起到短路作用，正常电子不产生电流，因此，样品内部不能存在电场，也就没有电阻效应。

我们知道电流是要产生磁场的，但是超导体有完全抗磁性，那么，超导体中的电流为什么没有在超导体内部引起磁场呢？为了说明这个问题，1935 年，伦敦兄弟在二流体模型的基础上，提出两个描述超导电流与电磁关系的方程，即式(2.33) 和式(2.34)，与麦克斯韦方程一起构成了超导体的电动力学基础。图 2.18 表示从正常导线流入超导线的电流分布情况，这是伦敦方程的结果。根据电流产生磁场的右手定则，如果超导线是圆柱体，那么超导体内部的总磁场强度为零。而超导体表面薄层内有电流及磁场分布，这个被磁场穿透的表面层叫磁场穿透深度 λ_L。厚度只有几十纳米，在这个深度以内的超导体内部没有磁场。伦敦方程的这一结果完全为实验所证实。

$$\frac{\partial j_s}{\partial t}=\frac{n_s e^2}{m}E \tag{2.33}$$

$$\nabla\times j_s=\frac{n_s e^2}{m}B \tag{2.34}$$

式中，n_s 为超导电子密度；e、m 分别为基本电荷和电子质量；j_s 是超导电流密度；E 为电场强度；B 为磁感应强度；t 为时间。

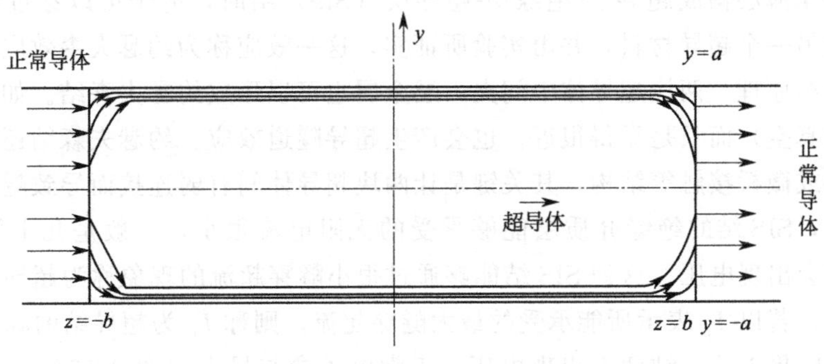

图 2.18　超导体内电流分布

2.3.4.2　BCS 理论

二流体模型和伦敦方程虽然可以解释一些超导现象，但是不能揭示那种奇异的超导电子究竟是什么。1957 年，巴丁、库柏和施里佛提出了超导电性量子理论，后人称之为 BCS 超导微观理论。从微观角度来看，这是对超导电性机理作出合理解释的最富有成果的探索，该理论于 1972 年获得了诺贝尔物理学奖。

BCS 理论证明了低温下材料的超导电性起源于物质中电子与声子的相互作用。当电子间通过声子的作用而产生的吸引力大于库仑排斥力时，电子结合成库柏电子对，使系统的总能量降低而进入超导态。在超导的基态与激发态之间有一等于电子对结合能的能隙 Δ，超导电子对不接受小于能隙的能量。一个电子对的半径一般为 $10^{-4}\sim10^{-5}$cm 数量级，在一个电子对的范围内，存在大量其他的电子对，这些电子对紧密地耦合在一起，使超导体内不同地点的电子在大小如电子对尺寸的范围内相互关联。这种关联性用超导体的相干长度 ξ 来表征，这种电子对相关联的长程有序，使大量电子对组成的宏观量子流体能无阻尼地运动。BCS 理论预测超导体的临界温度为：

$$T_c=1.14\theta_D e^{-\frac{1}{UN(E_F)}} \tag{2.35}$$

式中，θ_D 为德拜温度；U 为电子-声子相互作用能；$N(E_F)$ 为费米面附近电子能态密度。从式(2.35) 得到一个有趣的结论：一种金属如果在室温下具有较高的电阻率（因为室温电阻率是电子-声子相互作用的量度），冷却时就有更大可能成为超导体。BCS 理论的临界温度上限约为 40K，尽管 BCS 理论在传统超导体中应用非常成功，但在解释氧化物等新型高温超导体的超导机理时还存在一些问题。高温氧化物超导体存在一些“反常”性质，如超导相干长度小，并有明显的各向异性，造成超导载流子对的数量很少，产生电导和比热涨落效应等。人们对新型超导体的超导机制仍未达成共识，需要进一步探索超导的奥秘。

2.3.4.3 超导隧道效应

经典力学认为，若两个区域被一个势垒隔开，只有粒子具有足够穿过势垒的能量，才能从一个区域到达另一个区域。而量子力学则认为，即使一个能量不大的粒子，也有可能以一定的概率“穿过”势垒，这就好像有一个隧道，所以称之为隧道效应。由此可见，宏观上的确定性在微观上往往具有不确定性。隧道效应可以定义为电子具有穿过比其自身能量还要高的势垒的本领。穿透概率随势垒高度和宽度的增加而迅速减小。

1962 年，英国剑桥大学实验物理学研究生约瑟夫森在理论上预言，当两个超导材料之间设置一个绝缘薄层构成超导层-绝缘层-超导层（SIS）结时，电子可以穿过绝缘体从一个超导材料到达另一个超导材料，并由实验所证实，这一效应称为约瑟夫森效应。

根据隧道结原理，两块超导体中间夹一层金属也可以形成约瑟夫森结。如果超导体中间不夹东西（如真空）而只是靠得很近，也会产生超导隧道效应。约瑟夫森结还可以是两块超导体的点接触或微桥接触等结构，其关键是让两块超导体间有弱连接而导致隧道效应。

实验指出，SIS 结的绝缘介质层能够承受的无阻电流很小，一般是几十微安到几十毫安，超过了就会出现电压。这种 SIS 结能够通过很小隧穿超流的现象称为超导隧道结的直流约瑟夫森效应。若以 I_c 表示所能承受的最大隧穿超流，则称 I_c 为超导结的临界电流。当通过的电流超过临界电流，结两端出现电压，正常电子参与导电。图 2.19(a) 为测量约瑟夫森结的直流 I-V 特性线路原理图，图 2.19(b) 表示结的直流特性。当 $I<I_c$ 时，结上电压为零，此时超导结处于超导态。当 $I>I_c$ 时，结上出现电阻。如果电源内阻比结电阻小很多，结电阻的出现使得电路中突然增加一个大电阻，电路中的电流就突然降为零，电源的输出电压全部降到结区两端。在这种情况下，超导结的 I-V 特性曲线就如图 2.19(b) 中虚线 a 所示跳跃到正常电子隧道曲线。如果电源内阻比结电阻大得多，那么结电阻的出现对电路中的电流基本没有影响，这时 I-V 特性曲线就如图 2.19(b) 中虚线 b 所示跳跃到正常电子隧道曲线。

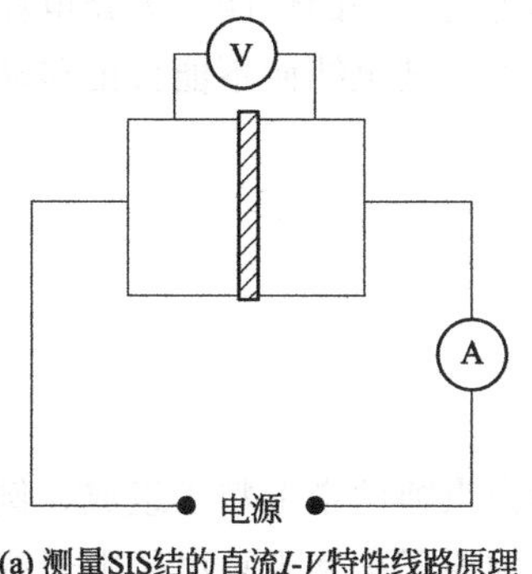

(a) 测量SIS结的直流I-V特性线路原理

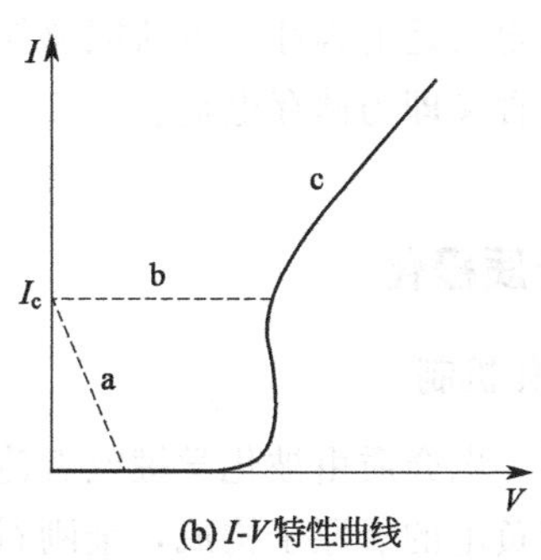

(b) I-V特性曲线

图 2.19　约瑟夫森结 I-V 特性

当 $I>I_c$ 时，超导结两端出现电压，这时发生了两种过程，一是正常电子隧道效应开始出现，I-V 特性曲线如图 2.19(b) 中的 c。这并不表示绝缘层已从超导态转入正常态，这是因为当结区两端出现直流电压时，除了单电子隧穿效应以外还发生了另一个过程，即交变超导电流出现。由于结中这个交变电流的出现就产生了从结区向外辐射的电磁波，它在微波区的矩波范围内。在直流电压下，超导结产生交变电流从而辐射电磁波的特性称为交流约瑟夫森效应。辐射电磁波的频率由式(2.36) 决定。

$$h\nu=2eV \tag{2.36}$$

式中，h 为普朗克常数；ν 为电磁波频率；e 为基本电荷量；V 为直流电压。

1963 年罗威尔首先发现超导结的临界电流 I_c 也和磁场有关，I_c 对磁场很敏感，1.0×10^{-4} T 左右的磁感应强度就能使 I_c 变得很小，而且 I_c 曲线随外加磁通量的增大而周期起伏(如图 2.20 所示)，这就是超导结量子相干效应。利用这种量子相干效应可以制作高灵敏度超导量子干涉仪。

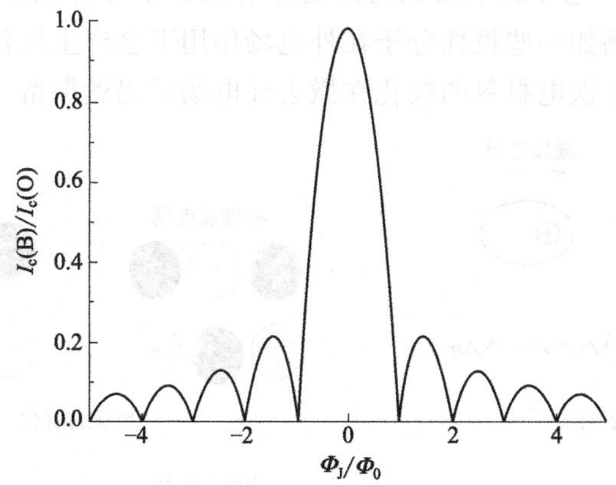

图 2.20　I_c 与外加磁通量之间的关系

2.4 介电材料的基本理论

导体中存在大量可以自由移动的载流子，达到静电平衡后导体内电势处处相等。当材料(例如空气、云母片、塑料、水等) 的电阻率超过 $10^{10}\Omega\cdot m$ 时，静电场可以稳定地保留在材料中，这种材料称为介电或绝缘体材料，这种不传递电势的性能称为介电性或绝缘性。介电性的另一层含义是电容性，电荷能够储存在材料中，被束缚而不能自由移动，介的意思是存留，介电的含义即为储存电荷。

2.4.1 电介质极化

2.4.1.1 极化机制

从微观看，电介质由被化学键或者范德华力等力束缚的带电粒子组成，例如水由带正电的氢原子和带负电的氧原子构成，金刚石由带正电的原子核和带负电的电子构成。在外电场作用下，正、负离子或者原子核、电子之间能产生微小的移动（即电极化），产生电偶极矩，这种性能称为介电性。电介质中的电极化包括以下几种机制：

（1）电子/离子位移极化

如图 2.21(a) 所示，在外电场作用下原子的电子云与原子核发生相对位移形成的极化称为电子位移极化，形成极化所需时间约 10^{-15}s，不会消耗能量，受温度影响不大。在外电场作用下电介质中正、负离子发生相对位移形成的极化称为离子位移极化，形成极化所需时间约 10^{-13}s，也不消耗能量，但受温度影响。

（2）弛豫极化

如图 2.21(b) 所示，材料中存在弱相互联系的带电粒子在热运动下混乱分布，在电场作用下有序排布产生极化，这个过程具有统计、弛豫的性质，需要 10～100s 达到平衡，并且吸收能量，是一种非可逆过程，包括电子弛豫极化、离子弛豫极化、偶极子弛豫极化。

（3）取向极化

如图 2.21(c) 所示，电介质中无取向性的固有偶极子在外场作用下沿着电场方向定向排列，产生宏观极化，例如一些极性分子在外电场作用下会产生极化，电场撤去后又恢复随机排列而极化消失。但是铁电材料的极化在撤去外电场后仍然保留一部分。

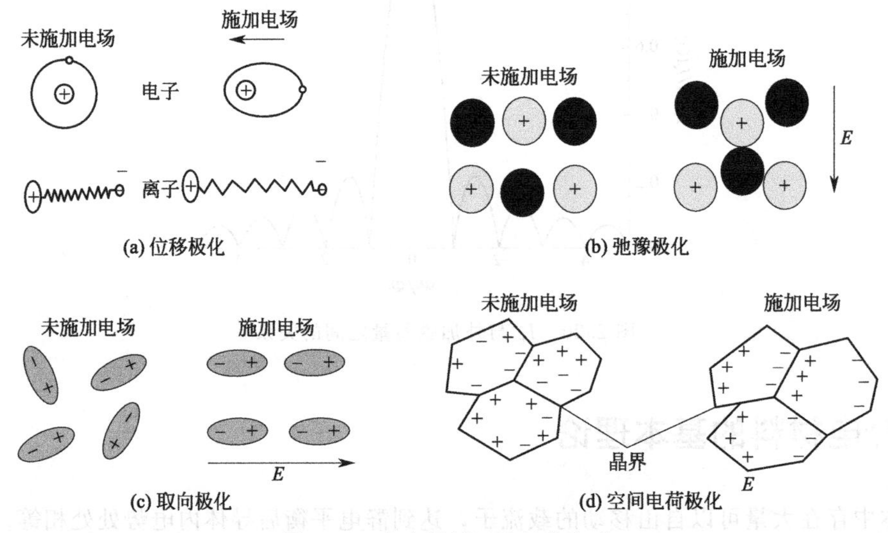

图 2.21 介电材料四种极化方式

(4) 空间电荷极化

如图 2.21(d) 所示，不均匀电介质中常存在少量可移动的空间电荷，例如晶界、相界、杂质缺陷处存在一些电荷，在外场作用下向两极移动，产生电偶极矩，这种极化方式在高温下更强，需要较长的时间，只在低频或直流外电场下产生。

在低频电场作用下这四种极化机制都会对介电材料的极化产生贡献，但对于不同的材料，往往有一种或两种极化占主导地位，例如非极性电介质电极化主要来源于电子位移极化，一般离子晶体的电极化主要来源于电子位移极化和离子位移极化，而铁电材料中占主导地位的则是取向极化。

2.4.1.2　介电常数

一般用介电常数（用 ε 表示）衡量材料的介电性能，定义为电位移 D 和电场强度 E 之比（$\varepsilon=D/E$），单位为 F·m。不同的极化机制会有不同的共振频率，如图 2.22 所示，随着外加交变电场频率的增加，原来能跟得上电场翻转的极化机制会逐渐跟不上电场翻转，因此介电常数会呈阶梯式下降，在共振频率附近会出现一个介电损耗的峰值。

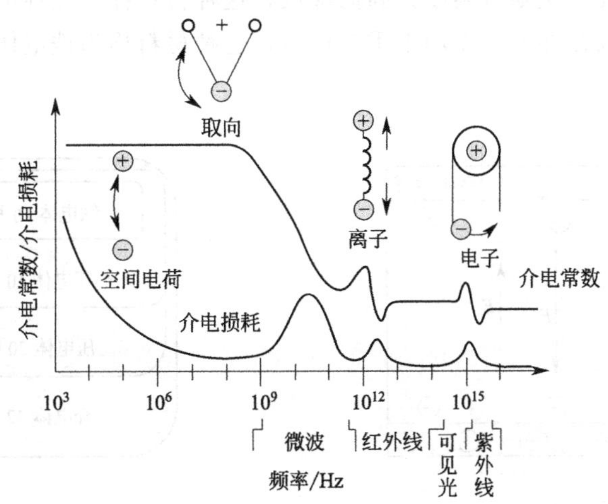

图 2.22　介电常数与介电损耗随外加交变电场频率的变化

电介质在施加外电场时会产生感生电荷从而削弱电场，图 2.23 为典型平行板电容器电介质极化示意图，中间为电介质，两边为电极。施加外加电场 $\boldsymbol{E}_0$ 后，电介质产生极化，在表面产生束缚电荷。单位体积的电介质内各电偶极矩 $\boldsymbol{p}_i$ 的矢量和称为电极化强度 $\boldsymbol{P}$，单位为 C·m^{-2}。

$$\boldsymbol{P}=\frac{\sum_i \boldsymbol{p}_i}{V} \tag{2.37}$$

式中，$\boldsymbol{P}$ 为电极化强度；$\boldsymbol{p}_i$ 为电偶极矩；V 为电介质的体积。

电极化强度 $\boldsymbol{P}$ 与外加电场强度 $\boldsymbol{E}$ 的关系为：

$$\boldsymbol{P}=\chi_e\varepsilon_0\boldsymbol{E} \tag{2.38}$$

式中，χ_e 为电介质的电极化率，ε_0 为真空介电常数。由电学知识可知，退极化场 E' 与介质电极化率的关系为：

$$E'=\chi_e E \tag{2.39}$$

总场强有：

$$E=E_0-E'=E_0-\chi_e E \tag{2.40}$$

电介质内部的场强变为 $\boldsymbol{E}_0$ 的 $1/(1+\chi_e)$ 倍，平行板电容器两端电势差也变为原来的 $1/(1+\chi_e)$ 倍，电容会增加 $1/(1+\chi_e)$ 倍，相应的介电常数也变为：

$$\varepsilon=\varepsilon_0(1+\chi_e)=\varepsilon_0\varepsilon_r \tag{2.41}$$

$$\varepsilon_r=1+\chi_e \tag{2.42}$$

ε_r 定义为电介质的相对介电常数，为原外加电场 $\boldsymbol{E}_0$ 与最终电介质中内电场 $\boldsymbol{E}$ 的比值，是电介质极化性质的重要物理参数，也是电介质材料储存电荷能力的表征参数。

除了在电场作用下产生介电效应外，一些介电材料在其他场作用下会产生特殊的功能效应，这些性质与晶体的对称性有关。在介电材料中，20 种点群材料由于其非中心对称晶体结构，能产生压电效应，这种材料称为压电体；压电体中 10 种点群拥有唯一的旋转对称轴，能产生自发极化且自发极化随着温度升高而降低，这种材料称为热释电体；在热释电体中一些材料的自发极化可以在外电场作用下重新取向，这种材料称为铁电体，它们之间的关系如图 2.24 所示。

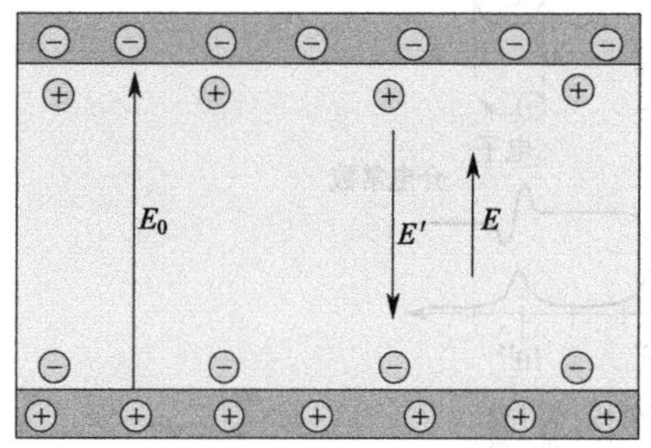

图 2.23 电介质极化示意图

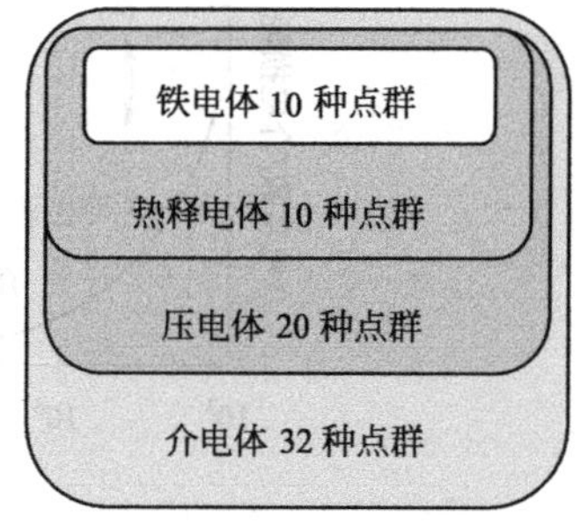

图 2.24 几种介电体之间的关系

2.4.2 压电效应

2.4.2.1 压电效应

压电效应首先在石英晶体中被发现，此后人们陆续发现了一些具有压电效应的离子晶体或离子团组成的分子晶体。如图 2.25 所示，对石英晶体施加压应力或者拉应力，晶体会产生应变，应变将使晶体的正、负电荷中心分离，产生电偶极矩；反之，对压电晶体施加外电场，晶体也将产生应变或应力，二者统称为压电效应。具有对称中心的晶体不具有压电性，靠纯粹的机械力不能使晶体正、负电荷中心之间发生不对称的相对位移，也就是不能使之极化。在晶体的 32 种点群中，具有对称中心的 11 个点群不会有压电效应。此外，432 点群对称性很高，压电效应退化。因此只有 20 种不具有对称中心的晶体可能具有压电性。

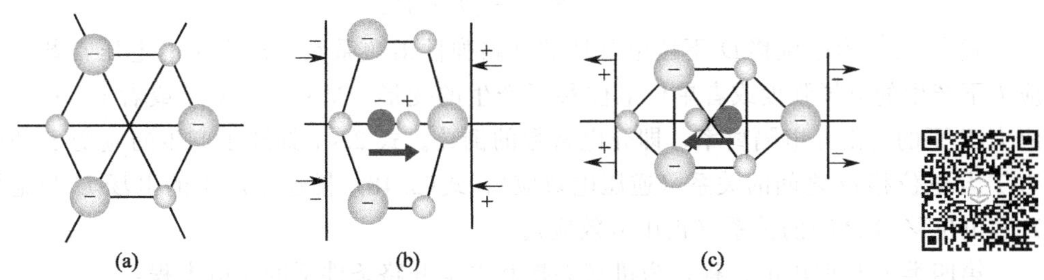

图 2.25　石英晶体不同受力情况下电荷中心移动示意图

(a) 不受力；(b) 受压应力；(c) 拉应力作用，电荷中心移动

2.4.2.2　主要特性参量

(1) 压电、弹性、介电常数

压电效应是一种线性的机电转换效应，与介电效应、弹性效应一起决定压电晶体的机电性能。用压电方程描述压电材料力学量（应力 T 和应变 S）和电学量（电场 E 和电位移 D）之间的关系与转换特性，根据压电晶体的机械边界条件和电学边界条件不同，压电方程表达有所不同。机械边界条件：a. 自由。压电晶体中间固定，两边无约束可自由变形，边界上应力为零。b. 夹紧。用刚性夹具固定压电晶体边缘，两边受约束，应变为零，应力不为零。电学边界条件：a. 开路。压电晶体电阻远小于测量电路的电阻，此时通过压电效应产生的电荷不会流走，晶体内的电位移 D 为零，上标为 E。b. 短路。测量电路的电阻远小于晶体内电阻，压电效应产生的电荷不能在两边界累积，此时晶体内的电场 E 为零，上标为 D。

第一类 d 型压电方程边界条件为机械自由和电学短路：

$$D=dT+\varepsilon^T E \tag{2.43}$$

$$S=s^E T+dE \tag{2.44}$$

式中，D 表示移动的电荷量，$C \cdot m^{-2}$；d 为压电应变常数，表示单位电场强度下产生的应变或者单位应力下产生的电位移，$m \cdot V^{-1}$ 或者 $C \cdot N^{-1}$，这两种单位是等效的；ε^T 为应力 T 下压电晶体的介电常数；s^E 为电场强度为 E 时的短路弹性柔顺系数，表示弹性体在单位应力下所发生的应变，是弹性体柔性的一种量度，$m^2 \cdot N^{-1}$。式(2.43) 描述了产生的电位移 D 与施加应力 T 和电场 E 之间的关系（正压电效应）；式(2.44) 描述了产生的应变 S 与施加应力 T 和电场 E 之间的关系（逆压电效应）。

第二类 e 型压电方程，边界条件为机械夹紧和电学短路：

$$T=c^E S+eE \tag{2.45}$$

$$D=eS+\varepsilon^S E \tag{2.46}$$

式中，c^E 为电场 E 下压电晶体的刚度系数，即短路弹性柔顺系数的倒数；e 为压电应力常数，表示单位电场强度下产生的应力或者单位应变下产生的电位移，$N \cdot V^{-1} \cdot m^{-1}$ 或者 $C \cdot m^{-2}$；ε^S 为应变为 S 下的介电常数。式(2.45) 描述了应力 T 和电场 E 与产生的应变 S 之间的关系（逆压电效应）；式(2.46) 描述了电位移 D 与产生的应变 S 和电场 E 之间的关系（正压电效应）。

第三类为 g 型压电方程，为机械自由和电学开路条件下的压电方程：

$$S=s^D T+gD \tag{2.47}$$

$$E=-gT+\beta^{T}D \tag{2.48}$$

式中，s^D 为电位移 D 下压电晶体的开路弹性柔顺系数；g 为压电电压常数，表示单位应力下产生的电场强度或者单位电位移下产生的变形，$V \cdot m \cdot N^{-1}$ 或者 $m^2 \cdot C^{-1}$；β_T 为应力 T 下的自由介电隔离率，即介电常数的倒数。式 2.47 描述了产生的应变 S 和施加的应力 T 与电位移 D 之间的关系（逆压电效应）；式(2.48) 描述了产生的电场 E 与施加的应力 T 和电位移 D 之间的关系（正压电效应）。

第四类为 h 型压电方程，为机械夹持和电学开路条件下的压电方程：

$$T=c^{D}S+hD \tag{2.49}$$

$$E=-hS+\beta^{S}D \tag{2.50}$$

式中，c^D 为电位移 D 下压电晶体的开路弹性刚度系数，即开路弹性柔顺系数的倒数；h 为压电刚度（或劲度）常数，表示单位电位移下产生的应力大小或单位应变下产生的电场大小，$N \cdot C^{-1}$ 或者 $V \cdot m^{-1}$；β^S 为应变 S 下的夹持介电隔离率，即介电常数的倒数。式(2.49) 描述了应力 T 和应变 S 与电位移 D 之间的关系（逆压电效应）；式(2.50) 描述了产生的电场 E 与施加的应力 T 和电位移 D 之间的关系（正压电效应）。

这四类方程描述了压电晶体四个参数之间的相互关系，反映压电晶体弹性性质的参数有 s^E、c^E、s^D、c^D，反映压电晶体介电性质的参数有 ε^T、ε^S、β^T、β^S，反映压电晶体压电性质的参数有 d、e、g、h，其中四种压电常数中最常用的是压电应变常数 d，是表征压电驱动器的重要参数，g 也是较常用的参数，是表征压电传感器的重要参数。

（2）机电耦合系数

机电耦合系数可用来表征压电材料机械能与电能之间的相互转换关系，用符号 k 表示，定义为储存机械能与输入电能的比值：

$$k^2=\frac{\dfrac{1}{2s}dE^2}{\dfrac{1}{2}\varepsilon_0\varepsilon_r E^2}=\frac{d}{\varepsilon_0\varepsilon_r s} \tag{2.51}$$

式中，ε_0 和 ε_r 为真空介电常数和材料的相对介电常数；d 为压电应变常数；s 为弹性柔顺系数。

压电振子在谐振时存储的机械能与在一个周期内损耗的机械能之比称为机械品质因数，用 Q_m 表示。机械品质因数与压电换能器的带宽有关，由谐振频率附近的谐振峰宽度确定，Q_m^{-1} 与机械损耗相等，损耗越小，机械品质因数越高。

压电效应涉及力学和电学之间的相互作用，力学和电学量都是矢量，压电材料的机电耦合系数、压电常数、弹性常数、介电常数之间存在一定的关系，在不同方向施加的电激励和测量得到的应变都是不一样的。压电材料在不同的模式下具有不同模式的机电耦合系数，常见的机电耦合系数有平面机电耦合系数、横向机电耦合系数、纵向机电耦合系数、厚度伸缩机电耦合系数和厚度切变机电耦合系数等。表 2.4 为几种常见振动模式下压电材料机电耦合系数表示图，机电耦合系数 k 与压电应变常数 d 的前一个下标表示电场的方向，后一个下标表示压电材料的伸缩振动方向。例如横向机电耦合系数 k_{31} 对应于长度伸缩振动，反映了细长条沿厚度方向的极化和电激励；纵向机电耦合系数 k_{33} 反映了细棒沿长度方向极化和电激励。

表 2.4　几种常见振动模式下压电材料机电耦合系数表示图

机电耦合系数	应力/应变弹性边界条件	压电谐振子振动形式和极化方向
$k_{31}=\dfrac{d_{31}}{\sqrt{s_{11}^{E}\varepsilon_{33}^{T}}}$	$\sigma_1\neq0,\sigma_2=\sigma_3=0$ $\varepsilon_1\neq0,\varepsilon_2\neq0,\varepsilon_3\neq0$	横向振动
$k_{33}=\dfrac{d_{33}}{\sqrt{s_{33}^{E}\varepsilon_{33}^{T}}}$	$\sigma_1=\sigma_2=0,\sigma_3\neq0$ $\varepsilon_1=\varepsilon_2\neq0,\varepsilon_3\neq0$	纵向振动
$k_p=\sqrt{\dfrac{2}{1-\nu}}k_{31}$ ν 为泊松比	$\sigma_1=\sigma_2\neq0,\sigma_3=0$ $\varepsilon_1=\varepsilon_2=0,\varepsilon_3\neq0$	径向振动
$k_t=\dfrac{d_{15}}{\sqrt{s_{55}^{E}\varepsilon_{11}^{T}}}$	$\sigma_1=\sigma_2\neq0,\sigma_3\neq0$ $\varepsilon_1=\varepsilon_2=0,\varepsilon_3\neq0$	厚度振动

（3）声阻抗

声阻抗 Z 是用来描述机械声波在两种材料之间传递的一个参数，等于介质中波阵面上的声压与通过这个面积的体积速度的复数比值，反映介质对机械振动的阻尼特性。在固体中，

$$Z=\sqrt{\rho c} \tag{2.52}$$

式中，ρ 为材料密度；c 为材料刚度系数。只有两种材料的声阻抗相等时，机械能才能有效地传递；当声阻抗等于电阻抗时，机械能才能有效地转换为电能。

当交变电场施加在压电材料上时，压电材料就会产生振动。施加电压后压电材料的阻抗与频率的关系如图 2.26 所示。一般情况下，这种振动的幅度很小，但如果驱动电压的频率与压电材料的固有机械谐振频率（与压电晶体的尺寸有关）一致时（F_r），会产生较其他频率大得多的振动，这种现象称为压电谐振，此时对电流的阻抗为零，压电振子可等效为一个串联谐振电路。当驱动电压的频率增加到 F_a 时，对电流的阻抗变为无穷大，谐振子产生反谐振，器件产生的压电应变被完全补偿，此时压电振子可等效为一个并联反谐振电路，电流不能流入。对于 k 值小的压电振子，谐振频率接近且小于反谐振频率；对于 k 值大压电振子，谐振频率约为反谐振频率的一半。

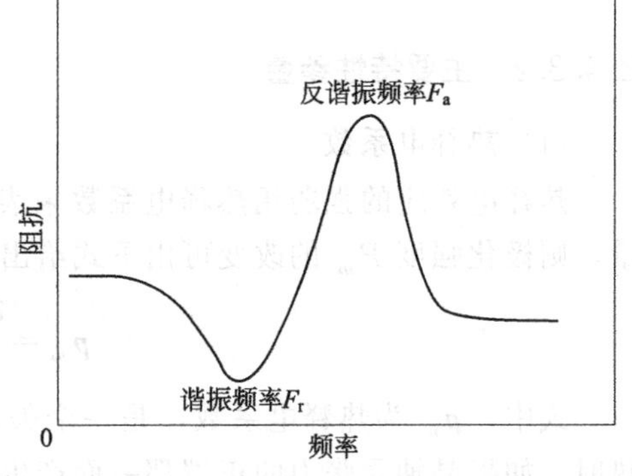

图 2.26　压电材料阻抗与频率的关系

2.4.3 热释电效应

2.4.3.1 热释电效应

在 20 种压电晶体的点群里，10 种点群拥有唯一的旋转对称轴，如果晶胞本身的正、负电荷中心不相重合，存在电偶极矩，由于晶体构造的周期性和重复性，晶胞的固有电偶极矩便会沿着同一方向排列整齐，使晶体处于高度极化状态。这种极化状态是在外场为零时自发地建立起来的，称为自发极化。这种材料不加外场时就有净电偶极矩，而且自发极化会随着温度升高而减弱，从而产生热释电效应。热释电材料的自发极化强度 P_m 与温度的关系如图 2.27 所示，温度升高时热运动会使得电偶极矩的有序方向扰乱，P_m 减小，而且在居里点

T_C 附近 P_m 急剧下降，在温度低于居里温度较多时，P_m 随温度的变化相对较小，因此在自发极化遭到热破坏之前，热释电效应随温度升高而增强。热释电效应测量过程示意图如图 2.28 所示。热释电晶体具有自发极化特性，在热平衡状态下，这些表面束缚电荷被等量异性电荷所屏蔽；当温度升高时，平均自发极化减小，感生电荷量也减少，原先的自由电荷不能被完全屏蔽，于是通过外电路流入另一端产生电流。降温时电流的方向相反。

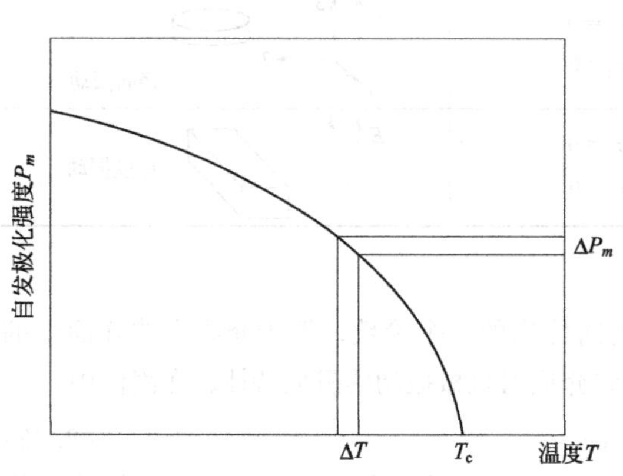

图 2.27 热释电材料极化强度与温度的关系

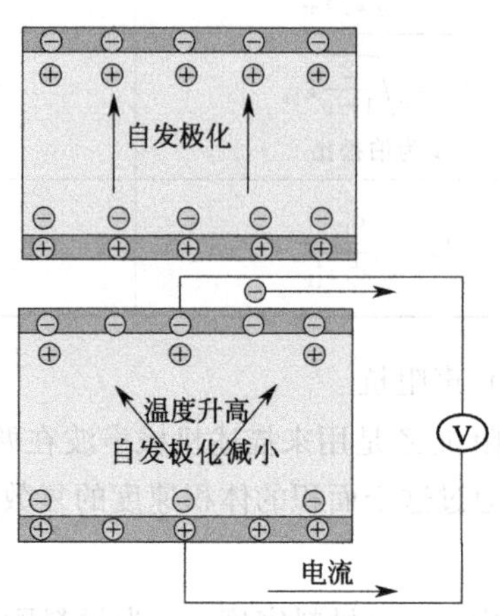

图 2.28 热释电效应测量过程示意图

2.4.3.2 主要特性参量

（1）热释电系数

热释电效应的强弱用热释电系数来表示，假设整个晶体的温度 T 均匀地改变了一个小量，则极化强度 P_m 的改变可由下式给出：

$$\boldsymbol{p}_m=\frac{\partial \boldsymbol{P}_m}{\partial T},m=1,2,3 \tag{2.53}$$

式中，$\boldsymbol{p}_m$ 为热释电系数，是一个矢量，一般有三个非零分量，$\mathrm{C}\cdot\mathrm{m}^{-2}\cdot\mathrm{K}^{-1}$。在加热时，如果晶轴受张力的正端那一面产生正电荷，就定义热释电系数为正，反之为负。热释电体一般具有一级和二级热释电效应，自发极化随温度改变引起的热释电效应称为一级热释电效应；由温度变化引起材料形变，再由压电效应产生电荷的效应称为二级热释电效应。

（2）优值指数

对热释电材料性能的评价通常采用电流响应优值 $\boldsymbol{F}_i$、电压响应优值 $\boldsymbol{F}_V$ 和探测度优值 $\boldsymbol{F}_M$ 三个参数。

$$\boldsymbol{F}_i=\frac{\boldsymbol{p}}{c_V} \tag{2.54}$$

$$\boldsymbol{F}_V=\frac{\boldsymbol{p}}{c_V\varepsilon_r} \tag{2.55}$$

$$\boldsymbol{F}_M=\frac{\boldsymbol{p}}{c_V(\varepsilon_r\tan\delta)^{1/2}} \tag{2.56}$$

式中，$\boldsymbol{p}$ 为热释电系数；c_V 为材料定容比热容；ε_r 为相对介电常数；$\tan\delta$ 为介电损耗因子。可见想要更好的热释电探测性能，需要材料具有较大的热释电系数，较小的介电常数、介电损耗和定容比热容。

2.4.4　铁电效应

2.4.4.1　铁电效应

在热释电材料中，发现一些晶体材料的自发极化方向可在外电场作用下重新取向（不一定反向），这种效应称为铁电效应，拥有铁电效应的材料称为铁电体。铁电体在自发极化方向呈现极性，一端为正，一端为负。这个特殊极性方向在晶体所属点群任何对称操作下都保持不动，与晶体的其他任何方向都不是对称等效的，显然这对晶体点群对称性施加了限制。在 32 个晶体点群中，只有 10 个拥有唯一的旋转对称轴的点群可能具有铁电性，而具体一种热释电材料是否具有铁电性需要通过实验测量。

2.4.4.2　电畴及电滞回线

晶体在整体上呈现自发极化意味着在其极化方向的正端有一层束缚的负电荷，负端有一层束缚的正电荷。如图 2.29(a) 所示，束缚电荷产生的电场方向与晶体极化方向相反，称为退极化场，会产生很大的静电势能。在受机械约束时，自发极化的应变还将使应变能增加。所以，单方向极化的状态是不稳定的，通常晶体将分成图 2.29(b) 中若干个小区域，每个小区域内部电偶极矩沿同一方向，不同小区域的电偶极矩方向不同，这些小区域称电畴，畴的间界叫畴壁。畴的出现使晶体的静电能和应变能降低，但增加了畴壁能。总自由能取极小值的条件决定了电畴的稳定构型。在电场作用下，极化与电场同方向的电畴增大，反方向的减小。如果电场很弱，则畴壁的运动是可逆的。如果电场较强，则电畴发生不可逆转动。在交变电场中，表示极化与电场关系的电滞回线如图 2.30 所示。电场较弱时，电极化强度随电场增强而变大，电场足够强时，电极化强度不再因电场增强而变化，称为饱和电极化强度。当电场移去后，铁电材料中保留部分极化量，即剩余极化强度 $\boldsymbol{P}_r$。当外电场反向时，剩余极化强度为零，施加的电场大小称为矫顽电场 $\boldsymbol{E}_c$。

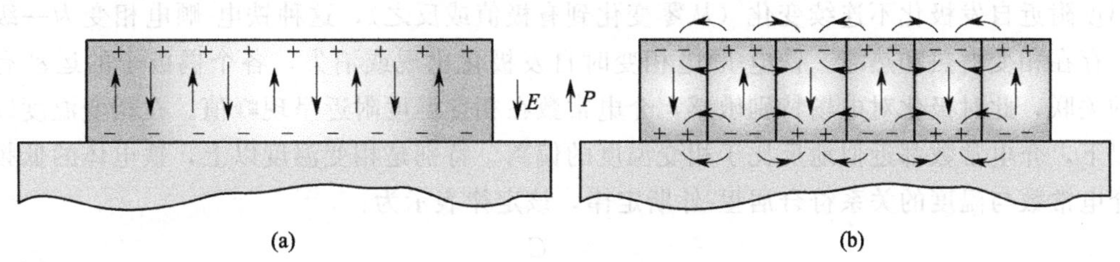

图 2.29　铁电畴形成示意图

(a) 单畴的极化；(b) 多畴的极化

2.4.4.3　铁电体分类

铁电相变的实质是出现自发极化，可根据自发极化的来源将铁电相变分为两种类型，即位移型和有序无序型。位移型铁电体自发极化起源于正、负离子的相对位移或者软模硬化。图 2.31 为钛酸钡的两种极化状态，基本结构单元是 TiO_6 八面体，顺电相中，Ti 位于氧八面体的中心，显然正负电荷中心重合。在铁电相中，Ti 和 O 发生相对位移，Ti 向上或者向下偏离了氧八面

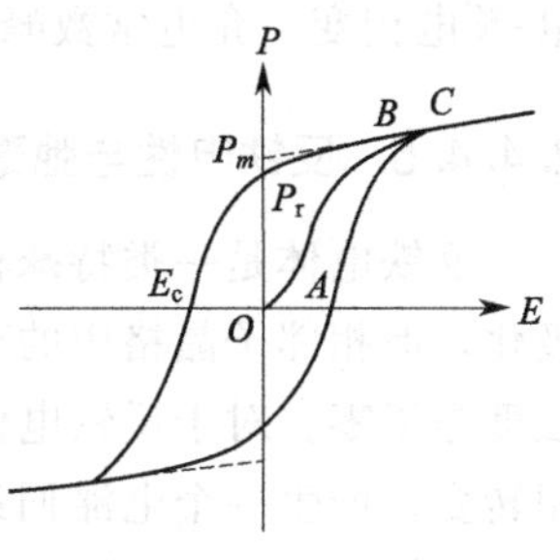

图 2.30　电滞回线

体中心，于是出现了向上和向下两种自发极化。有序无序型铁电体自发极化来源于原子或原子团分布的有序化，例如在 KH_2PO_4 和 $PbHPO_4$ 等含氢键的铁电体中，氧四面体的每个氧原子与另一个四面体的一个氧原子通过氢键连结，氢离子有两个可能的平衡位置。顺电相时，氢的分布是无序的，它在两个位置的概率相等，各为 50%，晶体无自发极化；铁电相时，氢择优占据其中一个位置，晶体呈现自发极化。更深入的研究显示，许多铁电体兼具有序无序和位移型的特征，上述分类是实际情况的近似和简化。

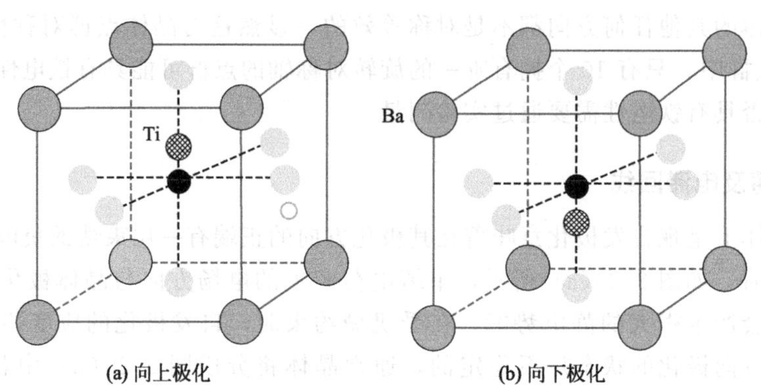

图 2.31 钛酸钡的两种极化状态

2.4.4.4 居里温度

晶体的铁电性通常只存在于一定的温度范围内。当温度超过某一值时，自发极化消失，铁电体成为顺电体。这种转变称为铁电-顺电相变，该温度称为居里温度或居里点（T_C）。不同的铁电体在居里温度附近自发极化的变化有不同的特点。KH_2PO_4 和 $PbHPO_4$ 等有序无序型铁电体在居里温度附近自发极化连续变化（从零变化到无限小或反之）的铁电体称为连续相变铁电体，这种相变是二级相变，没有相变潜热。而钛酸钡等一些位移型铁电体在居里温度附近自发极化不连续变化（从零变化到有极值或反之），这种铁电-顺电相变为一级相变，存在相变潜热和热滞。铁电-顺电相变时自发极化出现或消失，各个偶极子的运动有强烈的关联，此时极化对电场特别敏感，介电常数在相变温度附近呈现峰值。在相变温度以上或以下，介电常数都近似地反比于相变温度的偏离。特别是相变温度以上，铁电体的低频相对介电常数与温度的关系符合居里-外斯定律，该定律表示为：

$$\varepsilon_r = \frac{C}{T - T_C} \tag{2.57}$$

式中，ε_r 为相对介电常数；C 为居里常数；T 为温度；T_C 是居里温度。对于不同的铁电-顺电相变，介电常数峰值不一定与居里温度完全重合。

2.4.4.5 反铁电性与弛豫铁电性

反铁电体是一类特殊材料，如图 2.32(a) 所示，其晶体子晶格的离子发生位移型自发极化，但相邻子晶格中的离子位移自发极化方向是相反的，因此反铁电晶体的宏观自发极化强度等于零。对于反铁电体，当电场强度增加到临界电场强度时，将会发生铁电-反铁电的相转变，产生一个电滞回线。当电场强度降低到临界强度之下时，铁电体又相变为反铁电体。当加上反向的电压时，也会出现类似相转变，因此其 P-E 曲线呈现双电滞回线，如图 2.32(b) 所示。除了电场能强迫反铁电态与铁电态进行相变外，温度与压力也都能使反铁电态与铁电态互相转变。反铁电材料在电能量存储、能量转换、大位移驱动等领域中都具有广泛的应用，是科学家研究的热门功能材料之一。

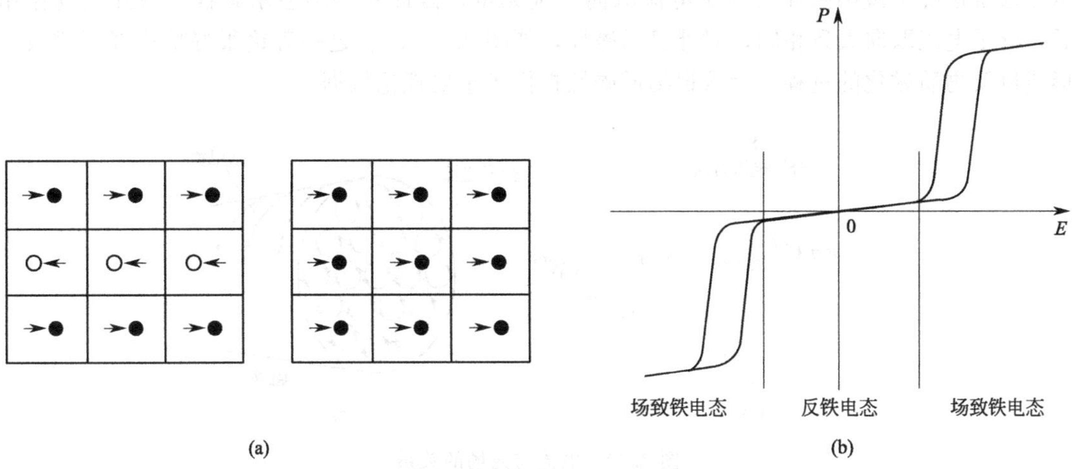

图 2.32　反铁电和铁电自发极化状态（a）和反铁电体双电滞回线曲线（b）

铁电体中有一类材料既有明显的铁电性，又有强烈的弛豫特性，称为弛豫铁电体。其第一个特征是铁电-顺电相变是一个渐变的过程，没有一个确定的居里温度 T_C，在介电常数-温度曲线中表现为电峰宽化，其特征峰值温度称为 T_m。第二个特征是频率色散，在 T_m 以下，随频率增加介电常数下降，损耗增加，且介电峰和损耗峰向高温方向移动。第三个特征是 T_m 以上仍然有较强的自发极化强度，其介电常数-温度关系不符合居里-外斯定律，典型的例子为铅基复合钙钛矿型弛豫铁电体，如掺杂钛化铅的铅镁铌系 $PbMg_{1/3}Nb_{2/3}O_3$（简记为 PMN）和铅锌铌系 $PbZn_{1/3}Nb_{2/3}O_3$（简记为 PZN）。弛豫铁电体具有极高的介电常数，相对较低的烧结温度以及由弥散相变引起的较低的介电常数温度变化率，大的电致伸缩系数和几乎无滞后的特点，使得其在多层陶瓷电容器（MLCC）、电致伸缩驱动器和微机电系统（MEMS）器件上有着广阔的应用前景。

2.5　磁性材料的基本理论

人们很早就发现电和磁存在某种相似性，譬如电荷有正、负两种类型，磁体也存在南、北两极，并且电和磁都满足同性相互排斥、异性相互吸引的条件。但在很长时间内，电和磁作为独立的学科各自发展，直到 1819 年丹麦物理学家奥斯特发现载流导电体周围的磁针受磁力作用发生偏转，第一次揭示了电与磁之间存在着内在关联，从而把电学和磁学联系起来。1822 年法国物理学家安培提出分子电流假说，第一次对磁性起源提出了经典物理解释。20 世纪量子力学发展，人们对磁性本质有了深刻认识，提出磁性来源于物质原子磁矩。

2.5.1　材料的磁性来源

2.5.1.1　经典电-磁关系

安培认为在原子、分子等物质微粒的内部，存在一种环形电流，称为分子电流。由于分子电流的存在，可以将每个微粒都看成微小磁体，两侧相当于两个磁极，分子电流和磁极的关系，满足右手螺旋定律，右手四指沿电流流动方向，大拇指指向 N 极，如图 2.33(a) 所示。通常情况下微小磁体的分子电流取向杂乱无章，因此对外不显示磁性。当外磁场作用后，分子电流取向大致相同，对外显示磁性，如图 2.33(b)。这一理论很好地诠释了磁极的形成以及物质磁化的过程，为认识物质磁性提供了重要理论依据。

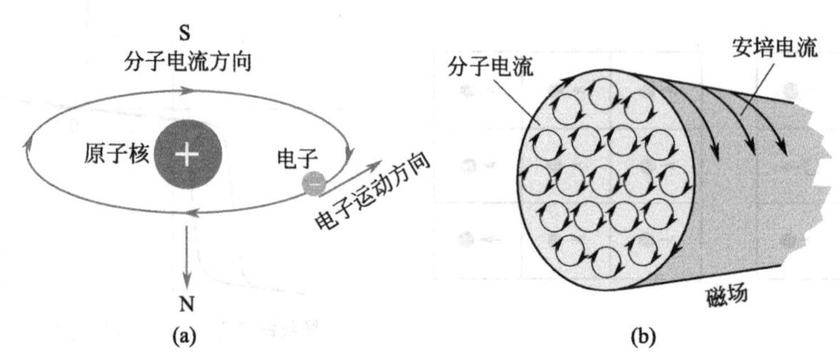

图 2.33 电流与磁场的关系

(a) 安培环形电流示意图；(b) 磁体中的分子电流

2.5.1.2 材料的磁性来源

量子力学认为电子的确切途径是测不准的，安培提出的分子电流现实中并不存在。此外，分子电流理论不能对某些磁学现象（比如反铁磁）提出合理的解释。近代理论表明，材料的磁性源自原子磁矩，而原子磁矩与带正电的原子核和带负电的电子运动有关，即原子核和核外电子的轨道运动和自旋运动是材料磁性的来源，如图 2.34。然而，由于原子核的质量是电子质量的 2000 倍以上，原子核运动产生的磁矩约只有电子磁矩的 1/2000，其对原子磁矩的贡献可以忽略不计。因此，原子的磁矩可以看成电子轨道磁矩和自旋磁矩的矢量和，大小与其角动量成正比。

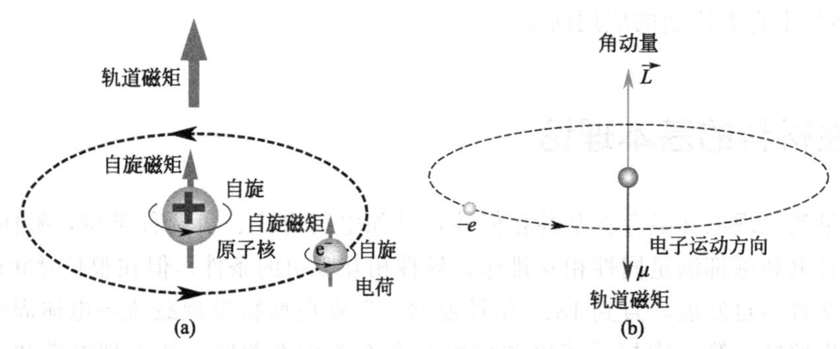

图 2.34 原子自旋磁矩、轨道磁矩及轨道角动量关系

(a) 自旋磁矩与轨道磁矩示意图；(b) 轨道角动量与轨道磁矩示意图

如图 2.34(b) 所示，电子绕原子核运动形成轨道角动量 L 和轨道磁矩 μ_l，由量子力学可知轨道角动量的大小 L 与角量子数 l 及约化普朗克常数 $\hbar$ 的关系为：

$$L=\sqrt{l(l+1)}\hbar \tag{2.58}$$

式中，$l=0$，1，2，……，$n-1$，$\hbar=1.055\times10^{-34}\text{J}\cdot\text{s}$。电子轨道磁矩 μ_l 与电子绕原子核运动形成的环形电流强度 I，环形所包围的面积 S 以及单位电子运动的轨道角动量 L 相关，且满足关系式：

$$\mu_l = IS = -\frac{e}{2m}L = -\frac{e}{2m}\sqrt{l(l+1)}\hbar = -\sqrt{l(l+1)}\mu_B \tag{2.59}$$

式中，μ_B 为玻尔磁子，是计算磁矩的最小单位，$\mu_B = 9.273\times10^{-24}\,A\cdot m^2$；$e$ 及 m 分别为基本电荷量和电子质量。由式(2.59) 可知，电子轨道产生的磁矩与角动量在数值上成正比，方向相反。

电子除了具有轨道磁矩外，还会绕自身的轴线自旋形成自旋角动量 $\boldsymbol{S}$ 和相应的自旋磁矩 $\boldsymbol{\mu}_s$。由量子力学可知，自旋磁量子数 $m_s = \pm\frac{1}{2}$，当系统中存在多个自旋电子时自旋角动量 $\boldsymbol{S}$ 的大小可以表示为：

$$|\boldsymbol{S}| = \sqrt{s(s+1)}\hbar \tag{2.60}$$

式中，$\boldsymbol{S}$ 为自旋角动量；$\hbar$ 为约化普朗克常数，s 为自旋量子数。由量子力学可知自旋磁矩 $\boldsymbol{\mu}_s$ 和自旋角动量 $\boldsymbol{S}$ 满足 $\boldsymbol{\mu}_s = -(e/m)\ \boldsymbol{S}$，$e$ 及 m 分别为基本电荷量和电子质量，对所有电子 $s = \frac{1}{2}$。因此 $\boldsymbol{\mu}_s$ 的模满足式(2.61)：

$$|\boldsymbol{\mu}_s| = \frac{-e}{m}\sqrt{s(s+1)}\hbar = -2\sqrt{s(s+1)}\mu_B = -\sqrt{3}\mu_B \tag{2.61}$$

基于近代物理理论，所有物质都是磁性体，磁性的强弱与物质原子磁矩有关。当原子中某一电子层被排满时，电子的轨道运动与自旋运动均匀对称分布，角动量的矢量和为零，因此，总磁矩也为零。只有当某一原子壳层未被电子排满的时候，这个壳层的电子总磁矩才不为零，原子对外显示磁矩。总之，原子结构与磁性的关系可以归纳为：①原子磁矩来源于电子的自旋和轨道运动；②原子内具有电子轨道未填满的电子是材料具有磁性的必要条件；③电子的“交换耦合作用”是材料具有强磁性的根本原因。

2.5.2 材料磁性的表征

(1) 磁感应强度

磁感应强度是一个基本物理量，表示垂直穿过单位面积的磁力线的数量，用于描述磁场强弱和方向，常用 B 表示，单位是韦伯每平方米（$Wb\cdot m^{-2}$）或特斯拉（T）。

(2) 磁化强度

磁化强度是描述磁介质磁化程度的物理量，通常用符号 M 表示，定义为磁介质单位体积内的原子磁矩 m_i（包括固有磁矩和附加磁矩）的矢量和。

$$M = \frac{\sum_i m_i}{V} \tag{2.62}$$

式中，M 为磁化强度；m_i 为原子磁矩；V 为磁介质的体积。

(3) 磁场强度

不考虑空间中的物质，只关注磁场和产生磁场的源（即电流）之间的关系，也为了方便数学推导，引入一个与介质无关的物理量——磁场强度 H：

$$H = \frac{B}{\mu_0} - M \tag{2.63}$$

式中，H 为磁场强度，$A \cdot m^{-1}$；B 为磁感应强度；μ_0 为真空磁导率，$\mu_0 = 4\pi \times 10^{-7} H \cdot m^{-1}$；$M$ 为磁化强度。相比于磁场强度 H，磁感应强度 B 则是考虑在虚无空间磁场 H 的基础上加上实际物质后的最终磁场的强弱，关注的是实际的磁场强弱。此外，B 和 H 的乘积称为磁能积（BH）。

（4）磁化率

一切物质都具有磁性，任何空间都存在磁场，只是强弱不同而已。磁化率 χ 反映了物质磁化的难易程度，是磁化强度 M 与外磁场强度 H 的比值，即 $\chi = M/H$。一些有代表性物质的磁化率如表 2.5 所示。

表 2.5　一些代表性物质的磁化率

磁性类型	元素/化合物	磁化率 χ	磁性类型	元素/化合物	磁化率 χ
顺磁性	Li	4.4×10^{-5}	铁磁性	铁晶体	1.4×10^{6}
	Na	6.2×10^{-6}		钴晶体	10^{3}
	Al	2.2×10^{-5}		镍晶体	10^{6}
	V	3.8×10^{-4}		3.5%Si-Fe	7×10^{4}
	Pd	7.9×10^{-4}		AlNiCo	10
	Nd	3.4×10^{-4}	亚铁磁性	Fe_3O_4	10^{2}
	空气	3.6×10^{-7}		各种铁氧体	10^{3}
抗磁性	Cu	-1.0×10^{-5}	反铁磁性	MnO	$0.69\chi(0)/\chi(T_N)$
	Zn	-1.4×10^{-5}			
	Au	-3.6×10^{-5}		FeO	0.78
	Hg	-3.2×10^{-5}		NiO	0.67
	H_2O	-0.9×10^{-5}		Cr_2O_3	0.76
	H	-0.2×10^{-5}			

（5）磁导率

磁导率 μ 是表征磁体磁性、导磁性和磁化难易程度的一个磁学量，磁导率 μ 等于磁介质中磁感应强度 B 与磁场强度 H 之比，即 $\mu = B/H$。如果能在同一传导电流的磁场中，先后测出在真空和充满某种磁介质时的磁感应强度分别为 B_0 和 B，则它们的比值就是该磁介质的相对磁导率 μ_r，即 $\mu_r = B/B_0$。假设真空磁导率 $\mu_0 = B_0/H$，则磁介质的磁导率 $\mu = \mu_0\mu_r$。磁导率与磁化率都是表示磁化难易程度的物理量，并且 $B = \mu_0(H+M) = \mu_0(H+\chi H) = \mu_0(1+\chi)H$，由此可得 $\mu_r = 1+\chi$。

按 μ_r 不同可以把磁介质分为三类：顺磁性（$\mu_r > 1$）、抗磁性（$\mu_r < 1$；$\mu_r = 0$ 表示完全抗磁性，如超导体是理想的抗磁体）以及铁磁性（$\mu_r \gg 1$）。

磁场强度、磁感应强度、磁导率和磁化率的关系如下所示：

$$M = \chi H = \frac{\chi}{1+\chi} \times \frac{B}{\mu_0} \tag{2.64}$$

此外，初始磁导率是磁性材料的磁导率在静态磁化曲线始端的极限值；在闭合磁路中，或多或少地存在着气隙，若气隙很小，可以忽略，则可以用有效磁导率来表征磁芯的导磁能力。

2.5.3 材料的磁化性质

磁化率 χ 是对物质进行磁性分类的主要依据。根据磁化率的符号和大小，可以把物质的磁性大致分为五类，不同磁性材料的磁化曲线如图 2.35 所示。

(1) 抗磁性

磁化率 χ 为负数（10^{-6} 数量级），表明磁化强度 M 的方向与外磁场强度 H 相反，也就是说磁介质内所激发的附加磁场 M' 与原有磁场 H 方向相反。凡是电子壳层被填满的物质都属于抗磁体，如惰性气体，离子型固体，共价型 C、Si、Ge、S、P 等通过共享电子而填满了电子层。常见的抗磁体包括铜、银、金、汞、锌、铋、镓、锡等。

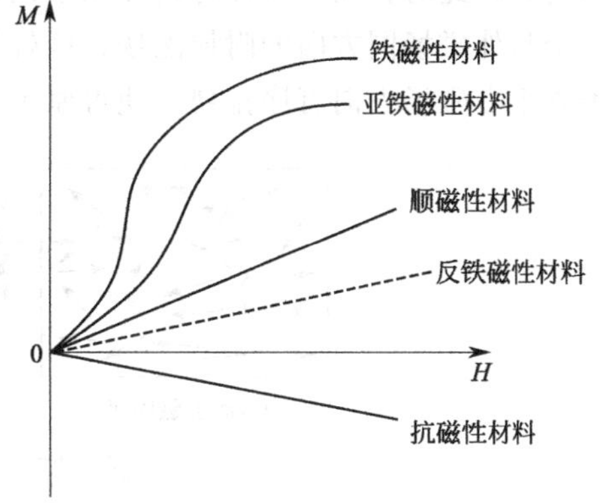

图 2.35　五类磁体的磁化曲线

抗磁性是一种微弱磁性，产生的机理如图 2.36 所示。对于电子壳层已经填满的原子，虽然所有电子的轨道磁矩和自旋磁矩的矢量和等于零，但在外磁场作用下，电子轨道的运动平面在磁场中发生进动。假设磁场垂直于电子轨道平面，当外磁场穿过电子轨道时，引起电磁感应使轨道电子加速。由楞次定律可知，轨道电子的这种加速运动所产生的磁通方向总是与外磁场方向相反，与电子轨道运动的速度、方向无关，磁通量与磁场强度成正比，因此磁化率为负值。

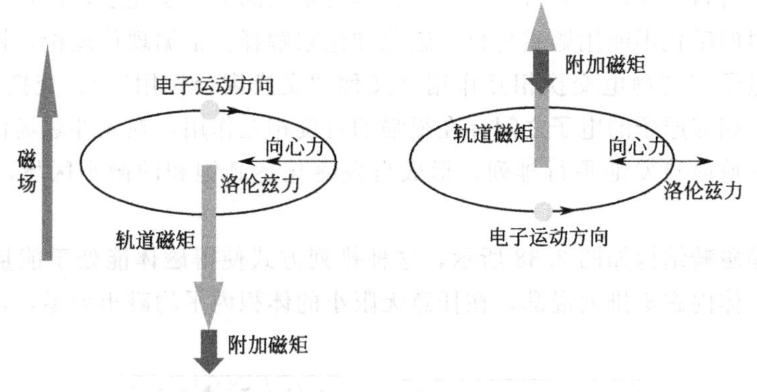

图 2.36　外磁场对抗磁材料的作用

抗磁性由电子轨道运动产生，而任何物质都存在这种运动，所以任何物质在外磁场作用下都产生抗磁性，但并不是所有物质都是抗磁体，因为除了抗磁磁矩之外，还有轨道磁矩和自旋磁矩产生的顺磁磁矩，因此只有抗磁性大于顺磁性的物质才是抗磁体。抗磁性材料的固有磁矩为零，在外磁场中没有固有磁矩转向引起的顺磁效应，外磁场引起的附加磁矩是抗磁性材料磁化的唯一原因，因而抗磁性材料的附加磁场总是与外磁场方向相反。

(2) 顺磁性

磁化率 χ 为正数且大小为 $10^{-3}\sim10^{-6}$，表明 M 的方向与 H 的方向一致。顺磁体在磁场中受微弱引力且在磁介质内所激发的附加磁场 M' 也与 H 方向一致，常见的顺磁体包括锂、钠、钾、钯、铂、奥氏体不锈钢、稀土金属等。

顺磁性描述的是一种弱磁性，不同于抗磁体，顺磁体的原子具有一定的磁矩（称为原子固有磁矩，为电子的轨道磁矩和自旋磁矩的矢量和），其源于原子内未填满的电子壳层或具有奇数个电子的原子。但由于原子的无规则运动，每个原子磁矩排列方向十分混乱。对顺磁材料任意体积单元来说，其中各原子的原子磁矩矢量和为零，因而对外界不显示磁效应。在外场的作用下，原子磁矩大小不改变，但外磁场促使原子磁矩绕磁场方向进动，并具有一定能量。外磁场对顺磁体的作用如图 2.37 所示，原子间的相互作用促使原子磁矩改变方向，并尽可能处于低能量状态，根据玻尔兹曼分布规律，处于较低能量状态的原子数比高能量状态的多，此时，在顺磁性材料体积单元内，各原子磁矩的矢量和有一定的值，在宏观上呈现一个与外磁场同方向的附加磁场，这就是顺磁性的来源。但常温下，原子的热运动又破坏原子磁矩沿磁场方向有序排列，使得原子磁矩难以有序化排列，因此顺磁体的磁化十分困难。

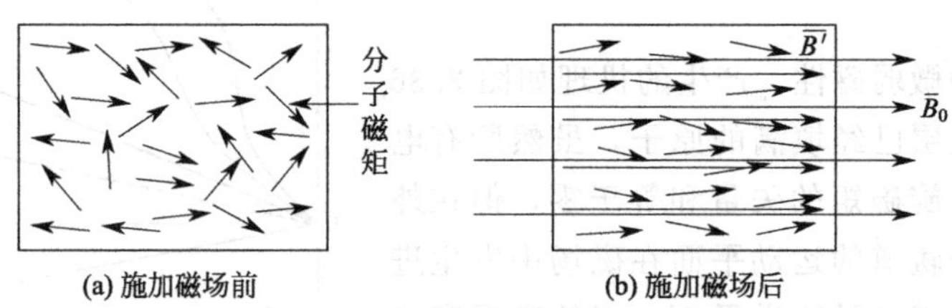

图 2.37 外磁场对顺磁材料的作用

(3) 铁磁性

磁化率 χ 为很大的正数，大小为 $10 \sim 10^6$，磁化强度 M 与磁场强度 H 的方向一致，较小的 H 就能产生很大的 M。铁磁体在磁场中容易被强烈磁化，典型的物质包括铁、钴、镍等。

尽管与顺磁材料一样，铁磁材料原子中也具有未充满的电子壳层，但铁磁性是一种强磁性，铁磁性材料的磁化不能用顺磁材料的磁化理论来解释。根据现代理论，铁磁性材料的磁性主要来源于电子间的静电交换相互作用（又称“交换耦合作用”）。交换作用模型认为，在铁磁材料中，相邻原子的电子之间存在很强的自旋相互作用，在无外磁场作用时，电子自旋磁矩能在小区域内自发地平行排列，形成自发磁化达到饱和的微小区域，这些区域称为“磁畴”。

单晶和多晶磁畴结构如图 2.38 所示，这种排列方式使得磁体能处于能量最小状态，对整个磁体来说，体内磁矩排列混乱，在任意无限小的体积内平均磁矩为零，在宏观上物体对外不显示磁性。

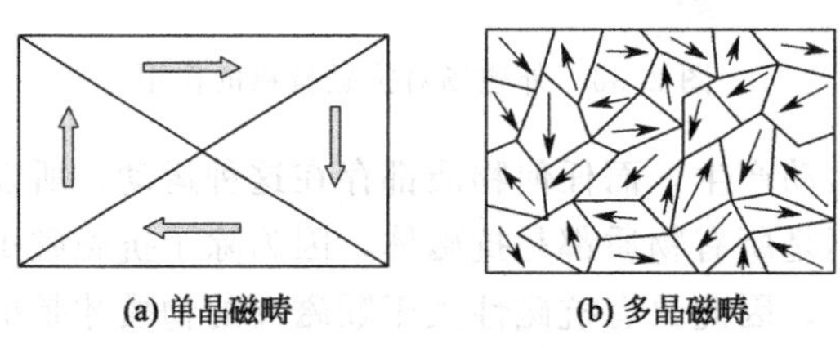

图 2.38 单晶和多晶磁畴结构示意图

如图 2.39 所示，在外磁场的作用下，磁矩与外磁场同方向排列时的磁能低于反向排列时的磁能，结果是自发磁化磁矩和外磁场成小角度的磁畴处于有利地位，这些磁畴体积逐渐增大，而自发磁化磁矩与外磁场成较大角度的磁畴体积逐渐减少，随着外磁场的不断增强，取向与外磁场成较大角度的磁畴全部消失，留存的磁畴向外磁场的方向旋转。继续增加磁场，所有的磁畴都沿着外磁场方向整齐排列，此时磁化达到饱和。

磁畴理论可以解释铁磁材料的磁化过程、磁滞现象、磁滞损耗以及居里点等物理现象。磁畴和外磁场方向的角度较小时，磁畴体积的扩展和磁畴区域的转向并不是逐渐进行的，而是当磁畴处的磁场达到一定强度 H 时突然进行。当外磁场逐渐减小到零时，已被磁化的铁

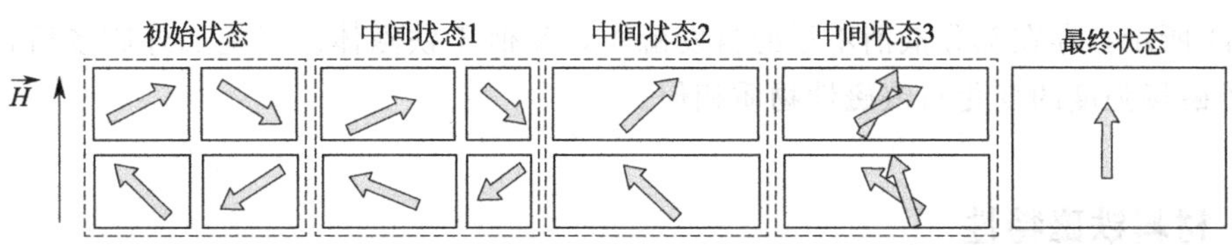

图 2.39　单晶结构铁磁体磁化过程示意图

磁体内各个磁畴由于摩擦力的阻碍作用，不能逆转变恢复到磁化前的状态，因而磁体内保留部分磁性，表现为剩磁现象。此外，磁畴的形成是由于原子中电子自旋磁矩的自发有序排列，在高温时，铁磁材料中分子的热运动瓦解磁畴内磁矩的有序排列，当温度达到临界温度时，磁畴全部被破坏，铁磁材料转变为顺磁材料，这一温度称为居里温度。不同铁磁性材料的居里温度不一样，例如铁的居里温度为 770℃，铝镍钴的为 860℃，钴的为 1121℃。

(4) 反铁磁性

χ 值是非常小的正数，当温度 T 高于某个温度时，其行为与顺磁体类似；当 T 小于该值，则磁化率与磁场取向有关，典型反铁磁体包括 α-Mn、铬、氧化镍、氧化锰等。

反铁磁性材料在所有温度范围内都具有正的磁化率，但其磁化率随温度有着特殊的变化规律。随着温度的降低，反铁磁性的磁化率先增大到极大值然后降低。该磁化率的极大值所对应的温度称为奈尔温度 T_N。

反铁磁性材料的相邻原子磁矩受负的交换耦合作用，电子自旋反向平行排列。反铁磁材料中磁性离子构成的晶格可以分为两个相等又相互贯穿的次晶格。在同一个子晶格中有自发磁化强度，电子磁矩同向平行排列，但在不同子晶格中，电子磁矩反向排列。在外加磁场作用下，磁矩倾向于沿着磁场方向排列，即显示出小的正磁化率。在 T_N 以下，温度越低，相邻晶格处磁性离子自旋越接近相反。当 $T=0$K 时，自旋取向完全相反，如图 2.40 所示，两个子晶格自发磁化强度大小相等，方向相反，因而总的磁矩为零。在 T_N 以上，自旋无序排列，反铁磁体行为与顺磁体一样。

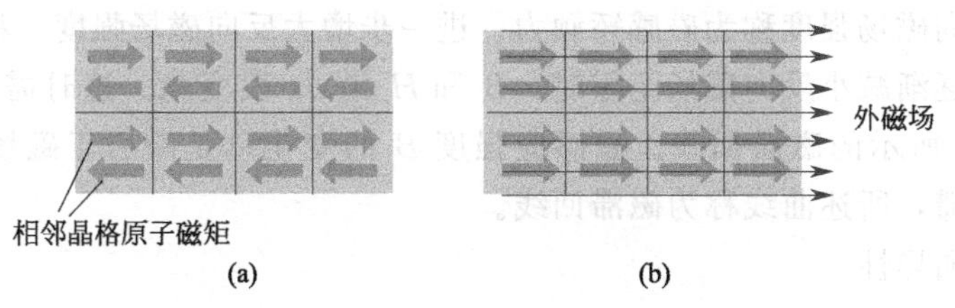

图 2.40　外磁场对反铁磁性材料的作用

(a) 施加磁场前；(b) 施加磁场后

(5) 亚铁磁性

磁化率 χ 值略小于铁磁体，与铁磁体的区别在于内部磁结构不同。典型物质包括磁铁矿（Fe_3O_4）。

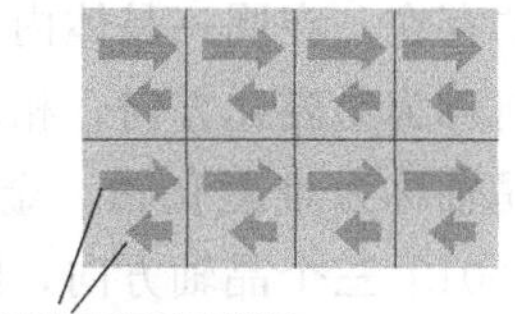

图 2.41　亚铁磁性材料磁畴分布

亚铁磁性材料与铁磁性材料宏观磁性相似：居里温度以下，存在按磁畴分布的自发磁化，能够被磁化到饱和，存在磁滞现象；在居里温度以上，自发磁化消失，转变为顺磁性材料。尽管如此，亚铁磁性与铁磁性的物理原理存在差异。亚铁磁性与反铁磁性具有相同的物理本质，只是亚铁磁体中反平行的自旋磁矩大小不等，如图 2.41 所示，存在部分抵消不尽的自发磁矩，类似于铁磁体。当施加外磁场后，其磁化强度随外磁场强度的变化与铁磁性物质相似。

2.5.4 材料铁磁特性

在诸多磁性材料中，铁磁性材料应用最广，因此本节重点介绍材料铁磁性相关的参数。

（1）磁化曲线

典型铁磁性材料的磁化曲线如图 2.42 所示，此曲线非线性，在逐步增加磁场强度 H 过程中，磁化强度 M 也随之增加。在第Ⅰ阶段，M 增加较慢，此时主要为可逆畴壁位移和可逆畴壁转动；在第Ⅱ阶段，M 急剧增大，此时发生不可逆磁畴位移或不可逆畴壁的转动；在第Ⅲ阶段，M 的变化趋势缓慢下来，此时可逆磁畴发生转动；在第Ⅳ阶段，从某一 H 值开始，M 不再增加，此时铁磁材料的磁化达到饱和，称为饱和磁化强度 M_s。

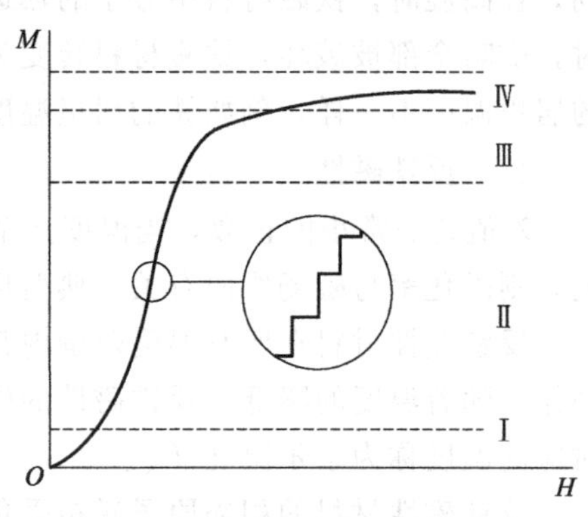

图 2.42 典型铁磁性材料的磁化曲线

（2）磁滞回线

铁磁性材料沿起始磁化曲线 Oa 段磁化到饱和，饱和磁感应强度用 B_S 表示，当 H 减小时，B 不沿着原来途径减小而是沿 ab 段下降，当 $H=0$ 时，磁感应强度 B 并不为 0，仍保留一定大小 B_r，称为剩磁。剩磁产生的原因是饱和磁化后撤去外磁场，磁畴逆向旋转，但磁畴不可逆迁移，仍然保留一定的值。为了消除剩磁，需要加反向磁场，当反向磁场大到某一定值 H_c 时，B 才为 0，而 H_c 值称为材料的矫顽力，表示铁磁材料保存剩磁状态的能力。矫顽力又可以分为内禀矫顽力 $_MH_c$ 和磁感矫顽力 $_BH_c$。使磁体内部微观磁偶极矩矢量和降为 0 时施加的反向磁场强度，称为内禀矫顽力。使磁感应强度降为零所需的反向磁场强度称为磁感矫顽力。进一步增大反向磁场强度，材料则反向磁化达到饱和状态。再逐渐减小反向磁场至零时，B 和 H 沿 de 段变化。这时需要引入正向磁场，则形成如图 2.43 所示的磁滞回线。磁感应强度 B 的变化总是滞后于磁场强度 H 的变化，这种现象称为磁滞，所述曲线称为磁滞回线。

（3）磁晶各向异性

铁磁材料的性能受晶粒取向影响。测量单晶体的磁化曲线时，发现磁化曲线的形状与单晶体的晶轴取向有关。图 2.44 是 Fe 单晶磁化方向以及磁化曲线和晶轴关系的示意说明。沿不同轴向进行磁化，磁化曲线形状不一样。这种现象称为磁晶各向异性。由于磁晶各向异性的存在，在同一晶体内，磁化强度随磁场强度的变化因方向不同而有所差别。容易磁化的方向称为易磁化方向，相应的晶轴称为易磁化轴；不容易磁化的方向称为难磁化方向，相应的晶轴称为难磁化轴。金属 Fe 和 $CoFe_2O_4$ 都是立方晶体，易磁化方向是［100］、［010］、［001］三个晶轴方向，［111］方向是难磁化方向；金属 Ni 也是立方晶体，其易磁化方向是［111］晶轴方向，［100］方向是难磁化方向。金属 Co 和 $BaFe_{12}O_{19}$ 都是六角晶系，其易磁化方向在晶轴［0001］方向，垂直于这个方向的晶面［0001］难磁化。磁各向异性场 H_a 是一种等效场，其含义是当磁化强度偏离易磁化轴方向时好像受到沿易磁化轴方向的一个磁场作用，即磁各向异性场使它恢复到易磁化轴方向。磁各向异性能定义为铁磁体从退磁化状态中沿不同方向达到饱和状态所需要的能量。单位体积的铁磁单晶体沿难磁化轴与易磁化轴饱和磁化所需要的能量差称为磁晶各向异性常数 K。

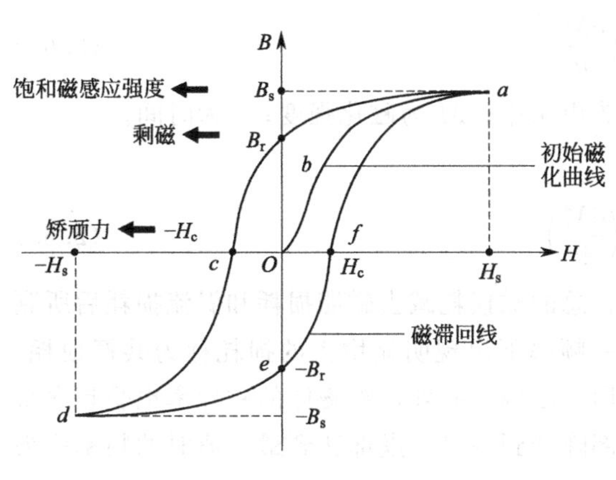

图 2.43　磁滞回线

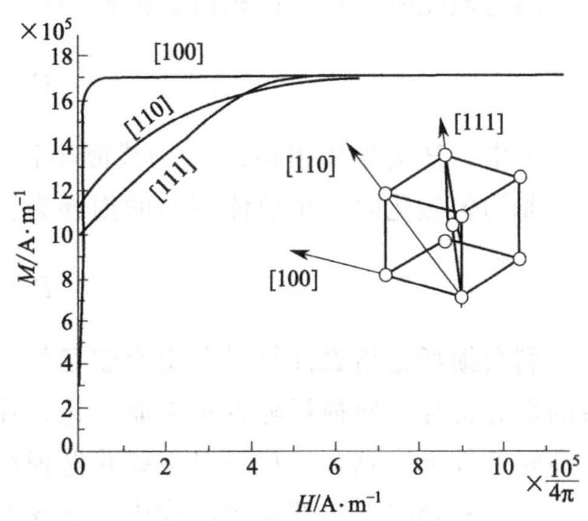

图 2.44　Fe 单晶磁化方向以及沿不同晶轴的磁化曲线

(4) 磁致伸缩

铁磁体在磁场中被磁化时，其形状和尺寸都会发生变化，这种现象称为磁致伸缩效应。磁致伸缩程度可以用磁致伸缩系数 λ 表示：

$$\lambda=\frac{\Delta L}{L} \tag{2.65}$$

式中，λ 为磁致伸缩系数；L 为铁磁体的原长；ΔL 为磁化引起的长度改变。当 $\lambda>0$ 时，表示沿着磁场方向尺寸伸长，为正磁致伸缩。当 $\lambda<0$ 时，表示沿着磁场方向尺寸缩短，为负磁致伸缩。随着磁场的增强材料将伸长（或收缩）到饱和值，$\lambda=\lambda_s$，称为饱和磁致伸缩系数。

(5) 磁损耗

磁损耗也称铁损，是磁性材料铁芯的总能量损耗，包括磁滞损耗、涡流损耗和剩余损耗。反复磁化过程中能量的损失则称为磁滞损耗，磁滞损耗由铁芯内部磁畴高速旋转过程中产生摩擦所致，最终体现为热能。铁磁材料在交变磁场中反复磁化时，由于磁化处于非平衡状态，磁化曲线表现出动态特性，交流磁滞回线的形状介于直流磁滞回线和椭圆之间。当外场的振幅不大时，磁滞回线称为瑞利磁滞回线，形状如图 2.45 所示，为椭圆形。瑞利磁滞回线所包围的面积即为磁滞损耗 W_h：

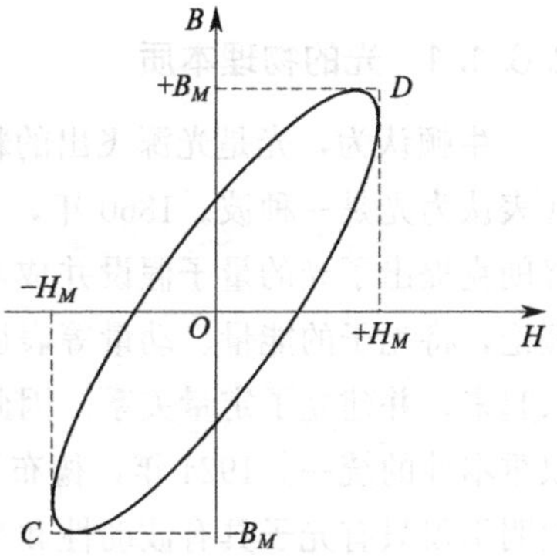

图 2.45　瑞利磁滞回线

$$W_h=\frac{4}{3}f\eta H_M^3 \tag{2.66}$$

式中，f、η、H_M 分别为磁场频率、瑞利常数及磁场振幅。

变化的磁场在其空间产生涡旋电场，在涡旋电场作用下，铁磁材料内部产生涡旋电流，涡旋电流引起的能量损耗称为涡流损耗。涡旋电流将产生一个磁场来阻止外磁场引起的磁通量变化，使得铁磁体内的实际磁场变化总是滞后于外磁场。而当交变磁场频率过高时，铁磁体的电阻较小，可能会出现材料内部无磁场，磁场只存在于铁磁体表面的“趋肤效应”。

均匀磁化时，单位体积内的损耗为：

$$P=\frac{r_0^2}{8\rho}\left(\frac{\mathrm{d}M}{\mathrm{d}t}\right)^2 \tag{2.67}$$

式中，P 为涡流损耗；r_0 为线圈半径；ρ 为电阻率；M 为磁化强度；t 为时间。

非均匀磁化时，单位体积内的损耗为：

$$P=\frac{r_0^2}{2\rho}\left(\frac{\mathrm{d}M}{\mathrm{d}t}\right)^2 \tag{2.68}$$

剩余损耗是指磁性材料在交变磁场作用下，总的磁损耗减去磁滞损耗和涡流损耗后所剩余的部分损耗。磁损耗随着频率而变化，在某一频率下出现明显增大的损耗称为共振损耗。在高频条件下，剩余损耗将以一些共振损耗的形式出现。此外，铁磁体的磁导率也受频率影响，并且磁导率由实部和虚部构成。磁导率实部降低到一半、虚部达到最大值时的频率称为铁磁体的截止频率。

2.6 光学材料的基本理论

光是人类最早认识和研究的一种自然现象，然而对光本质的认识，在人类历史上却经历了微粒说→波动说→波粒二象性的长期争论和发展。光学材料的广泛应用得益于材料的光学性能，材料对可见光的不同吸收和反射性能使其呈现五光十色。材料的光学性质和电学性质两者紧密联系。光子和电子相互作用后各有所变化，光子会被吸收或改变频率、方向和相位；电子必然会发生能量和状态的改变，即材料的电性发生改变。

2.6.1 光传播的基本理论

2.6.1.1 光的物理本质

牛顿认为，光是光源飞出的粒子流，并以此观点解释了反射和折射定律。随后以惠更斯为代表认为光是一种波。1860 年，麦克斯韦创立了电磁波理论，表明光是一种电磁波。1900 年普朗克提出了光的量子假设并成功解释了黑体辐射。1905 年爱因斯坦进一步完善了光的量子理论，将光子的能量、动量等表征粒子性质的物理量与频率、波长等表征波动性质的物理量联系起来，并建立了定量关系。因此，光子同时具有微粒和波动两种性质，即波粒二象性，是光双重本性的统一。1924 年，德布罗意创立了物质波假说，很快被电子束衍射实验所证实，这说明不仅只有光子具有波动性和粒子性，波粒二象性可以解释一切微观粒子的运动规律。

波粒二象性的理论推动了光子学说的建立。光子学说的核心：当光与物质相互作用并发生能量、动量交换时，要将光视为具有确定能量和动量的粒子流，也就是说光是由一些以光速 c 传播的光子组成。光在传播空间的能量分布是不连续的，集中在一个个光子上，光子的能量为：

$$E=h\nu=h\ \frac{c}{\lambda} \tag{2.69}$$

式中，h 为普朗克常数，$h=6.62\times10^{-34}\mathrm{J\cdot s}$；$\nu$ 为光的频率；λ 为光的波长；c 为光速，$c=3\times10^{8}\mathrm{m\cdot s^{-1}}$。光子能量与其波长成反比，光波照射到物体上就相当于一串光子打到物体表面，若电子吸收光子，每次总是吸收一个光子，而不是只吸收光子能量的一部分。

2.6.1.2 光与物质的相互作用

当光从一种介质进入另一种介质时，将产生光的反射、折射、吸收与透射，如图 2.46 所示。从微观上分析，光与固体的相互作用实际上是光子与固体材料中的原子、离子、电子等相互作用，出现的结果有：电子极化，即电子云和原子核电荷重心发生相对位移，光的一部分能量被吸收，同时光的速度减小，导致折射产生；电子能态转变即光子被吸收和发射。两种结果都涉及固体材料中电子能态的转变，也就是一个原子吸收光子能量后，可能将低能级上的电子激发到能量更高的能级上，当然受激发的电子不可能无限长时间保持在激发状态，短时期后，它又会衰变回激发态，同时发出电磁波。

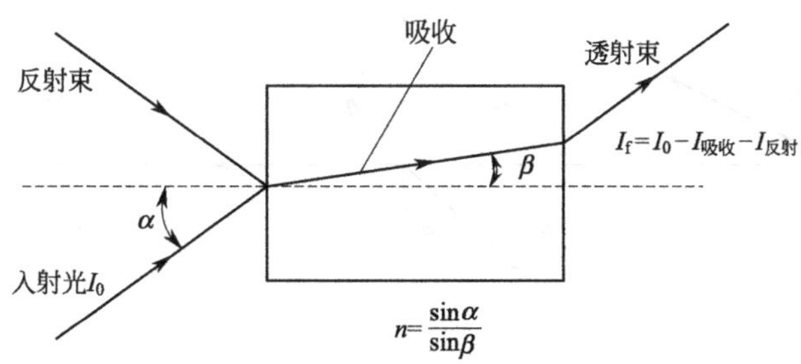

图 2.46 光与固体介质的作用

(1) 光的反射和折射

光波入射到两种介质的分界面以后，如果不考虑吸收、散射等其他形式的能量损耗，则入射光的能量只在两种介质的界面上发生反射和折射，能量重新分配，而总能量保持不变。

图 2.47 表示光在两种透明介质的平整界面上反射和折射时传播方向的变化。当入射光照射到界面时，一部分光从界面上反射，形成反射线。入射线与入射点处界面的法线所构成的平面称为入射面，法线和入射线及反射线构成的角度 θ_1 和 θ_1' 分别称为入射角和反射角。入射光线除了部分被反射外，其余部分将进入第二种介质，形成折射线。折射线与界面法线的夹角 θ_2 称为折射角。

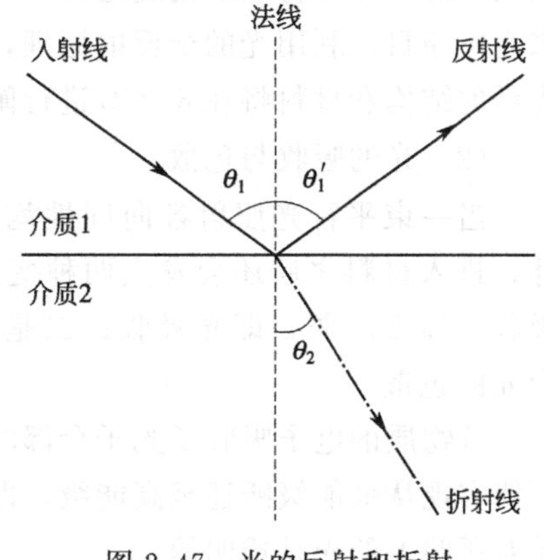

图 2.47 光的反射和折射

对单色光而言，入射角 θ_1 和折射角 θ_2 的关系如下：

$$\frac{\sin\theta_1}{\sin\theta_2}=n_{21} \qquad (2.70)$$

式中，n_{21} 是一个常数，称为第二介质对第一介质的相对折射率。它与光波的波长及界面两侧介质的性质有关，与入射角度无关。若第一介质为真空，则 n_{21} 可以写作 n_2，表示第二介质对真空的相对折射率，或第二介质的绝对折射率，简称折射率。通常，介质对空气的相对折射率与其绝对折射率相差甚少，常常不加以区分。

在微观角度上，光子进入材料后能量会受到损失，因此，光子的速度必将发生改变，当光从真空进入较致密的材料（光密介质）时，其速度下降。所以也将真空中的光速和材料中的光速之比称为折射率。

当光束从折射率 n_1 较大的光密介质进入折射率 n_2 较小的光疏介质，即 $n_2<n_1$ 时，则折射角大于入射角。因此，当入射角达到某一角度 θ_c 时，折射角度可达到 90°，此时有一条很弱的折射光线沿界面传播。如果继续增大入射角到 θ_c 以上时，就不再有折射光线，入射光的能量全部回到第一介质中，这种现象称为全反射，θ_c 称为全反射的临界角，如图 2.48 所示。根据折射定律可求得临界角的表达式：

$$\sin\theta_c=\frac{n_2}{n_1} \tag{2.71}$$

式中，θ_c 为全反射的临界角；n_1 和 n_2 分别为两种介质的折射率。

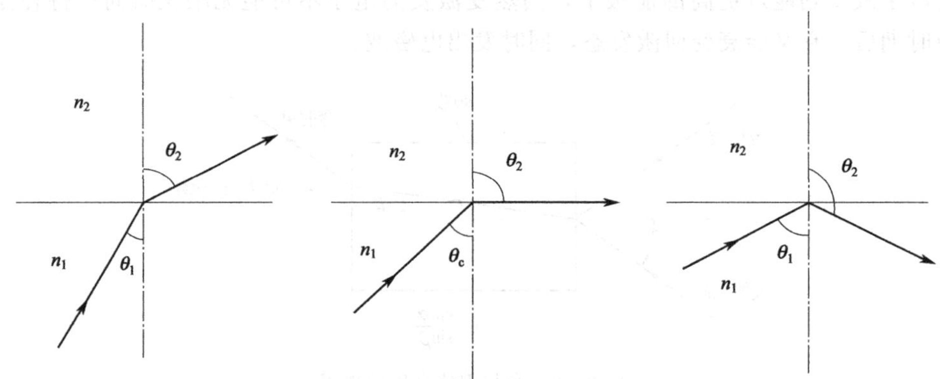

图 2.48　光的全反射原理示意图

不同介质的临界角大小不同，例如普通玻璃对空气的临界角为 42°，水对空气的临界角为 48.5°。而钻石的折射率非常大（约为 2.417），所以临界角很小，容易发生全反射。当切割钻石时，经过特殊的角度选择，可使进入的光线全反射并经过色散后向其顶部射出，看起来光彩夺目。利用光的全反射原理，可以制作新型光学元件——光导纤维，简称光纤。关于光纤的结构和材料将在 6.2 节进行阐述。

（2）光的吸收与色散

当一束平行光照射各向同性均质的材料时，除了会发生反射和折射改变其传播方向外，进入材料之后还会发生两种变化。一是当光束通过介质时一部分光的能量被材料所吸收，强度减弱，即光吸收；二是入射光波长不同在材料中的折射率不同，这种现象称为光的色散。

若物质的电子吸收了光子全部的能量，该物质对所照射的光是不透明的；当物质的电子不能实现从低能级跃迁至高能级，即电子被束缚而不能被光子激发，则光子可以透过，该物质对所照射的光是透明的。

在金属中，因为金属的价电子处于未满带，吸收光子后即成激发态，因此无论入射光子能量多小，电子都可以吸收光子而跃迁到一个新能态上。对半导体而言，能隙介于金属和绝缘体之间，在不同波长的光照下，半导体可能允许某种波长的光通过，也可能吸收某种波长的光子能量。但对于多数绝缘体，比如电介质材料，包括玻璃、陶瓷等，由于价带和导带之间有很大的能隙，电子不能获得足够的能量逃逸出价带，因此也就不发生吸收。如果光子不与材料中的缺陷有交互作用，则绝缘体就是透明的。

当光子能量达到禁带宽度时，电子就会吸收光子能量从价带跃迁至导带，此时吸收系数（材料吸收特定波长光的能力）会突然增大，在对应的光波位置产生吸收峰，对应的波长可根据式(2.72) 求得：

$$E_g = h\nu = h\frac{c}{\lambda} \tag{2.72}$$

式中，E_g 为材料的禁带宽度。从式(2.72) 可知，禁带宽度大的材料，吸收峰波长比较小。若希望材料在可见光区的透过范围大，就要让吸收峰波长变小（在紫外区域），因此要求 E_g 大。

在给定入射光波长的情况下，材料的色散为：

$$色散 = \frac{dn}{d\lambda} \tag{2.73}$$

式中，n 为介质的折射率；λ 为光的波长。

要确定材料的色散值，最实用的方法是用固定波长下的折射率来表达，最常用的数值是倒数相对色散，即色散系数：

$$\gamma = \frac{n_D - 1}{n_F - n_C} \tag{2.74}$$

式中，γ 为色散系数；n_D、n_F 和 n_C 分别为以钠的 D 谱线、氢的 F 谱线和 C 谱线（589.3nm、486.1nm 和 656.3nm）为光源，测得的折射率。描述光学玻璃的色散还可用平均色散（$n_F - n_C$）。

2.6.2 材料的发光

材料以某种方式辐射能量发射光子的过程称为材料的光发射，也就是材料的发光。一般来说，物体发光可分为平衡辐射和非平衡辐射。平衡辐射的性质只与辐射体的温度和发射本领有关，如白炽灯的发光；非平衡辐射是在外界激发下物体偏离原来的热平衡态，继而发出的辐射。本书只讨论固体材料的非平衡辐射。

2.6.2.1 激励方式

材料的发光是受到外界能量的激发导致的，也就是向材料注入能量。通过光的辐照将材料中的电子激发到高能态而导致材料发光，称为“光致发光”，这种激励源就是光。光激励可以采用光频波段，也可采用 X 射线和 γ 射线波段。利用高能量电子来轰击材料，通过电子在材料内部的多次散射碰撞，使材料中多种发光中心被激发或电离而发光的过程称为“阴极射线发光”。对绝缘发光体施加强电场导致发光，或者从外电路将电子（空穴）注入半导体的导带（价带），导致载流子复合而发光，称为“电致发光”。

材料的发光与它们的能量结构紧密相关。对金属而言，由于其价带与导带重叠，没有能隙，吸收能量发射的光子能量很小，其对应的波长不在可见光范围，因此没有发光现象。发光材料除了要选择合适的基质为主体外，还要有选择地掺入微量杂质作为“激活剂”。这些杂质一般被用来充当发光中心，有些也被用来改变发光体的导电类型。

2.6.2.2 发光特征

发光的第一个特征就是颜色。发光材料的种类多种多样，发光颜色可覆盖整个可见光区域。

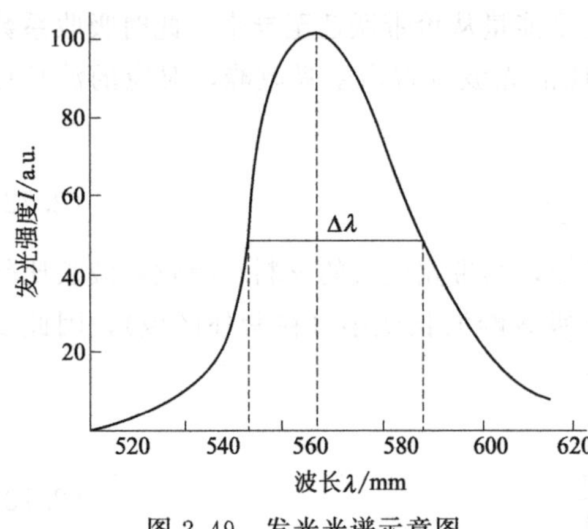

图 2.49 发光光谱示意图

材料的发光光谱如图 2.49 所示，其中峰值波长的半高全宽表示为 Δλ，根据 Δλ 的数值可以将发光材料分为三种类型：宽带——Δλ 在 50～100nm 之间，比如钨酸钙（$CaWO_4$）材料；窄带——Δλ 在 0.1～50nm 之间，例如 $Sr_2(PO_4)Cl:Eu^{3+}$；线谱——Δλ 在 0.1nm 以下，例如 $GdVO_4:Eu^{3+}$。Eu^{3+} 就属于掺杂的“激活剂”离子，也就是发光中心。一种材料的发光光谱属于哪一类，既与基质有关，又与杂质离子有关，随着它们的变化，发光颜色也会相应改变。

发光的第二个特征是效率。发光强度随激发强度而改变，可以用发光效率来表征材料的发光本领。发光效率通常有三种表示法，即量子效率、功率效率和光度效率。量子效率是发光量子数与激发源输入量子数的比值；功率效率也称能量效率，是发光功率与激发源输入功率的比值；光度效率是发射出的光通量（单位 lm）与激发源输入功率的比值，也称流明效率。

发光的第三个特征是发光寿命，指发光体在激发停止之后持续发光时间的长短，也称荧光寿命或余辉时间。在部分发光材料中涉及比较复杂的中间过程，其光强衰减规律难以用一个参数来表示，所以在应用中规定，从激发停止时的发光强度 I_0 衰减到 $I_0/10$ 的时间称为余辉时间，可以根据余辉时间的长短把发光材料归于超短余辉（$<1\mu s$）、短余辉（$1\sim10\mu s$）、中短余辉（$10^{-2}\sim1ms$）、中余辉（$1\sim100ms$）、长余辉（$0.1\sim1s$）和超长余辉（$>1s$）六个范围。短余辉材料常应用于计算机的显示器，长余辉和超长余辉材料常应用于夜光钟表字盘、夜间节能告示板、紧急照明等方面。

2.6.2.3 发光机制

固体材料发光有两种微观的物理过程：一种是分立中心发光，另一种是复合发光。对具体的材料来说，有可能只存在一种过程，也可能两种过程兼有。

（1）分立中心发光

这类材料的发光中心通常是掺杂在透明基质材料中的离子，有时也可以是基质材料自身结构的某一个基团。发光中心分布在晶格点阵中或多或少会受到正电场离子的影响，使其能量状态发生改变，进而影响材料的发光性能。分立发光中心的最好例子是掺杂在各种基质中的三价稀土离子。产生光学跃迁的是 4f 电子，发光只在 4f 次壳层中。在 4f 电子的外层还有 8 个电子（2 个 5s 电子，6 个 5p 电子），形成了很好的电屏蔽，因此，晶格场对其发光性能的影响很小，其能量结构和发射光谱很接近自由离子。

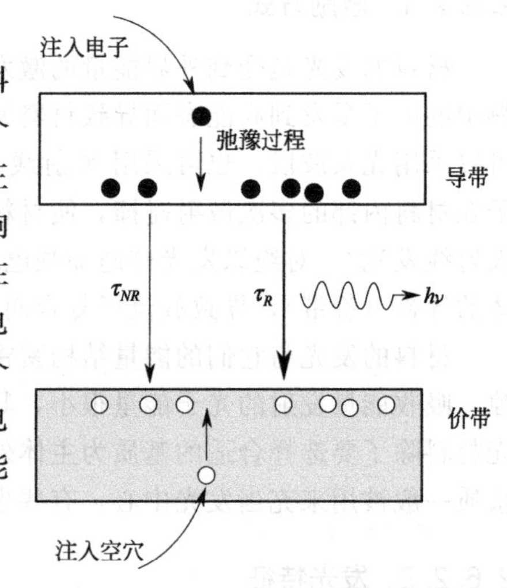

图 2.50 复合发光示意图

（2）复合发光

复合发光与分立中心发光最根本的差别在于，复合发光时电子的跃迁涉及固体的能带。由于电子被激发到导带时在价带上留下一个空穴，因此，当导带的电子回到价带与空穴复合时，会以光的形式放出能量。这种发光过程就叫复合发光，如图 2.50 所示。复合发光所发射的光子能量等于禁带宽度。通常复合发光采用半导体材料，并且以掺杂的方式提高发光效率。

2.6.2.4　激光

如图 2.51 所示，前面提到的发光方式属于自发辐射，即电子无规则地从激发态 E_2 跃迁回到基态 E_1；另一种就是受激辐射，即具有一定能量的光子与处于激发态 E_2 的电子相互作用，使电子跃迁到基态 E_1，同时激发出第二个光子，这个光子与外来光子具有一样的特征，称为全同光子，这种受激发射的光就是激光。

自发辐射和受激辐射是两种不同的光子发射过程。自发辐射中每个光子的跃迁都是随机的，所产生的光子虽然具有相同的能量，但辐射出的光相位和传播方向都不相同。受激辐射所发出的光辐射的频率、位向、方向和偏振状态等都与入射光子完全一样，所以称为全同光子。因此，激光具有相干性，能量密度非常高。

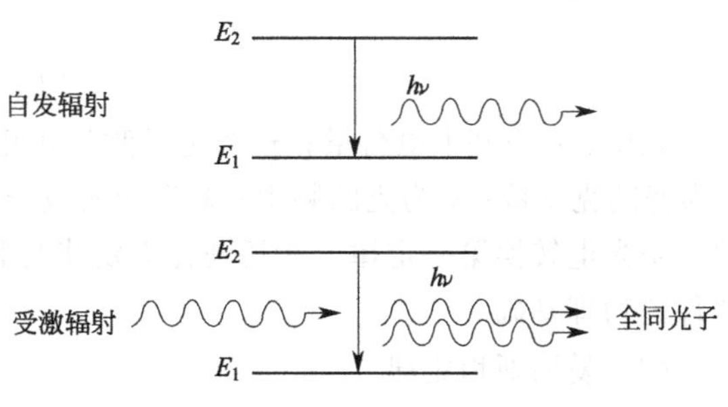

图 2.51　自发辐射和受激辐射示意图

通常在热平衡状态下，处于低能级的电子数 N_1 较处于高能级的电子数 N_2 要多，也就是粒子在各能级上服从玻尔兹曼分布，如图 2.52(a) 所示，粒子数服从以下关系：

$$\frac{N_2}{N_1}=e^{-\frac{E_2-E_1}{k_B T}} \tag{2.75}$$

式中，E_1、E_2 分别为基态和激发态能级；N_1、N_2 分别为两种能级的电子数目；k_B 为玻尔兹曼常数；T 为温度；e 为自然对数底数。

要发生受激辐射，需要增加激发态 E_2 中的粒子数 N_2，这种情况称为粒子数反转，如图 2.52(b)。由此可知，产生激光的必要条件就是在系统中制造粒子数反转。

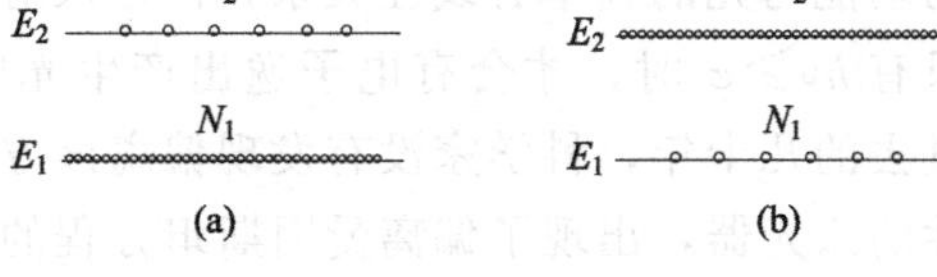

图 2.52　粒子数分布

(a) 玻尔兹曼分布；(b) 粒子数反转

2.6.3　光电效应

当材料受到光照后，电导率改变、发射电子、产生感应电动势等，这种由光辐射导致的电性变化现象，称为光电效应。光电效应可分为外光电效应和内光电效应两大类。外光电效应又称光电发射效应；内光电效应又可以分为光电导效应和光生伏特效应。

2.6.3.1 外光电效应

当固体受到光照后，其表面和体内电子从表面逸出的现象称为外光电效应或光电发射效应。这些因为光照而逃逸的电子称为光电子，这类固体称为光电子发射体。外光电效应可以用两条基本定律来描述，一是斯托列托夫定律，二是爱因斯坦定律。

(1) 斯托列托夫定律

金属表面受电磁辐射所感生的光电流和辐射光的强度成正比例，即当入射光的频率或频谱成分不变时，饱和光电流（单位时间内发射的光电子数目）与入射光的强度成正比：

$$I=PS \tag{2.76}$$

式中，I 是光电流；P 是入射到样品的光功率；S 是光电灵敏度。

斯托列托夫定律也可表示为：

$$I=e\eta\frac{P}{h\nu}=e\eta\frac{P\lambda}{hc} \tag{2.77}$$

式中，e 为基本电荷量；η 为光子激发出电子的量子效率；P 是入射到样品的光功率；h 为普朗克常数；ν 为光的频率；λ 为光的波长；c 为光速。式(2.77) 也常称为光电转换定律，是光电转换第一定律。斯托列托夫定律是利用外光电效应制备光电管、光电倍增管检测器件的物理基础。

(2) 爱因斯坦定律

外光电效应是光粒子性的表现，光电发射的过程包括光子的吸收→电子向表面的运动→电子克服表面束缚向外逸出。可以看出这个过程是光能转变为电能的一种形式。这种光电转换形式遵循爱因斯坦定律：

$$h\nu=\frac{1}{2}mv_0^2+\varphi \tag{2.78}$$

式中，h 为普朗克常数；ν 为光的频率；m 为光电子质量；v_0 为光电子的初速度；φ 为材料的逸出功或功函数。

爱因斯坦将光子的能量用 $h\nu$ 表示，当光照射到固体表面时就可以视为光子与固体的电子碰撞且能量被电子吸收，电子获得的能量一部分（逸出功 φ）用于克服晶格的束缚向外逸出，多余能量使逸出电子具有初速度 v_0，这个电子的初动能为$\frac{1}{2}mv_0^2$。

爱因斯坦方程说明，初动能与光的频率有线性关系，但是入射光的强度对光子的能量和电子的初动能均无影响。只有 $h\nu\geqslant\varphi$ 时，才会有电子逸出产生光电发射。爱因斯坦方程成功地解释了外光电效应。过去的几十年，科学家没有发现偏离该方程的现象。但近年来人们制备出了高强度、高单色性的激光器，出现了偏离爱因斯坦方程的光电发射现象。当用能够发射高单色性的 $h\nu=1.48\text{eV}$ 的 GaAs 激光器照射逸出功为 2.3eV 的钠时，发现钠表面产生了光电流并且与激光强度的平方成正比。这个现象显然违背了爱因斯坦方程，于是人们设想有两个光子接连被一个电子吸收得以跃过表面能垒。进一步实验发现，一个电子可以同时吸收两个、多个，甚至几十个光子而逸出表面，这就是多光子光电发射。因此，单光子光电效应满足爱因斯坦方程的光电发射过程，而多光子参与的光电发射过程叫多光子光电效应。

金属材料的电子逸出功是费米能级至真空能级之间的能量差。但是对半导体材料而言，电子逸出功则分为两部分：一部分是从发射中心激发到导带所需要的最低能量 E_g；另一部分是电子从导带底逸出表面所需的最低能量，称为材料的亲和势 E_A。

一个良好的光电发射体应具备以下三个条件：大的光吸收系数；光电子在体内传输过程中能量损失小，逸出深度大；表面势垒低，表面逸出概率大。

2.6.3.2　内光电效应

内光电效应是物体受光照后内部的电导率发生变化或者产生电动势。光电导效应和光生伏特效应都属于内光电效应。

(1) 光电导效应

能够发生光电导效应的材料多为半导体。半导体在光的照射下，吸收光子能量被激发出新的载流子（自由电子和空穴），这部分载流子称为光生载流子或非平衡载流子。载流子数量的增加导致电导率增加而易于导电，此现象称光电导效应。

暗态下半导体中绝大部分电子都被束缚在价带中无法自由运动参与导电。当有光照时，价电子与光子发生碰撞并吸收能量，若光子能量大于半导体的禁带宽度，则价电子会被激发并跃迁至导带成为自由电子，在导带中留下空位成为空穴，即光子被电子吸收形成自由电子-空穴对，它们是可以参与导电的载流子。这种增加电导率的效应为本征光电导。若光照只是激发了禁带中杂质能级上的电子或空穴而改变其电导率，则为杂质光电导。显然，产生杂质光电导所需的光子能量要低于本征光电导所需的能量。但与本征光电导相比，杂质半导体的杂质浓度较低而光电导比较微弱。

(2) 光生伏特效应

1839 年贝克勒发现，PN 结在受到光照时，其两端会产生电动势，P 区为正极，N 区为负极，这种现象称为光生伏特效应，简称光伏效应。当 PN 结未受光照射时，存在由 N 区指向 P 区的内建电场，阻止了空穴和电子的进一步运动而达到平衡状态，同时能带发生弯曲，空间电荷区两端的电势差为 eV_D，如图 2.53(a) 所示。对载流子而言，形成内建电场的空间电荷区相当于一个势垒，N 区的电子或 P 区的空穴想要进入另一区域就需要吸收能量越过势垒。当有能量大于 E_g 的光子射入时，光子会进入 P 区、N 区和 PN 结，这三个区

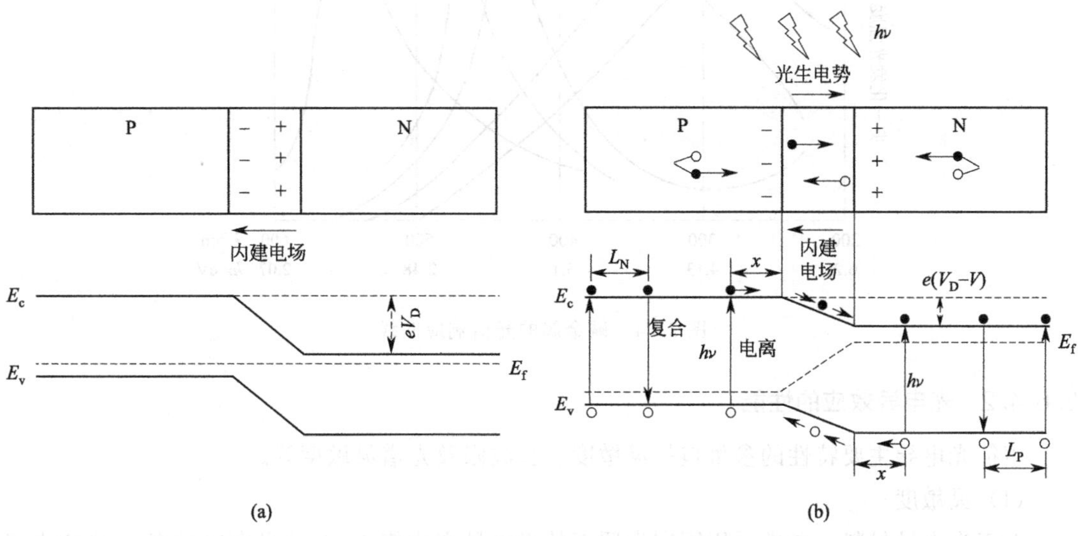

图 2.53　PN 结光生伏特效应

(a) 光照前；(b) 光照后

域都会产生自由电子-空穴对，如图 2.53(b)。需要强调的是，在每个区域只有光照产生的少数载流子对光生电势差有贡献。当P区的光生电子（少子）离PN结的距离 x 小于电子的扩散长度 L_N 时，即可扩散进入PN结区。同理，N区产生的光生空穴（少子）距离PN结的距离 x 在空穴扩散长度 L_P 范围内，即可扩散进入PN结内。在内建电场的作用下，光生电子流向N型半导体，光生空穴向P型半导体运动，实现了正、负载流子的分离，P区侧带正电，N区侧带负电，出现了与内建电场方向相反、由P区指向N区的光生电势或光生电场。类似于在PN结上施加了正向的外加电场，使内建电场强度降低，导致载流子扩散产生的电流大于漂移产生的电流，从而产生了净正向电流。若光生电动势为 V，则空间电荷区的势垒高度下降到 $e(V_D-V)$。

2.6.4 光电效应主要性能

2.6.4.1 外光电效应的性能

通常采用斯托列托夫定律来表征外光电效应的好坏，外光电效应主要应用在光电管及光电倍增管器件上，其性能可以用灵敏度和光谱响应等特性参数表征。

(1) 灵敏度

用 S 表示，代表光电子发射材料在一定光谱和阳极电压下，光电管阳极电流与阴极面上光通量之比，反应了光电管的光照特性，见式(2.76)。

(2) 光谱响应

光电子发射材料具有选择性光电效应。如碱金属的光谱响应曲线在某一固定频率范围内有最大值，然后随着入射光频率增加，光电响应下降，这种现象称为选择性光电效应。不同的金属有不同的光谱响应曲线，如图 2.54 所示。

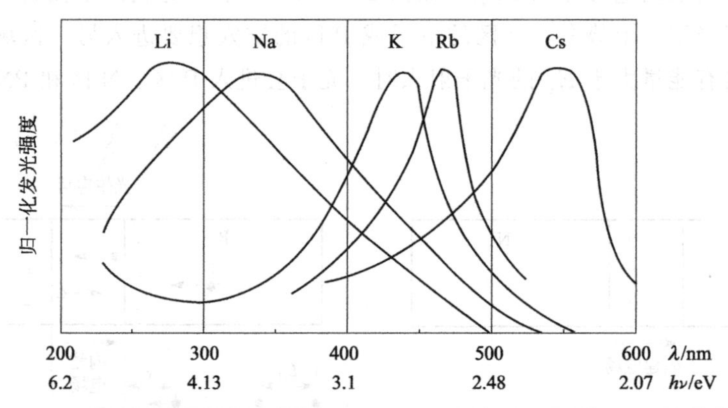

图 2.54 碱金属的光谱响应曲线

2.6.4.2 光电导效应的性能

表征光电导主要特性的参量包括灵敏度、长波限及光谱灵敏度等。

(1) 灵敏度

对于光电导材料，通常采用固定光照下的光电导变化值 $\Delta\sigma$ 与热平衡电导率 σ_0 之比来表示灵敏度 S。其表达式为：

$$S=\frac{\Delta\sigma}{\sigma_0}=\frac{\Delta n_e\mu_e+\Delta n_h\mu_h}{n_{e_0}\mu_e+n_{h_0}\mu_h} \tag{2.79}$$

式中，n_{e_0}、n_{h_0} 分别是热平衡下的自由电子及空穴浓度；Δn_e 及 Δn_h 分别是光照后增加的自由电子及空穴浓度。对于本征光电导，$\Delta n_e=\Delta n_h=\Delta n_i$，设 $b=\mu_e/\mu_h$，则

$$S=\frac{(1+b)\Delta n_i}{bn_{e_0}+n_{h_0}} \tag{2.80}$$

从式(2.80) 可知，高灵敏度的光电导器件应该具备较低的 n_{e_0}、n_{h_0}。所以光电导器件一般采用高电阻材料制成或者在低温下使用，例如光敏电阻。

(2) 长波限

对绝大部分材料来说，只有当入射光子的能量大于材料的禁带宽度时，才有可能激发材料产生光生载流子，也就是说入射光的频率有最低的要求或者波长有最长的要求。定义能够产生光电导效应的波长上限为长波限 λ_c。长波限对于光探测器具有重要的意义，长波限越长，则能够探测的光波长也就越大。

(3) 光谱灵敏度

将光电导材料对不同波长光的响应灵敏度定义为光谱灵敏度，也称为光谱响应度。一般情况下，以波长为横坐标，以材料接收到的等能量单色辐射所产生电信号的相对值为纵坐标，即可绘制出材料的光谱响应曲线。光谱响应对光电探测器有重要的意义，当光谱灵敏度达到峰值的10%左右，在短波长一侧和长波长一侧的光波长分别为光电探测器的起峰波长和截止波长（长波限）。在此波长范围之外光电探测器的响应度很低，无法应用。

2.6.4.3　光生伏特效应的性能

能够产生光生伏特效应的材料可以称为光电池材料，也称作太阳能电池。图 2.55(a) 是利用 PN 结光生伏特效应做成的理想光电池的等效电路图，图中把光照下的 PN 结看作一个理想二极管和恒流源并联，恒流源的电流即为光生电流 I_L，R_L 为外负载。这个等效电路的物理意义是：太阳能电池经光照后产生一定的光电流 I_L，其中一部分用来抵消结电流 I_D，也称为暗电流，另一部分即为供给负载的电流 I_R。暗电流 I_D 的表达式为：

$$I_D=I_0(e^{\frac{eU}{Ak_BT}}-1) \tag{2.81}$$

式中，I_0 为平衡电流；e 为自然对数的底数；e 为基本电荷量；U 为等效二极管的端电压；k_B 为玻尔兹曼常数；T 为热力学温度；A 为二极管曲线因子，取值在 1～2 之间。因此

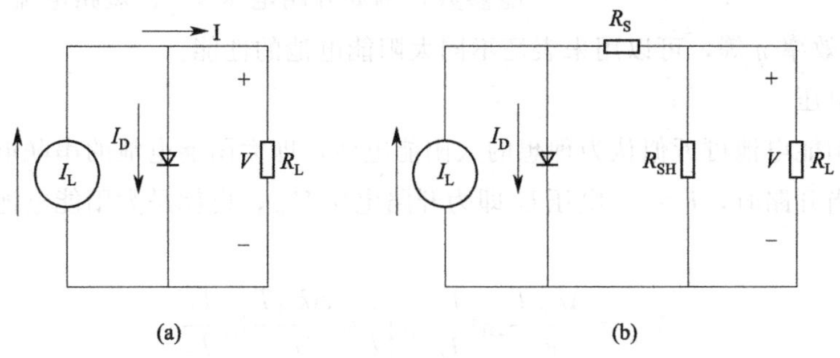

图 2.55　太阳能电池等效电路图

(a) 理想太阳能电池等效电路；(b) 实际太阳能电池等效电路

流过负载两端的工作电流为：

$$I_R=I_L-I_D=I_L-I_0(e^{\frac{eU}{Ak_BT}}-1) \tag{2.82}$$

然而对于实际的太阳能电池，由于前面和背面的电极接触，以及材料本身具有一定的电阻率，基区和顶层都不可避免地要引入附加电阻。电流流经负载，必然引起损耗。在等效电路中，可将它们的总效果用一个串联电阻 R_S 来表示。电池边沿的漏电和制作金属化电极时，在电池的微裂纹、划痕等处形成的金属桥漏电等，使一部分本应通过负载的电流短路，这种作用可用一并联电阻 R_{SH} 来等效。则实际光电池的等效电路如图 2.55(b) 所示。

流过并联电阻的电流为：

$$I_{SH}=\frac{U+I_LR_S}{R_{SH}} \tag{2.83}$$

式中，I_{SH} 为流过并联电阻的电流；U 为等效二极管的端电压；I_L 为光生电流；R_S 为串联电阻；R_{SH} 为并联电阻。

而流过负载的电流为：

$$I_R=I_L-I_D-I_{SH}=I_L-I_0(e^{\frac{eU}{Ak_BT}}-1)-\frac{U+I_LR_S}{R_{SH}} \tag{2.84}$$

式中，I_R、I_L、I_D、I_{SH} 分别为流过负载电流、光生电流、暗电流、流过并联电阻的电流；I_0 为常数；e 为自然对数的底数；e 为基本电荷量；U 为等效二极管的端电压；k_B 为玻尔兹曼常数；T 为热力学温度；A 为二极管曲线因子；R_S 为串联电阻；R_{SH} 为并联电阻。

显然，太阳能电池的串联电阻越小，并联电阻越大，越接近理想的太阳能电池，该太阳能电池的性能也越好。就目前的太阳能电池制造工艺水平而言，在要求不很严格时，可以认为串联电阻接近于零，并联电阻趋近于无穷大，也就可视为理想的太阳能电池。

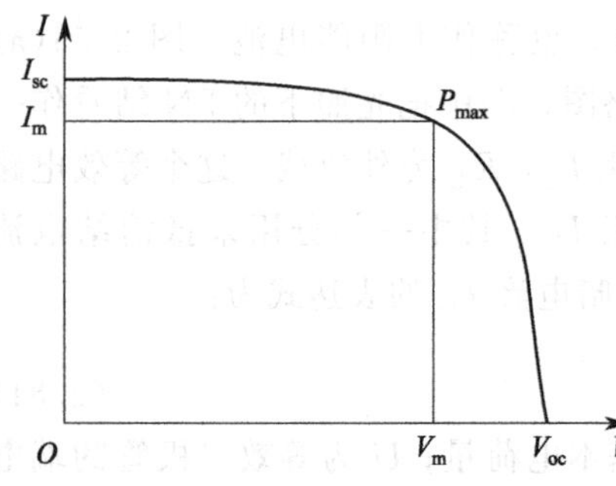

图 2.56 太阳能电池的伏安特性曲线

若在太阳能电池的正负极两端连接一个可变电阻 R，在一定的太阳辐照度和温度下，改变电阻值，使其由 0（即短路）变到无穷大（即开路），同时测量通过电阻的电流和电阻两端的电压，作图即得太阳能电池的负载特性曲线，通常称为太阳能电池的伏安特性曲线，也可以称为 I-V 特性曲线，如图 2.56 所示。从伏安特性曲线图上可以得到衡量光生伏特效应的性能参数，例如开路电压 V_{oc}、短路电流 I_{sc}、填充因子 FF、光电转换效率 η 等，可以用来表征不同太阳能电池的性能。

（1）开路电压

一般的太阳能电池可近似认为理想的太阳能电池，即太阳能电池的串联电阻为零，旁路电阻无穷大。当开路时，$I=0$，电压 U 即为开路电压 V_{oc}，也就是太阳能电池的最大输出电压，表达式为：

$$V_{oc}=\frac{Ak_BT}{e}\ln\left(\frac{I_L}{I_0}+1\right)\approx\frac{Ak_BT}{e}\ln\frac{I_L}{I_0} \tag{2.85}$$

式中，V_{oc} 为开路电压；e 为基本电荷量；k_B 为玻尔兹曼常数；T 为热力学温度；A 为二极管曲线因子；I_L 为光生电流；I_0 为平衡电流。

太阳能电池的 V_{oc} 与电池面积大小无关，通常单晶硅太阳能电池的开路电压约为 450～600mV。

（2）短路电流

在一定的温度和辐照度条件下，短路电流为太阳能电池在端电压为零时的输出电流，也就是伏安特性曲线与纵坐标的交点所对应的电流，通常表示为 I_{sc}，也就是太阳能电池的最大电流。太阳能电池的短路电流 I_{sc} 与太阳能电池的面积大小有关，面积越大，I_{sc} 越大，一般 $1cm^2$ 单晶硅太阳能电池的 $I_{sc}=16\sim30mA$。

（3）填充因子

填充因子 FF 是表征太阳能电池性能优劣的一个重要参数，定义为具有最大输出功率 P_{max} 时的电流 I_m 和电压 V_m 的乘积（伏安特性曲线上所对应的电流与电压乘积的最大值）与短路电流 I_{sc} 和开路电压 V_{oc} 乘积（极限输出功率）的比值［式(2.86)］。显然，在开路电压和短路电流一定时，电池的转化效率就取决于填充因子，填充因子越大，能量转化效率越高。

$$FF=\frac{I_m V_m}{I_{sc}V_{oc}}=1-\frac{Ak_B T}{eV_{oc}}\ln\left(\frac{eV_m}{Ak_B T}+1\right)-\frac{Ak_B T}{eV_{oc}} \tag{2.86}$$

式中，FF 为填充因子；I_m 及 V_m 分别为最大输出功率时的电流和电压；I_{sc} 及 V_{oc} 分别为短路电流和开路电压；e 为基本电荷量；k_B 为玻尔兹曼常数；T 为热力学温度；A 为二极管曲线因子。

太阳能电池的串联电阻越小，并联电阻越大，则填充因子越大，该电池的伏安特性曲线所包围的面积也越大，且伏安特性曲线越接近正方形，这就意味着该太阳能电池的最大输出功率越接近所能达到的极限输出功率，性能越好。

（4）光电转换效率

光电转换效率 η 是太阳能电池的最大输出功率 P_{max} 与入射到太阳能电池表面上的光辐射功率之比，即

$$\eta=\frac{P_{max}}{AP_{in}} \tag{2.87}$$

式中，η 为光电转换效率；A 为电池能够吸收入射光子的有效面积；P_{in} 为单位面积入射光的功率；P_{max} 为太阳能电池的最大输出功率。太阳能电池的光电转换效率是衡量电池质量和技术水平的重要参数，与电池的结构、材料、工作温度和环境温度变化有很大关系。

研究表明，造成太阳能电池能量损失的第一个主要因素是热损失，光生载流子对能很快地将能带多余的能量以热的形式损失掉。为减少热损失，可设法让通过电池的光子能量恰好大于能隙能量，使光子的能量激发出的光生载流子无多余的能量可损失。

另一主要损失是电子空穴对复合引起的。为减少电子空穴复合所造成的损失，可设法延长光生载流子寿命，这可通过消除不必要的缺陷来实现。

还有一部分能量损失是由 PN 结的接触电压损失引起的。为减少 PN 结的接触电压损失，可采用聚焦太阳光以加大光子密度的方法。

2.6.5 电光效应

1875 年，克尔发现对光学各向同性的物质施加电场时，会出现与各向异性晶体类似的

双折射现象。后来将电光效应定义为对材料施加直流或者低频交流外电场时，折射率发生改变的一种现象。一般情况下，折射率的变化比较小，但是足以改变光在这些介质中的传播特性，因此电光效应的原理可以应用于制备可实现高速调谐的光通信器件，如电光调制器、光开关、波长转换器等，实现激光通信、激光测距、激光显示等工作。

2.6.5.1 电光效应的原理

电光效应的产生是外加的低频电场引起介质内的电子极化，从而改变其介电常数，对于一般非导磁的介质，有

$$\frac{\varepsilon}{\varepsilon_0}=n^2 \tag{2.88}$$

式中，ε 为介质介电常数；ε_0 为介质在真空中的绝对介电常数；两者的比值 $\varepsilon/\varepsilon_0$ 为相对介电常数；n 为该介质对光的折射率。从式(2.88) 可知，ε 变化导致 n 发生改变而引起电光效应。

2.6.5.2 电光效应的分类

外加电场 E 与介质折射率 n 有如下关系：

$$n-n_0=aE+bE^2+\cdots \tag{2.89}$$

式中，n_0 为 $E=0$ 时的折射率；a、b 等均为常数。根据 n 随 E 变化而变化的趋势，将电光效应分为一次电光效应（线性电光效应）和二次电光效应。式(2.89) 右边的第一项为一次电光效应，又称泡克耳斯效应，第二项为二次电光效应，又称克尔效应。

（1）一次电光效应

1892 年，泡克耳斯首先发现部分晶体的折射率改变只与外加低频电场成正比，这就是所谓的一次电光效应，也称泡克耳斯效应。由于 n 与 E 只存在线性关系［式(2.90)］，所以又称作线性电光效应。只在非中心对称的晶体中发现该现象。所有具有压电效应的晶体都具有一次电光效应。

$$\Delta n=n-n_0=aE \tag{2.90}$$

式中，n 为介质的折射率；n_0 为电场强度 $E=0$ 时的折射率；a 为常数；E 为电场强度。

（2）二次电光效应

在中心对称晶体中，晶体折射率的变化与外加电场的平方成正比，所以将此电光效应称为二次电光效应，由克尔在 1875 年发现。该效应中折射率与电场的关系可以表示为：

$$\Delta n=n-n_0=bE^2 \tag{2.91}$$

式中，n 为介质的折射率；n_0 为电场强度 $E=0$ 时的折射率；b 为常数；E 为电场强度。

概括来说，电光效应：晶体接受光照的同时施加与入射光方向垂直的电场，该晶体会出现双折射现象，即一束入射光变成了两束出射光。一次电光效应与二次电光效应的差别除表现在折射率变化与外加电场的关系外，还表现在产生电光效应的晶体：一次电光效应的材料是压电晶体，而二次电光效应所用的材料是各向同性物质，包括液体。

2.6.6 电光效应主要性能

可以利用材料的电光效应实现对光波的调制，采用以下几个参数表征材料的电光效应。

（1）品质因子

品质因子 F 用来表征电光材料有效电光效应值。F 值高表明材料有效电光系数大，折射率高，因此，高品质因子是选择电光材料的首要因素。

（2）消光比

材料在制备过程中，或多或少会引入一些包裹物、条纹、畴界等，导致材料光学均匀性降低，从而影响材料的消光比（器件关断时剩余透过率与打开时最高透过率之比值）。因此，消光比是衡量光学均匀性的一个直接指标。要求良好电光器件消光比达 80dB 以上。

（3）透明波段

产生电光效应的材料需要在所用的光波段透明，只有扩宽其透明波段才能拓展材料所应用的波长范围。因此，材料需具有低的短波吸收限以避免双光子吸收。吸收常与过渡金属元素杂质以及晶体中的散射颗粒有关。过渡金属杂质在电光晶体中产生有害的光折变效应，降低电光性能。

（4）温度稳定性

电光效应导致的折射率变化一般很小。折射率随温度变化，尤其是双折射率随温度变化会导致器件性能发生极大波动。

（5）易于获得大尺寸单晶

电光器件尺寸需要达到厘米量级，而单晶因为缺陷较少具有高的光学质量，因此可以将电光材料制备成大尺寸单晶。

2.7　热电材料的基本理论

热电材料是一种可以直接实现电能与热能相互转换的功能材料，利用该材料可以将工业余热、汽车尾气废热等低品位热量直接转换为电能，也可对各种高端电子元件实现精确固态制冷。与传统内燃机（或空调）的发电（或制冷）方式不同，该技术的能量转换过程主要基于赛贝克效应（或珀尔帖效应），并依赖于材料内部载流子（电子或空穴）的定向迁移而非化石燃料的燃烧（或制冷剂的汽化/冷凝）过程。基于该技术研制的温差发电或者制冷装置，具有结构简单、经久耐用、无噪声、无污染等优点，因而在某些特殊领域受到了人们的青睐。

2.7.1　热电效应

热电效应是指材料中由温差引起的电效应以及由电流引起的可逆热效应，具体而言又可分为赛贝克效应、珀尔帖效应以及汤姆逊效应，其中比较有应用价值的是赛贝克效应和珀尔帖效应，分别用于发电及制冷。

2.7.1.1　赛贝克效应

如图 2.57 所示，将两段不同材质的导体或者半导体 A、B 串联成一段回路，且使两个接头分别保持不同的温度 T_1 及 T_2（$T_1>T_2$），则在回路中将产生热电势 ε_{12}，这种由温差引起的电效应称为赛贝克效应。

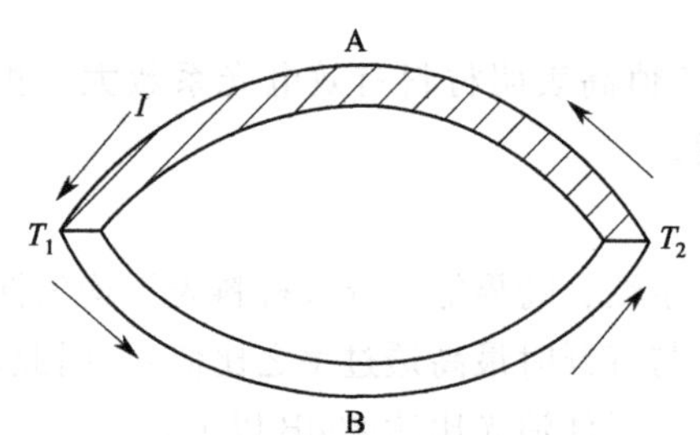

图 2.57 赛贝克效应原理示意图

当材料两端存在温差时，回路中的电势差为：

$$\varepsilon_{12}=S_{AB}(T_1-T_2)=S_{AB}\Delta T \tag{2.92}$$

当 T_1 与 T_2 差异较小时，S_{AB} 为一常数，称为两种材料的相对赛贝克系数：

$$S_{AB}=\lim_{\Delta T\to 0}\frac{\varepsilon_{12}}{\Delta T}=\frac{d\varepsilon_{12}}{dT} \tag{2.93}$$

赛贝克系数的单位为 $V\cdot K^{-1}$，其绝对值主要取决于材料自身的物理特性，并且规定电流在热端由材料 A 流入材料 B 时赛贝克系数为正值，反之为负值。赛贝克效应最初是在研究不同金属导线串联电路时发现的温差电动势现象，热电偶测温的原理就是赛贝克效应。两种不同成分的导体（称为热电偶丝材）串联成回路，当两个接合点的温度不同时，回路中就会产生温差电势差。其中，直接用作测量介质温度的一端为测量端（如图 2.57 的 T_1 端），另一端为补偿端（如图 2.57 的 T_2 端）。补偿端与显示仪表或配套仪表连接，显示仪表会指出热电偶所产生的热电势。对于某一种热电偶，其材质及形状尺寸是确定的，热电偶产生的电势差是温度的单值函数，因此可通过电势差确定测量端的具体温度。

除了两种不同金属构成的回路之外，金属与半导体或者半导体与半导体构成的回路也具有赛贝克效应，并且半导体的赛贝克系数更高，效应更显著。在研究热电材料时，习惯采用绝对赛贝克系数而非相对赛贝克系数。一般来说，金属及 N 型半导体的绝对赛贝克系数为负值，P 型半导体的绝对赛贝克系数为正值。

赛贝克效应的物理机制可采用接触电势差及温差电势差解释。

（1）接触电势差

两种不同金属形成闭合回路时，接触面会产生接触电势差，其来源有两方面。第一，当两种不同金属接触时，两种金属的逸出功不同，会在接触面形成电势差。第二，两种金属中的自由电子浓度不同，接触面两侧存在自由电子浓度差，自由电子会从高浓度一侧向低浓度一侧扩散，导致接触面形成电势差。第二种过程与 PN 结的形成过程相似，电子由高浓度一侧向低浓度一侧扩散，形成一个空间电荷区，空间电荷区的电场促使电子发生漂移运动，漂移运动的方向与扩散运动的方向正好相反，当这两种运动达到动态平衡时，金属两端就会形成稳定的接触电势差。物理学已经证明，两种金属紧密接触时产生的接触电势差为：

$$V_{12}=V'_{12}+V''_{12}=V_2-V_1+\frac{k_B T}{e}\ln\left(\frac{n_1}{n_2}\right) \tag{2.94}$$

式中，V_{12} 为接触电势差；V'_{12} 为金属逸出功不同导致的接触电势差；V''_{12} 为自由电子浓度不同导致的接触电势差；V_1、V_2 分别为两种金属的逸出电势；n_1、n_2 分别为两种金属的自由电子浓度；k_B 为玻尔兹曼常数；T 为温度；e 为基本电荷量。

此时在图 2.57 的两个接头处将有 V_{12}（T_1）及 V_{12}（T_2）两个接触电势差，回路的热电势为

$$\varepsilon_{12}=V_{12}(T_1)-V_{12}(T_2) \tag{2.95}$$

式中，ε_{12} 为回路的热电势。

事实上，当两个接头存在温差时，温差也会促使自由电子发生定向迁移，从而引起温差电势差。

(2) 温差电势差

如图 2.58(a) 所示，在金属 A 的热端（T_1）有较多高能电子，冷端（T_2）有较多低能电子，因此电子将向冷端扩散，导致冷端累积大量自由电子带负电，相应的热端缺少电子带正电，从而产生一个空间电荷区，产生的电场阻止电子进一步扩散，当电子的漂移运动与扩散运动达到平衡时，金属两端形成稳定的电势差 $V_1(T_1,T_2)$。同理，在金属 B 两端也会形成电势差 $V_2(T_1,T_2)$。如图 2.58(b) 所示，对整个回路而言，金属 A、B 由温差引起的电势差方向相反，此时回路总的热电势为

$$\varepsilon_{12}=V_{12}(T_1)-V_{12}(T_2)+V_2(T_1,T_2)-V_2(T_1,T_2) \tag{2.96}$$

等式右侧前两项分别为两个接头的接触电势差，后两项分别为两个接头的温差电势差。

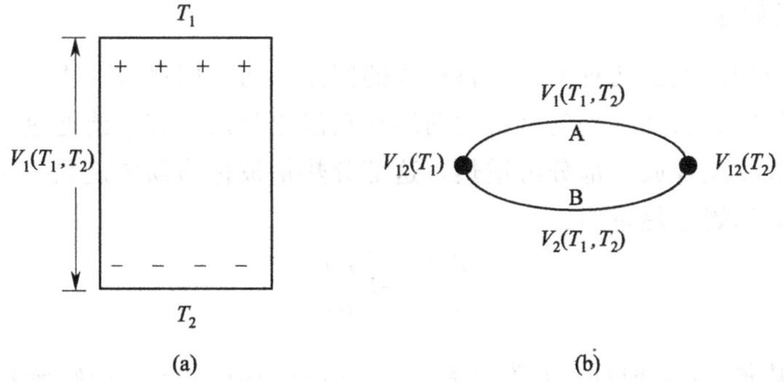

图 2.58 A 金属温差电势差 (a) 和总温差电势 (b)

2.7.1.2 珀尔帖效应

如图 2.59 所示，当直流电流经由两种不同导体形成的串联回路时，除了产生不可逆的焦耳热，还会在两个接头处分别产生吸热或放热现象，且单位时间内产生的热量 Q 与回路中的电流 I 成正比，这种由电流导致的可逆热效应称为珀尔帖效应。

珀尔帖效应可采用如下公式描述：

$$\frac{dQ}{dt}=\pi_{AB}I \tag{2.97}$$

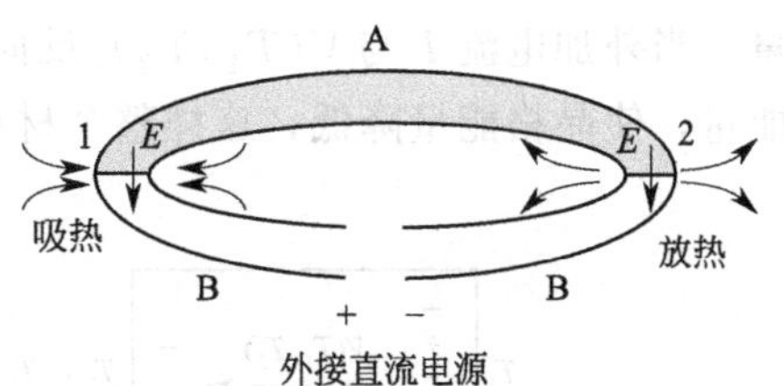

图 2.59 珀尔帖效应原理示意图

式中，Q 为热量；t 为时间；I 为电流；π_{AB} 为两种材料的相对珀尔帖系数，V。规定当电流在接头 1 处由材料 A 流入材料 B 时，若该接头产生吸热现象，则珀尔帖系数为正值，否则为负值。实际研究中一般采用绝对珀尔帖系数，金属及 N 型半导体的绝对珀尔帖系数为负值，P 型半导体的绝对珀尔帖系数为正值。

需要特别强调的是，珀尔帖效应与常见的焦耳热效应存在本质差别，珀尔帖效应的吸、放热状态主要取决于材料自身的物理特性以及回路中电流的方向，该过程在热力学上是可逆的。若电流反向，则原来吸热的接头便会放热，而原来放热的接头会吸热。利用珀尔帖效应可以实现固态制冷（即一端吸热，另一端放热），而焦耳热效应与电流方向无关，利用该效应只能制热。

珀尔帖效应可采用接触电势差来解释。如图 2.59 所示，在接头 1、2 两个地方均有接触电势差 V_{12}，设其方向都是由金属 A 指向金属 B。在接头 1 处，电流由金属 B 流向金属 A，

显然接触电势差的电场将阻碍形成电流的这种电子运动，电子在接头 1 处需要反电场力做功 eV_{12}，电子动能减小。减速的电子与其他原子相碰，从原子处获得动能，从而使该处温度降低，需要从外界吸收热量。而在接头 2 处，电流由金属 A 流向金属 B，接触电势差的电场使形成电流的电子发生加速运动，电子经过此处时动能增加 eV_{12}，加速后的电子与附近的原子发生碰撞，将动能传递给原子，从而使该处温度升高，释放出热量。

开尔文总结出珀尔帖系数与赛贝克系数之间存在正相关关系，由于半导体的赛贝克系数一般远高于金属，因此半导体的珀尔帖系数往往也高于金属，在珀尔帖效应中吸收及释放的热量较大，可用于制冷。这种固态制冷技术结构简单，可以做成微型制冷器件，常用于一些精密电子元器件的散热以及电路的控温。

2.7.1.3 汤姆逊效应

以上两类效应均涉及由两种不同材料构成的回路，而汤姆逊效应则是一种存在于单一均质材料中的热电效应。当某一均匀材料的两端存在温差且内部有电流通过时，导体除了产生焦耳热外，还要吸收或释放一部分可逆热，这部分热量被称为汤姆逊热。在单位时间和单位横截面积内产生的汤姆逊热量为：

$$\frac{\mathrm{d}Q}{\mathrm{d}t}=\tau I\frac{\mathrm{d}T}{\mathrm{d}x} \tag{2.98}$$

式中，Q 为热量；t 为时间；I 为电流；$\frac{\mathrm{d}T}{\mathrm{d}x}$为温度梯度；$\tau$ 为汤姆逊系数，单位与赛贝克系数相同，也是 $\mu\mathrm{V}\cdot\mathrm{K}^{-1}$。规定当电流方向与温度梯度方向一致时，若材料吸热，则 τ 为正值，反之为负值。汤姆逊效应的机理与珀尔帖效应相似，只是此时电子的扩散是由材料两端的温度梯度而非两种材料中的接触电势差引起的，如图 2.60 所示。由温度 T_1 与 T_2 形成温差电势 $V(T_1,T_2)$，当外加电流 I 与 $V(T_1,T_2)$ 同向时，电子将从 T_2 向 T_1 定向流动，同时被温差电场加速。电子从温差电场中获得的能量，一部分用于增加电子达到高温端所需的动能，剩余的能量将通过电子与晶格的碰撞传给晶格，使整个材料温度升高并放出热量。当外加电流 I 与 $V(T_1,T_2)$ 反向时，被温差电场减速，电子与晶格碰撞从原子处取得能量，使晶格能量降低，这样整个材料温度就会降低，并从外界吸收热量。

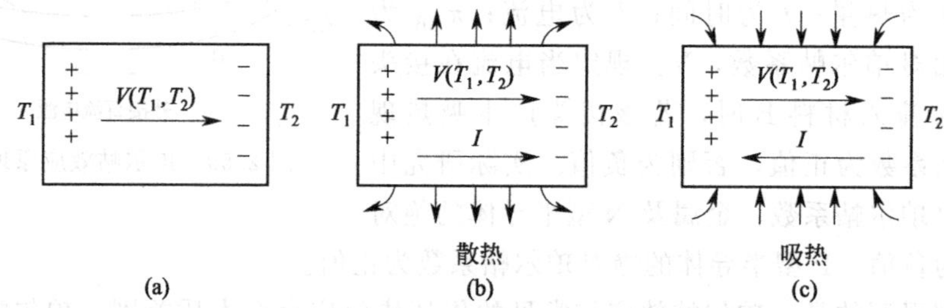

图 2.60 汤姆逊效应原理示意图（$T_1>T_2$）

(a) 无外加电流；(b) 外加电流由高温端流向低温端；(c) 外加电流由低温端流向高温端

2.7.1.4 三种效应之间的关联

赛贝克系数、珀尔帖系数及汤姆逊系数是表征材料热电性能的重要参数，三者的关系可由开尔文关系式说明：

$$\pi_{AB}=S_{AB}T \tag{2.99}$$

$$\tau_A-\tau_B=T\frac{dS_{AB}}{dT} \tag{2.100}$$

式中，π_{AB} 为两种材料的相对珀尔帖系数；S_{AB} 为两种材料的相对赛贝克系数；T 为温度；τ_A、τ_B 分别为两种材料的汤姆逊系数。

大量关于金属及半导体材料的研究均证实了开尔文关系式的正确性，因而在实际研究中出于测量方便的考虑，往往先通过实验测量不同温度下材料的赛贝克系数，再利用开尔文关系式求出相应温度下的珀尔帖系数及汤姆逊系数。

2.7.2 热电材料的主要性能

热电材料的应用领域主要包括热电发电和热电制冷两个方面，其效果是否显著主要取决于材料的赛贝克系数和珀尔帖系数，而根据开尔文关系式，最本质的参数为赛贝克系数，因此，优异的热电材料必须具有较高的赛贝克系数。但在实际应用中，为了使材料两端能够稳定地维持温差，材料还必须具有较低的热导率，而且为了减小内阻，避免电能转化为焦耳热，材料必须具有较高的电导率。整体而言，需要从电学和热学两个方面系统描述材料的热电性能。

(1) 电性能参数

赛贝克系数 S 和电导率 σ 是描述热电材料电性能最关键的两个参数。电导率的表达式可参考式(2.5)。根据能带理论，高温下材料的赛贝克系数为：

$$S=\frac{\pi^2 k_B^2 T}{3e}\left[\frac{\partial \ln\sigma}{\partial E}\right]_{E=E_F} \tag{2.101}$$

式中，k_B 为玻尔兹曼常数；E_F 为费米能级；e 为基本电荷量；E 为能量；T 为温度；σ 为电导率。由此可知，赛贝克系数与电导率之间存在耦合关系。一般金属的电导率较高，但赛贝克系数非常低；绝缘体的电导率往往非常低，但赛贝克系数较高。

(2) 热性能参数

从微观角度来看，材料的传热过程主要是通过晶格振动以及载流子的运动实现的。而对处于本征激发区的半导体（目前热电材料主要是半导体）而言，电子-空穴对形成的双极扩散对热导率也有所贡献，因此其总热导率 κ_T 可划分为三个部分：

$$\kappa_T=\kappa_L+\kappa_C+\kappa_B \tag{2.102}$$

晶格热导率 κ_L 可表示为：

$$\kappa_L=\frac{1}{3}c_V v_s l \tag{2.103}$$

式中，c_V 为材料的定容比热容；v_s 为声子的运动速度；l 为声子平均自由程。

载流子热导率 κ_C 可表示为：

$$\kappa_C=L\sigma T \tag{2.104}$$

式中，L 为洛伦兹常数；σ 为电导率；T 为温度。

双极热导率 κ_B 可表示为：

$$\kappa_B=\frac{\sigma_e\sigma_h}{\sigma_e+\sigma_h}(S_e-S_h)^2 T \tag{2.105}$$

式中，σ_e 及 σ_h 分别为电子-空穴对中电子及空穴的电导率；S_e 及 S_h 分别为电子-空穴对中电子及空穴的赛贝克系数。一般双极热导率只在温度比较高，半导体已开始本征激发时才考虑。由于热电材料的最佳使用温度一般在本征激发温度以下，因此影响其热导率的最关键因素是晶格热导率以及载流子热导率。

前面已提到，性能优异的热电材料需要同时具有较高的电导率和较低的热导率，根据式(2.104) 可知载流子热导率将会随着电导率成比例增加，因此研究者主要通过降低晶格热导率使材料的总热导率维持在较低水平。但材料的晶格热导率并不能无限降低，最低晶格热导率可理解为非晶状态下材料的晶格热导率。

(3) 热电优值

1911 年德国科学家阿登克希首次提出了一套关于热电发电及制冷的理论，指出性能优异的热电材料必须同时具有较高的赛贝克系数、电导率以及较低的热导率。他定义了一个衡量材料综合热电性能的参数：

$$ZT=\frac{S^2\sigma}{\kappa_T}T \tag{2.106}$$

式中，ZT 称为热电优值（亦称为无量纲优值）；S 为材料的绝对赛贝克系数；σ 为电导率；κ_T 为材料的总热导率；T 为温度。热电优值的大小主要由电学性能（$S^2\sigma$）和热学性能（κ_T）两部分决定，其中电学性能部分又被称为功率因子。由于材料的使用温度 T 受各种因素的制约，可调范围较窄，因此实际研究中提高热电优值的主要途径是提高功率因子及降低热导率，而降低热导率主要是指降低晶格热导率。

2.8 热敏材料的基本理论

广义上而言，基本上材料的所有物理性质都会随着温度的升高而变化，都可以称为热敏性质。狭义上讲，人们常说的热敏性质是指材料的电阻率或电导率随温度变化的性质。因此，若不加特殊说明，热敏材料指的就是热敏电阻。

2.8.1 热敏效应

热敏效应是指材料的电阻率或电导率随温度变化而变化的现象，具有热敏效应的材料称为热敏电阻。它与普通电阻的关键差异在于二者的电阻温度系数不同，热敏电阻的电阻温度系数远大于普通电阻的电阻温度系数，即热敏电阻对温度的变化特别敏感，当温度发生微小变化时，电阻率会发生较大改变。热敏电阻在电路图中一般用 R_T 表示，如图 2.61 所示。

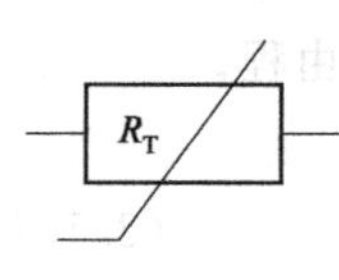

图 2.61 热敏电阻的表示符号

热敏电阻一般分为两类：一类是正温度系数（PTC）热敏电阻，电阻率随温度升高而急剧增大；另一类是负温度系数（NTC）热敏电阻，电阻率随着温度升高而减小。一般来说，PTC 电阻比 NTC 电阻的温度系数大几个数量级，PTC 的阻值随着温度升高迅速增大。

PTC 热敏电阻的电阻率会随着环境温度升高而增大，而且当电流过载时会产生大量的焦耳热，进一步使电阻升温，电阻急剧增大。由于这种性质，PTC 热敏电阻常被用于电流保护电路、过热检测电路等。当温度降低时，电阻会再度减小，因此它是一种可重复使用的电流过载保护材料，这是与熔丝最大的区别。NTC 热敏电阻常用于温度检测电路、温度补偿电路以及防涌流电路等。

通常情况下，热敏电阻的电阻温度系数越大，电路的稳定性就越差。这是因为当温度有微小变化时，热敏电阻的电阻率会发生剧烈变化，这会严重影响原电路的参数特性与稳定性，导致电路无法正常工作。但另一方面，电阻温度系数大也有益处。例如常见的电子放大电路中一般会用到晶体管，通过晶体管的电流会随着温度升高而增大，进而影响电路的正常工作，因此一般采用 NTC 热敏电阻保证电路稳定工作。

2.8.2 热敏电阻的工作原理

(1) PTC 热敏电阻的工作原理

PTC 热敏电阻一般以 $BaTiO_3$ 陶瓷为基体，并掺杂适量的稀土元素，经高温烧结而成。纯 $BaTiO_3$ 是一种绝缘体，掺杂稀土元素（例如 La、Nd 等）后，材料将变为半导体，称为半导化 $BaTiO_3$。半导化 $BaTiO_3$ 一般是多晶材料，晶粒之间存在大量晶界，而晶界会对定向迁移的载流子产生强烈散射，因此可以将晶界看成一个势垒。

低温时，由于半导化 $BaTiO_3$ 内电场的作用，载流子容易越过晶界形成的势垒，不容易被散射，因而载流子迁移率高，电阻率较小。$BaTiO_3$ 是一种压电材料，在居里温度 T_C 附近会发生铁电相-顺电相转变（对于 $BaTiO_3$，$T_C=120℃$），当温度升高至 T_C 后，由于发生相变，半导化 $BaTiO_3$ 的内电场被破坏，载流子很难越过晶界形成的势垒，因此载流子迁移率减小，电阻率急剧增大。

一种材料具有 PTC 特性是指该材料的电阻温度系数为正值，因此大部分金属都是 PTC 热敏电阻。对于这些材料，在一段较宽的温度范围内，其电阻率随着温度升高线性增大，称为线性型 PTC 热敏电阻。而对于半导化 $BaTiO_3$ 等存在相变的材料，其电阻率会在一段较窄的温度范围内迅速增大，增幅可达若干个数量级，这种材料就是非线性 PTC 热敏电阻。常见的 PTC 热敏电阻一般具有显著的非线性 PTC 效应，线性区域很窄，经常用于电路的过流保护，不用于温度测量或者温度补偿电路。

(2) NTC 热敏电阻的工作原理

NTC 热敏电阻一般以 MnO_2、CoO、NiO、CuO 及 Al_2O_3 等金属氧化物为主要原料，采用陶瓷工艺烧制而成。这些金属氧化物均具有半导体性质，不掺杂时材料中的载流子浓度较低，电阻率高。温度升高后，由于本征激发，载流子浓度呈指数型增加，而载流子迁移率降低，但载流子浓度增加的幅度远大于载流子迁移率降低的幅度，最终导致材料电阻率降低。

NTC 热敏电阻的类型较多，根据使用温度范围可分为低温型（$-60\sim300℃$）、中温型（$300\sim600℃$）及高温型（$>600℃$）。NTC 热敏电阻具有灵敏度高、稳定性好、响应快、寿命长等特点，广泛应用于需要定点测温的温控电路中，例如冰箱、空调的控温系统。

2.8.3 热敏电阻的主要性能

(1) 电阻-温度特性

热敏电阻的电阻-温度特性是指电阻的实际阻值 R_T 与温度 T 之间的关系，对于 PTC 热敏电阻：

$$R_T = R_0 e^{aT} \tag{2.107}$$

对于 NTC 热敏电阻：

$$R_T = R_0 e^{\frac{b}{T}} \tag{2.108}$$

式中，a、b 及 R_0 在某一温度范围内近似为常数。

对于 PTC 热敏电阻，其电阻温度系数为：

$$\alpha_T = \frac{1}{R_T} \times \frac{dR_T}{dT} = a \tag{2.109}$$

对于 NTC 热敏电阻，其电阻温度系数为：

$$\alpha_T = \frac{1}{R_T} \times \frac{dR_T}{dT} = -\frac{b}{T^2} \tag{2.110}$$

由此可见，NTC 热敏电阻的电阻温度系数为负值，且$|\alpha_T|$随着温度升高而减小，也就是说低温时 NTC 热敏电阻的电阻温度系数绝对值要比常规的电阻丝高很多，因此 NTC 热敏电阻常用于中低温区的温度测量，其测量范围一般为－100～300℃。

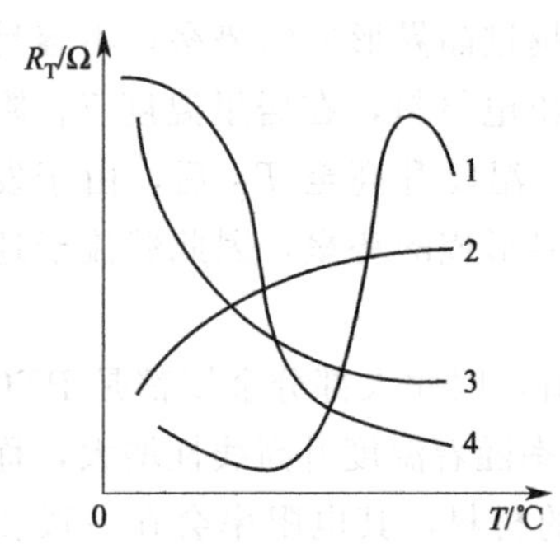

图 2.62　不同类型热敏电阻的电阻-温度特性曲线

1—突变型 PTC 电阻；2—线性型 PTC 电阻；3—负指数型 NTC 电阻；4—突变型 NTC 电阻

由于热敏电阻的电阻温度系数远大于常规电阻，因此在相同温度下，热敏电阻的阻值一般远大于常规电阻，所以在含有热敏电阻的电路中可以忽略导线的电阻。热敏电阻的电阻-温度（R_T-T）曲线非线性特征十分明显，测量温度范围远小于常规电阻。图 2.62 描述了各种热敏电阻的电阻-温度特性曲线，曲线 1 和曲线 2 为 PTC 热敏电阻，曲线 3 和曲线 4 为 NTC 热敏电阻。由该图可知，曲线 2 及曲线 3 的线性度要高一些，具有该类电阻-温度特性曲线的热敏电阻适用于温度测量。与之相反，曲线 1 及曲线 4 的非线性度更高，这类热敏电阻适用于电路的温控开关。

（2）电压-电流特性

对于 PTC 热敏电阻，其电压-电流特性指的是在 $T \geqslant$ 25℃的静止状态下，加在热敏电阻两端的电压与热平衡稳态条件下电流之间的关系，即 PTC 热敏电阻实际工作状态下的电压-电流特性。从 PTC 热敏电阻的电压-电流特性曲线可知道电阻的正常工作电压、工作电流以及击穿电压、击穿电流，便于正确设计及使用过流保护元件。

对于 NTC 热敏电阻，当流经电阻的电流较小，不足以使热敏电阻发热时，可认为其阻值是一定值。当电流增大时，热敏电阻产生的焦耳热使电阻升温（俗称自热），并与环境进行热交换。这种电压-电流特性的典型应用例子为液位传感器，利用了 NTC 热敏电阻在液体和空气中的散热差异。

（3）电流-时间特性

对于 PTC 热敏电阻，当其两端加上额定工作电压时，流过电阻的电流与时间的关系称为 PTC 热敏电阻的电流-时间特性。加载电压瞬间产生的电流称为启动电流，加载电压 1～3s 后的电流称为阻尼电流，达到稳态平衡时的电流称为残杂电流。PTC 热敏电阻的电流-时间特性是消磁电阻器、电机启动器、过流保护元件等电子元器件需要参考的重要特性。

对于 NTC 热敏电阻，在加载电压的瞬间，由于电流小，电阻几乎不发热，此时电阻处于阻值及电流一定的状态。但在自热区，NTC 热敏电阻的阻值迅速减小、电流增大，其改变速率与 NTC 热敏电阻的负载功率、材料、形状、结构及环境状况等因素有关。NTC 热敏电阻的电流-时间特性既可用于抑制突波电流，又不至于对总电流造成显著影响，因而被广泛应用于电源保护电路中，抑制电源开启时引起的突波电流，保护电流及电子元件，提高电源的可靠性及稳定性。

(4) 非线性特性

由图 2.62 可知，其电阻的非线性度较大，因而在某些要求不高的计算过程中需进行线性化处理，即假定一定温度范围内其阻值与温度呈线性关系。在使用热敏电阻测量温度时，给电阻两端加上一个恒流源，通过测量电阻两端的电势差，即可求出电阻的温度：

$$T = T_0 - c\phi_{\mathrm{T}} \tag{2.111}$$

式中，T_0 及 c 为与热敏电阻特性有关的系数；ϕ_{T} 为热敏电阻两端的电压。利用该公式，可以通过测量热敏电阻的电压-温度特性曲线间接描述其电阻-温度特性曲线。

(5) CTR 特性

临界温度热敏电阻（CTR）是 NTC 热敏电阻中的一种特例，在某一温度附近，其阻值随着温度的升高急剧减小，其电阻温度系数是一个绝对值很大的负值。CTR 一般是 Ba、V、Sr、P 等元素氧化物的混合烧结体，是一种半导体，其阻值变化的临界温度与材料的掺杂状况（一般掺杂 Ge、Mo、W 等元素）有关。

CTR 的阻值一般为 $10^3 \sim 10^7\,\Omega$，如图 2.62 中曲线 4 所示，其电阻-温度特性属于突变型，具有开关特性，不能像普通 NTC 热敏电阻那样用于较宽范围的温度控制，只能在某一特定温度区间内使用。

理论突破创新——弘扬科学家精神

黄昆（1919～2005）早年于燕京大学物理系本科毕业后在昆明西南联合大学任助教。1948 年获英国布里斯托尔大学博士学位，1955 年当选中国科学院学部委员（院士），1980 年当选瑞典皇家科学院外籍院士，1985 年当选发展中国家科学院院士，2001 年获国家最高科学技术奖，2002 年被评为感动中国年度人物，是享誉世界的理论物理学家，我国固体物理和半导体物理奠基人之一。

新中国固体物理及半导体物理奠基人

敢于突破理论，攻读博士期间提出与晶格中杂质有关的 X 射线漫散射，被称为“黄散射”。“黄散射”是一种可以直接研究固体中微观缺陷的有效手段。提出多声子跃迁理论，以“黄-里斯因子”著称于世，被称为中国声子物理第一人。提出关于描述晶体中光学位移、宏观电场与电极化三者关系的“黄方程”以及由此引伸出的电磁波与晶格振动耦合，成为极化元概念雏形。与著名德国物理学家马克斯·玻恩合著《晶格动力学理论》，时至今日仍然是固体物理学领域最重要的著作之一。

青年时代致力于学术研究，归国后将更多的精力集中在为国家培养青年科技人才。1956 年在北京大学物理系任职，主持中国半导体物理专业的创建工作，为中国半导体及信息产业培养了第一批人才。带头编写了国内第一本《固体物理学》经典教材，至今仍为许多国内高校讲授固体物理课程的首选教材。1977 年担任中国科学院半导体研究所所长，为改革开放后中国半导体科技及产业的复苏发挥了重要作用。2010 年，经国际天文学联合会小天体命名委员会批准，中国科学院国家天文台发现并获得国际永久编号的第 48636 号小行星被永久命名为“黄昆星”。“青年时代做出了卓越的科学贡献，中年时期献身于祖国教育事业，晚年仍在孜孜不倦地学习和研究，为祖国科技发展呕心沥血。”朱邦芬院士对黄昆院士的这句评价是其一生最真实的写照，这种科学家精神也应该被我们后人发扬光大。

思考题

1. 量子自由电子理论有哪些特点？它与经典自由电子理论有何不同？
2. 从能带结构的角度分析导体、半导体及绝缘体有何不同。
3. 金属导体和半导体的电阻分别随温度如何变化？为什么？
4. 简述 PN 结中空间电荷区的形成，并描述施加正向和反向电压后，PN 结内部的变化。
5. 超导电的物理特征和临界参数有哪些？
6. 如何理解超导电机理（包括二流体模型、伦敦动力学方程和 BCS 理论）？
7. 介电性、压电性、热释电性、铁电性之间的关系是怎样的？
8. 在实际应用中，四类压电方程该如何选用？
9. 铁电体、反铁电体、弛豫铁电体有何联系和区别？
10. 简述磁性的来源及材料具有磁性的条件。
11. 材料磁性参数有哪些？
12. 光电效应可以分为哪几类？主要性能参数是什么？
13. 什么是电光效应？电光效应可以依据什么原理进行分类？
14. 如何从微观角度理解赛贝克效应的物理机制？
15. 热电优值与哪些因素有关？如何提高材料的热电优值？
16. PTC 热敏电阻的工作原理是什么？
17. 热敏电阻的性能参数主要包括哪些方面？

第3章 电性材料与器件

电学性质是材料的一种基本物理性质，在各个领域中有着非常重要的应用，很多材料都具有固有的导体、半导体和绝缘体特性，利用这些优异电学特性可以改变人类生活和生产方式，因此电性材料往往是国民经济的基础。电性材料的种类繁多，分类也较为复杂，通常按电导率大小将电性材料划分为导体材料、半导体材料、绝缘体材料和超导体材料，这也是材料固有电性能的表现。本章主要介绍传统导电材料、半导体材料、绝缘体材料和超导体材料的主要类型、结构、性能特点、制备工艺及其应用。

3.1 传统导电材料与器件

3.1.1 传统导电材料简介

1800年，科学家伏特发明了一种伏打电堆电发生装置，能够持续产生直流电，从此人类进入了“电气时代”。经过200多年的发展，电的理论和应用日趋成熟，人类也越来越依赖电，现在“如果没有电，全世界都会瘫痪”。电能得到如此飞速的发展，主要得益于导电材料的发展。导电现象是载流子定向移动的结果，因为金属内部的电子可以脱离原子核的束缚，在核外自由运动，当电路中加一个电场时，自由电子可以定向运动，因此金属是最早应用的导电材料。在相当长一段时间里人类都完全使用金属作为导电材料。早在1810年戴维利用木炭制成通电后能产生电弧的碳质电极，开辟了使用碳素材料作为高温导电材料的广阔前景。后来科学家们又发现电子和空穴参与导电的半导体、库柏电子对参与导电的超导体、掺杂导电高分子、碳纳米管和石墨烯等特殊导电材料。这里的传统导电材料泛指用以传送电流的材料，包括电力工业用的电线、电缆等强电用的导电材料，电子工业中传送弱电流的导电材料、导电涂料、导电黏结剂及透明导电材料，起调节功能的电阻材料，以及特殊的电接触材料等。传统导电材料一般可分为金属导电材料、无机非金属导电材料、有机高分子导电材料和复合导电材料等。其中绝大部分是纯金属和合金，如铜及铜合金，铝及铝合金，银、金、镍、铂及其合金，电阻合金等；也有少部分碳材料、导电高分子材料及其复合材料等。

3.1.2 传统导电材料性能表征

3.1.2.1 传统导电材料的电气性能

(1) 电阻率或电导率

物质的导电性能通常用电阻率 ρ 或电导率 σ 来表征，材料的电导率和电阻率有倒数关系。传统导电材料的电导率一般为 $10^6 \sim 10^8$ ($S \cdot m^{-1}$)。为表征金属或合金的导电性，定义标准退火纯铜在 20℃的电导率为 100%IACS，用其他材料与之比值来衡量该材料的导电性。

(2) 电阻温度系数

导电材料的电阻随温度变化的比例系数称为电阻温度系数，用 α_T 表示。

$$\alpha_T = \frac{1}{R_T} \times \frac{\mathrm{d}R_T}{\mathrm{d}T} \tag{3.1}$$

式中，α_T 为电阻温度系数；R_T 是温度为 T 时材料的电阻。

(3) 热导率

导电材料都具有导热性能，温度为 T 时，材料的导热能力用热导率 κ_T 表示。

$$\kappa_T = \lambda \rho c \tag{3.2}$$

式中，λ 为热扩散率；ρ 为材料的密度；c 为材料的比热容。

(4) 接触电势差

两种不同导电材料接触时，电子从电子密度大和逸出功小的导电材料向另一导电材料运动，这一运动将使导电材料一端带负电，另一端带正电，致使两种导电材料接触处产生电势差，叫接触电势差。不同温度下两种导电材料接触有不同的接触电势差。

3.1.2.2 传统导电材料的力学性能

(1) 抗拉强度

材料单位截面积所能承受的外界最大拉应力称为抗拉强度，用 σ_b 表示。

$$\sigma_b = \frac{P_m}{S} \tag{3.3}$$

式中，P_m 为最大拉力，N；S 为材料横截面积，m^2。

(2) 屈服强度

材料受外加载荷时，当载荷不再增加，而材料本身的变形却继续增加，这种现象称为屈服，产生屈服时的应力称为屈服强度，用 σ_s 表示。

$$\sigma_s = \frac{P_s}{S} \tag{3.4}$$

式中，P_s 为屈服载荷，N；S 为材料横截面积，m^2。

(3) 抗弯强度

材料在弯曲力作用下，抵抗塑性变形和断裂的能力，称为抗弯强度，用 ν 表示。

$$\nu = \frac{M}{W} \tag{3.5}$$

式中，M 为所受外力矩；W 为材料截面系数，m^2。

(4) 延伸率

材料受外力作用被拉断以后，总伸长长度与原长度之比的百分数称为延伸率，用δ表示。

$$\delta=\frac{L_1-L_0}{L_0}\times 100\% \tag{3.6}$$

式中，L_1为材料拉断后的长度；L_0为材料原来的长度。

(5) 硬度

材料表面局部区域抵抗变形或破裂的能力称为硬度，可以综合反映材料强度、韧性、塑性、弹性等指标，可分为布氏硬度、洛氏硬度、维氏硬度、肖氏硬度等。

(6) 蠕变强度

材料在高温环境下，即使所受应力小于屈服强度，也会随时间推移而缓慢地产生永久变形，这种现象称为蠕变。在一定温度下，经过一定的时间，材料的蠕变速度仍不超过规定的数值，这时材料所承受的最大应力称为蠕变强度。

导电材料除了需具备上述性能外，还应具有良好的耐磨性、耐腐蚀性、抗氧化性、易加工和焊接性等。

3.1.3 铜及铜合金

铜是人类应用最早的一种金属材料，是世界上第二大有色金属，具有高导电性、高导热性、高抗腐蚀性、可镀性、易加工性及良好的力学性能。因此，铜及铜合金被广泛应用于机械制造、电气、电子等工业领域，制作成各种导电材料及结构部件，是电力工业、电子信息产业、航空航天、海洋工程、汽车工业和军事工业等的关键材料，也是国民经济和科技发展的重要基础材料。

(1) 纯铜

纯铜又称紫铜，外观呈淡紫红色，面心立方结构，理论密度20℃时为8.932g·cm^{-3}，熔点为1083℃。铜的牌号很多，其中有3个纯铜牌号（T1：Cu+Ag≥99.95%；T2：Cu+Ag≥99.90%；T3：Cu+Ag≥99.70%），5个无氧铜牌号（TU00：Cu+Ag≥99.99%，O为0.0005%；TU0：Cu+Ag≥99.97%，O为0.001%；TU1：Cu+Ag≥99.97%，O为0.002%；TU2：Cu+Ag≥99.95%，O为0.003%；TU3：Cu+Ag≥99.95%，O为0.001%，4个磷脱氧铜牌号（TP1：Cu+Ag≥99.90%，磷含量0.004%～0.012%；TP2：Cu+Ag≥99.9%，磷含量0.015%～0.04%；TP3：Cu+Ag≥99.9%，磷含量0.01%～0.025%；TP4：Cu+Ag≥99.90%，磷含量0.040%～0.065%）。还有银铜、银无氧铜、锆无氧铜、碲铜、硫铜、锆铜和弥散无氧铜（摘自GB/T 5231—2012）。铜是导电材料中最主要的金属，具有良好的导电（仅次于银）和导热性、无磁性、耐腐蚀性、塑性加工性等。

影响铜性能的因素很多，主要有杂质、冷变形和温度。铜中的杂质会降低电导率，其中氧对铜的电导率影响非常显著，在保护气氛下，可以重熔出无氧铜，其优点是：塑性高，高电导率。掺入银、镉、锌、镍、磷等将不同程度地降低铜的导电性和导热性，但能提高机械强度和硬度，塑性和韧性有所降低。经过弯曲、敲打等冷加工变形后，微结构发生变化，其电导率下降，塑性降低，强度和硬度升高。冷加工的纯铜经一定的温度（400～600℃）退火处理，其导电性能将有所恢复。温度对铜性能的影响较为显著，在铜的熔点以下时，电导率随温度升高呈线性降低。温度变化对力学性能的影响也很大，当温度在500～600℃时，延长率和断面收缩率陡然降低，出现“低塑性”区，铜进行热加工时要避开这个温度范围。铜无低温脆性，温度降低时，抗拉强度、延长率和冲击韧性增高，适合作低温导电材料。铜的蠕变强度、抗拉强度和氧化速度均与温度有关，长期使用时工作温度不宜超过110℃，短时使用的工作温度不宜超过300℃。

纯铜最大的缺点是硬度低，耐磨性差。铜与硫作用生成硫化铜，导电性能不好。因此，用铜制造的导线不能与硫化过的橡胶直接接触。使用时必须在铜导线外面预先镀好一层锡，以防止硫对铜的侵蚀。

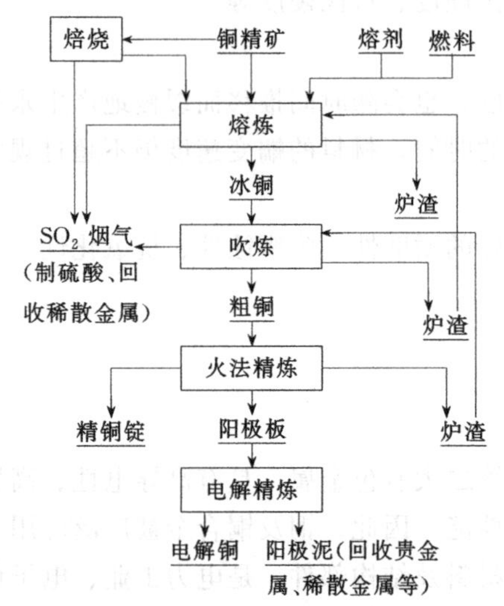

图 3.1 火法炼铜工艺流程

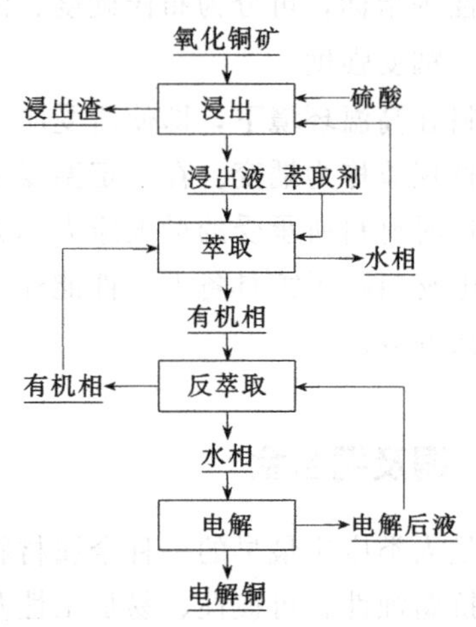

图 3.2 氧化铜矿酸浸工艺流程

世界已发现含铜矿物约有280种，具有经济开采价值的矿物主要有铜的硫化物、氧化物、硫酸盐、碳酸盐、硅酸盐等。地球上铜储量最丰富的地区为环太平洋带，储量最大的是智利和美国，中国居世界第七。铜的冶炼分为火法炼铜和湿法炼铜，80%的冶炼厂采用火法冶炼，先进行选矿，获得含铜量20%～30%的铜精矿，熔炼成含铜量30%～50%的冰铜，然后吹炼成含铜约99.0%的粗铜，最后送去电解，获得99.95%以上的电解铜。典型火法炼铜工艺流程如图3.1所示。湿法炼铜主要用于氧化矿生产铜，典型工艺流程如图3.2所示。经过熔炼铸造和压力加工等可以获得不同性能、颜色、形状的铜制品如板、带、箔、管、棒、型、线等。

(2) 铜合金

由于纯铜机械强度低、耐磨性差，尤其在加热到100～200℃时，机械强度急剧降低，因此，在某些场合下，常在铜中加入其他成分，牺牲部分导电能力，以克服机械强度不足的缺点。如何在大幅度提高强度的同时，尽量保持高导电性是现代铜加工业发展的重要课题。习惯按色泽将铜合金分为三类：黄铜、白铜和青铜。

黄铜是指以铜与锌为基础的合金，锌含量有20%、30%和40%等几种类型。锌含量增加，强度也随之提高。铜锌合金的优点是：易切削加工，耐蚀性强。细分为简单黄铜和复杂黄铜。铜-锌二元相图如图3.3所示，根据相图简单黄铜按组织结构可分为α、α+β、β三种黄铜。复杂黄铜在普通黄铜基础上添加其他合金元素以提高性能。

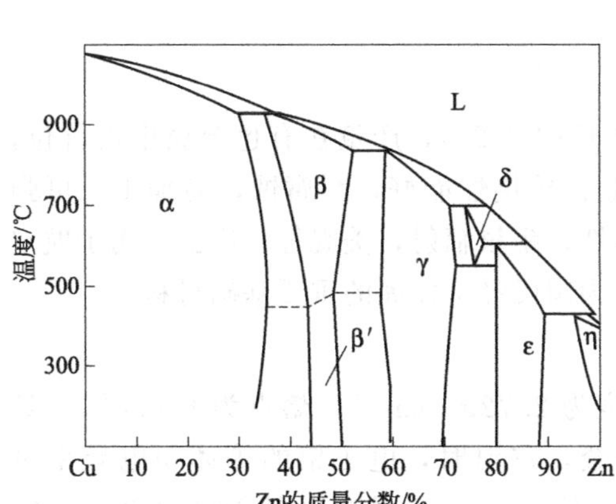

图 3.3 铜-锌二元相图

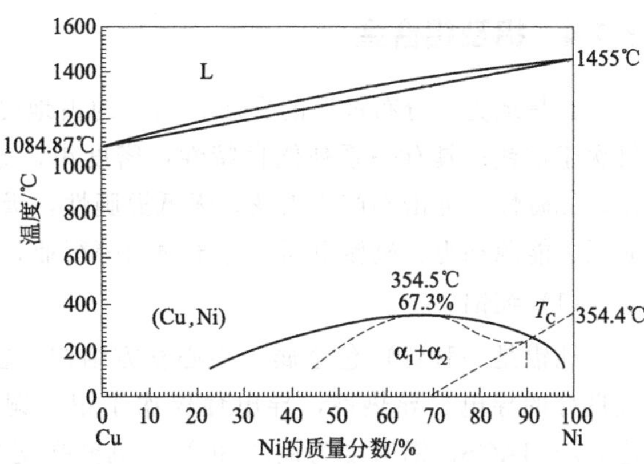

图 3.4 铜-镍二元相图

白铜是指铜镍合金，一般镍含量有 10%、22%、30% 三种，铜-镍二元平衡相图如图 3.4 所示。其在固态下无限互溶，形成连续固溶体，具有面心立方晶格。这类合金的突出特点是具有优良的耐腐蚀和工艺性能，电气性能好，色泽美丽。随着镍含量增加强度升高、塑性降低，导电、导热性能下降，加工工艺性能变坏。加入铁、锰、锌、锡等合金元素的白铜又分别称为铁白铜、锰白铜、锌白铜、锡白铜等。加入镍使合金的弹性模量提高，如果再加入少量的铁，则合金的耐腐蚀性更强。加入硅可获得显著的硬化效果，近年来开发的 Ni20%、Si0.5%的合金已成为实用化的线簧继电器用弹簧材料。

青铜指除铜锌、铜镍合金以外的铜基合金，直接以合金主要成分命名，主要品种有锡青铜、铝青铜、铍青铜等。青铜合金的研究开发十分活跃，诞生了许多新型合金，如高强高导电合金、高强度高弹性合金、高导电可切削合金等。应用领域不断扩大，其中代表性应用有集成电路引线框架合金、电连接用接插件合金等。如银铜合金，铜中加入银提高了耐热性，但导电性能略有下降。例如，加入约 0.5%银，合金的电导率降低 5%，抗拉强度为纯铜的 1.3 倍。通常加入银 0.03%～0.1%的银铜合金用于制作引线、电极、电接触片等。锆铜合金（Cu-0.2Zr）在强度和耐热性方面优于银铜合金，但要使用高温固溶处理会使成本提高，不宜大量使用。目前发展不需固溶处理的锆铜，用以代替银铜，在高温引线和导线等方面得到大量使用。由于铍的加入，铜合金出现显著的沉淀硬化，利用这种效应可提高强度。铍铜合金无磁性，有高的耐腐蚀性、耐磨损性、耐疲劳性，拉伸强度最高达 1.37 GN·m^{-2}，但电导率下降约 20%。典型铜合金的性能如表 3.1 所示。

表 3.1 典型铜合金的性能（GB/T 5231—2012）

合金	代号	电导率/%IACS	抗拉强度/MPa	条件屈服强度/MPa	可塑性	焊接性	耐腐蚀性
黄铜	H95	57	320	390	较高	良好	好
	H90	44	245	400	较高	良好	好
	H85	37	390	450	较高	良好	好
	HPb63-3	26	430	500	较低	一般	一般
	HSn62-1	26	380	550	一般	一般	良好
青铜	QSn4-3	18	350	—	较高	良好	良好
	QMn1.5	—	210	—	较高	良好	良好
	QAl5	—	580	540	高	较低	良好

3.1.4 铝及铝合金

铝是地壳中分布最广的金属元素，约占地壳质量的 8.2%，产量在有色金属中占首位，仅次于钢铁；具有一系列优良特性：密度小，导电、导热性能好，耐腐蚀，易加工，可强化，无磁性，冲击不产生火花，无低温脆性，吸声性，耐核辐射，美观等，广泛应用于航空航天、能源动力、机械电器、电子通信等行业，成为国民经济发展的重要基础材料。

（1）纯铝

纯铝是一种银白色金属，面心立方结构，密度为 $2.72g\cdot cm^{-3}$，熔点为 660.4℃；具有良好的导电、导热性，导电性仅次于银、铜和金，室温时，电工铝的等体积电导率可达 65% IACS；铝密度为铜的 30%，机械强度为铜的 50%，比强度比铜高约 30%；在空气中易被氧化，形成一层致密的氧化膜，阻止内层金属继续被氧化，因此具有极好的抗大气腐蚀性能；拥有极好的塑性，易加工。铝的物理、力学和工艺性能随纯度而异。杂质使铝的电导率下降，铬、锂、锰、钒、钛等杂质对其影响较大，必须严格控制含量。冷加工对铝的电导率影响不大，90%以上经冷变形，铝的抗拉强度可提高 5～6 倍，电导率降低约 1.5%。

纯铝的缺点是强度太低，热稳定性较差，不易焊接。铝和其他电极电势较大的金属（如铜）相接触时，如果环境潮湿，就会形成电动势相当高的局部电池而遭受严重腐蚀破坏。因此，在选用铝材时，应避免高电极电势杂质的存在，在铝线与铜线的接合处要增加保护措施。

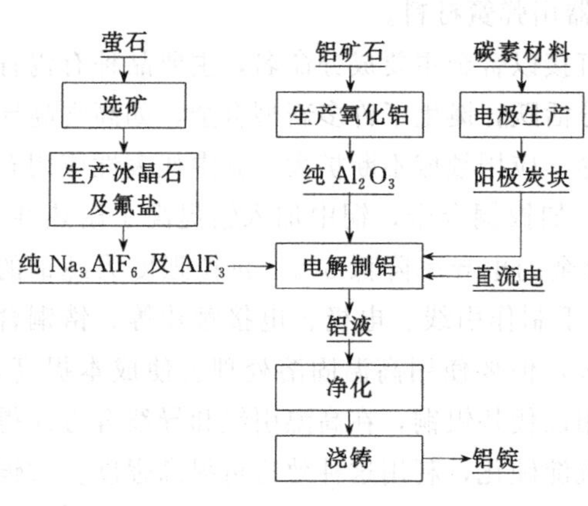

图 3.5 纯铝的生产工艺流程

铝的化学性质极为活泼，在自然界中没有游离的金属铝，均以化合物形态存在。在已经发现的 250 多种含铝矿物中，铝的硅酸盐最多，其次是氧化铝水合物。用来提取氧化铝的主要矿物是以氧化铝水合物为主要矿物成分的铝土矿。目前，世界上 95%以上的 Al_2O_3 是用铝土矿生产的。由于铝与氧的亲和力很强，因而不能用碳还原其氧化物的方法制取。又由于它具有极小的电负性，不能用电解铝盐水溶液的办法制取。现代工艺炼铝的唯一方法是采用冰晶石-氧化铝熔盐电解。首先采用拜耳法生产氧化铝，基本原理：于低温下在铝酸钠溶液中添加 $Al(OH)_3$ 作为晶种，不断搅拌，溶液中析出 $Al(OH)_3\cdot 3H_2O$，同时获得 $Na_2O:Al_2O_3$ 摩尔比高的母液，再将母液浓缩在高温条件下溶出铝土矿，使 Al_2O_3 溶解得到铝酸钠溶液，循环交替就可以生产出高纯度的 Al_2O_3。将电解质氧化铝、冰晶石和氟化物添加剂加入电解槽进行熔盐电解得到高纯铝锭。纯铝的生产工艺流程如图 3.5 所示。生产出来的铝锭能加工成铝线、铝板、铝管、铝带、铝箔以及各种其他形状的铝材。

（2）铝合金

铝合金密度小，有足够的强度、塑性和耐蚀性，在电子工业中常用作机械强度要求较高、重量要求轻的导电材料。铝合金一般具有如图 3.6 所示的有限固溶型共晶相图。根据相图，以 D 点成分为界可将铝合金分为变形铝合金和铸造铝合金。D 点以左为变形铝合金，其特点是加热到固溶线 DF 以上温度时为单相固溶体组织，塑性好，适于压力加工；D 点以右的铝合金为铸造铝合金，其组织中存在共晶体，适于铸造。变形铝合金又可按以下三种方法进行分类：

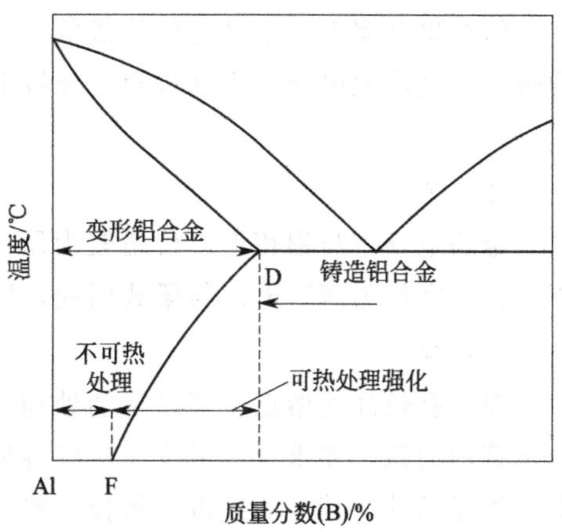

图 3.6　铝合金局部相图

① 按合金状态和热处理特点可分为不可热处理强化铝合金和可热处理强化铝合金，成分在 F 点以左的合金，其固溶体成分不随温度变化而变化，不能通过热处理强化，如纯铝、Al-Mn、Al-Mg、Al-Si 系合金。成分在 F、D 点之间的合金，其固溶体成分因温度不同而不同，可以通过热处理进行强化，如 Al-Mg-Si、Al-Cu、Al-Zn-Mg 系合金。

② 按合金性能和用途可分为工业纯铝、光辉铝合金、切削铝合金、耐热铝合金、耐蚀铝合金、低强铝合金、中强铝合金、高强铝合金、超高强铝合金、锻造铝合金及特殊铝合金等。

③ 按合金中所含主要元素成分可分为工业纯铝（1×××系）、Al-Cu 合金（2×××系）、Al-Mn 合金（3×××系）、Al-Si 合金（4×××系）、Al-Mg 合金（5×××系）、Al-Mg-Si 合金（6×××系）、Al-Zn 合金（7×××系）、以其他合金为主要合金元素的铝合金（8×××系）以及备用合金组（9×××系）。典型铝及铝合金的性能如表 3.2 所示。

表 3.2　典型铝及铝合金的性能（GB/T 16474—2011）

合金	代号	电导率 /%IACS	抗拉强度/MPa	条件屈服强度/MPa	可塑性	焊接性	耐腐蚀性
1×××系（纯铝）	1A60	62	95～125	≥75	高	良好	良好
	1A50	61	95～125	≥75	高	良好	良好
	1C00	64	95～125	≥75	高	良好	良好
2×××系 铝-铜	2A14	50	≥440				
	2A24	50	≥390	≥245			
3×××系 铝-锰	3A03	50	140～180	≥115	高	良好	良好
	3A04	41	150～285		高	良好	良好
	3A05	50	140～180	≥115	高	良好	良好
4×××系铝-硅	4A32	40	380	315			良好
5×××系 铝-镁	5A05	50	155～195	≥125	高	良好	良好
	5A52	37	173～244	≥70	高	良好	良好
	5B54	32	≥215	≥85	高	良好	良好
	5A83	29	≥270	≥110	高	良好	良好
6×××系 铝-镁-硅	6A61	47	≥205	≥55.2	优良	良好	良好
	6A63	58	≥250	≥110	优良	良好	良好
7×××系 铝-锌	7A75	40	≥560	≥495			

3.1.5　其他纯金属及合金

3.1.5.1　纯金属

(1) 银

银是电导率最高的金属，加工性极好，价格较高，一般情况下很少有完全用银制造的零件。但在贵金属中，银又是价格最低的。因此，银广泛地用作接点材料，云母与陶瓷电容器的被覆，烧渗银电极、银基焊料、导线电镀材料，以及制造高分子导电复合材料的导电相材料等。

（2）金

金的电导率与铝相近，价格较为昂贵，但其化学性质稳定，宜用作接点与电镀材料，易于蒸发，常作为薄膜电极与梁式引线，以及用于集成电路芯片端子连接等。

（3）镍

镍具有较高的熔点、容易清洁处理及便于焊接等优点而广泛地用于电真空器件中。作为电子管用的镍，要求含气量少、脱气容易、蒸气压低和高温强度高。在真空管中，除了一般支架用镍丝外，其他的栅板、极板、隔离罩等均可用镍来制造。

（4）铂

铂具有良好的化学稳定性和加工性质，广泛用作触点材料、高温热电偶材料、厚膜导体及电极材料等。室温下部分纯金属的电导率见表 3.3。

表 3.3 室温下部分纯金属的电导率

纯金属	电导率/$S \cdot m^{-1}$	纯金属	电导率/$S \cdot m^{-1}$
银(Ag)	6.30×10^7	铁(Fe)	1.03×10^7
铜(Cu)	5.80×10^7	铂(Pt)	0.94×10^7
金(Au)	4.25×10^7	钯(Pd)	0.92×10^7
铝(Al)	3.45×10^7	锡(Sn)	0.91×10^7
镁(Mg)	2.20×10^7	钽(Ta)	0.8×10^7
锌(Zn)	1.70×10^7	铬(Cr)	0.78×10^7
钴(Co)	1.60×10^7	铅(Pb)	0.48×10^7
镍(Ni)	1.46×10^7	锆(Zr)	0.25×10^7

3.1.5.2 合金

银合金、金合金具有良好的导电性和化学稳定性，常用作接点材料。镍合金在密封应用方面具有很好的成型加工性、封装性和电镀性等，在半导体等的封装中具有易与玻璃、塑料、陶瓷及其他金属封接的性质，常见的有铁-镍系合金和铁-镍-钴系合金等。

3.1.6 电阻材料

利用物质固有电阻特性来制造不同功能工件的材料都称作电阻材料，是用来制作电子仪器、测量仪表、加热设备以及其他工业装置中电阻元件的一种基础材料，包括制作发热体的电热材料，绕制标准电阻器的精密电阻材料以及制作力敏、热敏传感器用的应变电阻材料和热敏电阻材料等。电阻材料的发展已有 100 多年的历史，从最古老的“德银”（Cu-Ni-Zn）合金，到现在的非晶电阻合金（如 Fe-Ni-Co-Cr-B 等），其性能在不断地改善。电阻材料既有金属的，也有陶瓷和半导体的，还有非晶的，形状各异，伏安特性既有线性的，也有非线性的。

3.1.6.1 精密电阻合金

不同用途的精密电阻合金要求不同。要求精密电阻器与调节器用的精密电阻合金尽可能有宽的温度范围（−60～100℃，甚至达 300℃），具有低电阻值，电阻温度系数随温度变化线性度好，电阻值时间稳定性好。用于通信等方面的微型仪器仪表必须要有高的电阻率，即 $\rho > 0.2\mu\Omega \cdot m$，且电阻值均匀性好。对于低电阻器和大型分流器等个别情况，则要求低电阻率。要求直流下使用时对铜热电势要小；具有良好的加工工艺性和力学性能，易于拉制成细丝；具有良好的耐磨性、抗氧化性及包漆性能；可焊性好，一般应易于钎焊。

常见的精密电阻合金包括锰铜合金、镍铜合金、改良型镍铬电阻合金、贵金属精密电阻合金以及改良型铁铬铝等其他系列精密电阻合金，其中 Pt 基、Au 基及 Ag 基等贵金属精密电阻合金大多数耐有机蒸汽腐蚀性较差，改良型 Fe-Cr-Al 合金、Mn 基及 Ti 基等电阻合金在焊接性能、加工与抗氧化性能和制造工艺上存在一定的问题。

3.1.6.2 电热器用电阻材料

电热器用电阻材料一般包括工作在 1350℃以下的普通中、低温电热合金和在 1350℃以上使用的贵金属电热合金及陶瓷电热元件。作为电热材料，在高温下应具有良好的抗氧化性，对氧以外的介质也应具有稳定性，高电阻率和低电阻温度系数，良好的加工工艺性能，足够的高温强度，价格低廉。

当使用温度在 500℃以下时，可采用康铜等 Cu-Ni 合金，具有不大的电阻温度系数和较高电阻率。工作温度为 900～1350℃时，一般采用 Ni 基电热合金和 Fe 基电热合金。Ni 基电热合金随 Cr 含量的不同，其抗氧化性能也不同。含 15%（质量分数）以上 Cr，其性能良好，广泛应用的 $Ni_{80}Cr_{20}$ 合金是综合性能最好的 Ni 基电热合金。其在高温下不软化、强度高，长时间使用时永久性伸长很小，高温下 N_2 对 Ni-Cr 合金的氧化膜破坏较小，适合在 N_2 介质中使用，但高温下会与硫化物反应而受侵蚀，不宜在含 S 气氛中使用。铁铬铝电热合金的抗腐蚀性正好与镍铬电热合金相反。Fe 基电热合金的耐热性随 Al 和 C 的含量增加而增高，同时合金的硬度与脆性也随之增高，合金的工艺性能恶化。虽然与 Ni-Cr 电热合金相比，Fe 基电热合金具有更高的使用温度，但这类合金在高温时使用易产生脆性，且长时间使用时永久伸长率较大。

上述电热合金如果用在 1500℃以上的工业炉中即使不熔化也会被严重氧化，此时需使用 Pt、Mo、W 等贵金属或石墨、陶瓷等电热元件。Pt 等贵金属在空气中的最高使用温度为 1500℃；Mo、W、石墨、陶瓷等电热元件的使用温度则可在 1500℃以上。金属 Mo 和 W、石墨只能在还原性气氛中使用，在空气中使用时陶瓷电热元件的成本比贵金属低得多。陶瓷加热元件不能像金属那样加工成金属线，但很容易加工成管状和棒状。常见的陶瓷类电热材料有碳化硅（SiC）、二硅化钼（$MoSi_2$）、铬酸镧（$LaCrO_3$）和锡氧化物（SnO_2）等。

3.1.6.3 膜电阻材料

电力和电子方面应用的电阻元件大都是阻抗性质为欧姆型的纯电阻，应有小的电阻温度系数和 $10^3 \sim 10^8 \Omega$ 的高电阻值。但具有这种电性的材料电阻率却要低于 $10^{-6}\Omega \cdot m$，因此人们通常采用下面两个原理来制造这些电阻元件：①把很薄的导电层沉积在绝缘基片上，而后刻蚀成合适的图形以达到大的长宽比；②在导电材料中掺入绝缘相。膜电阻材料具有体积小、重量轻、性能好、可靠性高、便于混合集成化等优点，是电子应用方面的首选材料。膜电阻材料可分为厚膜电阻和薄膜电阻两类。厚膜电阻是指用厚膜杂化制造加工技术制成的膜电阻，而薄膜电阻则是采用如溅射、蒸发等真空镀膜工艺制成的膜电阻。

厚膜电阻统称为厚膜电阻浆料，一般由 0.2～2.0μm 粒度的导电粉料、0.5～10μm 粒度的玻璃粉料和有机载体等三部分组成。导电粉料在电阻浆料经高温烧结后能保证电阻膜体的导电性能；玻璃粉料在烧结时熔融，使导电粉料均匀分散于其中并保证形成的电阻膜体与基体黏附；有机载体作用是使导电粉料和玻璃粉料或其他固体粉料均匀混合并分散成膏状浆料，以便达到所要求的丝网印刷性能，由松油醇等溶剂、硝化纤维素等增稠剂、对苯二酸等流动性控制剂和甲苯等表面活性剂组成。厚膜电阻一般用作通用电阻，较大功率电阻，高温、高压以及高阻值电阻，如电阻网络、阻容功能模块、混合集成电路等各种元器件。厚膜电阻根据不同原材料分为贵金属系、贱金属系和聚合物电阻浆料等三大类，其膜厚通常为10～15μm。采用丝网印刷工艺可将厚膜电阻浆料沉积在陶瓷基片或其他基片上，然后高温烧结。聚合物电阻材料加热固化，即能获得厚膜电阻元件。对于电子方面的有源阻件，一般都使用电导率在10^5～10^6S·m^{-1}的高电导氧化物，如PdO、RuO_2、$Bi_2Ru_2O_7$、$Bi_2Ir_2O_7$等贵金属系和硅硼酸铅（52PbO-35SiO_2-10B_2O_3-3Al_2O_3）氧化物。前者的电性如同金属，电阻率具有低的正温度系数。用它们制造的电阻元件在低浓度时，通常具有高的电阻率和负电阻温度系数，而在高浓度时具有低的电阻率和正电阻温度系数。

薄膜电阻通常采用如溅射、蒸发等真空镀膜工艺制成，其性能与制造工艺和其结构密切相关。与块状电阻材料相比，其电阻率更高，电阻温度系数可控制得更小。薄膜电阻可分为镍铬系及钽系金属薄膜电阻和金属陶瓷系氧化物薄膜电阻两大类，主要用于要求精度高、稳定性好、温度系数和噪声系数小的电路以及高频电路。实验表明：薄膜电阻的膜愈薄，其电阻率愈高，即产生所谓的“尺寸效应”。

金属薄膜电阻一般是把Cr、Ni、Nb、Ti、Pd、Ta、W等纯金属或它们的合金蒸镀沉积在玻璃或陶瓷基片上而成，通常分成Ni-Cr系或Ta系金属薄膜电阻，其厚度在10nm以下。金属薄膜电阻愈薄，电阻率愈大，而电阻温度系数愈小，故利用薄膜更易使高电阻元件小型化，优越性能在精密耐热电子线路中被广泛应用。Ni-Cr薄膜是最常用的薄膜电阻材料之一，其电阻温度系数小、稳定性好、噪声系数小、制造工艺简单，特别适合制作中阻值的精密薄膜电阻。通过添加Al、Si、Be、Au、O等其他元素可进一步改进薄膜的性能，如扩大方阻范围、提高高温稳定性和减小电阻温度系数等。Ta系薄膜则具有自钝化性、可用阳极法调整阻值、能用同种材料制作薄膜电阻和电容使二者的温度系数相互补偿等优点，通常采用溅射工艺制造。金属陶瓷氧化物薄膜是由金属和氧化物绝缘体的混合物所制成的，如Cr-SiO_2、Ti-SiO_2、Au-SiO（$SiOS_2$）、Cr-MgF_2等薄膜，具有电阻率高和高温稳定性好等优点。

3.1.7 其他导电材料

3.1.7.1 碳材料

碳材料是非金属导电材料，主要是结晶碳和炭黑等石墨材料及无定形焦炭等。石墨具有六方形的晶体结构，由无数平行的层面叠合而成，每一层的碳原子分布在正六角平面的顶角上，构成三维空间的有序排列。高纯度的石墨晶体具有类似金属的导电性能。无定形碳的原子排列无序，但经过2200～2500℃的高温处理后，无序结构就会转变为三维空间的有序结构，从而具有与石墨类似的特性。以石墨或焦炭为主要成分，与煤焦油、沥青或其他材料等混合压制成型，经过高温烧结后就制成了各种碳制品，常用于电机电刷、干电池和电解池的各种电极、电真空器件电极和支撑元件等。

3.1.7.2　导电高分子材料

高分子材料一般为良好的绝缘体，而导电高分子材料可分为结构型高分子导电体和在绝缘的高分子中分散导电性填料的复合导电体两大类。目前工业上广泛使用的多是复合型导电材料，由基体高聚物、导电填料、增塑剂、溶剂、颜料等组成。采用不同形态的高聚物可制得各种形态的复合材料，如在塑料中添加炭黑或金属粉末可制得导电塑料，在橡胶中添加炭黑或金属粉末可制成导电弹性体，在环氧树脂、聚氨酯、聚丙烯酸酯、酚醛树脂等中添加炭黑或金属粉末可制成导电胶黏剂和涂料。结构型导电高分子又称本征型导电高分子，其分子结构含有共轭的长链结构，双键上离域的 π 电子可以在分子链上迁移形成电流，使得高分子结构本身固有导电性。在这类共轭高分子中，分子链越长，π 电子数越多，电子活化能越低，即电子更容易离域，则高分子的导电性越好。目前主要有聚乙炔、聚芳烃和聚杂芳烃类线性共轭高分子和高分子化的酞菁螯合物等。

3.1.8　传统导电材料器件

例 1　引线框架

用于制造半导体和集成电路的引线框架可支撑芯片、连接外部电路、散去器件工作产生的热量，一般选用引线框架铜带经高精密加工而成。引线框架铜带也是高精密铜带的代表品种，应满足集成电路生产中的各种工艺要求，如冲压、刻蚀、焊接、塑封等，因此引线框架铜带应具有足够强度、优良的导电和导热性能、良好的板形、精确的几何尺寸。

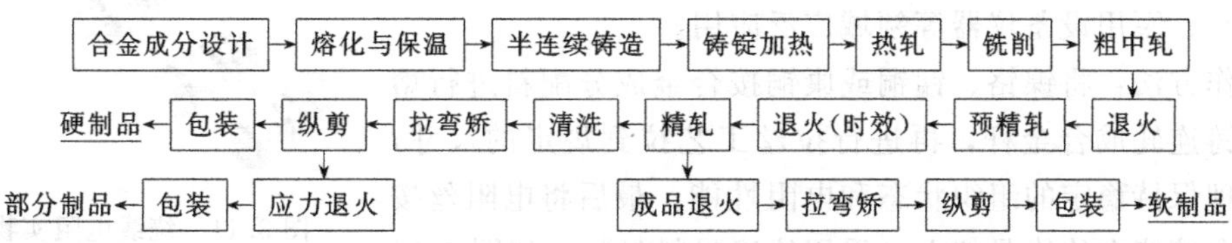

图 3.7　引线框架铜带生产工艺流程

制造引线框架的铜合金有铜-铁-磷、铜-镍-硅、铜-铬-锆等合金系列，按强度又可分为高强、高强高导、中强中导、高导电合金，按合金强化机理又可分为固溶强化、弥散析出强化等。目前用量最大的引线框架铜合金是 KFC（Cu-0.1Fe-0.03P）和 C194（Cu-2.3Fe-0.1Zn-0.03P）两种牌号。其原材料为电解铜、铜铁合金、铜磷合金和铜锌合金等，在 1280～1300℃采用真空感应熔炼。引线框架带材生产高度自动化，生产方法为半连续铸锭-热轧-高精冷轧，其中合金熔炼和板形控制是重要的技术关键。引线框架铜带生产工艺流程如图 3.7 所示。铜带通过冲压和表面处理就加工成为引线框架，如图 3.8 为典型 IC 的引线框架示意图。

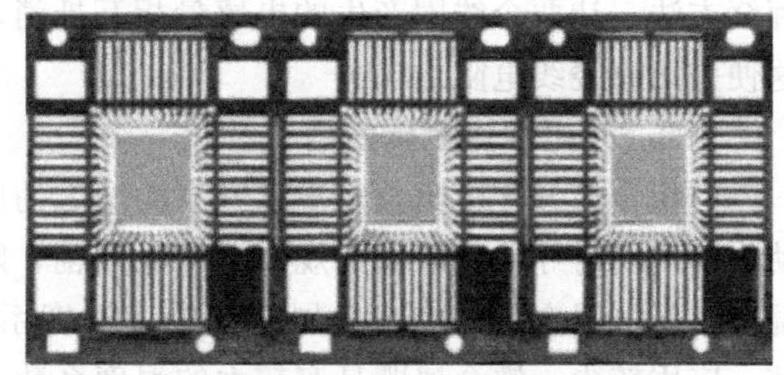

图 3.8　典型 IC 的引线框架示意图

例 2　铝合金电缆

电线电缆对材料的需求很大且要求极高，尤其对铜材的需求非常大。我国每年用于电线电缆行业的铜高达 500 万吨，约占国内铜消耗总量的 60%。但我国铜资源匮乏，为满足应

图 3.9 铝合金电缆

用需求，每年要进口的铜约占国内总消耗量的 70%。铜的价格是铝的 3 倍以上，铜材占电线电缆产品成本的 70%以上，直接导致电线电缆制造业成本提高。因此“以铝节铜”“以铝代铜”的铝合金电缆被研制。8000（Al-Fe）系铝合金具有优良导电性能、弯曲性能、抗蠕变性能和耐腐蚀性能等，能够保证电缆在长时间过载和过热时保持连续性能稳定。8000 系铝合金的电导率是铜的 61%IACS，在同样体积下，实际重量大约是铜的三分之一。因此，相同载流量时 8000 系铝合金电缆的重量大约是铜缆的一半。图 3.9 为铝合金电缆，其生产工艺流程如图 3.10 所示。

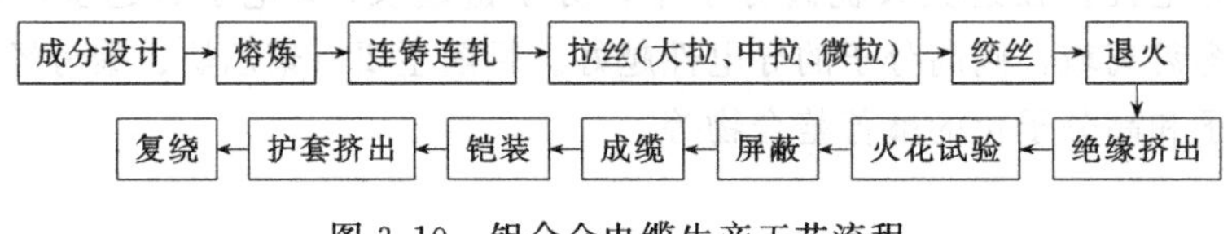

图 3.10 铝合金电缆生产工艺流程

例 3 绕线电阻器

绕线电阻是用合金电阻丝绕在绝缘骨架上构成的，一般采用镍铬、锰铜、康铜等合金制成，主要用来在低频交流电路中发挥降压、分流、负载、反馈、转能、匹配等作用，或在电源电路中起吸收器和分压器作用，用作振荡回路和变压器内衰减调整及脉冲形成电路中的分流器，用于整流器中滤波及电容器的放电和消火花，在家电、医疗设备、汽车行业、铁路、航空、军用设备仪器等领域广泛应用。

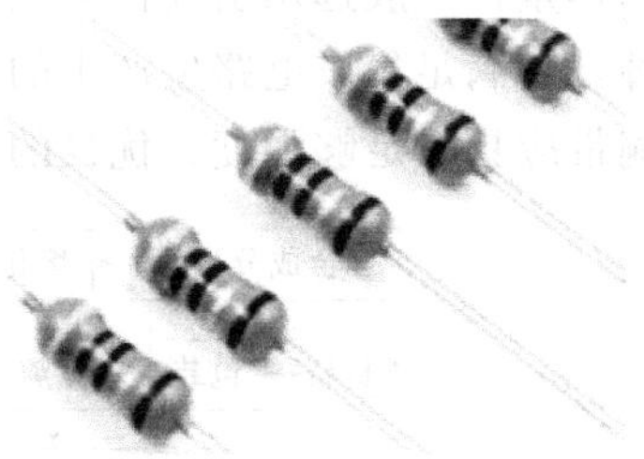
图 3.11 绕线电阻实物图

制作方法：将镍铬、锰铜或康铜按合金成分配料进行熔炼，连铸连轧成合金杆，再进行拉丝工艺拉到规定的尺寸，并热处理保持稳定的组织状态和电阻性能。最后将电阻丝按一定方向缠绕在绝缘骨架上，采用绝缘材料封装，如图 3.11 所示。由于单螺旋绕线电阻接在电路中会产生电感效应，影响准确度，因此采用双螺旋反向缠绕方法，让两个线圈产生的电感量相互抵消，整个绕线电阻对外电路呈现无感或者微感，这便是无感绕线电阻。

例 4 热电阻温度传感器

利用金属导体电阻值随温度升高而增大的原理测量温度。金属导体温度升高时，晶格振动加剧，同时导体内电子无规则运动也加剧，阻碍了电子的定向运动，温度升高电阻变大，温度降低电阻变小。纯镍金属具有较大温度系数，电阻与温度的线性关系较差，不容易提纯，应用较少。铁金属既具有较大的温度系数，其电阻与温度又具有较好的线性关系，但容易氧化，也很少应用于热电阻温度传感器。纯铜金属在－50～150℃时的电阻与温度变化的函数为：

$$R_T = R_0(1+\alpha T) \tag{3.7}$$

式中，R_T 是温度为 T 时铜的电阻；R_0 为 0K 时铜的电阻；α 为铜在－50～150℃的电阻温度系数（$4.25\times10^{-3}\sim4.28\times10^{-3}$℃$^{-1}$），此时铜的电阻与温度呈线性关系。铜是较好的热电阻温度传感器材料，但高温下易被氧化，适合于低温应用。纯铂金属在－200～0℃时，电阻与温度之间的关系为：

$$R_T=R_0[1+aT+bT^2+cT^3(T-100)] \tag{3.8}$$

式中，R_T 是温度为 T 时铂的电阻；R_0 为 0K 时铂的电阻；a、b、c 为常数；T 为温度。

当温度为 0～850℃时，电阻与温度之间的关系为：

$$R_T=R_0(1+a'T+b'T^2) \tag{3.9}$$

式中，R_T 是温度为 T 时铂的电阻；R_0 为 0K 时铂的电阻；a'、b'为常数；T 为温度。

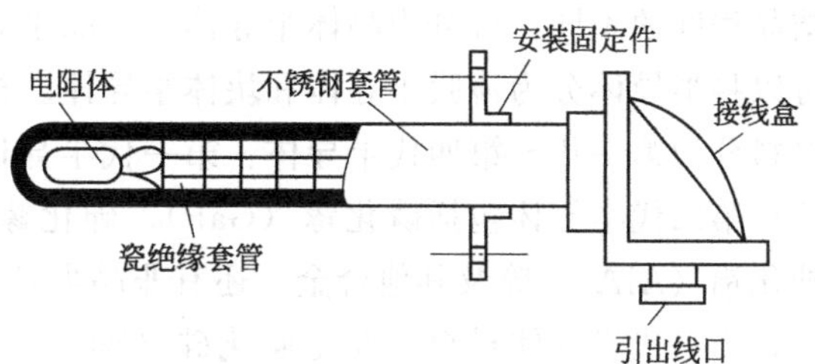

图 3.12　热电阻温度传感器结构

纯铂的电阻与温度近似呈线性关系，精度高，性能稳定，但是价格昂贵，常用于测量精度较高的场合或标准热电阻温度传感器材料，而测量精度不高则采用铜电阻材料，如人体体温计。金属电阻的精度与纯度有关，所以通常采用高纯铜和高纯铂金属，热电阻温度传感器的结构示意图如图 3.12 所示。通常可以通过电解提纯铜，其纯度可达到 99.99%～99.9999%，铂的提纯采用萃取的方法。

3.2 半导体材料与器件

3.2.1 半导体材料简介

19 世纪 20 年代半导体材料开始在工业上得到初步应用，但这个阶段的半导体材料未经提纯和晶体化，对半导体材料研究结果的一致性、重复性较差，进展不大。直到 20 世纪 30 年代初，量子力学中的固体能带理论揭示了半导体的本质，为半导体材料和器件发展打下了坚实的理论基础。1948 年锗晶体管诞生，从此人类进入半导体时代。此后，如直拉单晶、区熔提纯、高纯硅的制备以及无位错硅单晶拉制等技术逐步完善和成熟，基本上解决了硅、锗器件的材料问题。1952 年，德国威克尔系统研究了Ⅲ-Ⅴ族化合物半导体的性质，随后对化合物半导体晶体材料的研究朝着高纯度、高完整性、大直径等方向发展。20 世纪 60 年代，硅集成电路的研制获得成功，如今大规模和超大规模集成电路已成为微电子技术的核心。1969 年江崎玲于奈和朱兆祥首先提出超晶格的概念，使用外延技术可以将膜层的厚度控制在原子层数量级。1972 年生长出超晶格材料，从此半导体的性能可在微观尺度上剪裁。1975 年英国人皮尔斯在硅烷气体中进行辉光放电制备出可掺杂的非晶硅薄膜，这种方法现已成为生产非晶硅薄膜的主要工艺。经过长期的研究，20 世纪 90 年代初终于获得了高质量 P 型 GaN 外延薄膜材料，制作了高亮度蓝色发光二极管，并迅速产业化，为实现全彩显示奠定了基础。

随着材料提纯技术、单晶生长技术和各种薄膜材料制备技术的显著提升，集成电路和各种半导体器件飞速发展。目前产量最大的半导体是硅材料，每年生产约 1 万吨多晶硅，用它制成 4000 余吨单晶硅；半导体锗材料在 100 吨左右，化合物半导体材料为几十吨。半导体材料已成为现代社会各个领域的核心和基础，应用到社会生活的各个方面，在世界文明三大支柱的信息、能源、材料领域发挥着极大的作用。

3.2.2 半导体材料分类

半导体材料可从不同的角度进行分类。根据化学组成的不同，可分为无机化合物半导体和有机化合物半导体。根据使用性能的不同，可分为高温半导体、磁性半导体、热电半导体。根据晶体结构的不同，可分为金刚石型、闪锌矿型、纤锌矿型、黄铜矿型半导体。根据结晶程度的不同，可分为晶体半导体、非晶半导体、微晶半导体。根据应用方式的不同，又可以将半导体分为薄膜半导体和块体半导体。根据半导体材料的发展过程，还可以将半导体材料分为第一代～第四代半导体：第一代半导体材料主要指硅（Si）、锗（Ge）等元素半导体；第二代半导体包括磷化镓（GaP）、砷化镓（GaAs）、磷化铟（InP）、砷化铟（InAs）、砷化铝（AlAs）等及其他合金，还有非晶半导体，例如非晶硅（a-Si:H）、有机半导体材料等；第三代半导体材料主要是碳化硅（SiC）、氮化镓（GaN）、氮化铝（AlN）等禁带宽度大于 2.0eV 的宽禁带材料；第四代半导体主要指超晶格、量子（阱、点、线）微结构半导体。典型半导体材料如表 3.4 所示。

表 3.4 典型的半导体材料

种类	代表材料
元素半导体	Si、Ge 等
化合物半导体	GaAs、GaP、InP、GaN、SiC、ZnS、ZnSe、GdTe、PbS、$CuInSe_2$、$Cu(InGa)Se_2$、Cu_2ZnSnS_4 等
固溶体半导体	GaInAs、HgGdTe、SiGe、GaAlInN、InGaAsP 等
非晶及微晶半导体	a-Si:H、a-GaAs、Ge-Te-Se、μc- Si:H、μc- SiC 等
微结构半导体	纳米 Si、GaAlAs/GaAs、InGaAs(P)/InP 等超晶格及量子(阱、点、线)微结构材料
有机半导体	C_{60}、萘、蒽、聚苯硫醚、聚乙炔等

3.2.3 第一代半导体材料

元素半导体材料主要是指硅和锗，也称为第一代半导体材料。1824 年，化学家别尔泽留斯首先分离出非晶态的元素硅（Si），德维尔在 1854 年制备出了结晶态硅，但是直到 1906 年，硅才开始作为半导体材料获得应用。门捷列夫于 1871 年预言了锗的存在，并把它命名为类硅，直到 1885 年德国化学家文克勒才发现了锗（Ge）。硅在地壳中的含量为 25.7%，仅次于氧。锗在自然界分布很散、很广，铜矿、铁矿、硫化矿以及岩石、泥土和泉水中都含有微量锗。

3.2.3.1 硅和锗的能带结构

图 3.13 分别是锗和硅的电子能带结构图。图中反映的是以 $k=0$ 为中心导带极小值所在方向的分布，可以看出 Ge、Si 的导带极小值和价带极大值所处的 k 值不同，这种能带结构称为间接跃迁型或间接带隙。电子吸收光子的能量后要想实现跃迁必须与晶格作用，就要把部分动量交给晶格或从晶格取得一部分动量，也就是要与声子作用才能满足动量守恒的要求，所以间接带隙半导体不适合作为发光器件使用。硅和锗的禁带宽度随温度变化而变化。在 $T=0\text{K}$ 时，硅和锗的 E_g 分别趋近于 1.170eV 和 0.7437eV。随着温度升高，E_g 按式(3.10) 规律减小。

$$E_g(T)=E_g(0)-\frac{\alpha T^2}{T+\beta} \tag{3.10}$$

式中，$E_g(T)$ 和 $E_g(0)$ 分别表示温度为 T 和 0K 时的禁带宽度。硅的温度系数 $\alpha=4.73\times10^{-4}\text{eV}\cdot\text{K}^{-1}$，$\beta=636\text{K}$；锗的 $\alpha=4.774\times10^{-4}\text{eV}\cdot\text{K}^{-1}$，$\beta=235\text{K}$。

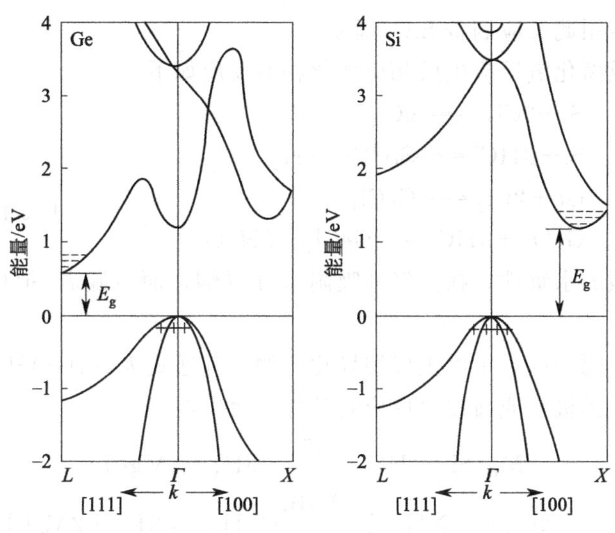

图 3.13　锗和硅的电子能带结构图

3.2.3.2　硅和锗的物理、化学性质

（1）物理性能

硅具有银白色金属光泽，锗具有灰色金属光泽，锗的金属性更为明显。硅与锗都位于元素周期表中第ⅣA 族，在晶体结构和物理、化学性质上两者类似，为金刚石立方晶体，如图 3.14 所示。原子之间以共价键连接，每个原子提供 4 个价电子。硅和锗的主要物理性能见表 3.5。硅的禁带宽度较锗材料大，电阻率比锗高出 4 个数量级，因此硅可以用于高压器件的制作，工作温度也比锗高。但是锗的迁移率较大，可以做成低压高电流和高频器件。

表 3.5　硅、锗的主要物理性能

物理性质	硅	锗	物理性质		硅	锗
原子序数	14	32	熔化潜热/$\text{J}\cdot\text{mol}^{-1}$		39565	34750
原子量	28.08	72.60	介电常数		11.7	16.3
密度/10^{22} 个$\cdot\text{cm}^{-3}$	5.22	4.42	禁带宽度/eV	0K	1.153	0.75
晶格常数/nm	0.5431	0.5657		300K	1.106	0.67
密度/$\text{g}\cdot\text{cm}^{-3}$	2.329	5.323	电子迁移率/$\text{cm}^2\cdot\text{V}^{-1}\cdot\text{s}^{-1}$		1350	3900
熔点/℃	1417	937	空穴迁移率/$\text{cm}^2\cdot\text{V}^{-1}\cdot\text{s}^{-1}$		480	1900
沸点/℃	2600	2700	电子扩散系数/$\text{cm}^2\cdot\text{s}^{-1}$		34.6	100.0
热导率/$\text{W}\cdot\text{cm}^{-1}\cdot℃^{-1}$	1.57	0.60	空穴扩散系数/$\text{cm}^2\cdot\text{s}^{-1}$		12.3	48.7
比热容/$\text{J}\cdot\text{g}^{-1}\cdot℃^{-1}$	0.695	0.314	本征电阻率/$\Omega\cdot\text{cm}$		2.3×10^5	46
线热胀系数/$10^{-6}℃^{-1}$	2.33	5.75	本征载流子密度/cm^{-3}		1.5×10^{10}	2.4×10^{13}

（2）化学性能

常温下，硅和锗的化学性质比较稳定，与空气、水均不发生化学反应，但可与强酸、强碱发生反应。高温下，硅和锗的化学活性升高，可与氧、卤素、碳等多种物质发生反应生成相应化合物。

硅在高温下与水、氧发生反应：

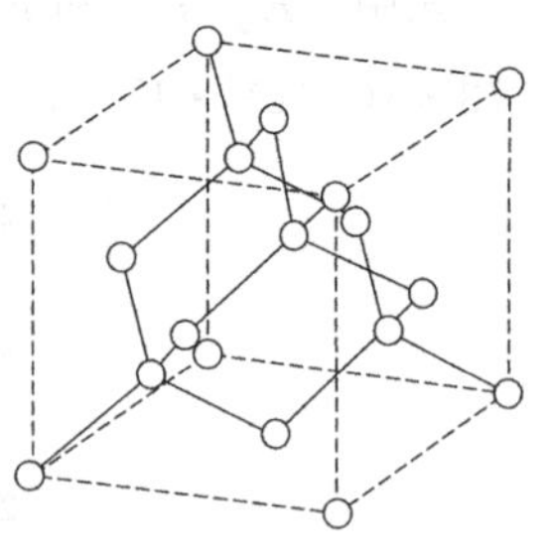
图 3.14 金刚石立方晶体结构

$$Si+O_2 \xrightarrow{\sim 1100℃} SiO_2$$

$$Si+2H_2O \xrightarrow{高温} SiO_2+2H_2$$

在硅平面工艺中，常用此反应制备 SiO_2 掩膜。

硅、锗与卤素或卤化氢反应生成相应卤化物的反应如下：

$$Si+2Cl_2 = SiCl_4$$

$$Si+3HCl = SiHCl_3+H_2$$

$$Ge+2Cl_2 = GeCl_4$$

$$GeO_2+4HCl = GeCl_4+2H_2O$$

这些卤化物具有强烈的水解性，在空气中吸附水并冒烟，而且随着 Si(Ge)—H 键的增多化学稳定性减弱。

硅、锗和碳属于同一族，可以生成烷烃化合物，其通式为 $Si(Ge)H_{2n+2}$。另外，还可以用硅（锗）镁合金与无机酸或卤铵盐反应制备硅（锗）烷：

$$Mg_2Si+4HCl \xrightarrow{水溶液} SiH_4+2MgCl_2$$

$$Mg_2Si+4NH_4Cl \xrightarrow{液\ NH_3} SiH_4+4NH_3+2MgCl_2$$

硅烷活性很高，在空气中能够自燃，即使固态硅烷与液氧混合，在－190℃也极易发生爆炸。硅烷还易与水、酸、碱发生反应：

$$SiH_4+4H_2O = Si(OH)_4+2H_2$$

$$SiH_4+2NaOH+H_2O = Na_2SiO_3+4H_2$$

硅烷和锗烷的 4 个键都是 Si(Ge)—H 键，很不稳定，易热分解。可以用这一特性制取高纯硅（锗）：

$$SiH_4 = Si\downarrow+2H_2$$

$$GeH_4 = Ge\downarrow+2H_2$$

3.2.3.3 高纯硅和锗单晶材料的制备

在半导体材料的应用领域中（电子、信息等），需要特定的 P/N 型半导体类型、载流子浓度和迁移率等特性。从半导体的性质可知，本征半导体的载流子浓度和迁移率都较低，导电性也很差，需要通过掺杂其他元素来提升半导体的电学性能。但是在制备半导体材料时仍需要先制备出高纯度的本征半导体材料，然后再进行掺杂工艺。因为杂质对半导体的电学性能影响极大，纯度较低的半导体材料杂质含量和种类不明确，会导致无法人为调控其电学性能，因此在应用中要求半导体材料具有极高的纯度。高纯硅和锗材料的制备包括以下几个步骤：多晶硅（锗）的制备→多晶硅（锗）的提纯→单晶硅（锗）的制备。高纯多晶硅（锗）材料也可以直接进行掺杂并作为半导体器件使用。

（1）多晶硅（锗）的制备与提纯

① 高纯多晶硅的制备与化学提纯　硅的主要来源是石英砂，另外在许多矿物中含有大量的硅酸盐，这也是硅的来源之一。通常把 95%～99%纯度的硅称为粗硅或工业硅，是由石英砂和焦炭在碳电极的电弧炉中还原制得，其反应式为：

$$SiO_2+3C \xrightarrow{1600\sim 1800℃} SiC+2CO\uparrow$$

$$SiO_2+2SiC = 3Si+2CO\uparrow$$

该方法制备的工业硅纯度约为 97%，为满足半导体器件的要求，还必须经过化学提纯和物理提纯。目前常用的制备高纯多晶硅的化学方法为三氯氢硅（$SiHCl_3$）氢还原法和硅烷法。

a. 三氯氢硅氢还原法　工业硅经酸洗、粉碎后，符合粒度要求的硅粉被送入干燥炉中，经热氮气流干燥后，硅粉被送入沸腾炉中，并通入适量的干燥 HCl，进行 $SiHCl_3$ 合成，其反应为：

$$Si+3HCl \longrightarrow SiHCl_3+H_2+309.2kJ \cdot mol^{-1}$$

由工业硅合成的 $SiHCl_3$ 含有一定量的 $SiCl_4$ 和多种硫化物杂质，必须将它们除去才能进一步制备多晶硅。提纯的方法有络合物形成法、固体吸附法、部分水解法和最常使用的精馏法。精馏提纯利用混合液中各组分的沸点不同（挥发性的差异）来达到分离各组分的目的。在精馏塔中，上升的气相和下降的液相接触，通过热交换进行部分汽化和部分冷凝实现质量交换，经过多次交换几乎可以完全分离各组分。一次精馏全过程，$SiHCl_3$ 的纯度可从 98%提高到 9 个“9”到 10 个“9”，而且可以连续大量生产。

最后，将精馏所得的纯 $SiHCl_3$ 与高纯 H_2 按一定比例送入还原炉中，在 1100℃左右发生还原反应制得高纯多晶硅：

$$SiHCl_3+H_2 \xrightarrow{1100℃} Si+3HCl$$

同时还伴有 $SiHCl_3$ 热分解和 $SiCl_4$ 还原反应：

$$4SiHCl_3 \longrightarrow Si+3SiCl_4+2H_2$$

$$SiCl_4+2H_2 \longrightarrow Si+4HCl$$

还原时必须控制 H_2 量，H_2 量太大会使 H_2 得不到充分利用而浪费，H_2 量太小 $SiHCl_3$ 还原不充分。通常 $H_2:SiHCl_3=(10\sim20):1$（摩尔比）为宜。

在提纯过程中 B、P 杂质较难除去，而且 B、P 是影响硅电学性能的主要杂质，所以经上述过程制得的高纯多晶硅的纯度通常用其残留的 B、P 含量表示，称为基硼、基磷量。

b. 硅烷法　制取硅烷时，硼会以复盐 $B_2H_6 \cdot 2NH_3$ 的形式留在液相中，除硼效果好，而且硅烷无腐蚀性，分解后也无卤素及卤化氢产生，分解温度低、效率高，有利于提高纯度，利用硅烷热分解法制取多晶硅是一种很有前途的方法。

目前我国采用硅化镁与氯化铵在液氨中反应来制取硅烷。此时液氨既是溶剂也是催化剂。反应时，Mg_2Si 与 NH_4Cl 物质的量之比为 1∶4，Mg_2Si 与液氨物质的量之比为 1∶10，反应温度在－33～－30℃。

硅烷可用低温精馏和吸附法进行提纯。但硅烷沸点太低，精馏要有深冷设备和良好的绝热装置，费用太高，所以目前多采用吸附法提纯。制得的硅烷依次用不同尺寸的分子筛和活性炭去除吸附的 NH_3、H_2O、PH_3、AsH_3、C_2H_2、H_2S、B_2H_6、Si_2H_6、烷烃、醇等。吸附处理后的硅烷可经过热分解炉进一步提纯。因为一些杂质的氢化物热稳定性差，在 360℃以下即能分解析出，而硅烷要到 600℃以上才明显分解。

提纯后的硅烷在热分解炉中发生热分解。若反应温度较低，则反应速度会下降很多，所以热分解反应温度不能太低，通常为 800℃；热分解产物之一氢气必须随时排除，保持 $[H_2]$ 处于较低水平。这样才能保证分解速度快，分解效率高。

② 高纯多晶锗的制备与化学提纯　锗在地壳中的分布极为分散，通常在煤及烟灰中与金属硫化物共生，还在一些锗矿物（硫银锗矿、锗石等矿物）中存在。锗的富集主要采用两

种方法：火法——将某些含锗的矿物在焙烧炉中加热，部分砷、铅、锑、镉等挥发掉，锗以氧化物形式残留在矿渣中，称为锗富矿（或称锗精矿）；水法——将矿物用硫酸浸出，以ZnS矿为原料，先用稀硫酸溶解，制成硫酸锌溶液，将硫酸锌沉淀滤掉，向残液中加入丹宁络合沉淀锗，再过滤、焙烧，最后得到含锗3%～5%的锗精矿。

富集后的锗精矿含锗量一般在10%之内，还要经过制取$GeCl_4$、精馏提纯、水解生成GeO_2、氢还原成锗，进一步区熔提纯成高纯锗。

$GeCl_4$由盐酸与锗精矿（主要是GeO_2）反应制备。该反应过程是可逆的，其中盐酸浓度必须大于$6mol \cdot L^{-1}$，否则$GeCl_4$会水解。氯化蒸馏得到的粗$GeCl_4$中的$AsCl_3$杂质最难去除，采用萃取法可以进一步提纯$GeCl_4$。利用$AsCl_3$与$GeCl_4$在盐酸中的溶解度差异进行萃取分离。萃取可以反复多次进行，萃取法不仅可以除As，而且可除去一大部分其他杂质如Al、B、Sb、Si等。提纯后的$GeCl_4$通过水解制得GeO_2，其反应式为

$$GeCl_4+(2+n)H_2O \rightleftharpoons GeO_2 \cdot nH_2O+4HCl+Q$$

此反应是可逆的，主要取决于酸度，若酸度大于$6mol \cdot L^{-1}$，反应将向左进行，又因为盐酸浓度在$5mol \cdot L^{-1}$时，GeO_2溶解度最小，所以水解时控制$V_{GeCl_4}:V_{H_2O}=1:6.5$。

最后，制得的纯GeO_2在650℃左右用氢气还原即可得高纯多晶锗。GeO_2完全被还原的标志是尾气中无水雾。完全还原成锗后，可逐渐将温度升至1000～1100℃，把锗粉熔化铸成锗锭。

③ 多晶硅（锗）的物理提纯　经化学提纯的多晶硅、锗（尤其是锗）材料，仍旧含有一定量的金属与非金属杂质，必须进一步提纯。1952年蒲凡发明的区域熔炼提纯法（简称区熔法）是制备超纯半导体材料、高纯金属的重要方法。多晶硅（锗）的物理提纯均采用区熔法。区熔法是利用熔化的晶态物质再结晶时，杂质在结晶的固体中和未结晶的熔液中浓度不同的现象进行提纯。图3.15所示为区熔法示意图，将材料装入细长的容器内，采用感应加热的方法使材料局部熔化形成狭窄的熔区，然后使熔化部分沿着管径向另一端慢慢移动，这时杂质将陆续沉积于容器的终端，经过多次循环，中间部分材料被提纯，得到超高纯度的半导体材料，杂质的含量小于1×10^{-8}。

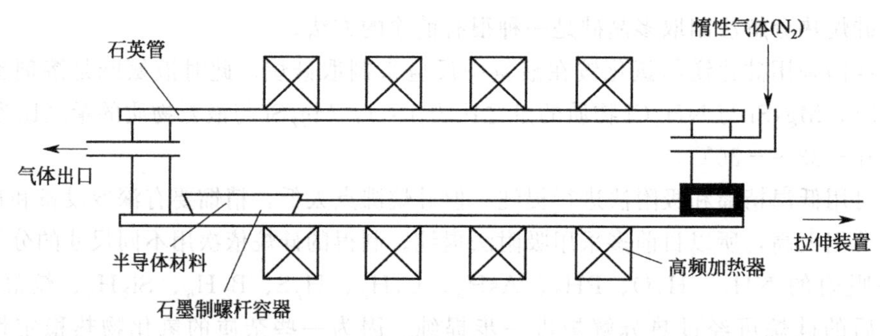

图3.15　区熔法示意图

(2) 硅（锗）单晶的制备方法

生长硅、锗单晶的方法很多，目前锗单晶主要采用直拉法，硅单晶则常用直拉法和悬浮区熔法。这里主要介绍直拉法的原理及操作步骤。

1918年波兰科学家切克劳斯基发明了直拉法（CZ），又称提拉法或切克劳斯基法，成为使用最广泛的一种熔融生长技术，90%的单晶硅和锗均采用该方法生长。图3.16为直拉法

示意图。首先，将区熔法制备的多晶高纯硅（锗）在坩埚中加热融化，当温度在熔点附近稳定后，将夹在籽晶杆上的籽晶浸入熔液中，待籽晶与熔液熔接好后，以一定的速度向上提拉籽晶杆（同时旋转）引出晶体。生长一定长度的细颈，经过放肩、转肩、等径生长，收尾，降温，晶体便在籽晶下按籽晶的方向长大，最终完成一根单晶硅锭或单晶锗锭的拉制，如图 3.17 所示。将单晶硅（锗）锭切片、抛光，即可得到单晶硅（锗）片。以单晶硅为例，具体的生长工艺和步骤如下：

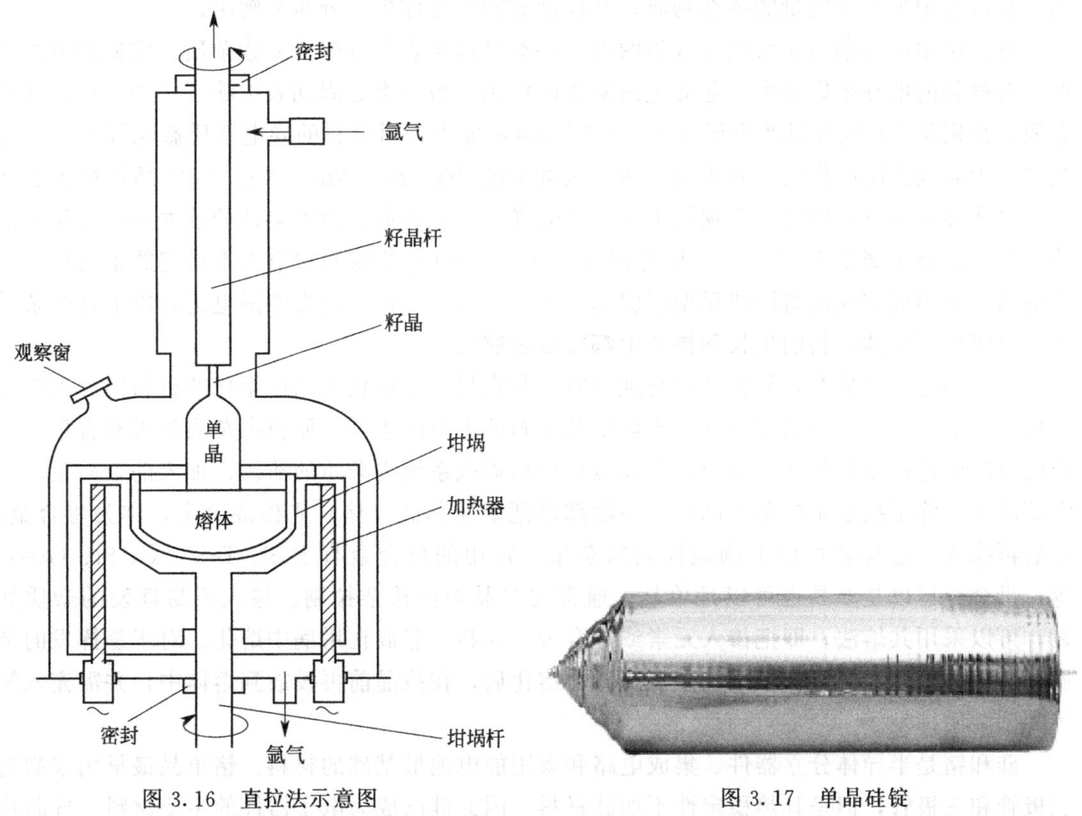

图 3.16　直拉法示意图　　图 3.17　单晶硅锭

加料：将多晶硅原料及掺杂杂质放入石英坩埚内，掺杂的种类依 N 或 P 型而定，掺杂种类有硼、磷、锑、砷。

熔化：加完多晶硅原料后，长晶炉必须关闭，抽成真空并充入高纯氩气，维持一定压力，然后打开石墨加热器电源，加热至熔化温度（1420℃）以上，将多晶硅原料熔化。

缩颈生长：当硅熔体的温度稳定之后，将籽晶慢慢浸入硅熔体中。籽晶与硅熔体接触时的热应力会使籽晶产生位错，必须利用缩颈生长使之消失掉。缩颈生长是将籽晶快速向上提升，使长出的籽晶的直径缩小到一定大小（4～6mm）。由于位错线与生长轴有一个交角，只要缩颈够长，位错便能长出晶体表面，产生零位错的晶体。

放肩生长：长完细颈之后，须降低温度与拉速，使得晶体的直径渐渐增大到所需的大小。

等径生长：长完细颈和肩部之后，借着拉速与温度的不断调整，可使晶棒直径差维持在－2～2mm 之间，这段直径固定的部分即称为等径部分。单晶硅片取自等径部分。

尾部生长：在长完等径部分之后，如果立刻将晶棒与液面分开，那么热应力将使得晶棒出现位错与滑移线。为了避免此问题发生，必须将晶棒的直径慢慢缩小，直到成一尖点而与液面分开。这一过程称为尾部生长。长完的晶棒升至上炉室冷却一段时间后取出，即完成一次生长周期。

(3) 硅（锗）晶体的掺杂

半导体硅、锗器件的制作不仅要求硅、锗材料是具有一定晶向的单晶，而且还要求单晶具有一定的电学参数和晶体的完整性。半导体单晶的电学参数通常采用掺杂的方法，即在单晶生长过程中加入一定量的掺杂物质，并控制它们在晶体中的分布来解决。

硅、锗中的掺杂物质大致可分为两类：一类是周期表中Ⅲ族或Ⅴ族杂质，它们的电离能低，对材料的电导率影响大，起受主或施主的作用。另一类是周期表中除Ⅲ族和Ⅴ族以外的杂质，特别是ⅠB族和过渡金属元素，它们的电离能大，对材料的导电性质影响较小，主要起复合中心或陷阱的作用，其中重金属元素如Cu、Ni、Fe、Mn、Au、Ti大都是快扩散杂质，会使器件漏电流增大，出现软击穿，还会降低少子寿命、影响器件的放大系数和反向电流等指标；碱金属杂质Li、Na、K等能在平面工艺SiO_2绝缘膜中引入不稳定的正电荷，在硅的内表面形成空间电荷层或反型层引起表面沟道效应，产生很大的漏电流。以上这些杂质在硅（锗）半导体材料的生长和掺杂中都要尽量避免。

在拉晶过程中掺杂，是将杂质与纯材料一起在坩埚里熔化或向已熔化的材料中加入掺杂物质，然后拉单晶。影响单晶内杂质数量及分布的主要因素是：原料中杂质种类和含量；杂质的分凝效应；杂质的蒸发效应；生长过程中坩埚或系统内杂质的沾污；加入的杂质量，通常情况下，除了拉制重掺杂单晶外，一般都是把杂质和硅（锗）先做成合金，称为母合金，然后再掺入，这样就可以准确地控制掺杂量。常用的母合金有P-Si、B-Si、Ge-Si、Ge-Ga等。母合金可以是多晶也可以是单晶，通常在单晶炉内掺杂拉制。掺入不易挥发的杂质如硼，可以采用共熔法，即把掺入元素或母合金与原料一起放在坩埚中熔化。对于易挥发的杂质，如砷、锑等，则放在掺杂勺中，待材料熔化后，在拉晶前再投放到熔体中，并需充入氩气抑制杂质挥发。

硅和锗是半导体分立器件、集成电路和太阳能电池最基础的材料。锗单晶最早用来制造二极管和三极管，但是其热稳定性不如硅材料，因此硅已成为电子器件的主要材料。硅芯片在电子信息工程、计算机、手机、电视、航空航天、新能源以及各类军事设施中得到广泛的应用。而锗在红外及高频特性方面具有优良的性能，可用于制造红外器件、高频器件等。

3.2.4 第二代半导体材料

第二代半导体材料主要指化合物半导体材料，如砷化镓（GaAs）、磷化铟（InP）；三元化合物半导体，如GaAsAl、GaAsP；还有一些固溶体半导体，如Ge-Si、GaAs-GaP；玻璃半导体（又称非晶态半导体），如非晶硅、玻璃态氧化物半导体；有机半导体，如酞菁、酞菁铜、聚丙烯腈等。这里主要介绍Ⅲ-Ⅴ族化合物半导体和非晶半导体材料。

3.2.4.1 Ⅲ-Ⅴ族化合物半导体

Ⅲ-Ⅴ族化合物半导体由周期表中的ⅢA和ⅤA族元素化合而成。它们独特的能带结构与性质获得了极大的关注，目前在微波与光电器件等领域得到了广泛的应用。特别是，它们的能带结构和禁带宽度随组分变化而变化，为其进一步发展拓宽了道路。

大多数的Ⅲ-Ⅴ族化合物半导体的晶体结构为闪锌矿型，如图3.18所示。与金刚石型类似，都是由两套面心立方格子沿体对角线移动1/4长度套构而成。在硅的金刚石结构中，每个硅原子有四个价电子，而在闪锌矿结构中，Ⅲ族元素原子与Ⅴ族元素原子价电子数不相等，Ⅲ-Ⅴ族化合物的化学键属于共价键和离子键的混合，电子云分布不均匀，会产生极化现象。

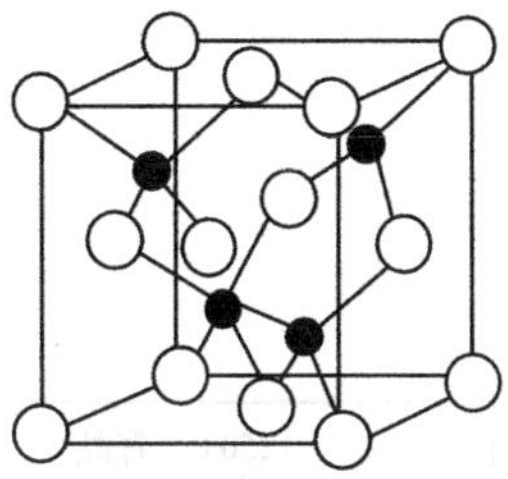

图3.18　闪锌矿晶体结构

（1）砷化镓（GaAs）

砷化镓属于二元化合物，制备砷化镓半导体时，不易精确控制其化学配比，Ga和As的自然资源远不如Si丰富，而且As元素具有挥发性及毒性。GaAs的力学强度较差，热导率低，不易生长出无位错单晶。GaAs禁带宽度为1.43eV，稍大于Si，但电子迁移率比Si大五倍之多，熔点也比Si低一些，并且还具有元素半导体Si、Ge所不具备的其他特性，因此深受人们的重视，并对它进行了多方面的研究，是目前最重要的化合物半导体之一。

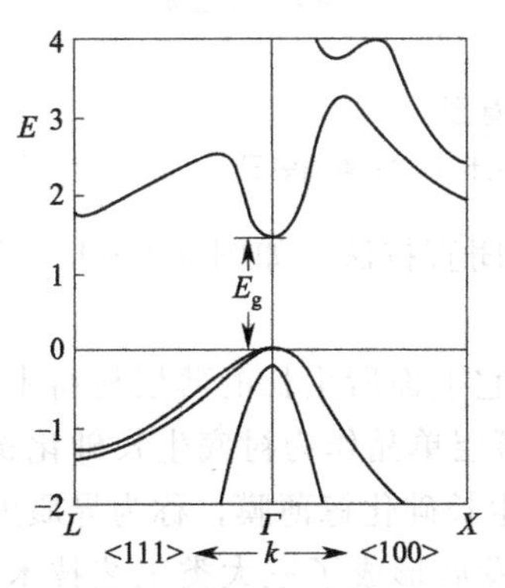

图3.19　GaAs能带结构图

① 砷化镓的特点和用途　砷化镓的能带结构如图3.19所示，不同于元素半导体（Si、Ge），GaAs的导带极小值和价带极大值都在波矢$k=0$处，称为直接跃迁型或直接带隙半导体，发生电子跃迁的概率是间接带隙的1000倍，所以寻找发光材料时一般总是优先考虑直接带隙材料。GaAs具有较高的光电转换效率，非常适合用作光电器件。除GaAs以外，在Ⅲ-Ⅴ族化合物半导体中GaN、InN、InP、GaSb、InAs等都是直接带隙材料。

在GaAs<100>方向上具有双能谷能带结构，即除$k=0$处有极小值外，在<100>方向边缘上存在着另一个比中心极小值仅高0.36eV的导带极小值（称为X极小值），因此电子具有主次两个能谷。室温下，电子处在主能谷中，很难跃迁到X处导带能谷中，因为室温时电子从晶体处得到的能量只有0.025eV。但电子在主能谷中有效质量较小，迁移率大，而在次能谷中，有效质量大，迁移率小，且次能谷中的状态密度又比主能谷大，一旦外电场超过一定值时，电子就可由迁移率大的主能谷转移到迁移率较小的次能谷，从而出现电场增大、电流减小的负阻现象，这是制作体效应微波二极管的基础。

室温下GaAs的禁带宽度高达1.424eV，因为晶体管的工作温度上限与材料的E_g成正比，所以用GaAs做成的晶体管可以在较高的温度（450℃）下工作，适用于制造大功率器件；砷化镓的电子有效质量比硅、锗小2/3以上，意味着其杂质电离能很小，可以在极低的温度下电离；砷化镓的电子迁移率高，约为硅的5～6个数量级，适合于超高频、超高速器件和电路的制备；砷化镓器件抗辐射能力强，是宇航电子学的重要材料。

② 砷化镓单晶材料的制备　砷化镓单晶的制备方法主要有从熔体中生长体单晶和外延生长薄层单晶等方法。Ⅲ-Ⅴ族化合物半导体单晶材料大部分都是用以上方法制备的。

制备砷化镓晶体的方法与硅、锗晶体大致相同，主要有两种：第一种是将石英管密封系统置于双温区炉中，低温端放砷源来控制系统中的砷气压，高温端合成砷化镓化合物并拉制晶体，例如水平布里奇曼法（又称横拉法），如图3.20(a)所示，因在密封的石英管系统中制备，产物污染少，纯度较高；第二种是在熔体上覆盖惰性熔体（一般为B_2O_3），并在压

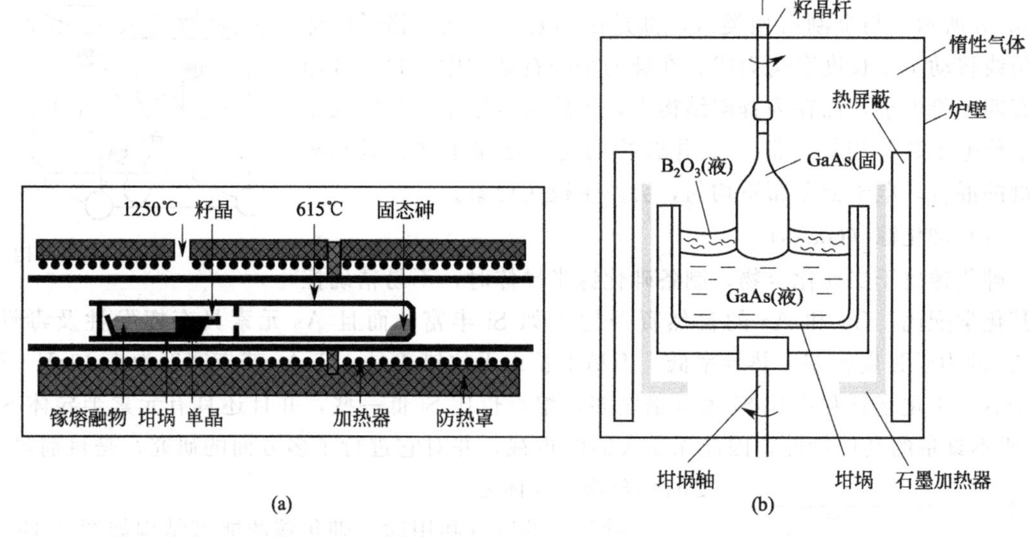

图 3.20 常用的两种 GaAs 晶体生长方法示意图

(a) 水平布里奇曼法生长 GaAs 单晶装置；(b) 液体封闭直拉法生长 GaAs 单晶装置

力大于砷化镓离解压的气氛中合成拉晶，这就是所谓的液体封闭直拉法，如图 3.20(b) 所示，这种方法可以大批量生产单晶，生产效率高。

1928 年罗耶提出外延的概念，即衬底的晶体结构延续到在它上面所生长的薄层材料中。砷化镓薄膜（薄层单晶）就是采用外延生长，将砷化镓籽晶的薄层单晶作为衬底生长砷化镓薄膜，这属于同质外延，还可以在硅（或其他籽晶层）衬底上生长砷化镓薄膜，称为异质外延。半导体的薄膜晶体材料多采用外延生长法，经过几十年的发展形成了三大类工艺技术：气相外延生长法、液相外延生长法以及分子束外延生长法等，具体示意图如图 3.21 所示。

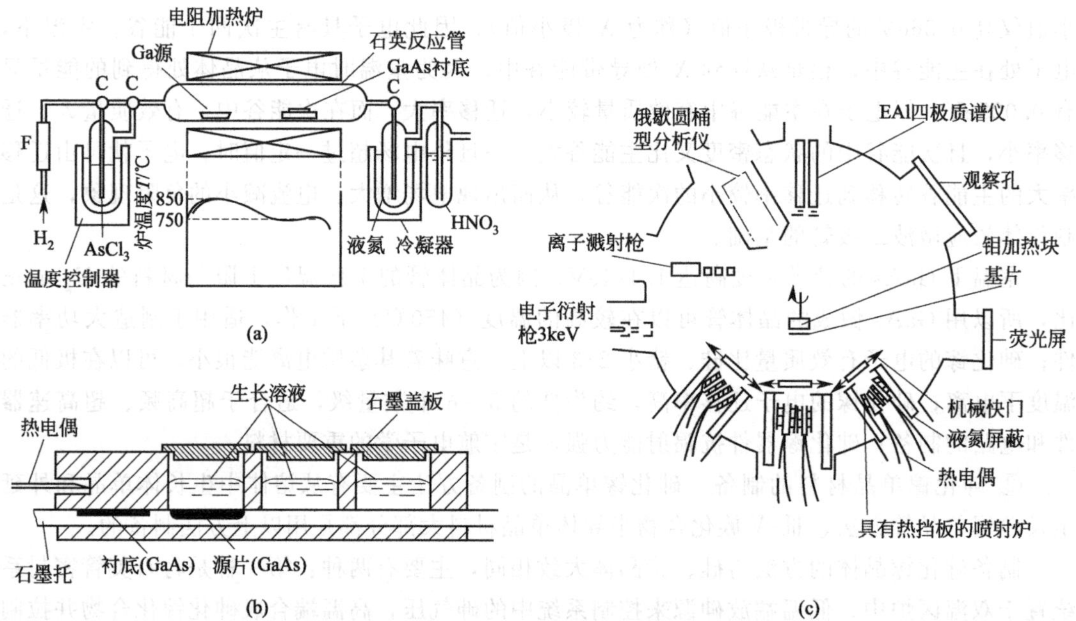

图 3.21 半导体晶体薄膜外延法生长示意图

(a) 气相外延生长；(b) 液相外延生长；(c) 分子束外延生长

③ 砷化镓单晶中的杂质　各种杂质在 GaAs 中形成不同能级，Ⅱ族元素 Be、Mg、Zn、Cd、Hg 均为浅受主，是 GaAs 材料的 P 型掺杂剂。其中 Zn、Cd 最常用，但它们有时会与晶格缺陷结合生成复合体而呈现深受主能级。Ⅵ族元素 S、Se、Te 在 GaAs 中均为浅施主能级，它们是 N 型掺杂剂。Ⅳ族元素 Si、Ge、Sn 等在 GaAs 中呈现两种掺杂特性，当一个Ⅳ族原子在 Ga 的子晶格点上是施主，在 As 的子晶格点上则是受主。过渡元素 Cr、Mn、Co、Ni、Fe、V 除 V 在 GaAs 中是施主外，其他都是深受主。

目前几乎所有的 GaAs 器件都采用外延层作工作层，单晶用来作衬底。可将杂质直接加入 Ga 中，也可将易挥发杂质与砷放在一起，加热后通过气相溶入 GaAs 中掺杂。

(2) 磷化铟 (InP)

磷化铟是最早被制备出的Ⅲ-Ⅴ族化合物，由蒂尔在 1910 年合成。磷化铟单晶体呈暗灰色，有金属光泽，常温下在空气中稳定，在 360℃ 下开始离解。磷化铟晶体在压力大于 13.3GPa 时会从闪锌矿结构变为 NaCl 型面心立方结构。

InP 是继 Si、GaAs 之后最重要的半导体材料，具有以下特点：InP 的电子在高电场下漂移速度最快可达 $2.5\times10^{7}cm\cdot s^{-1}$，高于 GaAs，是制备超高速、超高频器件的良好材料；直接跃迁带隙为 1.35eV，与 InGaAsP 或 InGaAs 可以组成发光器件、激光及光探测器件，响应波长为 1.3～1.6μm，是石英光纤通信中传输损耗最小的波段，促进了光纤通信的发展；InP 基太阳能电池具有较高的光电转换效率，抗辐射性能优于 GaAs 电池，另外 InP 材料表面复合速率很小，电池具有较长的寿命，可用作宇航飞行器上的电源；InP 还具有比 GaAs 更高的热导率，所制备的器件具有较好的热性能；在 InP 中掺入适当的深受主杂质 (如 Fe)，或者使高纯单晶 InP 在适当条件下退火，都可获得半绝缘性能，使得 InP 成为制备高速器件和电路、光电集成电路的重要材料。

InP 的合成与拉单晶需要在高压下进行，单晶的拉制主要采用液态密封法，InP 的制备工艺难度高于 GaAs，成品率较低，因此目前 InP 的产量远小于 GaAs。

3.2.4.2　非晶半导体

1948 年，谢弗特和奥通报道了复印机中硒鼓的非晶硒 (a-Se) 光暗电导率之比可达 $10^{3}\sim10^{5}$，具有明显的半导体性能。1950 年韦默指出了非晶半导体的光电导效应。直到 20 世纪 70 年代以后才开始系统研究非晶半导体材料。1975 年，英国 Spear 小组实现了对非晶硅的掺杂，这是一项开拓性的突破，为非晶半导体的应用开辟了道路。1976 年，非晶硅太阳能电池问世，掀起了非晶半导体的发展热潮。

非晶固体是一种“凝固的液体”，原子排列短程有序而长程无序。正是因为非晶半导体的短程有序，所以光吸收边、激活电导率等半导体特性也可以在非晶半导体中发现。由于长程有序主要影响周期性势场变化，对散射作用、迁移率、自由程等物理量起主导作用。因而，非晶半导体在能带结构上与晶态半导体没有本质差别，仍可用能带结构对其主要性能进行研究。许多非晶半导体的实际应用与其光学性质密切相关。与结晶半导体不同的是，非晶半导体中电子的跃迁不再遵守准动量守恒的选择定则。非晶硅 (a-Si) 是研究得最为深入的非晶半导体材料。

非晶硅中原子的分布不完全遵从正四面体的规律，即非晶硅中原子的分布基本上是正四面体的形式，但是发生了变形，产生出许多缺陷——大量悬挂键和空洞等，如图 3.22 所示。非晶硅的密度略低于单晶硅。非晶硅中的悬挂键可以被氢所填充，经氢化后，非晶硅可表示

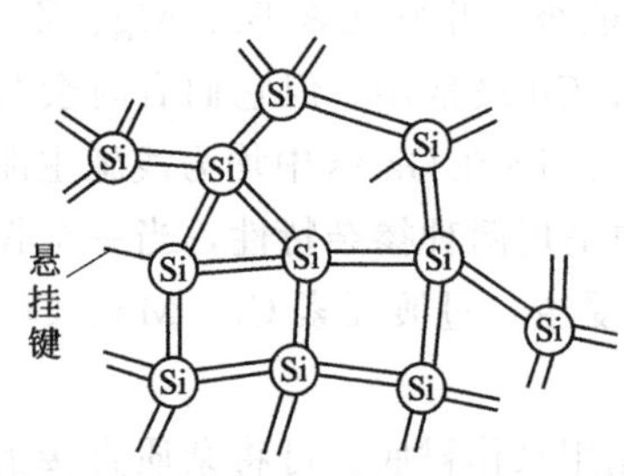

图 3.22 非晶硅原子键合示意图

为 a-Si：H，其悬挂键密度显著减小。研究表明 H 在 a-Si：H 中以 Si—H 键、$(SiHHSi)_n$、分子氢等多种键合方式存在，只有 Si—H 才能饱和 Si 的悬挂键。未经过氢化的非晶硅材料的光电导效应很差，掺杂对费米能级位置的调节作用也很小，所以 a-Si 材料没有应用价值，只有氢化非晶硅 a-Si：H 才能表现出良好的电学性能。

非晶硅薄膜可采用物理气相沉积（PVD）法和化学气相沉积（CVD）法制备，其中化学气相沉积法最为普遍。将含有硅的气体分解，分解出来的硅原子或含硅的基团沉积在衬底上。常用的含硅气体是硅烷（SiH_4）和乙硅烷（Si_2H_6），CVD 法可以直接实现对 a-Si 的掺杂，只要在制备时通入 N 型掺杂气体（如磷烷 PH_3）或 P 型掺杂气体［如乙硼烷 B_2H_6、三甲基硼烷 $B(CH_3)_3$、三氟化硼 BF_3 等］即可。这些反应气体在制备过程中的流量非常小，为了保证反应腔室内的一定压力和浓度，需要通入一定的稀释气体，如氢气或惰性气体氦、氩等。

a-Si:H 性质如下：具有良好的光学性能，能产生最佳的光电导值，对光的吸收系数比晶硅材料高 50～100 倍；可以实现高浓度掺杂，制备出高质量的 PN 结和多层结构，易于形成异质结且界面态密度较低；可以通过调节非晶材料的组分来调控其带隙；可在较低的温度下，采用化学气相沉积法制备，不会造成高温加工的不利影响，同时也可采用多种廉价不耐高温的材料作衬底，有利于实现大规模和环境友好型生产。

非晶硅氢化后禁带宽度可在 1.2～1.8eV 之间调节，但是载流子寿命较短，迁移率小，所以在电子材料上的应用较少，多用作光电材料，例如制备太阳能电池、光传感器和光敏器件等。此外，利用超薄的非晶半导体材料的量子效应和低维效应，可以制备出磷光体、二极管等器件。其极高的光暗电导比、优良的光学性能可以用作光开关、光储存等器件的材料。

3.2.5 第三代半导体材料

近年来，随着半导体器件应用领域的不断扩大，特别是在一些特殊场合，传统的第一代（例如 Si、Ge 等）和第二代（例如 GaAs、InP 等）半导体无法适应在高温、强辐射和大功率等环境下工作，同时，随着半导体材料单晶制备及外延技术的发展和突破，人们将目光投向被称为第三代宽带隙半导体材料的研究，如金刚石、SiC、GaN、AlN 和Ⅱ-Ⅵ族化合物半导体材料等。这些材料的禁带宽度在 2eV 以上，它们的电子漂移饱和速度高，介电常数小，导热性能优良。

3.2.5.1 碳化硅（SiC）

碳化硅中 Si、C 双原子层堆积序列的差异会导致不同的晶体结构，从而形成了庞大的 SiC 同质多型族，已被证实的多型体有 200 多种。目前研究较成熟，也是最重要的结构，有立方结构的 3C-SiC 和六方结构的 6H-SiC 和 4H-SiC，如图 3.23 所示，其中 6H-SiC 最稳定。SiC 具有很强的离子共价键，离子性对键合的贡献约占 12%，决定了它是一种结合稳定的结构。SiC 具有很高的德拜温度，达到 1200～1430K，决定了该材料对各种外界作用的稳定性，在力学、化学方面具有优越特性。

力学特性：高硬度（显微硬度为 3000kg·mm^{-2}），可以切割红宝石；高耐磨性，仅次于金刚石。热学性质：热导率超过金属铜，是硅的 3 倍，是砷化镓的 8～10 倍，散热性能好，对大功率器件非常重要。SiC 的热稳定性较高，常压下不可能熔化 SiC。化学性质：耐腐蚀性非常强，室温下几乎可以抵抗任何已知的腐蚀剂。SiC 表面易被氧化生成 SiO_2 薄层，能防止其进一步被氧化，在高于 1700℃时，这层 SiO_2 熔化并迅速发生还原反应。SiC 能够溶解于熔融的氧化剂物质。电学性质：4H-SiC 和 6H-SiC 的带隙约是 Si 的三倍，是 GaAs 的两倍，击穿电场强度高于 Si 一个数量级，饱和电子漂移速度是 Si 的 2.5 倍。4H-SiC 的带隙比 6H-SiC 的更宽。

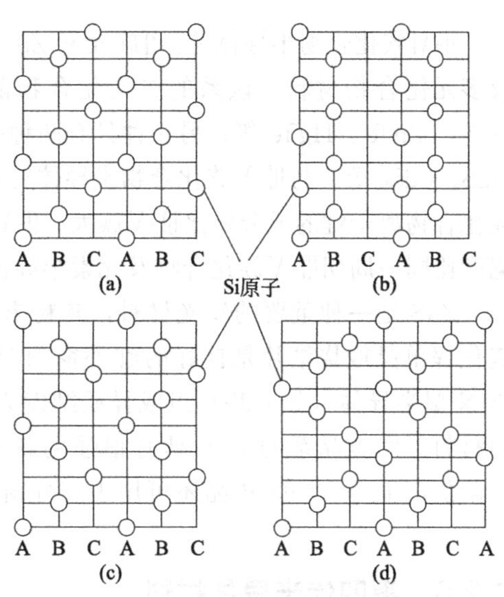

图 3.23 SiC 结构示意图

(a) 3C-SiC；(b) 2H-SiC；(c) 4H-SiC；(d) 6H-SiC

SiC 优良的物理、化学性质使其在特殊的场合拥有广泛的应用。SiC 制成的高频功率器件可以应用在相控阵雷达、通信系统、高频功率供应、电子干扰和预警系统等方面。SiC 大功率器件可以应用在功率电子、电涌抑制器、电动汽车的功率调节、电子调节器、固相镇流器等方面。SiC 高温器件可以应用于喷气发动机传感器、传动装置及控制电子、航天飞机功率调节电子及传感器、深井钻探用信号发射器、工业过程测试及控制仪器、无干扰电子点火装置、汽车发动机传感器。同时，SiC 材料可以作为 GaN、AlN、金刚石等外延生长的衬底。

3.2.5.2 氮化镓（GaN）

GaN 具有比 SiC 更高的迁移率，更重要的是 GaN 可以形成调制掺杂的 GaN 结构，该结构可以在室温下获得更高的电子迁移率、极高的峰值电子速度和饱和电子速度。GaN 是极稳定的化合物，材质坚硬，熔点高，有六方纤锌矿、立方闪锌矿、立方岩盐三种晶体结构，其中最常见、热力学最稳定的为六方纤锌矿结构，如图 3.24 所示。

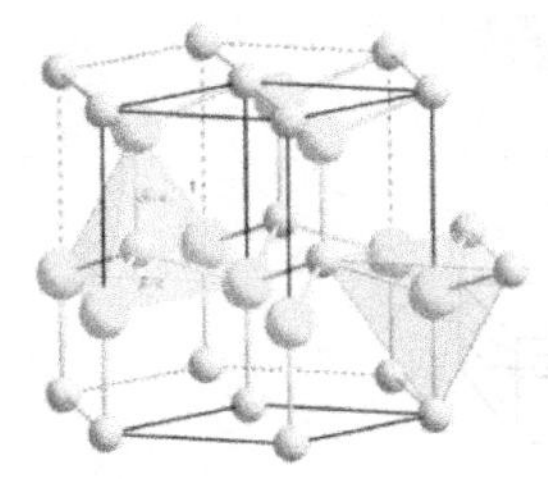

图 3.24 GaN 的六方纤锌矿结构

GaN 材料作为宽禁带的直接带隙半导体材料，电子跃迁概率比间接带隙的高约一个数量级；GaN 室温电子迁移率可达 1000m^2·V^{-1}·S^{-1}；GaN 基系列半导体材料具有强的离子键，化学稳定性好，在室温下不溶于水、酸和碱；GaN 基半导体也是坚硬的高熔点材料，熔点高达约 1700℃；GaN 的电离度高达 0.5，在Ⅲ-Ⅴ族化合物中是最高的。这些优良的化学和电学性质、良好的力学性能、高电子饱和速度、高热导率等，使得 GaN 半导体材料在光电领域应用广泛。

GaN 是制作从紫外到可见光波段半导体激光器的理想材料，制成的纳米激光器可以应用于超级计算机芯片、高敏感生物传感器、通信技术等多个领域；GaN 被认为是制作半导体发光二极管器件的最佳材料；与 SiC、金刚石等半导体材料相比，GaN 基紫外光探测器有较高的量子效率、信号陡峭、噪声低、边带可调等优势，广泛用于空间通信、臭氧监测、水银灯消毒监控、污染监测、激光探测和火焰传感等方面。

3.2.5.3 Ⅱ-Ⅵ族化合物半导体

Ⅱ-Ⅵ族化合物半导体是由Ⅱ族元素 Zn、Cd、Hg 和Ⅵ族元素 S、Se、Te 组成的二元化合物及多元化合物材料。该系的二元化合物晶体可分为两种，一种是闪锌矿结构，包括 ZnSe、HgSe、ZnTe、HgTe 等；另一种具有两种晶体结构，即闪锌矿和纤锌矿结构，包括 ZnS、CdS、HgS、CdSe 等。与Ⅲ-Ⅴ族化合物半导体材料一样，化学键是共价键和离子键的混合，但是Ⅱ-Ⅵ族化合物离子键的成分要比Ⅲ-Ⅴ族大。Ⅱ-Ⅵ族化合物半导体能带结构都是直接跃迁型，其禁带宽度比同一周期Ⅲ-Ⅴ族化合物及元素半导体的都大，但含 Hg 的化合物禁带宽度较小。

ZnS 是一种重要的发光材料，其粉末可以用作光致发光、阴极射线致发光和电致发光。硫化锌单晶或烧结片是良好的红外窗口材料，作为 P 型半导体，可作为激光调制器，也可与 N 型半导体（如 CdS）组成异质结发光材料。ZnSe 可以作为黄光和绿光的结型发光器件的材料。六方晶系的 CdS 具有很强的各向异性，其粉末可制备电致发光器件、光敏电阻、太阳能电池等。CdS 单晶还可用于红外窗口、激光调制器、γ 射线探测器等的制备。

3.2.6 第四代半导体材料

第四代半导体包括超晶格、量子结构、多孔结构等微结构材料。微结构材料具有量子效应，其尺寸在 1～3 个维度上降低到了纳米尺寸，也就是尺寸近似等于或者小于电子的平均自由程，即电子的波长。一般块体材料中，电子的波长远小于块材尺寸，量子局限效应不显著。若将某一维度的尺寸缩小到小于一个波长，此时电子只能在另两个维度所构成的二维空间中自由运动，这样的系统称为量子阱；若再将另一维度的尺寸缩小到小于一个波长，电子只能在一维方向上运动，即量子线；当三个维度的尺寸都缩小到一个波长以下时，该材料则称为量子点。量子点是准零维的纳米材料，由少量的原子构成。粗略地说，量子点三个维度的尺寸都在 100nm 以下，外观恰似一个极小的点状物，其内部电子在各方向上的运动都受到限制，所以量子局限效应特别显著。由于量子局限效应会导致类似原子的不连续电子能级结构，因此量子点又被称为“人造原子”。图 3.25 分别是半导体体材料、量子阱、量子线和量子点的能态密度和材料结构示意图。

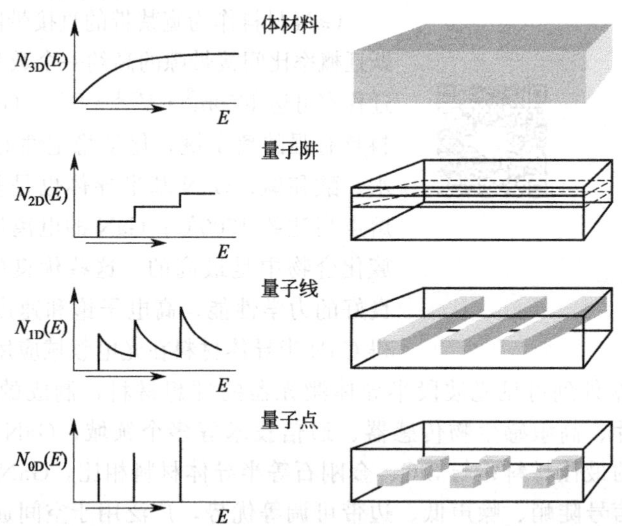

图 3.25 半导体体材料、量子阱、量子线和量子点的能态密度和材料结构示意图

半导体超晶格是由两种或两种以上组分不同的超薄薄层材料交替生长在一起得到的多周期结构材料。这种材料每层薄层的厚度仅为该单晶物质晶格常数的几倍到十几倍，相当于在原来的自然晶体晶格周期上叠加了人造的周期势场，从而改变电子的行为，进而改变半导体材料的性质。这个设想的提出，使得人类可以根据量子力学按照自己的意愿控制材料的性能。多量子阱和超晶格的本质差别在于势垒的宽度：当势垒很宽时电子不能从一个量子阱隧穿到相邻的量子阱，即量子阱之间没有相互耦合，此为多量子阱；当势垒足够薄使得电子能从一个量子阱隧穿到相邻的量子阱，即量子阱相互耦合，此为超晶格，如图 3.26 所示。后续的几十年，科学家制备出了各种自然晶体中不存在的半导体超晶格材料。目前，大体上将半导体超晶格分为组分超晶格、掺杂超晶格、应变超晶格等。

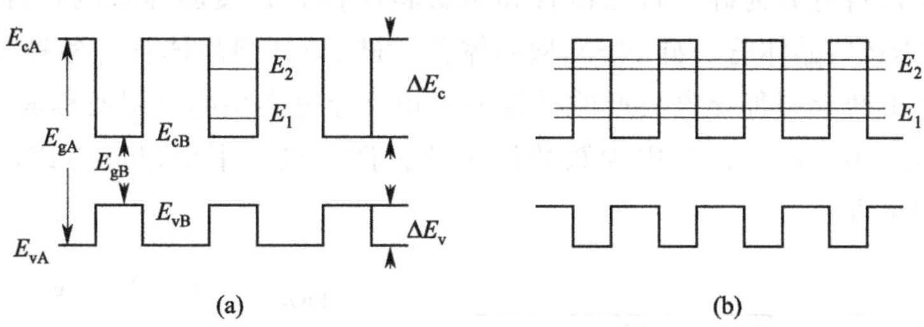

图 3.26 多量子阱和超晶格能带示意图

(a) 多量子阱能带；(b) 超晶格能带

(1) 组分超晶格

组分超晶格材料由两种不同组分的半导体所组成。显然，构成超晶格结构的两种材料具有不同的禁带宽度，在它们界面处的能带是不连续的。例如 GaAs/GaAlAs 超晶格材料中，界面处两种材料的能带完全交叠，具有较小带隙的 GaAs 能带完全“落”到大带隙的 GaAlAs 中，即两种载流子都在同一材料中，所以电子的跃迁概率大。GaAs/GaAlAs 超晶格材料是最早展开研究的半导体超晶格材料，也是研究得最深入、应用最早的超晶格材料。

(2) 掺杂超晶格

掺杂超晶格是由同一种半导体交替改变掺杂类型（N 型层和 P 型层）生长构成的，一般在 N 型和 P 型层之间还会生长一层本征（i）层。这类超晶格的特点是没有易于产生晶格缺陷的异质结界面。它最独特的性能是在光照或电场下，有效带隙和载流子浓度可在较大范围内调节。因为电子和空穴被分割在不同薄层中形成了间接能带结构，降低了载流子的复合，将非平衡载流子的寿命提高了几个数量级。这样，即使在微弱的光照或者电场下，该结构半导体仍可以产生高浓度的非平衡载流子。掺杂晶格材料可制备新型光电探测器，可调光源、光放大、调制和双稳等器件。任何半导体材料只要控制好掺杂类型均可制备掺杂超晶格，但研究较多的是 GaAs 超晶格，对 InGaAs、PbTe、Si 和 a-Si 的超晶格结构也进行了研究。

(3) 应变超晶格

1949 年，弗兰克提出两种材料的晶格失配可以通过弹性应变加以调节而不会在界面上产生失配错位。如果多层膜的厚度足够薄，在晶体生长时就不容易产生缺陷。现代的先进技术可以制备出厚度控制在某一临界范围内的薄膜，这就产生了应变超晶格的概念。这种结构大大拓宽了材料的选择范围，可以选择两种晶格常数相差较大的材料制备半导体超晶格。该材料的能带结构和相关的光、电性能除与组成材料有关外，还可通过调节层厚度和应变来改变，这对新型器件研制和基础物理研究都很有意义。如用 InGaAs/GaAs 应变超晶格材料制备高质量探测器、激光器、发光管等光电器件和高电子迁移率晶体管等超高速电子器件。

3.2.7 半导体器件

例 1 双极型晶体管

晶体管是一种固体半导体器件，具有检波、整流、放大、开关、稳压、信号调制等许多其他功能。晶体管作为一种可变开关，基于输入的电压控制流出的电流。结型晶体管凭借功耗和性能方面的优势仍然广泛应用于高速计算机、火箭、卫星以及现代通信领域中。晶体管按使用的半导体材料可分为硅材料晶体管和锗材料晶体管；按晶体管的极性可分为锗 NPN 型晶体管、锗 PNP 型晶体管、硅 NPN 型晶体管和硅 PNP 型晶体管。各种晶体管的基本结构是相同的，即由两层同种导电类型的材料夹一相反导电类型的薄层而构成。其中，中间夹层的厚度必须远远小于该层材料中少数载流子的扩散长度。下面以硅 NPN 型晶体管为例，介绍其结构与制备方法。

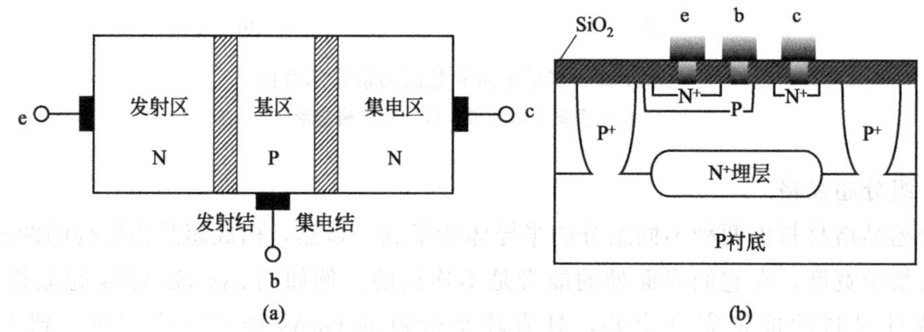

图 3.27 NPN 型晶体管示意图

(a) NPN 型晶体管结构；(b) NPN 型晶体管剖面

e—发射极；b—基极；c—集电极

图 3.27 为 NPN 型晶体管示意图。基本结构是两个彼此十分靠近的背靠背 PN 结，分别称为发射结和集电结；两个 PN 结隔开的三个区域分别称为发射区、基区和集电区；从三个区引出的电极则称为发射极、基极和集电极，分别用符号 e、b、c 表示。

硅 NPN 型晶体管的制备如图 3.28 所示：①采用轻掺杂的 P 型硅作为衬底。②为了减小集电区的串联电阻，并减小寄生 PNP 管的影响，在集电区的外延层和衬底间通常要制作 N^+ 埋层：首先在衬底上生长一层二氧化硅，并进行一次光刻，刻蚀出埋层区域，然后注入 N 型杂质（如磷、砷等），再退火（激活杂质）。埋层材料选择标准是杂质在硅中的固溶度要大，以降低集电区的串联电阻；在高温下，杂质在硅中的扩散系数要小，以减小制作外延层时的杂质扩散效应；杂质元素与硅衬底需具有较高的晶格匹配度以减小应力，最好采用砷。③生长外延层：去除全部二氧化硅后，外延生长一层轻掺杂的硅。此外延层作为集电区。整个双极型集成电路便制作在这一外延层上。外延生长主要考虑电阻率和厚度。为减小结电容，提高击穿电压，降低后续工艺过程中的扩散效应，电阻率应尽量高一些，但为了降低集电区串联电阻，又希望它小一些。④形成隔离区：先生长一层二氧化硅，然后进行二次光刻，刻蚀出隔离区，接着预沉积硼（或者采用离子注入），并退火使杂质推进到一定距离，

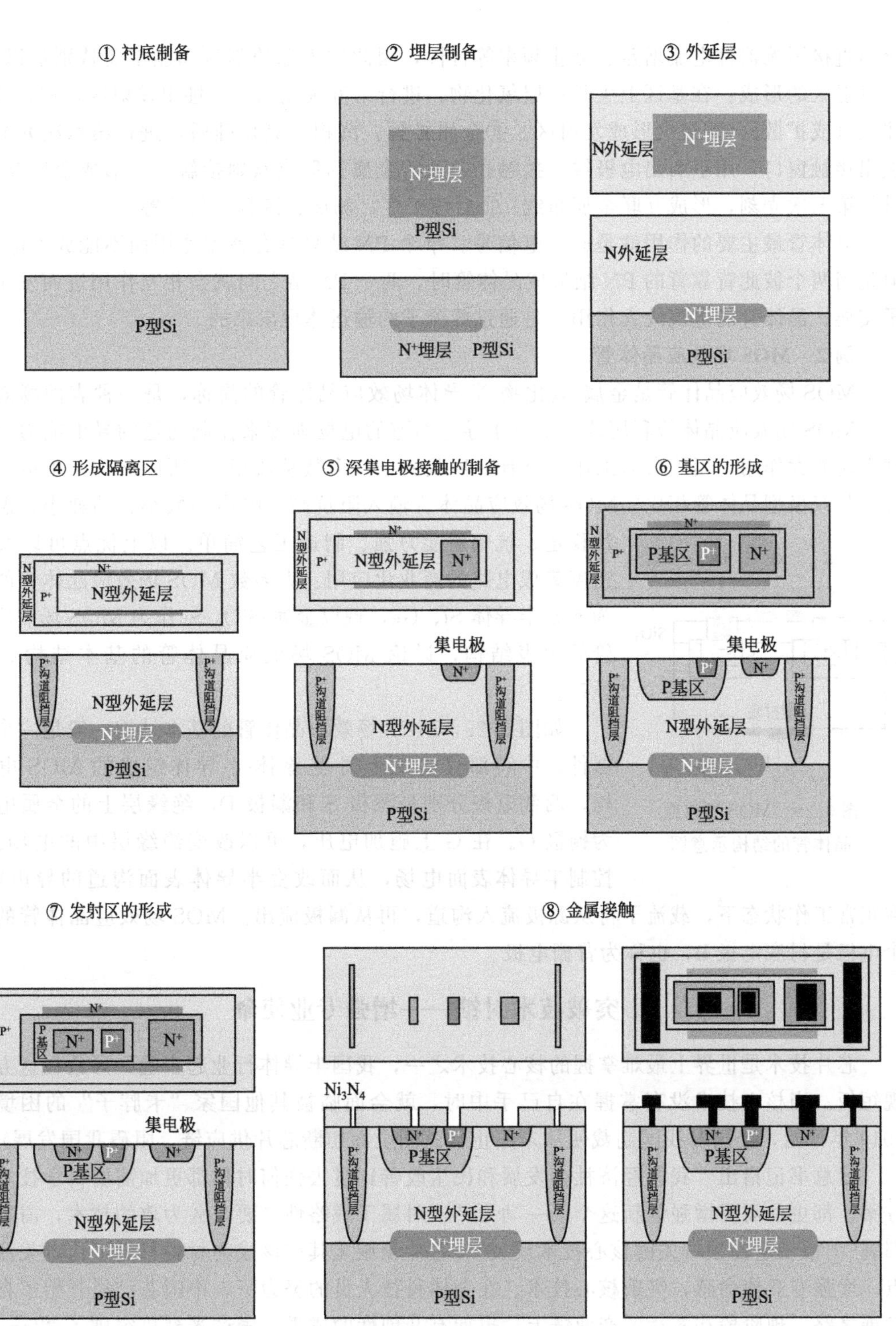

图 3.28　硅 NPN 型晶体管制备流程

形成 P 型隔离区，这样器件之间就会形成电绝缘。⑤深集电极接触的制备：这里的“深”指集电极接触深入 N 型外延层的内部。为降低集电极串联电阻，需要制备重掺杂的 N 型接触，进行第三次光刻，刻蚀出集电极，再注入（或扩散）磷并退火。⑥基区的形成：先进行第四次光刻，刻蚀出基区，然后注入硼并退火，使其扩散形成基区。由于基区掺杂元素及其分布直接影响器件电流增益、截止频率等特性，因此注入硼的剂量和能量要特别加以控制。⑦发射区的形成：在基区上生长一层氧化物，进行第五次光刻，刻蚀出发射区，进行磷或砷注入（或扩散），并退火形成发射区。⑧金属接触：沉积二氧化硅后，进行第六次光刻，刻蚀出接触窗口，用于引出电极线。接触孔中溅射金属铝形成欧姆接触。⑨形成金属互联线：进行第七次光刻，形成互联金属布线。⑩后续工序：测试、键合、封装等。

晶体管最主要的作用就是放大电信号。单个 PN 结只具有整流作用而不能放大电信号，但是当两个彼此背靠背的 PN 结形成晶体管时，两个 PN 结之间就会相互作用进而发生载流子交换。晶体管的电流放大作用正是通过载流子的输运体现出来的。

例 2　MOS 场效应晶体管

MOS 场效应晶体管是金属-氧化物-半导体场效应晶体管的简称，是一种表面场效应器件。MOS 场效应晶体管利用改变垂直于导电沟道的电场强度来控制沟道的导电能力进而实现电流放大作用，因为参与工作的只有一种载流子（多数载流子），所以又称为单极型晶体管。与双极型晶体管相比，MOS 场效应晶体管输入阻抗高、噪声系数小、功耗小、温度特性稳定、抗辐射能力强、制造工艺简单。以上优点可以实现高密度集成电路的商业化应用。大多数 MOS 场效应晶体管的衬底为元素半导体 Si、Ge，现以金属-SiO_2-Si 作为 MOS 场效应晶体管的代表结构，讨论 MOS 场效应晶体管的基本结构和工作原理。

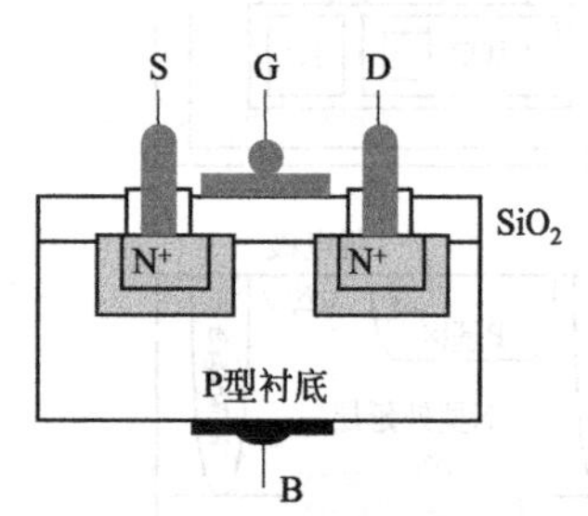

图 3.29　MOS 场效应晶体管的结构示意图

如图 3.29，MOS 场效应晶体管的基本结构一般是一个四端器件。中间部分是由金属-绝缘体-半导体组成的 MOS 电容结构，两侧电极分别是源极 S 和漏极 D，绝缘层上的金属电极称为栅极 G。在 G 上施加电压，可以改变绝缘层中的电场强度，控制半导体表面电场，从而改变半导体表面沟道的导电能力。在正常工作状态下，载流子将从源极流入沟道，再从漏极流出。MOS 场效应晶体管的第四个电极是衬底电极 B，也称为背栅电极。

突破技术封锁——增强专业使命

芯片技术是世界上最难掌握的核心技术之一，我国半导体行业起步晚，导致在这方面出现短板。当核心技术没有掌握在自己手中时，就会面临被其他国家“卡脖子”的困境。从 2019 年开始，美国对我国制裁便从未停止，试图全面切断芯片供应链，阻碍我国发展。

习总书记指出“我国经济社会发展和民生改善比过去任何时候都更加需要科学技术解决方案，都更加需要增强创新这个第一动力。”“对属于战略性、要久久为攻的技术，需要提前部署”“推动重要领域关键核心技术攻关”。芯片领域尤其应该成为材料科学工作者关注的焦点，增强专业使命感，突破核心技术。在全体科技人员的努力下，中国芯已经开始了自己的发展之路。现阶段在芯片的产业链上，也拥有开创性的成果，国产光刻机突破了 22nm 的技术限制，意味着我国已经基本可以告别中低端芯片对进口设备的依赖。中科院等部门也已经为芯片关键核心技术的突破进行了有效部署。

我国芯片技术的发展仍有很长一段路要走，这是时代赋予我们这一代的重任，我们要增强专业使命感，坚信在不远的将来，芯片的研究将会出现质的突破，使中国发展不再受制于人，用高新技术突破封锁，创造美好未来！

3.3 绝缘体材料与器件

3.3.1 绝缘体材料简介

导体材料允许电荷的流动，半导体材料控制电荷的流动，但是还需要绝缘体材料限制电荷的流动，才能构成一个完整的电子电路器件设备。绝缘体和导体没有绝对的界限，绝缘体材料是指电阻率很高的一类特殊介电材料，一般室温电阻率≥$10^8\Omega\cdot m$。绝缘体中正、负电荷紧密束缚在一起，可以自由移动的带电粒子极少，在外电场下，不形成宏观电流。最早使用的绝缘材料为云母、橡胶、棉布、丝绸等天然材料，20 世纪以来，人工合成的树脂、油漆、陶瓷、橡胶等绝缘材料开始迅速发展，这些合成材料的发明极大地促进了绝缘体材料的发展。

3.3.2 绝缘体材料的性质

绝缘体在允许的电压下一般不导电，但并非绝对不导电，当电压过大，绝缘体会被击穿成为导体。例如空气一般是良好的绝缘体，但发生闪电时局部空气在上万伏的高压下瞬间变成了导体。绝缘材料是电工电子产品发展的基础，是其长期安全可靠运行的保障。为了保证绝缘材料在服役过程中的安全稳定，国家标准规定了一系列指标来规范其性能。一般从以下几个方面描述绝缘材料的综合性能。

(1) 电击穿强度

作为绝缘材料，首先要有高的电击穿强度，施加的电场较低时，材料是良好的绝缘体，但当电场强度超过某一临界值时，材料中电荷大量被激发并转移，表现为电阻率急剧下降，电流增大从而使绝缘性丧失。该电场强度即为电击穿强度，其数值与材料的结构、缺陷和厚度以及电场频率、温度、湿度等都有关系。除另有说明，通常给出的是室温时直流电场下的测量值或低频交流（50Hz）电场作用下测得的有效值。电击穿强度单位为$kV\cdot mm^{-1}$，一般绝缘材料的电击穿强度为几十$kV\cdot mm^{-1}$。

(2) 相对介电常数与介电损耗

介电常数大表示材料的交流阻抗低，即交流漏电大。因此要求绝缘材料的相对介电常数小，同时需要有低的介电损耗，二者都是无量纲参数。在室温和 1MHz 下，一般绝缘陶瓷的相对介电常数不大于 10，绝缘高分子材料的相对介电常数约为 2～4，它们的介电损耗一般小于10^{-3}。

(3) 热膨胀系数、弹性模量与强度

绝缘材料内出现温差，特别是瞬间出现温差（即热冲击）时，热膨胀将产生相当大的热应力，热应力来不及弛豫，可导致碎裂。因此要求绝缘材料的热膨胀系数要小，产生更小的应变。热膨胀系数为单位温度变化导致的长度变化，单位为$℃^{-1}$。也要求材料的弹性模量要小，在相同应变下产生更小的应力。还要求材料具有更高的强度，能承受更高的热应力。

(4) 热导率

用于某些电真空器件、大功率管座、集成电路基片，特别是元件图案高密度化的集成电路和大规模集成电路基片的绝缘材料，必须有良好的散热能力，即热导率要高。热导率表示单位温度梯度下，单位时间内通过单位截面积所传递的热量，单位为 $W \cdot m^{-1} \cdot K^{-1}$。介质的击穿不限于电击穿一种方式。当由电导和介电损耗所产生的热量大于通过材料热传导、热对流与热辐射所散发的热量时，热量在介质中持续累积，温度不断上升，最终造成绝缘材料永久性破坏，产生热击穿。具有高热导率的绝缘材料可以减小热击穿发生的概率。

3.3.3 常规绝缘材料

（1）绝缘陶瓷

固体导电能力是由它们的能带结构和价电子填充情况决定的，绝缘体的禁带宽度 E_g 一般大于 4.0eV。大多数陶瓷属于绝缘体，少部分属于半导体、导体，甚至是超导体。陶瓷存在电子载流子和离子载流子。但是，绝缘陶瓷的禁带很宽，在室温附近电子不容易因受热激发跃跳到导带而产生电子导电，因此，离子扩散而产生的离子导电是陶瓷的主要导电形式。离子电导率受离子电荷量和扩散系数的影响，电荷量和体积越小的离子，越容易扩散，激活能也小。碱金属离子，尤其是钠离子，会显著恶化陶瓷的绝缘性，因此绝缘陶瓷要避免碱金属离子的引入。陶瓷的绝缘性还受其显微组织的影响，其显微组织一般由主晶相、晶界相和气孔组成。将主晶相连结起来的晶界相，通常是连续贯通、杂质浓度高的玻璃相。主晶相和气孔的电阻率一般很高，而晶界相电阻率一般很低，是影响陶瓷绝缘性的主要因素。内部气孔不会降低陶瓷的绝缘性，但水或者其他物质会吸附在表面气孔上，从而使得表面导电，因此绝缘陶瓷表面要尽可能致密无气孔，可以在表面上釉防止吸潮和污染。

绝缘陶瓷分为氧化物绝缘陶瓷和非氧化物绝缘陶瓷两大类。氧化物绝缘陶瓷一般是传统的硅酸盐陶瓷，应用广泛。非氧化物绝缘陶瓷是近年来发展起来的高热导率陶瓷。例如 MgO 绝缘陶瓷是一种良好的绝缘体，拥有较好的热导率、机械强度和耐高温性，其制备流程如下：首先通过液相沉淀法或者煅烧分解法制备 MgO 粉体，加入黏结剂预烧，然后研磨、造粒，再进行成型、烧结，经过简单的外形加工得到陶瓷制品。BeO 绝缘陶瓷制备工艺较复杂，首先制备 BeO 粉体，破碎过筛得到成型和烧结性能良好、直径 10～20μm 的粉体，然后在 1000～1200℃氢气气氛中预烧，研磨，造粒，成型，烧结。为了减少坯体气孔率，最好采用等静压成型和热压烧结，烧结时需要加入一些添加剂以降低烧结温度，而且需氧化铝或者氧化镁匣钵封装以防止 Be 挥发。

绝缘陶瓷广泛用于电力、电子工业中电器件的安装、支撑、保护、绝缘、隔离和连接。例如，电力设备的绝缘子、绝缘衬套、电阻基体、线圈框架、电子管和功率管的管座、集成电路基片等。

（2）绝缘聚合物

与绝缘陶瓷相比，绝缘聚合物易于制作成各种不同的形状和尺寸，具有很好的柔顺性，可实现一些特殊的应用，例如挠性印刷电路板代替绝缘线和刚性印刷电路板，使电路部分和连接部分一体化，大大节省空间，提高布线的合理化程度。它的局限是工作温度不高，最高不超过 300℃。目前常用的绝缘聚合物有聚氯乙烯（PVC）、聚四氟乙烯（PTFE）、聚酰亚胺（PI）等。

聚氯乙烯由聚乙烯单体悬浮聚合而成。根据添加增塑剂的多少（或不添加）分为软制品和硬制品两类。后者主要用作绝缘板，前者主要用作电线、电缆等的绝缘层。聚四氟乙烯由四氟乙烯单体经游离基悬浮聚合反应合成，是一种高结晶度（达 95%以上）和高取向的聚合物，以耐热（连续最高工作温度达 260℃）、耐磨、耐腐蚀和高绝缘性著称，大量用于对制品综合性能要求高的场合。聚酰亚胺是大分子主链上含有酰亚胺基的聚合物，在−200～400℃宽温范围内有优良的力学性能、绝缘性能、防水性、耐辐射、耐腐蚀，且在高温高真空下不易挥发，是目前绝缘聚合物中综合性能最好的一种，主要用于印刷电路基板、集成电路多层布线中的层间绝缘和绝缘涂料等。

绝缘聚合物广泛应用在电工技术中，作为电机和电器等的绝缘材料，包括各种涂料、胶黏剂、层压材料、塑料、薄膜以及电缆和电线的绝缘层等。在电子工业中，主要用于半导体器件及设备的绝缘保护，包括印刷电路板、封装材料和保护涂料等。

3.3.4 拓扑绝缘体

拓扑绝缘体内部为具有宽带隙的绝缘体，而边缘（二维）或者表面（三维）为无带隙、能导电的电子新材料，这些表面态来自于电荷的 U（1）对称性和时间反演对称性（非磁的）共同保护的拓扑态。表面的能带结构表现为上下相连的“狄拉克锥”，存在着能够穿越带隙的电子态，如图 3.30 所示。这种拓扑保护的表面态非常稳定，自旋相反的电子在表面态的电子输运通道中朝着相反的方向运动，不会被杂质和无序态散射，因此电阻非常低，具有近乎完美的表面电导，而内部为绝缘体又不会漏电。基于拓扑绝缘体制造的电子器件功耗非常低，有着非凡的应用潜力。拓扑绝缘体有着奇妙的特性，将其切开成块，每一块仍然是拓扑绝缘体，表面变为导电的拓扑态，而且一些人工调制的拓扑材料如 Bi_2Se_3 具有奇特的量子反常霍尔效应、巨热电效应等。

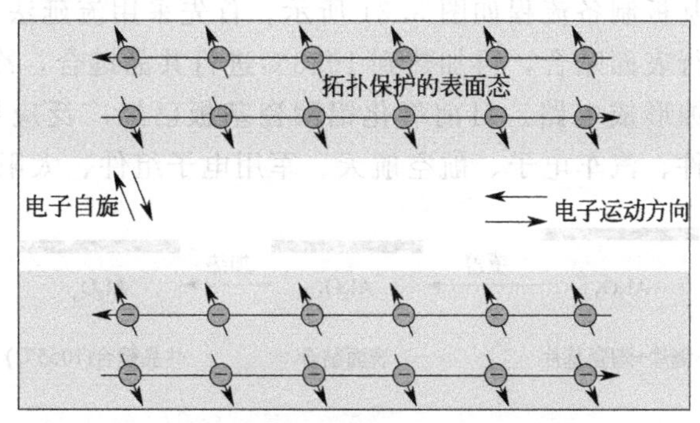

图 3.30　拓扑绝缘体电子运动示意图

因为拓扑绝缘体表面自旋不同的电子运动方向是相反的，所以可以通过设法控制和识别电子的自旋，通过电子的自旋而非电流/电压来传递信息，构建自旋电子器件，从而突破摩尔定律的极限，并为新一代信息技术和半导体产业革命指出了一个方向。一些研究预言，三维拓扑绝缘体与超导体的界面上，会形成马约拉纳费米子，在约瑟夫森结和拓扑量子计算上有应用潜力。

拓扑效应最早是在二维拓扑绝缘体 HgTe/CdTe 量子阱里发现的，之后发现了三维拓扑绝缘体如 BiSb 、Bi_2Se_3、Sb_2Te_3、Bi_2Te_3等化合物，而拓扑绝缘体需要表面拓扑态费米能级位于体带隙之中，如果带隙太小，热激发的载流子导致内部体相绝缘性丧失，表面拓扑态的测量和应用被干扰，因此体相带隙越大越好。目前 Bi_2Se_3 带隙为 0.3eV，为带隙最大的三维拓扑绝缘体材料，在常温下仍然能测量出拓扑绝缘体的特性，是目前发现的最有前景的拓扑绝缘体。块体材料的拓扑特性容易被体相载流子掩盖，因此需要制备成纳米材料例如纳米薄膜以凸显拓扑表面态的贡献。纳米薄膜的制备方法主要有磁控溅射法、分子束外延等。

3.3.5 绝缘材料器件

例 1 氧化铝集成电路陶瓷基板

集成电路基板是封装集成电路（IC）的载体，封装基板作为芯片封装的核心材料，一方面能够保护、固定、支撑芯片，增强芯片导热、散热性能，保证芯片不受物理损坏；另一方面封装基板的上层与芯片相连，下层和印刷电路板相连，以实现电物理连接、功率分配、信号分配，以及沟通芯片内部与外部电路等功能。作为集成电路基片材料，要求有良好的绝缘性、高热导率、合适的热膨胀系数、良好的热循环性能、平整、高表面光洁度及易镀膜或表面金属性和高的附着强度，并可像印制电路板一样能刻蚀成各种图形，具有大的载流能力。目前全球电子信息产品设计和制造主要向高频、高速、轻、小、薄、便携式和多功能系统集成方向发展，使以陶瓷封装基板为基础的高端集成电路市场得到快速发展并成为主流。当板厚度小于 0.2mm 时，基板薄且易于变形。为克服这一困难，必须在板收缩、层压参数和层定位系统方面取得突破，以便有效控制基板翘曲和层压厚度。

目前国内外主要采用 Al_2O_3 陶瓷作为集成电路基板材料，因为其热膨胀系数接近硅芯片，可节省过渡层钼片，能减少工序降低成本，载流能力强，铜箔线宽仅为普通印制电路板的 10%，而且导热性好，芯片封装紧凑，能够改善集成电路的可靠性。直接键合氧化铝集成电路陶瓷基板制备流程如图 3.31 所示。首先采用流延法制备出生坯片，然后打孔、覆盖铜片、进行表面贴合，再加热到 1065℃进行共晶键合，冷却后进行界面贴合，最后根据布线要求刻蚀形成电路。目前氧化铝陶瓷基板已经广泛应用于大功率半导体集成电路、智能功率组件、汽车电子、航空航天、军用电子组件、太阳能电池板、LED 等。

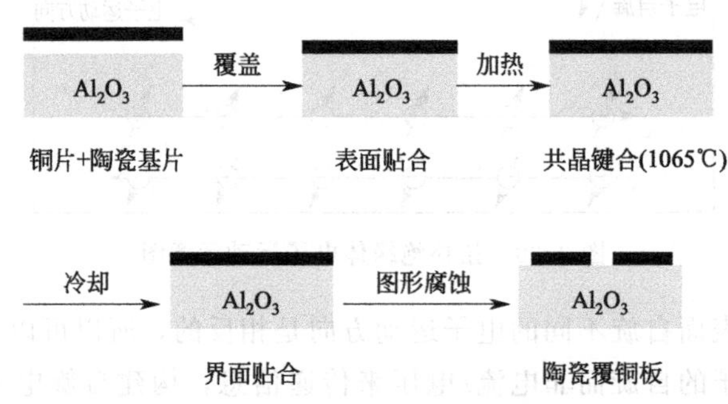

图 3.31 直接键合氧化铝集成电路陶瓷基板制备流程

例 2 云母陶瓷绝缘子

绝缘子是一种安装在输电线路不同点位的导体之间或者地电势构件之间的特殊的绝缘控件，在架空输电线路中起着重要的作用，能够放置电流回地以及支撑导线，因此需要拥有良好的耐电压性能和机械强度，以及较高的使用温度和良好的耐候性。云母陶瓷绝缘子具有热塑性好、电气绝缘性好、机械强度高、耐高温与冷热冲击、耐候性好、耐酸碱腐蚀、体积小、可靠性好、安装维护方便等优点，越来越多地用于轨道交通与高铁的接线中。

云母陶瓷绝缘子的加工流程如下：①将合成云母粉与低熔点玻璃粉按照一定比例混合均匀；②混合后的物料加黏结剂压制成型，在高温炉中进行预烧结，取出冷却；③将预烧后的物料破碎磨粉，筛选出合适粒度的粉体；④粉体与黏结剂混合均匀，然后冷压成型（毛坯），并烘干；⑤将毛坯与模具分别加热，然后将毛坯放入模具中，快速组装金属芯棒，加压保持一段时间，使云母晶化定形；⑥脱模，绝缘子进行退火；⑦对绝缘子进行表面处理，或者少量的表面加工。加工好的云母陶瓷绝缘子如图 3.32 所示，中间为金属芯棒，外部为云母陶瓷。

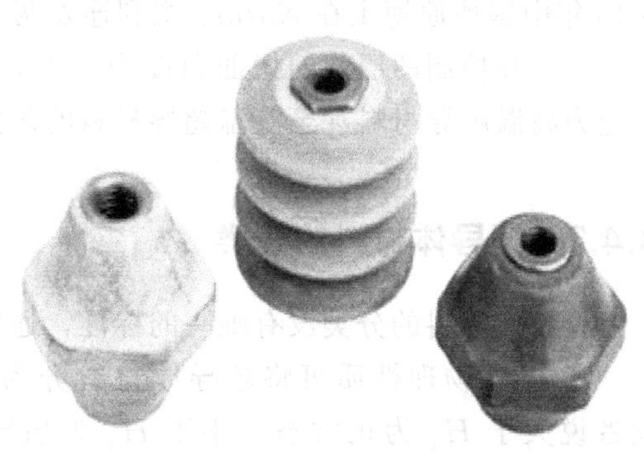

图 3.32　云母陶瓷绝缘子

3.4 超导体材料与器件

3.4.1 超导体材料简介

超导体材料的发展经历了金属元素、合金与化合物以及金属氧化物三个重要阶段。1908 年，荷兰科学家昂纳斯成功地获得了 4K 的低温条件，使最难液化的气体氦变成了液体。1911 年，他发现在 4.2K 附近，水银的电阻突然变为零，显示出超导电性。到现在为止，已发现大多数金属元素以及数以千计的合金、化合物都在不同条件下显示出超导电性。但从 1911 年到 1986 年，从水银的转变温度为 4.2K 提高到 Nb_3Ge 的 23.22K，总共才提高了约 19K。

1986 年 4 月，瑞士科学家柏诺兹和穆勒发现具有钙钛矿结构的钡镧铜氧化物转变温度高达 35K；紧接着日本东京大学工学部又将转变温度提高到 37K；同年美籍华裔科学家朱经武又将超导温度提高到 40.2K；1987 年日本将超导温度提高到 43K、46K 和 53K。中国科学院物理研究所由赵忠贤、陈立泉领导的研究组获得了 48.6K 的锶镧铜氧系超导材料，并发现这类物质在 70K 有发生转变的迹象。朱经武和吴茂昆获得了 98K 的超导材料。1987 年 2 月 20 日，中国宣布发现 100K 以上的超导材料；3 月 3 日，日本宣布发现 123K 的超导材料；3 月 12 日，北京大学成功地用液氮进行了超导磁悬浮实验；3 月 27 日美国华裔科学家又发现在氧化物超导材料中有转变温度为 240K 的超导迹象。之后，日本鹿儿岛大学工学部发现由镧、锶、铜、氧组成的陶瓷材料在 287K 存在超导迹象。高温超导材料的巨大突破，可以使液氮代替液氦作为超导制冷剂获得超导材料，使超导技术走向大规模开发应用，被认为是 20 世纪科学上最伟大的发现之一。

2001 年日本科学家发现 MgB_2 在 39K 时失去电阻成为超导材料，这一温度是目前稳定的金属化合物超导材料转变温度的 2 倍。美国物理学家舍恩通过在 C_{60} 晶体中掺杂有机化合物，将 C_{60} 的超导转变温度提高到 117K。2008 年日本科学家发现氟掺杂镧铁砷化合物的临界温度为 26K，中国科技大学陈仙辉科研小组发现氟掺杂钐氧铁砷化合物在临界温度 43K 时转变成超导材料。2012 年德国莱比锡大学宣布石墨颗粒在室温下能表现出超导性。如果像石墨粉这样便宜且容易获得的材料在室温下能实现超导，将引发一次新的现代工业革命。

2018年中国曹原博士在 *Nature* 主刊连发两篇长文，通过将两层自然状态的二维石墨烯材料相堆叠，并控制两层间的扭曲角度为1.1°，即可构建成性能出色的零电阻超导材料，意味着他为高温超导材料甚至室温超导材料的研究指明了方向。

3.4.2 超导体材料的分类

超导体材料的分类没有唯一的标准，通常有如下分类方法：

① 根据物理性质可将超导体材料分为第一类超导体材料（超导相变属于一阶相变或者说大于 H_c 为正常态，小于 H_c 为超导态）和第二类超导体材料（超导相变属于二阶相变或者说小于 H_{c_1} 时为超导态，大于 H_{c_1} 而小于 H_{c_2} 时为混合态，大于 H_{c_2} 时为正常态）。

② 根据超导理论划分，可分为传统超导体材料（超导机制可用BCS理论解释）和非传统超导体材料（超导机制不能用BCS理论解释）。

③ 按相变温度可将超导体材料分为高温超导体材料（可用液氮冷却形成超导体材料）和低温超导体材料（需要其他冷却技术）。

④ 按化学成分可将超导体材料分为元素超导体材料、合金超导体材料、化合物超导体材料、氧化物陶瓷超导体材料和有机超导体材料。

超导体材料应用的最大限制是其低的临界温度，许多研究都采用各种手段以提高其临界温度，通常按临界温度将其分为低温超导体材料和高温超导体材料。

3.4.3 低温超导体材料

低温超导体材料按化学组成又可分为元素超导体材料、合金超导体材料和化合物超导体材料三类，它们的临界温度较低（T_c＜30K），其超导机理基本能用BCS理论解释，因而又被称为传统超导体材料。

3.4.3.1 元素超导体材料

在所有金属元素中，除碱金属、碱土金属、铁磁金属、贵金属外，约有近50种元素具有超导电性，在常压下，已有28种超导元素。其中过渡元素18种，如Ti、V、Zr、Nb、Mo、Ta、W、Re等；非过渡元素10种，如Bi、Al、Sn、Cd、Pb等。Nb的临界温度最高，为9.26K，Rh的临界温度最低，为0.0002K（外推值）。其他元素的临界温度介于这两者之间，如表3.6所示。除V，Nb，Ta以外，其余元素均属于第一类超导体，因此，很难实用化。常压下唯一可实用的是Nb，它可以加工成薄膜，制作约瑟夫森元件。

表3.6 部分超导元素的临界温度和临界磁场强度（常压下）

元素	Nb	Te	Pb	β-La	V	Ta	α-Hg
T_c/K	9.26	8.22	7.201	5.98	5.3	4.48	4.15
H_c/A·m^{-1}	155177	112205	63901	123325	81170	66050	32786
元素	β-Sn	In	Tl	Al	W	Rb	
T_c/K	3.72	3.416	2.39	1.174	0.012	0.0002	
H_c/A·m^{-1}	24590	23316	13608	7878	—	—	

压力对超导电元素的临界温度有较大影响，一些在常压条件下不表现超导电性的元素，

在高压条件下有可能呈现超导电性，而原为超导电元素，在高压条件下其超导电性也会改变。例如，Bi、Y、P、Si等在常压条件下无超导电性，但是在高压条件下都呈超导电性；La在常压条件下是超导电元素，当施以15GPa压力后，临界温度可达12K。还有一些超导电元素的临界温度也随压力的增高而上升。

3.4.3.2 合金超导体材料

与元素超导体材料相比，很多合金超导体材料都是第二类超导体材料，具有较高的临界温度、很高的临界磁场强度和临界电流，同时，机械强度高，应力、应变较小，塑性好，成本低，易于大量生产，在超导磁体、超导大电流输送等方面得到了实际应用。

合金超导体材料包括二元、三元和多元，其组成可以全为超导元素，也可以部分为超导元素，部分为非超导元素，主要有Nb-Zr、Nb-Ti、Ti-V、Mo-Zr等合金系。

（1）Nb-Zr合金

Nb-Zr合金具有良好的H-J_c特性，在高磁场强度下仍能承受很大的超导临界电流密度，而且与超导化合物材料相比，其延性好、抗拉强度高、制作线圈工艺简单。但是，这类合金与铜的复合性能较差（与铜复合的目的是防止超导态受到破坏时，超导材料自身被毁），须采用镀铜和埋入法，工艺较复杂，制造成本高。由于Nb-Ti合金的发展，Nb-Zr合金在应用上逐渐被淘汰。Nb-Zr合金的超导临界温度在Zr的质量分数为10%～30%时，出现最大值，约11K。当Zr含量继续增加时，T_c逐渐下降。临界磁场强度H_{c_2}也主要取决于Zr的含量，对冷加工及热处理等并不敏感，在Zr质量分数为65%～75%时，达到最大值。Nb-Zr合金的H-J_c特性对结构非常敏感，不仅与合金成分、杂质含量有关，而且与冷加工、热处理等密切相关。在富Zr范围内，J_c随Zr含量下降而增加，至Zr质量分数为25%～35%时，J_c达最大值。若Zr量再下降，则J_c将同时很快下降。

（2）Nb-Ti合金

Nb-Ti合金具有优良的力学性能，易于加工，通过压力加工易于覆套铜层，获得良好的合金结合，提高热稳定性，价格便宜，是制造磁流体发电机大型磁体的理想材料。但Nb-Ti合金不宜轧制成扁线，因为在轧制扁线的过程中，J_c产生显著的各向异性，使J_c降低。Nb-Ti合金的T_c随成分变化，含Ti为50%左右，T_c为9.9K。同时，随Ti含量的增加，磁场强度会提高。Nb-33Ti合金的$T_c=9.3$K，$H_c=11.0$T（$1\text{T}=7.96\times10^5\text{A}\cdot\text{m}^{-1}$）；Nb-60Ti的$T_c=9.3$K，$H_c=12.0$T（4.2K）。目前Nb-Ti合金是使用于7～8T磁场强度下的主要超导材料。

（3）三元合金

为了改善Nb-Zr和Nb-Ti等二元合金性能，在此基础上又发展了一系列具有很高临界电流的三元超导合金材料，如Nb-Zr-Ti、Nb-Ti-Ta、Nb-Zr-Ta、Nb-Ti-Hf和V-Zr-Hf等，主要用于制造磁流体发电机的大型磁体。Nb-Zr-Ti合金的临界温度一般在10K附近，影响Nb-Zr-Ti合金超导性能的主要因素有：合金成分、含氧量、加工度和热处理等。Nb-Ti-Ta合金具有良好的加工性能，形变率可达99.9%。成分对合金的超导性能影响很大，Nb-70Ti-5Ta合金的$T_c=9.8$K，$H_c=12.8$T。部分超导合金的临界温度和临界磁场强度如表3.7所示。

表 3.7 部分超导合金的临界温度和临界磁场强度

材料	Nb-25Zr	Nb-75Zr	Nb-60Ti-4Ta	Nb-70Ti-5Ta	Nb-25Ti	Nb-60Ti
T_c/K	11.0	10.8	9.9	9.8	9.8	9.3
H_{c_2}/kA·m^{-1}	7242	62628	9868	10186	5809	9152

3.4.3.3 化合物超导体材料

与元素和合金超导体材料相比，化合物超导体材料具有较高的超导临界参数，是性能良好的强磁场超导体材料。如 Nb_3Ge，临界温度 T_c 达到 23.2K，但脆性大，不易直接加工成线材或带材，必须采用特殊的方法制备，如气相沉积法、青铜法、原位烧熔法等。

化合物超导体材料按晶格类型可分为：

① B1 型（NaCl 型），如 NbN、NbC；

② A15 型，如 Nb_3Ge、V_3Ga、Nb_3Sn、Nb_3Al、$Nb_3(AlGe)$ 等；

③ C15 型（Laves 相型），如 $PbMo_6S_8$、$SnMo_6S_8$、$Gd_{0.2}PbMo_6S_8$ 等；

④ 菱面晶型（Chevrel 相型），如 H_fV_2、IrV_2、$(H_{f0.5}Zr_{0.5})V_2$ 等。其中最受重视的是 A15 型化合物，这类化合物具有较高的临界温度和临界磁场强度（见表 3.8），但质脆，很难加工成线材。除 Nb_3Sn 和 V_3Ga 两种外，其他化合物尚不实用。

表 3.8 部分化合物超导体材料的临界温度和临界磁场强度

材料	Nb_3Ge	$Nb_3Al_{0.75}Ge_{0.25}$	Nb_3Al	Nb_3Sn	V_3Si	NbN	V_3Ga
T_c/K	23.2	21.0	18.8	18.1	17.0	17.0	16.8
H_{c_2}/kA·m^{-1}	—	33522	23873	1950	—	11141	19099

Nb_3Sn 的超导临界温度为 18.1K，不仅具有较高的临界温度，还具有高的临界磁场强度（在 4.2K 下约 22.1T），并在强磁场下能承载很高的电流密度（10T 下约 4.5×10^3A·cm^{-2}），是制造 8.0～15.0T 超导磁体的主要材料。Nb_3Sn 的超导性能与其化学成分、制备方法、热加工工艺等密切相关。其 T_c 与热处理温度不是呈简单的单调关系，当在 850～860℃、900～950℃、1000℃退火时，T_c 和 J_c 都有较大提高。但若再提高退火温度，这些参数将降低。Nb_3Ge 的临界温度为 23.2K，具有高临界磁场强度（4.2K 下为 42T）和较低的临界电流（10^3～10^4A）。V_3Ga 临界温度约 16.8K，在 4.2K 时，H_c 为 24T，尤其在强磁场（10T）下，其 J_c 比 Nb_3Sn 还高。MgB_2 的临界温度高达 39K，转变温度是迄今为止简单金属化合物中最高的，结构简单，易于制作加工，但是，磁场会严重影响 MgB_2 的超导电性，并大大降低所能承载的最大电流。

3.4.4 高温超导体材料

高温超导是一种物理现象，指一些具有较其他超导物质相对较高的临界温度的物质，在液态氮环境下产生的超导现象。高温超导体材料主要包括氧化物和非氧化物超导体材料。

3.4.4.1 氧化物超导体材料

氧化物超导体材料基本上均属于金属氧化物陶瓷，是第二类超导体。氧化物高温超导体材料经历了四代，第一代高温超导体材料：钇系，钇钡铜氧化物（Y-Ba-Cu-O），T_c＝90K；第二代高温超导体材料：铋系，铋锶钙铜氧化物（Bi-Sr-Ca-Cu-O），T_c＝114～120K；第三代高温超导体材料：铊系，铊钡钙铜氧化物（Tl-Ba-Ca-Cu-O），T_c＝122～125K；第四代高温超导体材料：汞系，汞钡钙铜氧化物（Hg-Ba-Ca-Cu-O），T_c＝135K。与传统超导体比较，新型氧化物高温超导体材料有其独特的结构和物理特征，主要表现在以下几个方面：

① 晶体结构具有很强的低维特点，三个晶格常数约相差 3～4 倍；

② 输运系数（如电导率、热导率等）具有明显的各向异性；

③ 磁场穿透深度远大于超导相干长度（指电子对中两电子间距）；

④ 构成晶体元素的组成对超导电性影响大；

⑤ 氧缺损型晶体结构，其氧浓度与晶体结构有关，与超导电性关系密切；

⑥ 临界温度 T_c 与载流子浓度有强依赖关系。

高温超导体材料的性质由载流子浓度决定。存在一个最佳的载流子浓度，使临界温度达到极大值。载流子浓度的变化来自氧缺位，相应氧含量可由制备过程或成分的变化来改变。实际上，晶格参数的变化常伴随着载流子浓度的变化。相干长度很短是所有高温超导体材料的本征特性，不均匀性也是高温超导体材料的本征特性。

氧化物超导体材料结构特征：都具有层状的类钙钛矿型结构（即 ABX_3 型，如图 3.33 所示），整体结构分别由导电层和载流子存储层组成。导电层是指分别由 Cu-O_6 八面体、Cu-O_5 四方锥和 Cu-O_4 平面四边形构成的铜氧层，这种结构组元是高温氧化物超导体材料所共有的，决定了氧化物超导体材料在结构上和物理性质上的二维特点。超导主要发生在导电层（铜氧层）上，其他层状结构组元构成了高温超导体材料的载流子存储层，作用是调节铜氧层的载流子浓度或提供超导电性所必需的耦合机制。载流子存储层的结构根据来自 Cu—O 键长的限制作相应的调整，这正是载流子存储层往往具有更多结构缺陷的原因。导电层（CuO_2 面或 CuO_2 面群）中的载流子数由体系的整个化学性质以及导电层和载流子存储层之间的电荷转移来确定，而电荷转移量通过体系的晶体结构、金属原子的有效氧化态以及电荷转移和载流子存储层的金属原子的氧化还原之间的竞争来实现。

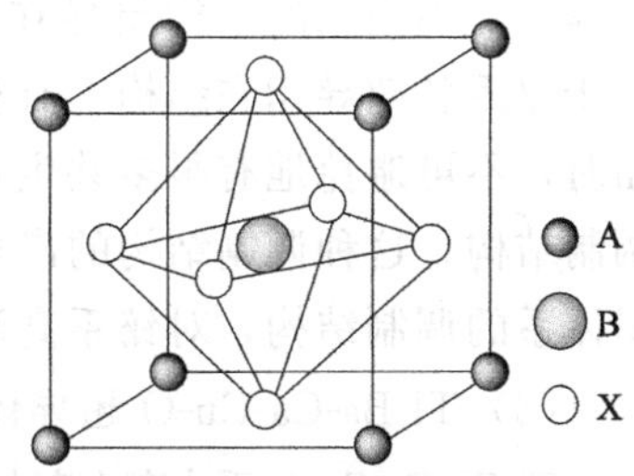

图 3.33　钙钛矿型结构

（1）Y-Ba-Cu-O 超导体材料（Y 系）

$YBa_2Cu_3O_{7\sim\delta}$（简称 Y-123 或 123）由三个类钙钛矿单元堆垛而成，结构如图 3.34 所示。随氧含量的降低，其结构由正交相转变为四方相，T_c 逐渐降低。当 $0.6<\delta<1.0$ 时，$YBa_2Cu_3O_{7\sim\delta}$ 是非超导电的四方相，显示出反铁磁性。在 $YBa_2Cu_3O_{7\sim\delta}$ 中，Y 用一般稀土元素替换后，仍保持 Y-123 结构，对 T_c 影响不大。但用 Ce 和 Pr 置换后，会导致载流子局域化，使其丧失超导电性。在 Y-123 化合物中，用过渡元素 Fe、Ni、Co 和 Zn 以及 Ga、Al、Mg 等置换 Cu，会导致 T_c 不同程度的下降。

在 Y 系超导体材料中，除 Y-123 外，还有 Y-124（T_c＝80K）和 Y-247（T_c＝40K）超导体材料。Y-124 与 Y-123 有类似的晶体结构，不同之处在于 Y-123 的 Cu—O 单键被双层 Cu—O 键所代替。Y-124 的优点是氧成分分配比较稳定，当 Y-124 相的 Y 用部分 Ca 代替时，超导转变温度可增加到 90K。Y-247 相的结构是 Y-123 和 Y-124 相的有序排列，转变温度与氧含量有强烈的依赖关系。

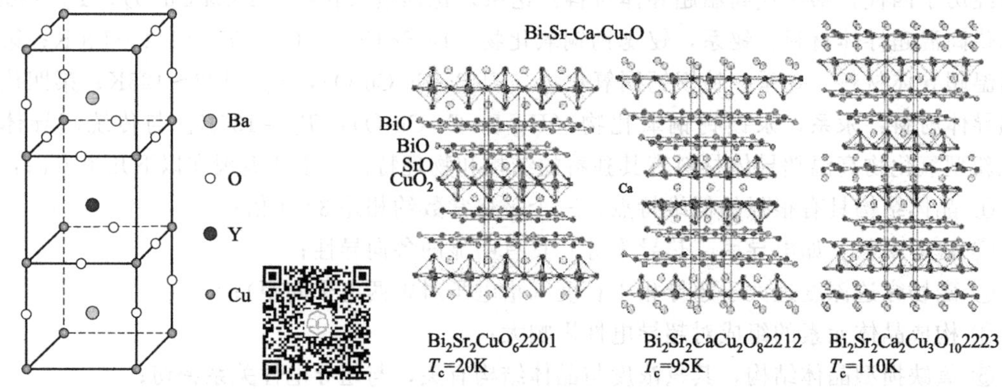

图 3.34 $YBa_2Cu_3O_{7\sim\delta}$ 的结构　　　图 3.35 Bi-Sr-Ca-Cu-O 体系 2201 相、2212 相和 2223 相的结构

(2) Bi-Sr-Ca-Cu-O 超导体材料（Bi 系）

Bi-Sr-Ca-Cu-O 体系超导相的化学通式为 $Bi_2Sr_2Ca_{n-1}Cu_nO_{2n+4}$ （n＝1、2、3、4），分别称为 Bi-2201 相、Bi-2212 相、Bi-2223 相和 Bi-2234 相，这四个超导相的晶胞参数 a、b 相近，c 各不相同，结构如图 3.35 所示。这类超导相的结构特点是：一些 Cu-O 层被 Bi_2O_2 双层隔开，不同相的结构差异在于相互靠近的 Cu-O 层的数目和 Cu-O 层之间 Ca 层的数目。由于铋系各超导相在结构上有相似性，它们的形成能也比较接近，因此在制备 Bi-2223 相样品时，不可避免地有很多共生现象。值得注意的是 Bi 系超导相中存在着较强的一维无公度调制结构。这种调制结构的出现，使得晶体的整体对称性降低。用 Pb 部分代替 Bi，可以减弱体系的调制结构，对铋系高温相有加固作用。

(3) Tl-Ba-Ca-Cu-O 超导体材料（Tl 系）

Tl-Ba-Ca-Cu-O 系中存在着与 Bi 系结构类似的四个超导相，化学通式为 $Tl_2Ba_2Ca_{n-1}Cu_nO_{2n+4}$ (n=1,2,3,4)，分别称为 Tl-2201 相、Tl-2212 相、Tl-2223 相和 Tl-2224 相。所不同的是 Tl 系中各超导相的一维调制结构比 Bi 系减少了很多，相应的超导转变温度有不同程度的增加。同时，在 Tl 系中，还有另一体系的超导相 $TlBa_2Ca_{n-1}Cu_nO_{2n+3}$ （n＝1、2、3、4、5），这几个相的特点是 Cu-O 平面被 Tl-O 单层隔开。

(4) Hg-Ba-Ca-Cu-O 超导体材料（Hg 系）

表 3.9　高温超导体材料的临界温度

超导体材料		T_c/K	超导体材料		T_c/K
$YBa_2Cu_3O_y$	$y\leqslant 7.0$	93	$Tl_2Ba_2Ca_{n-1}Cu_nO_{2n+2.5}$	n=2	90
$YBa_2Cu_4O_y$	$y\leqslant 8.0$	80		n=4	122
$Bi_2Sr_2Ca_{n-1}Cu_nO_{2n+4}$	n=1	90		n=5	117
	n=2	110	$HgBa_2Ca_{n-1}Cu_nO_{2n+2.5}$	n=1	94
	n=3	122		n=2	123
	n=4	119		n=3	134

Hg 系是目前所发现的超导转变温度最高的超导体材料，晶体结构与 $TlBa_2Ca_{n-1}Cu_nO_{2n+3}$ （n＝1、2、3、4、5）超导相十分相似，为四方晶体结构，T_c 高达 134K。化学通式为 $Hg_1Ba_2CuO_{4+\delta}$ （Hg-1201）时，T_c 为 94K；化学通式为 $HgBa_2CaCu_2O_{6+\delta}$ （Hg-1212）时，T_c 为 129K。化学通式 $HgBa_2CaCuO_{8+\delta}$ （Hg-1223）时，T_c 为 134K。若在高压下合

成材料，其 T_c 还可进一步提高，如在10GPa高压下合成，T_c 可达150K。

上述铜氧化物超导体材料的结构有一个共同的特征，即都存在Cu-O层，在Y系中，除了Cu-O平面外，还有Cu-O链。Cu-O层在高 T_c 超导电性中起了关键的作用，而其他原子层只起储备载流子所需电荷的作用。实验证明，对于 $A_2B_2Ca_{n-1}Cu_nO_y$（A=Bi、Tl、Hg；B=Sr、Ba）体系和 $AB_2Ca_{n-1}Cu_nO_y$ 体系，n=3、4时，T_c 达到最大。部分高温超导体材料的临界温度见表3.9。

3.4.4.2　非氧化物超导体材料

非氧化物高温超导体主要是 C_{60} 化合物，分子结构如图3.36所示，具有较低的成本和极高的稳定性。原子团簇的独特掺杂性质来自它特殊的球形结构，其尺寸远远超过一般的原子或离子。当其构成固体时，球外壳之间较大的空隙提供了丰富的结构因素。掺杂 $CHCl_3$ 后，C_{60} 的超导转变温度达到80K；掺杂有机化合物后，C_{60} 的超导转变温度达到117K，通过掺杂可使 C_{60} 进入高温超导体材料的行列。C_{60} 的弹性较大，易于加工成型，而且临界温度、临界磁场强度和临界电流均较大。这些特点使 C_{60} 超导体材料更具有实用价值，被誉为21世纪新材料的明星。有人还预言巨型 C_{240} 和 C_{540} 的合成如能实现，还可能制备出室温超导体材料。

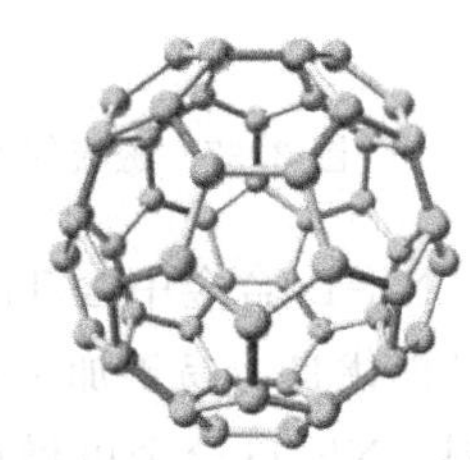

图3.36　C_{60} 分子结构

尽管BCS理论在传统超导体材料中应用非常成功，但在解释氧化物等新型超导体材料的超导机理时还存在一些问题，这些新型超导体材料的超导电性理论还不是很完善。同时，氧化物超导体材料的加工性能也使其应用进展缓慢，因为它不仅是陶瓷材料，而且还是与晶界性质有关的弱连接超导体材料。它们在小器件方面的应用进展很快，但在强磁体等方面的应用成本还相当高，世界各国的科学工作者仍在致力于解决这些基本问题，相信在不久的将来氧化物超导体材料将得到广泛应用，为人类造福。

3.4.5　超导体材料器件

自1911年发现超导电性后，很长一段时间内没有实际应用。直到20世纪60年代，非理想第二类超导体、约瑟夫森效应和量子干涉效应被发现，利用这些原理成功研制了超导磁体和超导量子干涉仪等器件，才使超导体材料应用逐步展开。1986年以后，高温超导的研究有了重大突破，超导的大规模应用研究真正开始。超导体材料的应用基本上可以分为强电强磁和弱电弱磁两个方面，超导强电强磁的应用是基于超导体材料的零电阻特性、完全抗磁性，以及非理想第二类超导体材料所特有的高临界电流和高临界磁场强度，如热核反应堆、磁流体发电、超导输电、超导发电机和电动机、超导变压器、超导储能、超导磁悬浮等。以超导隧道效应为基础发展起来的约瑟夫森器件称为超导体材料在弱电弱磁中的典型应用，如超导开关、超导计算机、超导量子干涉仪、超导晶体管等。不过，超导体材料的实际应用目前还较少，如超导体材料的制造技术、制冷技术以及检测技术有待于提高。下面简单介绍几种超导体材料器件应用。

例1　磁流体发电机大型磁体

磁流体发电原理示意图如图3.37所示。将气体加热到很高的温度（如2500K以上），使原子电离成等离子体，并通过平行极板1、2之间，在这里有一垂直于纸面向里的磁感应强度B。设气体流速为v，方向如图3.37中所示。这时正离子将受到一个向上的洛伦兹力，电极1带正电，电极2带负电，这样在极板1、2之间将产生电压vBd（d为电极间距）。于是磁流体发电的输出功率与磁感应强度的平方成正比，与发电通道的体积也成正比。能否在一个大体积内产生强磁场是磁流体发电的重要问题。使用常规磁体不仅磁感应强度受到限制，而且损耗大，这样发电机产生的电能将有很大一部分被自身消耗掉，特别是在磁感应强度超过1.5T时，净剩的输出功率随磁场增加急剧减小，而超导磁体恰好可解决这个问题。

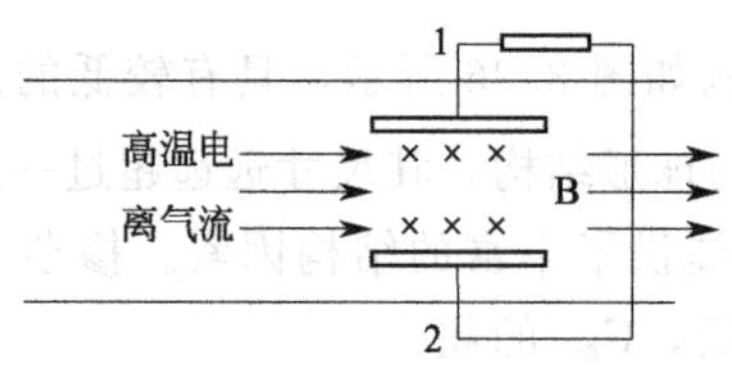

图3.37 磁流体发电原理示意图

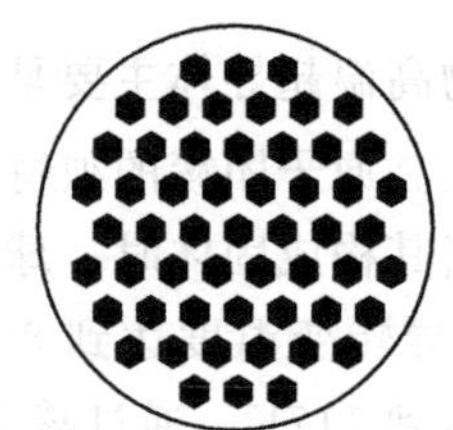
图3.38 Nb-Ti复合线截面示意图

Nb-Ti合金中含Ti 50%左右时，超导转变温度为9.9K，临界磁场强度可达到9T，力学性能优良，易于加工和覆套铜层，因此Nb-Ti合金是制造磁流体发电机大型磁体的理想材料。Nb-Ti合金可做成超细多芯线，截面图如图3.38所示。这种高稳定性的超细多芯Nb-Ti合金线材的生产方法是在Nb-Ti合金上包铜制成直径为数毫米的复合体，并将数十到数百根复合体插入铜管，再挤压成棒状，然后将棒状复合体捆起来插入铜管，进行再复合，最后加工成含有数万根Nb-Ti芯的超细芯线。Nb-Ti合金多芯复合超导线制作工艺流程如图3.39所示。最后将合格线缆绕成超导感应线圈磁体，检测各种物理性能参数满足磁流体发电机的大型磁体使用。

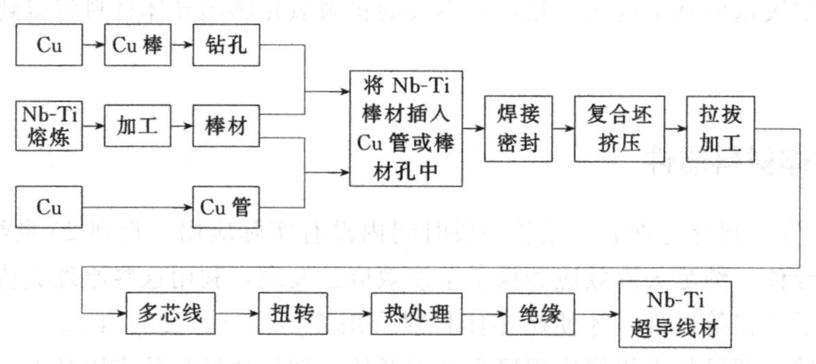

图3.39 Nb-Ti合金多芯复合超导线制作工艺流程

例2 YBCO超导线

据统计，目前的铜或铝导线输电，约有15%的电能损耗在输电线路上，仅在中国，每年的电力损失即多达上1000亿度（1度=1kW·h）。由于超导的零电阻效应，用超导电缆比普通的地下电缆容量大25倍，可以传输几万安培的电流，电能消耗仅为所输送电能的万分之几。因此，从节能角度来看，超导输电具有十分优越的应用前景。但目前实用的超导体材料的临界温度较低，用于超导输电就必须考虑冷却电缆所需成本。近年来，高温超导体材料得到迅速发展，由于YBCO超导体材料具有高临界温度、高临界磁场强度和高临界电流等优越特性，多国科研机构和企业已将目标锁定在YBCO带材研发用于制备超导线缆。

YBCO 超导块体材料制备工艺简单，将氧化物或碳酸盐原材料按化学剂量比配好，混合均匀后加热到 900℃充分反应制成 YBCO 化合物粉体，再将粉体压制成型，加热到 1000℃烧结成块体，最后通过 450℃热处理得到 YBCO 超导块体。但是 YBCO 超导块体材料脆性大且易碎，加工难度很大，因此通常将 YBCO 制备成带材，然后加工成超导线缆。YBCO 带材一般由基底、缓冲层和 YBCO 超导层三部分组成，如图 3.40 所示。基底为支撑材料，力学性能好，目前使用最多的是 Ni-5W 合金。为了防止 YBCO 材料与基底材料发生反应，通常在基底和 YBCO 材料之间加入一层缓冲层。缓冲层除了可以有效地阻止材料之间发生反应外，还可以为 YBCO 的生长提供底板。常用缓冲层材料主要有 Y_2O_3、$Gd_2Zr_2O_7$ 和 $SrTiO_3$ 等。YBCO 易受环境的影响，为了得到性能优异的超导 YBCO 带材，一般还需要在超导 YBCO 层上电镀或沉积铜等金属保护层。最终将合格的 YBCO 带材加工制备成复合超导线。

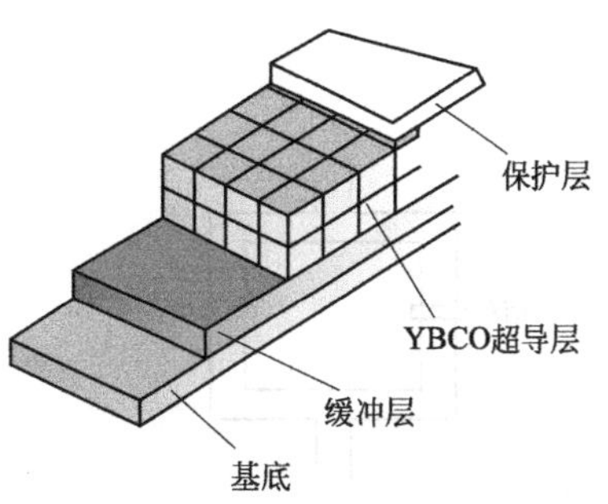

图 3.40　YBCO 带材组成结构示意图

例 3　高速列车超导磁悬浮装置

利用列车上超导磁体和路基导体（或超导体）中感应磁场之间的磁性排斥力（或吸引力）将列车悬浮起来运行，消除了列车车轮与轨道的摩擦力，使列车速度大大提高。当速度超过 550km/h 时，前进的阻力只有空气的阻力；在真空管中运行，速度可以提高到 1600km/h。磁悬浮方式可分为常导吸力型和超导斥力型两种，图 3.41 为超导斥力型悬浮列车原理图。在列车底部安装超导感应线圈，通大电流后产生超大磁场强度，在路基上安装闭环铝导体或铌钛超导线圈，磁场通过导体或线圈后感应出大电流，感应电流又将产生大的磁场强度，列车上的超导磁场与路基上的感应磁场产生的巨大排斥力使列车克服重力而悬浮起来。列车停止时，路基线圈的感应电流也随之消失，所以开车和停车时仍需车轮驱动。目前，日本采用的主要是超导斥力型磁悬浮列车，而德国更青睐常导吸力型磁悬浮列车，上海磁悬浮技术从德国引进。

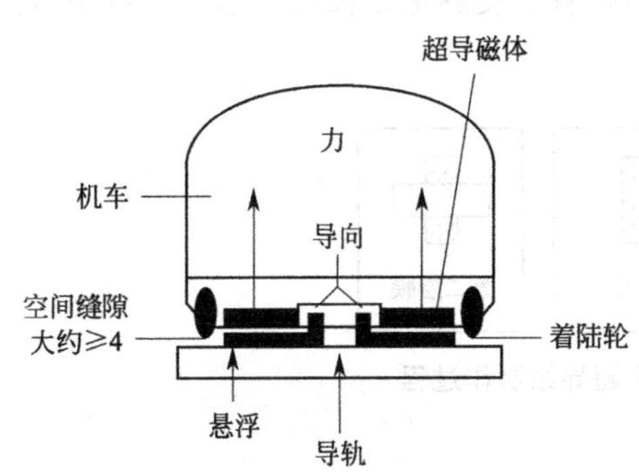

图 3.41　超导斥力型悬浮列车原理图

例 4　超导量子干涉仪

利用约瑟夫森效应可制造迄今最为灵敏的磁通量计，因它有宏观量子干涉现象，故称为超导量子干涉仪。超导量子干涉仪的基本结构是一个包含多个超导结的超导金属环，图 3.42 为超导量子干涉仪结构示意图。超导结的临界电流 I_c 随磁感应强度 B 的微小变化而做急速振荡，如图 3.43 所示。利用这一现象，可以探测磁感应强度非常微小的变化，目前分辨率可达 10^{-11}Gs（1Gs=10^{-4}T）左右。这种仪器可用来探查或测量微弱磁场，因此可用于各种电路参量的测量、磁化率计及磁场梯度计、地质探测、1K 以下的热力学温度计、低噪声射频放大器以及其他军事技术。

实现约瑟夫森效应的关键是在两块超导体之间以弱连接方法实现耦合，在技术上实现常用薄膜隧道结、点接触结和超导微桥。用作约瑟夫森结的材料有第一类和第二类超导材料，但这些材料均以薄膜形式使用。按材料的性质和制造难易程度把超导材料分成软金属、硬金

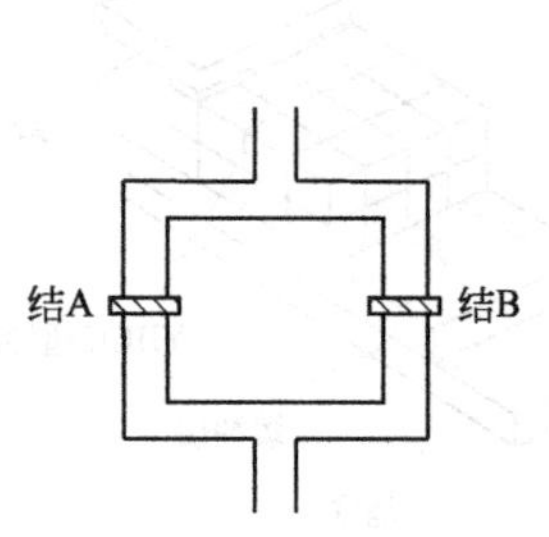

图 3.42　超导量子干涉仪结构示意图

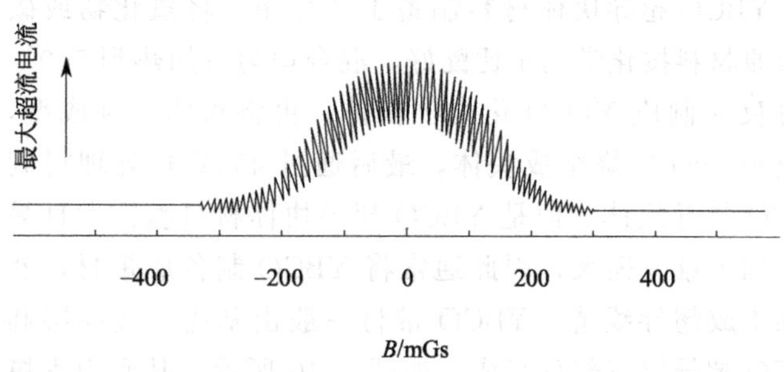

图 3.43　超导量子干涉仪的 I_c-B 曲线

注：$1Gs=10^{-4}T$

属和氧化物超导薄膜三种。超导隧道结的一般制造工艺：在一块清洁的玻璃基片上沉积一层超导金属薄膜（铅或锡或铌），薄膜厚度一般为几十微米。形成第一层金属薄膜后，使用辉光放电氧化方法或热氧化方法形成绝缘氧化膜。生成氧化膜后，再镀上第二层超导金属膜。两层金属膜交叠处就形成了超导层-氧化物绝缘层-超导层结构的超导结，如图 3.44 所示。制造超导隧道结的关键是造成一个平坦的没有漏洞的氧化层。由于超导隧道结的绝缘层厚度只有 10～30Å，工艺上稍有不慎，氧化层就会有漏洞，就会使隧道结报废。超导微桥中桥区的形成通常使用光刻的方法。

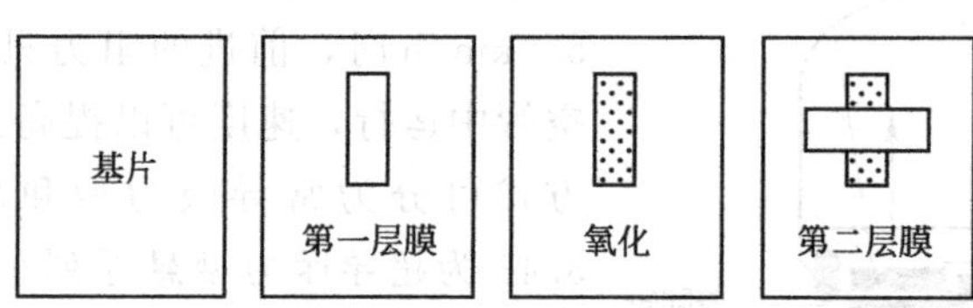

图 3.44　超导层-氧化物绝缘层-超导结制作过程

思考题

1. 分析影响材料电阻率的主要因素。结合铜合金和铝合金的导电和力学性能特点，你对铝代铜有何看法？

2. 简述电阻材料的类型与用途。

3. 铜合金和铝合金有哪些类型？其主要性能特点与用途有哪些？

4. 半导体材料分类最常用什么方式？主要的半导体材料有哪些？

5. 硅和锗单晶的制备工艺有哪些？概括描述最常用的一种。

6. 硅和锗的能带结构有何特点？它们在性能和用途上有何区别？

7. 绝缘材料需要哪些性能指标？

8. 陶瓷的绝缘性能受哪些因素影响？

9. 简述化合物超导材料的主要种类、性能特点及其制备方法。

10. 比较几类高温超导体的性能特点、制备方法和应用区别。

第 4 章

功能转换材料与器件

第 3 章介绍了固有电性材料，严格来说，固有电性材料只涉及材料的导电性，即电阻率或者电导率，不涉及其他电学参量。同时固有电性材料主要调节电路电压及电流信号，不产生新的信号及效应。这种材料常用于常规的电子元器件中，起到导电、绝缘或者累计电荷等作用。与固有电性材料不同，功能转换材料在通电或其他条件下会产生新的信号及效应，使用功能转换材料的目的不是调节电路的电压及电流信号，而是为了将电信号转换为光、热、磁等其他信号，或者将其他信号转换为电信号。功能转换材料主要涉及信息材料、新能源材料及生物医用材料等领域，是先进功能材料中最重要的分支。本章主要介绍压电材料、热释电材料、铁电材料、热电材料、热敏材料、光电材料和电光材料及其器件。

4.1 压电材料与器件

4.1.1 压电材料简介

1880 年法国皮埃尔·居里和雅克·保罗兄弟首次在石英晶体（即天然水晶）中发现压电效应，石英成为最早广泛使用的一种压电材料。在第一次世界大战中朗之万用石英晶体制成水下超声探测器，用于探测德国潜水艇，开始了压电材料应用的光辉历史。但是高品质天然水晶储量有限，科学家开始探索人工制备水晶，1960 年美国开始工业化生产人工水晶。

1942 年第一种 $BaTiO_3$ 压电陶瓷材料先后在美国、苏联和日本制成。1947 年美国罗伯特开发了极化工艺，在 $BaTiO_3$ 陶瓷上加高压进行极化处理获得高性能压电陶瓷。20 世纪 50 年代，压电陶瓷开始广泛应用在压电换能器、音频换能器、力传感器、滤波器和谐振器等领域。但是钛酸钡陶瓷温度稳定性差。1955 年美国贾菲等发现性能更优越的锆钛酸铅（PZT）压电陶瓷，机电耦合系数高，温度稳定性好，居里温度达到 300℃，PZT 压电陶瓷开始大量应用在各个领域，目前仍是使用最广泛的压电陶瓷。此后科学家开发了各种三元、四元铅基陶瓷，性能有了进一步提高。但是铅基压电材料对人体和环境有很大危害。20 世纪 60 年代开始开发无铅压电材料，包括钛酸钡基、钛酸铋钠基、碱金属铌酸盐基等压电材料。1969 年日本河合研究发现第一种压电性聚合物聚偏氟乙烯（PVDF），随后开发了性能更好的聚偏氟乙烯共聚物。

4.1.2 压电材料

压电材料可分为压电单晶、压电陶瓷、压电薄膜、压电聚合物和压电复合材料。

(1) 压电单晶

压电单晶是具有各向异性的单晶压电材料，主要有石英晶体、铁电铌酸锂、钽酸锂以及几种弛豫铁电单晶等。压电单晶的压电性能具有各向异性，若按不同的方位从晶体上切割晶片制作元件，性能将各不相同。实际上常从晶体的特定方位切割晶片，以满足元件的要求。从晶体不同方位切割晶片称为不同的切型，用切型符号来表示。如图 4.1 表示石英晶体最常见的 AT 切型，首先将石英晶体柱沿 xy 平面方向切割出六边体，然后沿 yz 平面方向切割出晶片。这里介绍几种压电单晶。

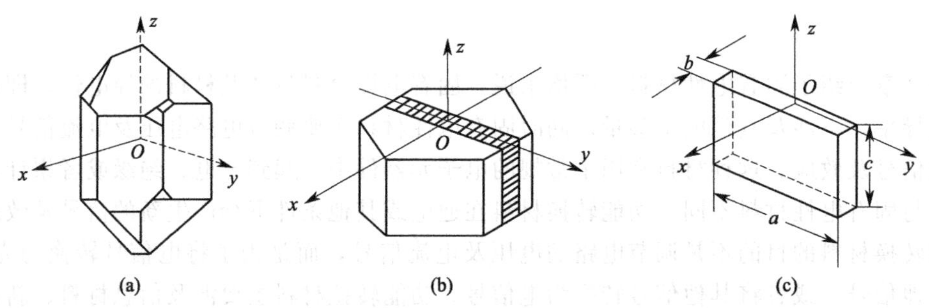

图 4.1 石英 SiO_2 单晶

(a) 晶体外形；(b) 切割方向；(c) 晶片

石英晶体的化学组成为 SiO_2，在 573℃以下呈三方结构，点群 32，称为 α-石英。α-石英是一种优良的压电晶体，其性能对温度和时间有高度的稳定性，机械品质因数很高，是高精度、高稳定性压电器件的首选材料，广泛用于频率选择和控制等方面。石英晶体的质量通常以 Q 值进行分级，如 $Q \geqslant 3\times10^6$ 者为 A 级，$3\times10^6 \geqslant Q \geqslant 2.4\times10^6$ 者为 B 级等，也可用红外吸收来做质量鉴定。

在常温常压下石英晶体不溶于水，但高温高压有利于石英晶体的溶解，因此，一般采用水热温差法在高压釜中生长石英晶体。同时还要加入适当的助溶剂（NaOH 或 Na_2CO_3），使石英晶体达到所需要的溶解度，溶液在过饱和区内借助籽晶生长出大尺寸晶体。

$LiNbO_3$ 和 $LiTaO_3$ 可制作良好的厚度伸缩振子，也是声表面波（SAW）器件基片的常用材料，具有良好的温度系数和可靠性，但是机电耦合系数较小。$LiNbO_3$ 和 $LiTaO_3$ 都用提拉法从熔体中生长。

铌锌酸铅-钛酸铅（$PbZn_{1/3}Nb_{2/3}O_3$，PZN）和铌镁酸铅-钛酸铅（$PbMg_{1/3}Nb_{2/3}O_3$，PMN）都是 20 世纪 90 年代才发展起来的钙钛矿结构弛豫铁电体，最突出的特点在于在其准同型相界（温度-成分相图上分离两种相的边界，即两相共存成分）附近显示出高的介电常数和压电性，压电应变常数 d_{33} 达到 $2000pC\cdot N^{-1}$ 以上，机电耦合系数 K_{33} 达到 0.9 以上，远远超过其他压电材料。这两种固溶体的单晶通常都用助溶剂法生长，以超出化学计量所需的 Pb_3O_4 作为助溶剂，也可以用坩埚下降法生长。

(2) 压电陶瓷

不同于压电单晶，压电陶瓷是由多个具有铁电性的晶粒组成的多晶陶瓷，铁电晶粒之间的自发极化方向不同，烧成陶瓷后，需要经过覆盖电极在高压直流电源下极化，使得自发极化呈同一取向，呈现宏观的压电性。压电陶瓷材料多是 ABO_3 型化合物或其固溶体。最常见的压电陶瓷是锆钛酸铅系（PZT）和钛酸钡系陶瓷。

锆钛酸铅是钙钛矿结构的二元系固溶体，化学式为 $Pb(Zr_xTi_{1-x})O_3$。其晶体结构与钛酸钡结构类似，晶胞中 Ti^{4+} 的位置上也可以是 Zr^{4+}。PZT 在常温下，x 值较小时为四方相铁电体，x 值较大时为菱方相铁电体。PZT 组成靠近相界时介电常数 ε、机电耦合系数 k 和压电应变常数 d 都增大，并且在相界线附近（锆钛比为 55/45）具有极大值，其原理是在电场作用下极化的重新取向变得容易。而机械品质因数 Q_m 的变化趋势却相反，在相界线附近具有极小值，这是因为铁电畴的活动性增大，内摩擦增加。PZT 陶瓷具有高的机电耦合系数、温度稳定性和高的居里温度以及压电应变常数等，是目前应用最多的压电陶瓷。

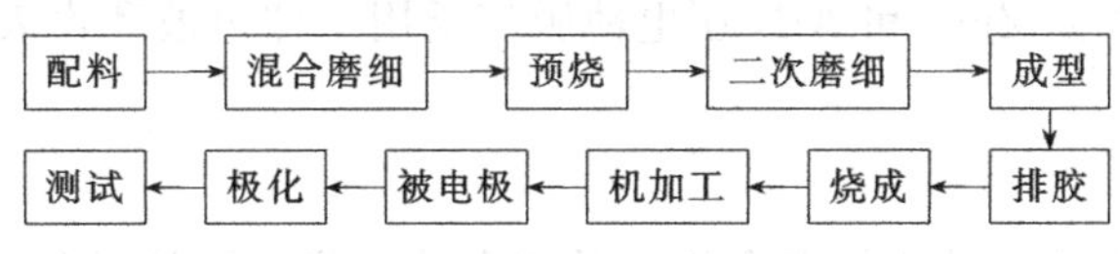

图 4.2　压电陶瓷的制备流程

压电陶瓷的制备流程如图 4.2 所示，一般包括如下流程：

①配料：进行料前处理，除杂去潮，然后按配方比例称量各种原材料，加入添加剂。②混合磨细：将各种原料混匀磨细，为预烧进行完全的固相反应准备条件。③预烧：在高温下，各原料进行固相反应，合成压电陶瓷粉末。此道工序的烧结条件会直接影响压电陶瓷的性能。④二次细磨：将预烧过的压电陶瓷粉末再细振混匀磨细，为成瓷均匀、性能一致打好基础。⑤造粒：使粉料形成高密度、流动性好的颗粒，并加入黏合剂。⑥成型：将制好的粒料压成所要求预制尺寸的毛坯。⑦排胶：将制粒时加入的黏合剂从毛坯中除掉。⑧烧结成瓷：将毛坯在高温下密封烧结成陶瓷。⑨外形加工：将烧好的制品磨加工到所需要的成品尺寸。⑩被电极：在要求的陶瓷表面制备导电电极。一般方法有银层烧渗、化学沉积和真空镀膜。⑪高压极化（极化前后电畴变化示意图如图 4.3 所示）：使陶瓷内部自发极化定向排列，从而使陶瓷具有压电性能。一般极化电场为 3～5kV・mm^{-1}，温度 100～150℃，时间 5～20min。⑫性能测试：陶瓷性能稳定后检测各项指标是否达到了预期的性能要求。

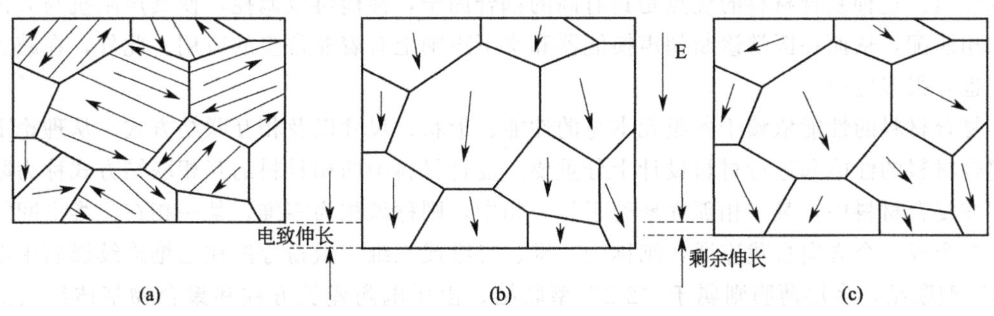

图 4.3　压电陶瓷极化前后电畴示意图

(a) 极化前；(b) 极化后；(c) 极化后撤出外电场

虽然 PZT 等铅基陶瓷性能优异，但铅是剧毒物质，在制备、使用和废弃处理过程中，对环境和人体的危害极大。因此，发展无铅压电陶瓷是必然趋势。钛酸钡（$BaTiO_3$）系压电陶瓷是应用最多的无铅压电陶瓷，具有较好的介电、压电性能。通过改进压电陶瓷的制备工艺，目前获得了与 PZT 相近的压电应变常数 d_{33}，但是钛酸钡的居里温度不高（120℃），室温附近存在相变，压电性能、温度稳定性不佳。

(3) 压电薄膜

压电薄膜拥有超灵敏的力-电响应特性，非常适合用于探测动态应力/应变，可以用于微传感器和微机电系统（MEMS）。已经有研究将压电薄膜制成轻薄柔软的医用传感器，固定在人体皮肤上，用来监测睡眠、呼吸、脉搏和肌肉运动情况，收集患者的生命体征信息。而且压电薄膜可以作为纳米发电机收集环境中的微小机械振动，转化为电能制成无线传感器，应用于物联网、健康监测等领域。压电薄膜使用的压电材料主要有 ZnO、PZT、$BaTiO_3$、PVDF 等。压电薄膜的制备方法多种多样，包括水热法、溅射法、脉冲激光沉积法、溶胶-凝胶法、流延法等。例如 ZnO 和 AlN 压电薄膜广泛用于体声波和声表面波器件中，制备方法主要是溅射法。

(4) 压电聚合物

一些聚合物为晶相和非晶相的混合物，晶相中的一些极性基团有序排列，就会产生压电性和铁电性。压电聚合物具有比压电陶瓷或压电单晶低得多的介电常数，具有很大的压电常数，因此用于电声、超声和力学测量传感上相对具有优势，而且压电聚合物具有高的柔韧性、耐腐蚀性、比强度、耐磨性和加工性能，已经得到广泛使用。PVDF 及其共聚物是最常见的压电聚合物，拥有高的压电效应和剩余极化强度，是聚合物铁电体中被研究最多的体系。

PVDF 树脂的合成方法主要是乳液聚合和悬浮聚合，然后用溶液流延、静电纺丝、超声雾化等方法制备薄膜或者纤维等。相对纯 PVDF 而言，共聚物（PVDF-TrFE）在实际技术的实现上有着很大的优势，不需要经过复杂的电场、拉伸工序，可以直接从熔体或溶液中得到高含量的铁电 β 相结构和优异的压电性能。

(5) 压电复合材料

压电复合材料是由两相或多相材料复合而成的压电材料。常见的压电复合材料是由压电陶瓷（如 PZT）和聚合物（如聚偏氟乙烯或环氧树脂）组成的两相材料。制备复合材料的目的是利用两种材料的优点，避免它们的缺点，并尽可能使之具有两种材料分别存在时所没有的性质。这种复合材料的优点是具有高的耦合因子，性能可以调控，使其声阻抗与人体或者水相匹配，从而在医学诊断超声换能器和水下声呐上有着非常多的应用。此外，在减震降噪中也有很多应用。

复合材料的性能依赖于各组元本身的性能、形状、尺寸以及相互联结方式，从理论上计算复合材料的性能和进行材料设计十分重要。复合材料中两相材料的互相联结方式称为联结型。在复合材料中，某一相孤立地处于另一相中，则称该相为零维，某一相在三维空间的一个、二个或三个方向自我连通，则称为一维、二维或三维。微粉分散在三维连续媒质中形成“0-3”型联结，多层薄膜则属于“2-2”型联结。由压电陶瓷长方柱和聚合物基体组成的为“1-3”型复合材料。

“1-3”型复合材料制备方法有切割-填充法和去模法等。“0-3”型复合体的常用制备方法是将聚合物溶解于某种溶剂中，加入陶瓷粉，使微粉均匀分布，待有机溶剂挥发后加压成型。对于 PVDF 这样的聚合物，还可将其加热至熔融，加入陶瓷粉后降温固化，再加压成型，最后进行人工极化处理。

4.1.3 压电材料器件

压电晶体具有机电转换特性、压电谐振、声光效应和压电电化学效应，在减震降噪与机械能收集、压电变压器、滤波器、激光技术、光信号处理和集成光通信等方面有着重要的应用。压电材料最重要的三类应用是传感器、换能器和驱动器，下面详细介绍三类器件。

例 1　压电传感器

压电材料受力后表面产生电荷，电荷量正比于受到的力或者变形量，利用这种压电效应可制成压电传感器，能用来感知力、变形、加速度等。压电传感器的优点是频带宽，能感知很大频率范围内的力/变形，灵敏度相较于应变片等高得多，而且信噪比高、工作可靠，重量轻、结构简单。一种压电薄膜应力/应变传感器结构如图 4.4 所示，首先制备压电薄膜，例如通过流延法制备 PVDF 薄膜或者 PZT 粉体＋树脂复合膜，然后在压电薄膜两个工作面上制备电极，可以简单地用两片镀 ITO（氧化铟锡）导电层的 PET（聚对苯二甲酸乙二醇酯）基底包覆压电薄膜，也可以溅射一层金属/ITO 电极，引出导线，然后采用 PDMS（聚二甲基硅氧烷）对传感器进行封装，再通过电学仪表测量电压/电流等。压电薄膜对动态力的监测很敏感、快速。但是在检测静态力时，由于表面漏电电荷会很快泄漏，为了保证检测静态力的能力和稳定性，需要高绝缘阻抗的石英晶体，在超净环境下装配焊封，检测电路需要采用大时间常数的电荷放大器和高输入阻抗电路，而且需要防潮。

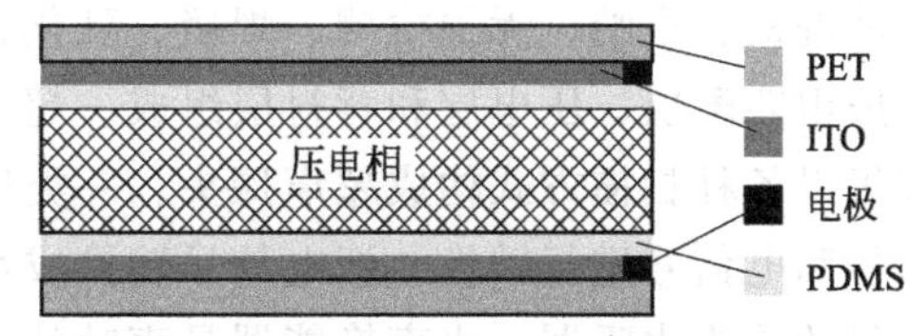

图 4.4　压电薄膜应力/应变传感器结构

压电传感器材料特性要求：①压电应变常数大，灵敏度高，在相同的应力/应变下能产生更高的输出；②压电材料的弹性常数、刚度、弹性极限与被检测的力/变形匹配；③绝缘性好，电阻大以减小电荷泄漏；④居里温度高，温度稳定性好；⑤机电耦合系数高，机械品质因数高。目前常用的压电传感器材料为石英晶体和 PZT 压电陶瓷，石英晶体的介电和压电温度稳定性好，工作温度范围宽；PZT 压电陶瓷的压电应变常数是石英的几十倍，灵敏度高，但是温度稳定性不如石英晶体。

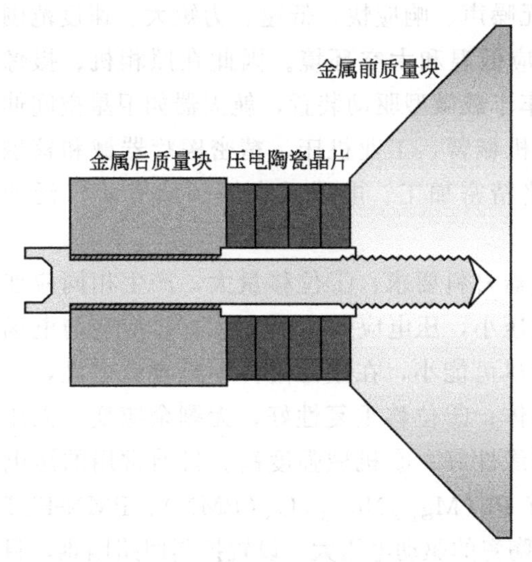

图 4.5　夹心式压电换能器结构示意图

例 2　压电换能器

压电材料除了可以进行力-电信号转换，也可以进行机械能-电能转换，制成压电换能器。机械能-电能转换效率比其他类型换能器都要高，功率容量大，而且制作方便，灵敏度高，可操控性强。当施加的交流电或机械/声信号频率在超声范围内时，就是超声换能器，在电子、通信、医学、水声等领域广泛应用。一种简单常用的夹心式压电换能器也称朗之万换能器，结构如图 4.5

所示。由两个质量块和中间包夹的压电元件共同构成一个单元产生共振，能够产生比纯压电元件共振频率更低的共振，前质量块可以高效传输机械振动，后质量块则提供良好的被衬，减少从后方损失的机械能。

压电换能器材料需满足以下特性：①机械品质因数 Q_m 高，机电耦合系数高，机械能-电能转换效率才能较高，损耗小，发热小；②压电材料的共振频率与机械振动频率一致，可以通过压电晶片厚度调控；③声波在界面处传播时衰减小，压电材料电阻抗和声阻抗与周围介质相匹配；④介电常数适中，使用频率越高，需要压电材料介电常数越低；⑤陶瓷晶粒和气孔尽可能小，表面需要切割抛光平整以方便镀上金属电极；⑥温度稳定性好，一致性、重复性好；⑦不容易老化。目前使用最多的压电换能器材料是 PZT 压电陶瓷，其各方面性能都非常优良。PVDF、压电复合材料也被广泛使用。

压电换能器在麦克风、扬声器等领域应用已久。目前应用最多的是超声换能器，包括超声清洗机、声呐、无损检测、焊接、乳化、搅拌、结石破碎、超声成像等领域。超声换能器一般由匹配层、压电层和背衬层组成。超声成像应用的换能器组成线阵、凸阵、环阵和相控阵等以各种扫描方式构成超声探头。一类用于水下的超声换能器称为水声换能器，能使水声信号和电信号进行转换。把电信号转换成水声信号的称为发射换能器，把水声信号转换为电信号的称为水听器，水声换能器是声呐的重要部件，能够对水下目标进行探测、定位，还可进行水声通信。

例 3　压电驱动器

压电驱动器是指基于压电材料逆压电效应的微位移系统和微机械系统。相对于效率低、响应慢的形状记忆合金和体积大、会产生磁场噪声的磁致伸缩驱动器，压电驱动器驱动功率小，结构可微型化，易与其他器件整合，响应快，力输出大，微小位移能够控制在微米甚至纳米级，可在光学、精密机械、超精密测量中广泛应用，例如扫描隧道显微镜和原子力显微镜的扫描头，精密工作台中的定位器，超精密加工中的微位移机构以及微型机械例如发动机柴油喷嘴、微型机器人驱动、微型镊子、主动控制阻尼器、超声电机等。超声马达也叫超声电机，利用压电陶瓷的逆压电效应和超声振动获得运动和力矩，然后将材料的微观变形通过机械共振放大和摩擦耦合转换成转子的宏观运动。与传统的电磁马达相比，超声马达不需要电磁线圈和齿轮变速，结构简单紧凑、质量轻、无噪声、响应快、低速、力矩大、速度范围大、控制性好、运动准确、不受电磁干扰、能适应低温和太空环境。因此在照相机、摄像机、显微镜等光学仪器聚焦系统的驱动元件，汽车车载微型驱动装置，航天器如卫星空间伸展机构驱动器、导弹测控、NASA 火星探测器的机械臂，工业机床，精密医疗器械和核磁共振强磁场干扰下的医疗设备驱动器、集成电路精密加工、电子手表等领域有着广泛的应用。

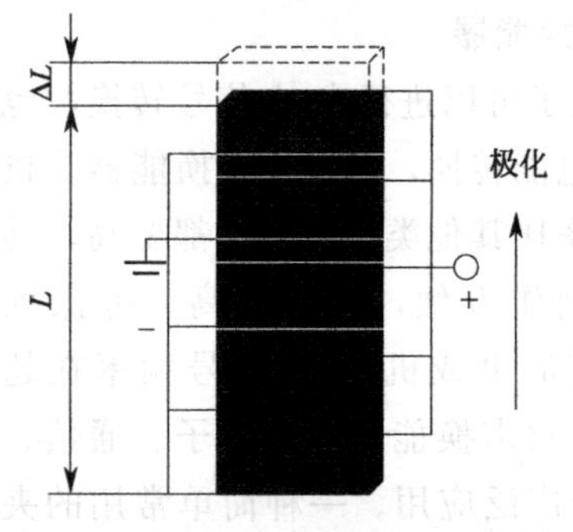

图 4.6　并联叠层压电驱动器结构示意图

压电驱动器材料要求：①位移量大，产生相同应变需要的驱动电压小，压电应变常数 d 大；②应变与电场关系滞后效应尽可能小，在室温附件不显现铁电性，一般采用反铁电体；③位移重复性好，无剩余应变，无压电老化；④绝缘性好；⑤机械强度高。目前常用的压电驱动器材料有 $Pb(Mg_{1/3}Nb_{2/3})O_3$（PMN）、PMN-PZT 等。体相压电陶瓷的驱动电压大，设置控制回路困难，目前压电陶瓷驱动器一般采用多片并联叠层，结构如图 4.6

所示。将每一层厚度降低到 10μm 左右，这样驱动电压能降低到 100V 以下，驱动器整体能产生 3%的变形，变形量能达到微米级。制备流程：先通过热等静压烧结制备出压电陶瓷厚膜片，然后在每个陶瓷厚膜片上印刷电极，多个膜片叠层后进行高温烧结，就得到了一体固烧压电驱动器。制备时需要保持各个相邻电极之间良好的绝缘性。

4.2 热释电材料与器件

4.2.1 热释电材料简介

早在公元前 315 年，古希腊学者就在《论石头》一书中叙述道：电气石不仅能够吸引麦秸屑和小木片，而且能吸引铜或者铁的薄片。虽然发现了这种现象，但是并不清楚这种现象来自于热释电材料的自发极化。1824 年，英国物理学家布儒斯特在罗息盐中发现热释电现象，正式引入了热释电的概念。19 世纪末到 20 世纪初，人们开始测量热释电效应，研究热释电材料。但是直到 20 世纪 60 年代，红外成像和激光技术的发展才促进了热释电探测器和红外成像仪的需求，因此多种热释电材料被开发出来，越来越多热释电晶体的新效应被发现，热释电材料开始成为功能材料一个活跃的研究方向。

4.2.2 热释电材料

热释电材料一般分为单晶、陶瓷和薄膜。

(1) 热释电单晶

常用的热释电单晶有甘氨硫酸盐（TGS）、钽酸锂（$LiTaO_3$，LT）和铌酸锶钡（$Sr_{1-x}Ba_xNb_2O_6$）。TGS 是最常用的热释电晶体，最大优点是热释电系数大、介电常数小，热释电优值很高，是迄今各种热释电材料中最高的。缺点是易水解、居里温度较低（49℃）、稳定性差，可以通过改性提升其性能。钽酸锂（$LiTaO_3$，LT）是另一种较好的热释电晶体，其热释电系数小、介电常数大，故热释电优值较低，但其居里点很高（620℃），在很宽的温度范围内性能稳定，而且没有水解的问题。铌酸锶钡（$Sr_{1-x}Ba_xNb_2O_6$）晶体的热释电系数相当大，但介电常数也大，所以热释电优值并不高。该系列晶体的性能可通过 x 调节，减小 x 可提高热释电系数，但其太小则因居里温度低而影响稳定性。

(2) 热释电陶瓷

热释电陶瓷与单晶相比有不少优点，一是易于制备大面积、大尺寸的元件，成本低，力学性能和化学性能稳定，便于加工；二是居里温度高，在通常条件下基本上不会退极化；三是在陶瓷中容易进行多种多样的掺杂和取代，能在相当大的范围内调节其性能，如热释电系数、介电常数和介电损耗等。PZFNTU 是一种以锆酸铅和铁铌酸铅为主要成分的铁电陶瓷，典型成分为 $Pb_{1.00}(Zr_{0.58}Fe_{0.20}Nb_{0.20}Ti_{0.02})_{0.994}U_{0.006}O_3$。该陶瓷居里温度约 220℃，热释电性能与 TGS 相近。钛酸铅陶瓷的介电常数在各种铁电陶瓷中是很小的，通过掺杂改性，可以得到很好的热释电材料。另一类热释电陶瓷利用了铁电-铁电相变附近的特性。在铁电-铁电相变温度附近，热释电系数呈现峰值但介电常数一般变化不大。如果相变中自发极化的方向保持不变，则介电常数只出现一个阶跃式的变化而且幅度不大。铁电-铁电相变这个特点为提高电压响应优值提供了一种可能性。$PbZr_xTi_{1-x}O_3$（当 $0.65<x<0.95$ 时）在室温或较高温度下发生铁电相 R3m 和铁电相 R3c 之间的转变，相变中自发极化方向不变，介电常数只有微弱的变化，但热释电系数有明显的峰值，于是电压响应优值得以提高。不过这个相变是一级相变，有约 15℃的热滞，不能作为实用的热释电材料。通过掺杂改性和加偏置场等方法，能有效地减小热滞，使之得到了应用。

(3) 热释电薄膜

薄膜是适应集成化要求的必然选择，热释电薄膜材料有无机和有机两大类。钛酸铅（$PbTiO_3$，PT）系列热释电薄膜是迄今研究最多的无机热释电薄膜材料，包括 PT 及其掺杂改性材料，如 PLT（以 La 取代部分 Pb）和 PCT（以 Ca 取代部分 Pb）等，有热释电系数大等优点。有机薄膜材料的主要优点是容易制成大面积的薄膜，虽然其热释电系数比好的无机薄膜材料低一个数量级，但由于介电常数小、热导率低，故电压响应优值并不低。此外，陶瓷粉体与有机物的热释电复合材料可兼具二组元的优点，是发展高性能热释电材料的一条途径。

4.2.3 热释电材料制备方法

TGS 热释电单晶一般是通过降低温度法生长。对 TGS 饱和溶液进行缓慢降温，降低溶解度至过饱和以长出大尺寸优质单晶。LT 单晶与铌酸锶钡单晶都是用提拉法从熔体中生长的。热释电陶瓷的制备方法与压电陶瓷的制备方法基本一致，都经过配料→混合磨细→预烧→二次细磨→造粒→成型→排胶→烧结成型→外形加工→被电极→高压极化→性能测试流程。热释电薄膜的制备方法有溅射法、脉冲激光沉积法、溶胶-凝胶法、流延法等。

4.2.4 热释电材料器件

例 1　温度/红外辐射传感器

任何物体只要温度高于 0K，就会向外辐射红外线，温度越高，红外辐射越强，而且能够显著地被物体吸收转变成热量。当热释电温度/红外辐射传感器检测范围内物体有温度变化时，就会使传感器内的热释电材料温度发生变化，在两个电极表面产生电荷和电压，检测电压大小，就能获知物体的温度变化量。热释电传感器拥有价格低廉、性能稳定、可远距离/非接触探测的优点，在防盗报警、火灾警报、非接触式开关、红外探测等领域广泛应用。

热释电温度/红外辐射传感器结构如图 4.7 所示，一般由以下部件构成：①一个菲涅尔透镜，用来聚焦红外线，减少环境中红外辐射的干扰，并且将检测区域分为可见区和盲区，当物体移动时，能产生变化的电信号；②一个多层膜干涉滤光片，滤掉可见光和无线电波，只让红外线经过菲涅尔透镜和滤光片照到热释电材料上；③一对极化相反的热释电元件，环境温度变化时背景辐射在两个热释电元件上产生的电信号互相抵消，只探测检测区域的温度变化；④测量电路，一般是测量热释电元件产生的电压大小，有一些高端的传感器拥有专门的信号处理电路，能够有效地弥补普通热释电温度/红外辐射传感器探测灵敏度低、稳定性低、易受环境干扰的缺点。热释电温度/红外辐射传感器采用的热释电材料需要拥有较高的热释电系数和热释电优值，目前采用的材料有 PZT、PT 陶瓷和 PVDF 薄膜等。

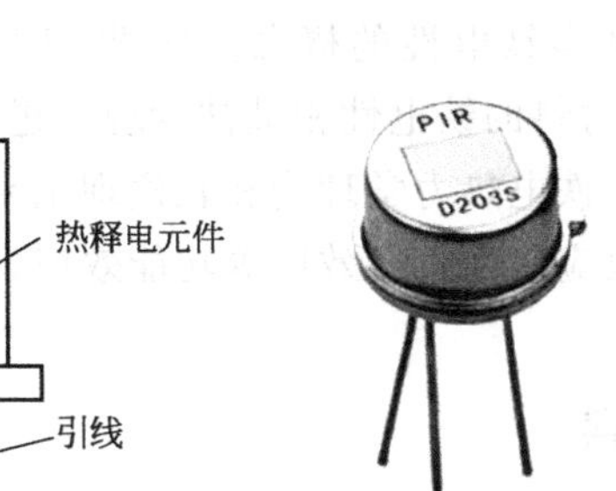

图 4.7　热释电温度/红外辐射传感器结构与器件示意图

例 2　红外热像仪

不同温度的物体能够发出强弱不同的红外光，红外热像仪能够对这些红外光进行成像从而突破人眼的可见光观测范围。红外热像仪工作原理：锗透镜过滤掉比红外光束波长短的光学信号，通过光学斩波器将红外光聚焦到热释电阵列上，导致电信号分布，通过电路系统和视频后处理模块对电信号进行调制，物体的温度分布就可以形象地呈现在显示器上。在室温下工作的非制冷红外焦平面阵列（UFPA）是红外热像仪的核心器件，UFPA 由一个个铁电场效应晶体管探测器构成，其中铁电薄膜的极化受红外辐射而变化时，漏极电流也随之发生变化。热释电探测器的性能参数是影响整机性能的关键因素，包括响应率、噪声、噪声等效功率、噪声等效温差、探测率、最小可分辨温度和热响应时间等。UFPA 基的红外热像仪已经广泛应用于工业监测、探测，战场侦察、监视、探测与瞄准，红外搜索与跟踪，消防与环境监测，医疗诊断，海上救援，遥感等领域。

例 3　电卡制冷

热释电效应的逆效应即电卡效应，通过在热释电材料上施加电场，极化强度改变会导致温度升高或降低。热释电材料能够实现电卡循环制冷，一个循环包括四个步骤：①绝热极化。即绝热条件下对热释电材料施加电场极化，偶极子有序排列，熵值减小，温度上升；②等电热焓转移，即保持电场以防止偶极子退极化，使铁电材料与环境接触，温度降低；③绝热退极化，即绝热条件下将热释电材料与散热片断开，撤去电场，偶极子重新杂乱无序排列，热熵转变为偶极子熵，自身温度降低；④等电势焓转移，即零电场下，使热释电材料与环境接触，此时温度低于环境温度，从环境中吸收热量升温，完成一次电卡循环，将热量转移到环境中实现制冷。为了得到较大的等温熵变和绝热温变，电卡材料需要有较大的热释电系数和较高的抗电击穿场强。目前新的电卡制冷材料和复合结构层出不穷，包括陶瓷、铁电聚合物、无机薄膜和厚膜、复合材料等。相对于传统的制冷方式，电卡制冷具有不排放氟利昂等有害物质、循环效率高、轻便无噪声、易于集成等优点，在可穿戴热管理、芯片热管理、航天器热控等方面有着巨大的应用潜力。

4.3 铁电材料与器件

4.3.1 铁电材料简介

压电性和热释电性的测量较简单，这两种现象发现得较早。铁电现象发现得较晚，1912 年，薛定谔仿照铁磁性提出铁电性的概念，1920 年美国科学家 J. Valasek 首次测量到罗息盐单晶电滞回线，证实铁电性的概念。19 世纪 30～50 年代，KH_2PO_4、$BaTiO_3$、$LiNbO_3$、$LiTaO_3$、PZT 等材料的铁电性相继被发现，越来越多的材料体系被研究者开发出来。这期间，研究者提出了铁电热力学理论和软模理论来解释铁电现象。近几十年，基于铁电材料的电光效应、声光效应、光折变效应等功能效应，研究者们开发了各种类型的功能器件。

4.3.2 铁电材料

有重要实用价值的铁电材料主要有以下几种类型：钙钛矿型、钨青铜型、铋层状型、钛铁矿型、氢键型以及含甘氨酸的铁电体。

（1）钙钛矿结构铁电陶瓷

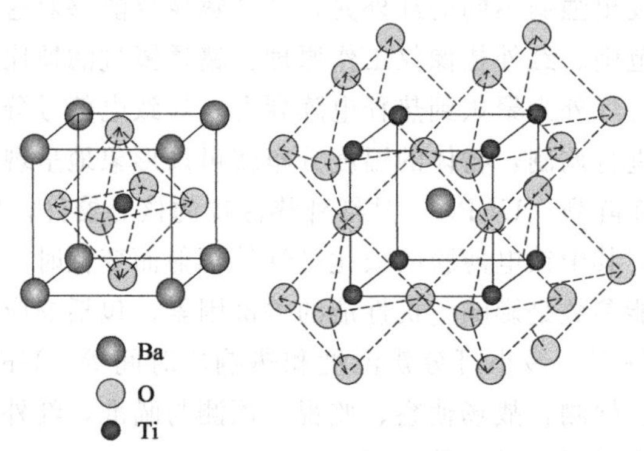

图 4.8 钙钛矿结构的钛酸钡晶体结构

钙钛矿结构是由钛酸钙（$CaTiO_3$）得名的，其通式为 ABO_3。BO_6 形成氧八面体，O 在顶角。B 在八面体的中心。B 离子偏离氧八面体中心，相对位移产生自发极化。每个 O 都是两个氧八面体的顶角，因此，钙钛矿结构可以看成是许多氧八面体 BO_6 共点连接而成。八面体之间配位数为 12 的位置则由 A 离子占据，如钛酸钡晶体结构，如图 4.8 所示。理想钙钛矿结构中离子半径之间存在如下关系：

$$R_A+R_O=\sqrt{2}(R_B+R_O) \tag{4.1}$$

实际上只要满足：

$$R_A+R_O=t\sqrt{2}(R_B+R_O) \tag{4.2}$$

即可形成稳定的钙钛矿结构。式中，R_A、R_B 和 R_O 分别为 A 离子、B 离子和氧离子半径；t 为容差因子（或称容忍因子）。t 在 0.77～1 之间能够形成钙钛矿结构，越接近 1 越稳定。A、B 位离子和 O 离子可以被多种离子甚至有机基团替换，这给其性能调控带来了丰富的可能性和选择性。钙钛矿结构会形成立方顺电相和三种常见的铁电相——四方、斜方（正交）、三方。典型的钙钛矿结构铁电材料有 $BaTiO_3$、$KNbO_3$ 和 $PbZr_xTi_{1-x}O_3$ 等。

（2）钨青铜结构铁电陶瓷

钨青铜结构晶体是仅次于钙钛矿结构的第二大类铁电材料，其化学式为 M_xWO_3，M 可以为碱金属元素、钙、稀土元素、铵、氢等，x 可在 0～1 范围内变动。W 元素可以被 Nb、Ta 等取代。该类晶体是由共点氧八面体形成的，其结构如图 4.9 所示。氧八面体以共顶点的形式沿其四重轴叠置堆垛，各堆垛再以共点的形式连接起来，不同堆垛的氧八面体之间形成了不同的空隙。根据各晶体位置空隙的填充情况，将晶体分为完全充满型、充满型、非充满型三类。典型的钨青铜结构铁电材料有完全充满型的 $K_3Li_2Nb_5O_{15}$（KLN）、$K_3Li_2Ta_5O_{15}$（KLT），充满型的 $Ba_2NaNb_5O_{15}$（BNN）、$Ba_6Ti_2Nb_8O_{30}$（BTN）、$Sr_6Ti_2Nb_8O_{30}$（STN），非充满型的 $Sr_{1-x}Ba_xNb_2O_6$(SBN)、$Pb_{1-x}Ba_xNb_2O_6$(PBN) 等。

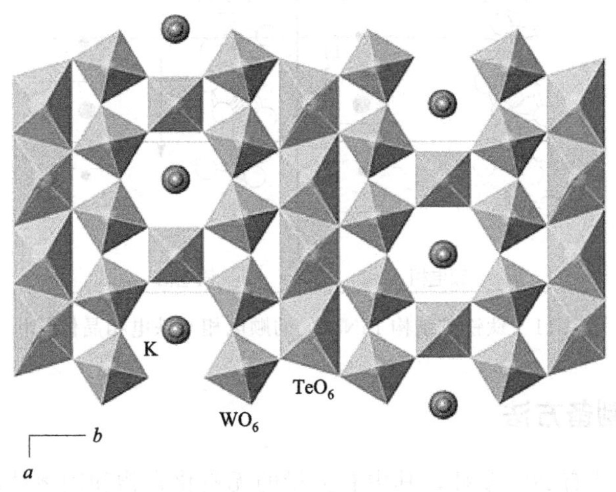

图 4.9　钨青铜晶体结构

（3）铋层状结构铁电陶瓷

铋层状结构材料的通式为 $(Bi_2O_2)^{2+}(A_{m-1}B_mO_{3m+1})^{2-}$，由类钙钛矿层 $(A_{m-1}B_mO_{3m+1})^{2-}$ 和 $(Bi_2O_2)^{2+}$ 层有规则地交替排列而成。典型的铋层状结构铁电陶瓷有 $Bi_4Ti_3O_{12}$、$SrBi_4Ti_4O_{15}$ 等。图 4.10 铋层状交替结构与铁电性。

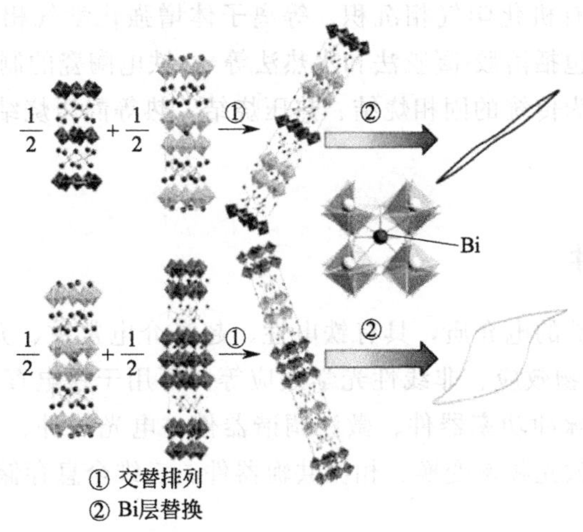

图 4.10　铋层状交替结构与铁电性

（4）钛铁矿结构铁电陶瓷

当 ABO_3 型化合物的容差因子 t 小于 0.77 时，会形成钛铁矿结构。$LiNbO_3$ 晶体是典型的钛铁矿铁电材料，晶体结构如图 4.11 所示。在顺电相时，Li^+ 和 Nb^{5+} 分别位于氧平面和氧八面体的中心，不存在极化中心；在铁电相时，结构发生畸变，Li^{+} 和 Nb^{5+} 发生微小的位移从而产生极化，属于三方晶系。

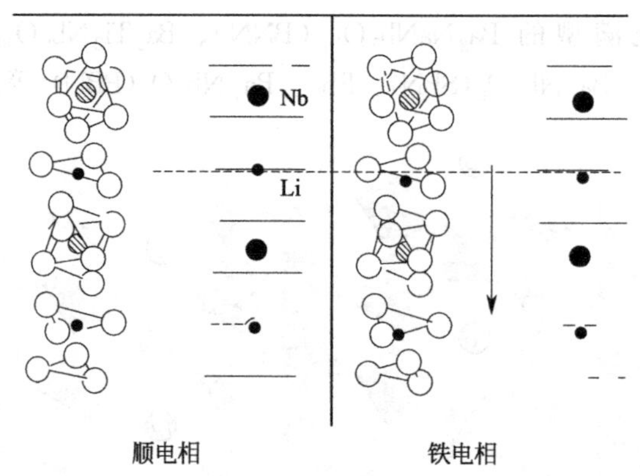

图 4.11 钛铁矿结构 $LiNbO_3$ 的顺电相与铁电相晶体结构

4.3.3 铁电材料制备方法

现在已知的铁电体有 200 多种，其中有大量的无机化合物和固溶体，也有一些有机物和铁电液晶。无机铁电体中有些可生长成大尺寸的优质单晶，更多的则是以陶瓷的形式得到应用。20 世纪 80 年代以来，铁电存储器等新型应用推动了铁电薄膜的发展。所以，实用的铁电材料目前主要有单晶、陶瓷和薄膜三种形式。铁电单晶的制备方法主要有助溶剂法和坩埚下降法。助溶剂法能获得质量较高的晶体，但是生长速度慢，不能获得大尺寸的单晶；坩埚下降法设备简单、生长速度较快、可批量生长。铁电薄膜的制备方法主要有三类，分别为物理气相沉积（如溅射法，包含射频磁控溅射、直流溅射、离子束溅射和脉冲激光沉积），化学气相沉积（包括金属有机化学气相沉积、等离子体增强化学气相沉积、低压化学气相沉积）和化学液相沉积（包括溶胶-凝胶法和水热法等）。铁电陶瓷的制备方法与压电陶瓷的相同，根据烧结工艺可分为传统的固相烧结、热压烧结、热等静压烧结、放电等离子体烧结和微波烧结等。

4.3.4 铁电材料器件

铁电体作为一种特殊的电介质，具有铁电性、超高介电常数、介电调谐性、电光效应、反常光伏效应、铁电-生物效应、非线性光学效应等，可用于铁电存储器、铁电场效应晶体管、多层陶瓷电容器、脉冲功率器件、微波调谐器件、电光器件、光伏器件、生物医学材料、非线性光学器件如激光频率变换、相位共轭器件、三维全息存储器等。

例 1 铁电存储器

铁电材料剩余极化强度 $+P_r$ 和 $-P_r$ 是两个稳定状态，电场可使极化在这两个状态间转换，而且当外电场撤离时，极化仍然能保持。铁电材料的这种双势垒或者二元稳定状态，可以作为存储单元的 0 和 1 状态。将许多铁电薄膜单元做成阵列，并将各单元的上下电极分别连接起来就构成了铁电存储器（FRAM），其结构与工作原理如图 4.12 所示。对某个单元施加正或负的电压，当电压达到矫顽电压时，极化即被反转，完成写入操作，当移去电场后，电极化状态仍然保持，因此可以检测极化电荷对数据进行读取。由于铁电薄膜畴的翻转需要的电压不高，所以不需要高压来写入、擦除数据，而且写入速度快不会导致擦写延迟，在掉电后也能够保留数据，也是一种兼具动态随机存储器和静态存储器性能的非易失存储器。铁电存储器具有功耗小、读写速度快、抗辐照能力强的优点，在需要快速存储和低功耗的仪表、汽车电子系统、通信、消费电子产品、计算机、医疗设备以及军用宇航需要抗辐照性能的场合有很多应用。

用于 FRAM 的铁电薄膜应满足以下要求：①合理的剩余极化强度大约在 $5\mu C \cdot cm^{-2}$ 左右，保证反转极化时能出现足够多的电荷；②电滞回线矩形性好且矫顽场较低，保证不发生误写误读，且工作电压低到与半导体集成电路相容；③开关速度快，在纳秒级别；④抗疲劳特性好，在 10^{15} 次极化反转后仍无明显疲劳；⑤加工工艺性和稳定性好，易于集成到 CMOS 工艺中去；⑥不容易退极化，数据保持能力和持久能力好。能满足铁电存储器使用要求的材料有 PZT、$PbTiO_3$、层状铋酸盐（如 $BiSr_2Nb_2O_9$、$BiSr_2Ta_2O_9$）和 $Ba_{1-x}Sr_xTiO_3$ 等。目前主要使用的铁电材料为 PZT 和 $Sr_{1-y}Bi_{2+x}Ta_2O_9$（SBT）。PZT 各方面性能较好，但是存在抗疲劳性能不佳和有污染的缺点；SBT 没有疲劳和污染问题，但是工艺温度较高，与 CMOS 工艺集成较难，而且剩余极化强度较小。铁电存储器有平面式和堆叠式两种结构，区别是铁电电容和 CMOS 晶体管的排布连接方式不同。其制造工艺是将 CMOS 晶体管制造工艺与铁电薄膜的制造工艺集成，在栅极层与硅衬底之间通过溅射法或者金属有机化合物化学气相沉积法等生长一层铁电薄膜。

最近，一种同时具有铁电性和铁磁性的多铁材料越发受到关注，这种材料中的磁电耦合，使得兼有铁磁随机存储器和铁电随机存储器优点的多态逻辑存储器能够被制造出来。这种存储器具有电写磁读、高速度、低功耗等优点，从而引起了产业界的关注。

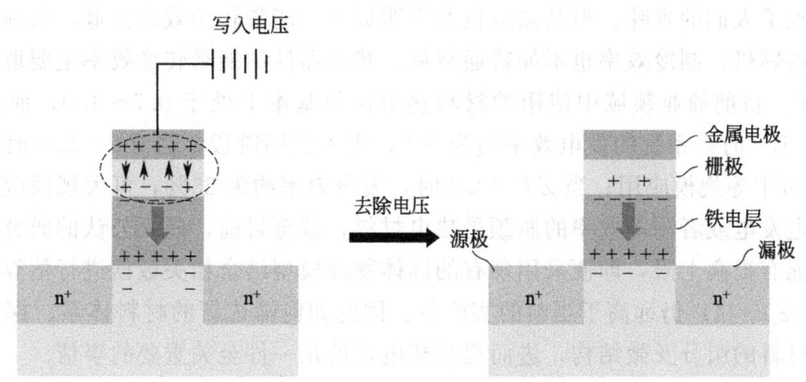

图 4.12　铁电存储器结构与工作原理示意图

例 2　铁电场效应晶体管

晶体管作为半导体电子器件的基础元件，是信息时代的基础。当晶体管的制造工艺降低到 65nm，绝缘的栅极层也越来越薄，传统的 SiO_2（介电常数 3.9）栅极层已经减薄到了极限 1.2nm，栅极漏电流和发热会明显攀升，令晶体管尺寸无法再进一步降低。提高栅绝缘层的介电常数，可以增大器件的电流，增强器件的驱动能力，提高开关速度，得以实现超高速集成电路。若采用高介电常数的栅绝缘膜，也可以适当增加绝缘膜的厚度，以利于改善栅介质薄膜的均匀性，结构如图 4.13 所示。英特尔在 2007 年首次推出了基于 High K 的 HfO_2（高介电常数，10～100）40nm 制程晶体管，其介电常数比 SiO_2 高一个数量级，性

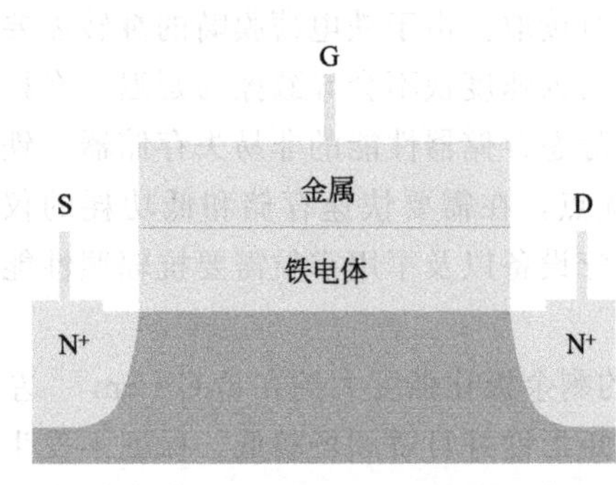

图 4.13 铁电场效应晶体管结构示意图

能大幅提升。铁电材料拥有超高的介电常数，比半导体中使用的 HfO_2 还要高 1～2 个数量级，用作铁电场效应晶体管的栅极材料会更有优势。

铁电场效应管需要铁电材料拥有较高的介电常数；与衬底之间的界面兼容性以及界面热稳定性良好，界面缺陷少，界面死层尽可能薄；漏电流小；性能稳定性好。目前研究的铁电材料主要有 PZT、SBT 以及一些有机铁电材料。但是这些铁电材料面临铁电薄膜与 Si 或 GaAs 之间的界面问题，例如界面电荷注入、界面热稳定性和兼容性太差，难以制备出高质量的铁电场效应管。最近，科学家在与 Si 兼容性良好的 High K 材料 HfO_2 中，掺杂钇或锆，发现 HfO_2 变成铁电材料，从而制造出兼容性良好的铁电场效应晶体管，这也是下一代晶体管的发展方向之一。铁电晶体管的制造工艺是在场效应管的工艺中采用物理气相沉积法制备超薄、高质量的铁电薄膜。

4.4 热电材料与器件

4.4.1 热电材料简介

热电材料是一种可以实现热能与电能直接相互转换的功能材料，可以制成温差发电或者固态制冷装置，具有无传动部件、可靠性高、寿命长、无噪声、无污染等优点，因而在某些特殊领域受到了人们的青睐。但其缺点也非常明显——能量转换效率太低，目前的发电效率远不如普通内燃机，制冷效率也不如普通空调。热电器件的能量转换效率主要取决于材料的热电优值 ZT。目前商业领域中使用的材料热电优值基本上处于 0.7～1.0，而根据理论预测，当 $ZT=1.0$ 时，系统的发电效率约为 5%，进入实用阶段；当 $ZT=2.0$ 时，发电效率约为 15%，可中等规模应用；当 $ZT=3.0$ 时，发电效率约为 25%，可大规模应用。

制约热电发电或者制冷效率的瓶颈是热电材料，截至目前，尚无公认的研究成果表明材料的热电性能有提高上限，即便采用现有的固体物理模型结合相关数据进行估算，所得到的 ZT 值上限（$ZT=4$）仍远高于当前的实验值。因此如何筛选新的材料体系、探索新的制备工艺、优化材料的组分及微结构，进而提高热电优值是一件至关重要的事情。

4.4.2 热电材料分类

根据成分的不同，热电材料可分为无机材料和有机材料两大类型，由于有机材料热电优值普遍较低，因此目前主要使用的热电材料是无机材料。由于金属的赛贝克系数特别小（室温下，一般 $|S|<100\mu V \cdot K^{-1}$），而陶瓷的电导率往往太低（室温下，一般 $\sigma<1.0\times10^4 S \cdot m^{-1}$），根据热电优值的定义可知，这两类材料的热电优值均较低，所以目前的热电材料主要以窄带隙无机半导体为主（室温下，一般 $0.2eV \leqslant E_g \leqslant 1.0eV$），一般为含 Si、Ge、Sn、P、Sb、Bi、S、Se、Te 等元素的金属间化合物。

更常见的分类方式是根据材料的使用温度范围，将热电材料分为室温热电材料、中温热电材料及高温热电材料，三者的使用温度范围分别为 0～300℃、300～800℃、≥ 800℃。室温热电材料主要的用途是固态制冷，即利用珀尔帖效应制冷；中温热电材料的主要用途是车辆尾气、工业余热或废热的温差发电；高温热电材料常用于放射性同位素温差发电。目前商业化应用最成功的是室温热电材料，尤其是（Bi，Sb）$_2$（Se，Te）$_3$ 体系，而研究最热门的是中温热电材料，希望通过提升材料的热电优值，提高器件的发电效率，使热电发电技术成为一种廉价、稳定、可靠的清洁新能源技术。

4.4.3 热电材料

4.4.3.1 室温热电材料

(Bi，Sb)$_2$(Se，Te)$_3$ 类化合物是人们研究得最早最为成熟的一类热电材料，目前大多数制冷元件采用的都是该体系的化合物。最具代表性的是 $Bi_2Se_{0.3}Te_{2.7}$ 和 $Bi_{0.4}Sb_{1.6}Te_3$，二者分别为 N 型和 P 型窄带隙半导体，赛贝克系数较大而热导率较低，最大热电优值可达 1.0 以上，是目前性能最好的室温热电材料。

(Bi，Sb)$_2$(Se，Te)$_3$ 化合物的晶体结构属于 R-3m 斜方晶系。以 Bi_2Te_3 为例（图 4.14），晶胞内原子数为 15 个，沿 c 轴方向，可将 Bi_2Te_3 材料视为六面体层状结构，在同一层上具有相同的原子种类，而原子间的排布方式呈—$Te^{(1)}$—Bi—$Te^{(2)}$—Bi—$Te^{(1)}$—，其中 $Te^{(1)}$—Bi 以共价键和离子键结合，Bi—$Te^{(2)}$ 以共价键结合，而 $Te^{(1)}$—$Te^{(1)}$ 之间则以较弱的范德华力相结合，因此 Bi_2Te_3 晶体很容易在 $Te^{(1)}$ 原子面间发生解理。

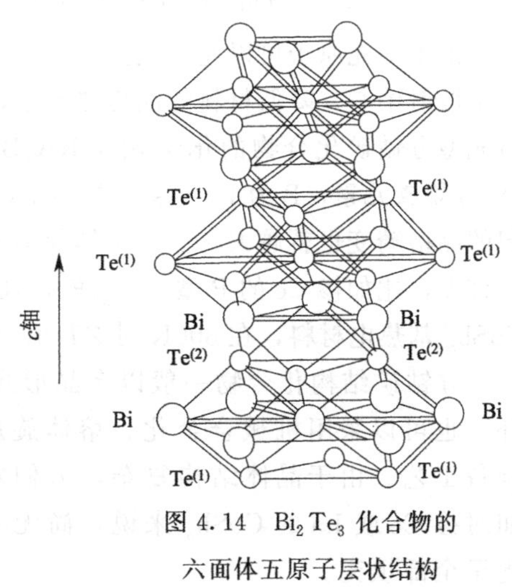

图 4.14　Bi_2Te_3 化合物的六面体五原子层状结构

(Bi，Sb)$_2$(Se，Te)$_3$ 类化合物是窄带隙半导体（E_g 约为 0.2eV），具有较高的电导率，但赛贝克系数太低且热导率较高。理论和实践均表明，结构纳米化能较大幅度地提高材料的热电性能，一方面利用界面散射作用大幅降低晶格热导率；另一方面可以利用量子限域效应提高费米面附近的态密度，从而提高材料的赛贝克系数。

(Bi，Sb)$_2$(Se，Te)$_3$ 类化合物容易发生层状解理，在制作器件时需要注意材料的取向。在对材料进行切削加工时，应尽可能选择垂直于解理面的晶向。最常见的商用（Bi，Sb）$_2$（Se，Te）$_3$ 类化合物是单晶材料，制备工艺以区熔法和布里奇曼法为主。多晶（Bi，Sb）$_2$（Se，Te）$_3$ 类化合物制备方法较多，包括机械合金化、溶剂热法、熔体旋甩法、电化学沉积、分子束外延等。

4.4.3.2 中温热电材料

（1）方钴矿结构化合物

方钴矿结构化合物是一类具有与 $CoAs_3$ 相似晶体结构的化合物，化学通式为 AB_3，其中 A 一般为Ⅷ族元素，如 Ir、Co、Rh、Fe 等，B 为ⅤA 族元素，如 P、As、Sb 等。如图

4.15所示，方钴矿结构化合物属于立方晶系，但晶体结构比较复杂，可以看作钙钛矿结构的一种衍生结构。

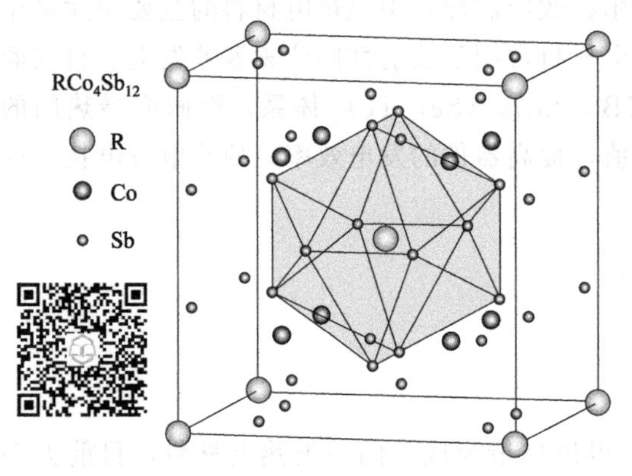

图 4.15 方钴矿结构化合物的晶体结构

方钴矿结构化合物中每个晶胞由8个以共顶方式连接的XY_6八面体构成，在结构中心形成两个较大的空隙，一般为窄带隙半导体，具有较高的载流子迁移率以及中等大小的赛贝克系数，但热导率太高。可以通过固溶增加材料中的点缺陷浓度，从而减小声子平均自由程，进而降低晶格热导率；或者通过将La、Ce、Yb等稀土元素掺到晶体结构的空隙中，形成所谓的填充型方钴矿化合物来降低材料的晶格热导率。

由于填充原子可以充当施主或受主，优化材料的能带结构及载流子浓度，并且可以充当声子散射中心，降低材料的晶格热导率，因此填充型方钴矿化合物受到了人们的广泛关注。填充型方钴矿化合物的化学式为RA_4B_{12}，其中R为La、Ce等稀土元素，A为Fe、Ru、Os等Ⅷ族元素，B为P、As、Sb等VA族元素。一般填充原子的半径越小，质量越大，引起的晶格畸变也就越大，其晶格热导率也就越低。填充型方钴矿的热电性能确实比原来提高了许多，比如掺Ce的P型$Ce_{0.28}Fe_{1.52}Co_{2.48}Sb_{12}$在700K时$ZT$值可达1.1，掺Ti的N型$CoSb_3$基热电材料，在800K时$ZT$值为0.8。

方钴矿结构化合物一般以多晶形式存在，最常见的制备方法是熔融+盐水淬火。此外，也可以采用机械合金化、熔体旋甩、高温自蔓延、物理气相沉积、分子束外延等制备工艺。由于晶体结构复杂，人们对热电性能与微结构的关系研究得并不透彻，比如对掺Ce或La的$CoSb_3$来说，尚无一种理论可以清楚地说明为什么部分填充的效果优于全部填充。

目前该体系的研究热点主要集中在对新型制备工艺的探索，对载流子、声子输运行为的理论模拟以及低维纳米化等方面，以便更好地理解其结构与性能的关系。

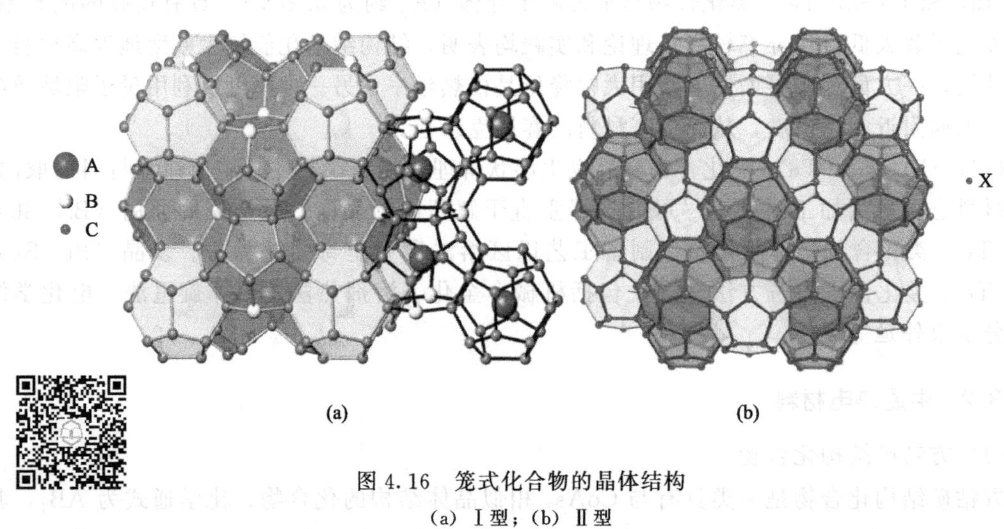

图 4.16 笼式化合物的晶体结构

(a) Ⅰ型；(b) Ⅱ型

（2）笼式化合物

笼式化合物的化学通式为 $A_xB_yC_{46-y}$，一般由ⅣA 族元素或ⅢA 族元素构成笼型框架，具有与方钴矿结构化合物类似的复杂晶体结构。该化合物具有较低的热导率、相对较高的赛贝克系数和电导率，因而具有较高的热电优值，比如 $Ba_8Ga_{16}Ge_{30}$ 晶体在 900K 时 ZT 值可达 1.35，在 1000K 时 ZT 值仍高达 0.9，是一种极具应用前景的热电材料。如图 4.16 所示，A 原子处于由 B 原子和 C 原子构成的类似于富勒烯的笼式框架结构的体心位置，由于 A 原子振动时产生的低频声子可与框架相互作用，因此可以显著降低声子平均自由程，从而降低材料的晶格热导率。根据其结构不同，一般将笼式化合物分为如图 4.16 所示的Ⅰ型和Ⅱ型两种类型。

两种笼式化合物均为立方结构，常见的Ⅰ型笼式化合物的化学通式为 $A_8B_{16}C_{30}$，每个晶胞含有 2 个十二面体空隙以及 6 个十四面体空隙。此外，也有化学通式为 $A_8B_8C_{38}$ 的Ⅰ型化合物。具有Ⅱ型结构的笼式化合物主要是一些以 Si 或 Ge 为基体的材料，其化学通式为 X_{136}（X＝Si、Ge、Sn），每个晶胞含有 136 个原子，16 个十四面体空隙和 8 个十六面体空隙。由于填充原子的尺寸、价态及所处的空隙类型不同，其对声子散射的贡献也不尽相同。

笼式化合物的许多特性与方钴矿结构化合物非常相似，制备工艺以熔融＋盐水淬火为主。目前人们对该体系材料的研究兴趣主要集中在探究不同框架结构及填充原子对材料热电性能的影响规律方面，希望找到一种既可以有效地增加声子散射又可以过滤高能载流子的特殊结构，从而使材料具有更高的热电优值。

4.4.3.3　高温热电材料

（1）$Si_{1-x}Ge_x$ 合金

纯 Si 的带隙较大（E_g 约为 1.1eV），并不适合作为热电材料，但 Ge 的禁带宽度较小（E_g 约为 0.7eV）。由于 Si 和 Ge 晶体结构相同（如图 4.17，二者均属于金刚石结构类型），晶胞参数差异较小，因此可以形成无限固溶体。形成固溶体的好处有两点：一方面可以增加点缺陷浓度，降低声子运动的平均自由程，进而减小晶格热导率，例如 20% Ge 固溶合金的晶格热导率比 Si 降低了近一个数量级；另一方面，形成固溶体可以优化材料的带隙，进而获得较高的功率因子。

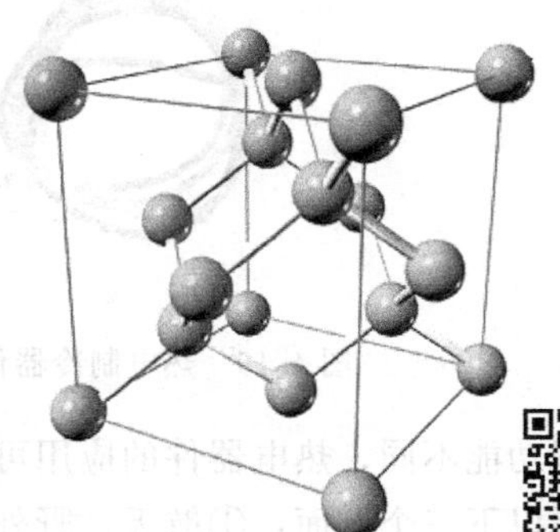

图 4.17　Si 的晶体结构

$Si_{1-x}Ge_x$ 合金的制备一般采用机械合金化，也可以采用固相反应、熔体旋甩、物理气相沉积等其他方法。相比其他高温热电材料，$Si_{1-x}Ge_x$ 合金虽然含有昂贵的 Ge 且热电优值并不太高，但是服役时间长和简单的制备工艺使得其仍然具有广阔的应用前景。目前该体系的研究热点是如何采用其他元素替代 Ge，以降低材料的生产成本。

（2）Zintl 相 $Yb_{14}MnSb_{11}$

$Yb_{14}MnSb_{11}$ 也是近年来人们关注较多的一类具有 Zintl 化合物特点的高温热电材料。Zintl 化合物是人们在研究磁性材料时发现的一类材料，化学通式为 $A_{14}MPn_{11}$（A 代表一种碱土金属或稀土元素，M 代表一种过渡金属或主族金属，Pn 代表ⅥA 族元素）。其晶体结构与 $Ca_{14}AlSb_{11}$ 相似（可参看图 4.18），每个晶胞由十四个 Yb^{2+}、一个 $[MnSb_4]^{9-}$ 四面体、一个 $[Sb_3]^{7-}$ 阴离子团以及四个位于 $[MnSb_4]^{9-}$ 和 $[Sb_3]^{7-}$ 之间的 Sb^{3-} 构成。虽然它是一种半导体，但随着温度的变化，该化合物会表现出微弱的金属或半金属特征。

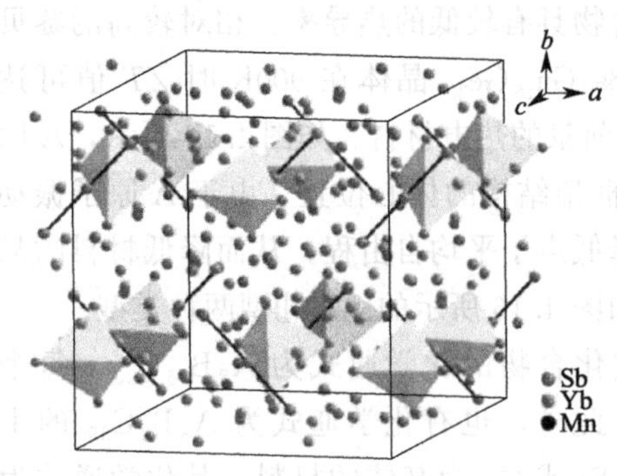

图 4.18　$Yb_{14}MnSb_{11}$ 的晶体结构

该材料的性能特点是功率因子较低，但热导率也较低。其较低的热导率主要来源于三方面因素，即较大的晶格常数、复杂的晶体结构以及一定比例的离子键成分。比如 $Yb_{14}MnSb_{11}$ 在 1200K 时的功率因子仅为 $6\times10^{-4}W\cdot m^{-1}\cdot K^{-2}$，但热导率也仅为 $0.7\sim0.9W\cdot m^{-1}\cdot K^{-1}$，因此在该温度下材料的热电优值可达到 1.0 左右。尤其在高温段（975～1275K），与同为 P 型半导体的 $Si_{1-x}Ge_x$ 合金（在 873K 时 $ZT_{max}\approx0.6$）相比，$Yb_{14}MnSb_{11}$ 的热电优值几乎是 $Si_{1-x}Ge_x$ 的两倍。因此在不久的将来，$Yb_{14}MnSb_{11}$ 极有可能取代在高温 P 型热电材料领域中占主导地位的 $Si_{1-x}Ge_x$ 合金。

4.4.4 热电材料器件

热电材料器件的基本结构如图 4.19 所示，一般是由 P 型和 N 型半导体通过电极串联而成的 π 型结构。

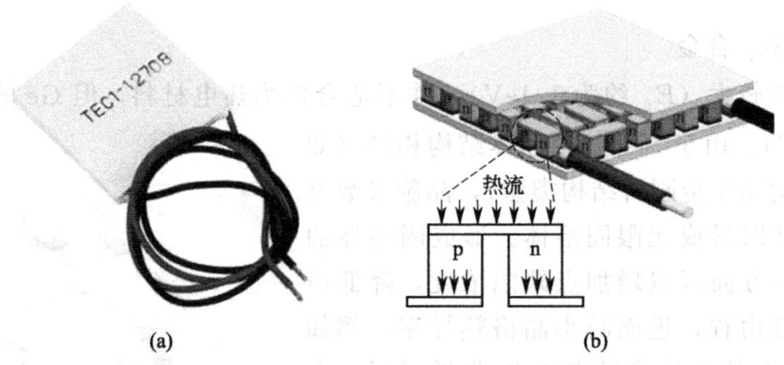

图 4.19　热电制冷器件实物（a）与热电器件的基本结构（b）

根据功能不同，热电器件的应用可分为发电和制冷两个领域。其中热电发电的应用领域主要包括以下三个方面：①航天、野外及海洋作业等特殊领域所使用的发电装置，比如美国宇航局发射的旅行者号探测器及卡西尼号探测器等外太空探测器就使用了放射性同位素温差发电装置；②利用阳光中长波段光的红外加热效应实现温差发电，该技术一般与光伏发电联合使用，以提高太阳能利用率，比如 2005 年中日双方科技人员联合开发了太阳能全光谱（200～3000nm）热电-光电复合发电技术，分别利用 200～800nm 及 800～3000nm 波段的阳光进行光伏发电和热电发电；③利用垃圾焚烧、工厂锅炉及汽车发动机废热等实现温差发电，以提高热能利用率并减少对环境的污染。

20 世纪 50～60 年代，由于人们对无冰制冷技术的迫切需求，热电制冷技术得到了迅猛发展。但随着以氟利昂为代表的新型制冷技术的问世，热电制冷技术由于制冷效率低，逐步陷入了停滞状态。20 世纪 90 年代末期，人们逐渐认识到了氟利昂等制冷剂对大气层的破坏作用，环境友好、无噪声、结构简单的新型制冷技术成为了新的追求目标。与此同时，航天科技、超导、计算机及微电子技术的迅速发展对散热装置提出了控温精确、结构简单、无噪声且寿命较长等新的要求，热电制冷在芯片散热，红外探测器、激光器等精密仪器的精确控温以及生物医疗用品的便携冷藏等方面得到了广泛应用。

热电制冷及热电发电器件选材的依据主要是材料的热电优值 ZT 曲线，即根据最高 ZT 值所处的温度范围决定材料的适用温度范围。如图 4.20 所示，$(Bi, Sb)_2(Se, Te)_3$ 的 ZT 值在 0～200℃范围内较高，常用于热电制冷或者在 0～200℃温区内热电发电。而 $Si_{1-x}Ge_x$ 在 800～1000 ℃温区内的 ZT 值较高，适用于高温热电发电。热电材料研究领域目前公认的最具应用前景的中温热电材料是方钴矿结构化合物。

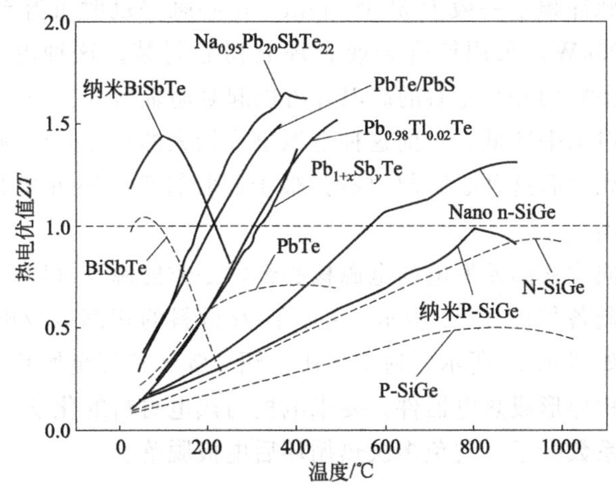

图 4.20 不同材料体系的热电优值 ZT 曲线

例 1 放射性同位素温差发电装置

热电发电可以实现长时间供电且无需维护，在一些特殊供电场合颇受欢迎。此时需要解决的问题是提供稳定的热源。同位素在衰变过程中可以稳定地释放热能，并具有能量密度高、可靠性高、寿命长等特点，放射性同位素温差发电装置早在 20 世纪 70 年代就受到了大家的关注，基本结构如图 4.21。

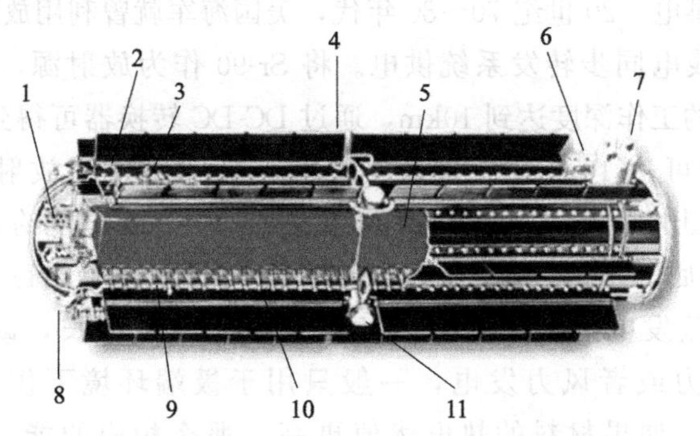

图 4.21 同位素温差发电装置的基本结构

1—热源支撑件；2—冷却管；3—气体控制构件；4—外壳；5—放射性热源；6—主动冷却系统；7—压力释放构件；8—法兰；9—绝热层；10—$Si_{1-x}Ge_x$ 热电堆；11—支撑构件

① 心脏起搏器电源 早期心脏起搏器主要采用锌汞电池供电，但这种电池的寿命一般为 2～3 年，也就意味着患者后期需要进行多次手术更换电池。后来心脏起搏器采用了可反

复充电的镍镉电池，利用充电器以感应的方式向患者体内的电池充电。这种电池的充放电周期可达两千多次，寿命约为 15 年。但这种电池的使用寿命与人的寿命相比仍然太短，对许多年轻患者而言，后期仍然需要开刀更换心脏起搏器电池。因此，人们逐渐把目光投向了放射性同位素温差发电装置。

世界上第一个由放射性同位素温差发电装置供电的心脏起搏器由美国 Medronic 公司制造，采用 Pu-238 作为放射源，其半衰期为 87 年。微型器件中所采用的放射源剂量较小，衰变过程中产生的温度并不高，一般为 100～250℃，正好是 $(Bi, Sb)_2(Se, Te)_3$ 的最佳工作温度范围，热电模块采用的是 $(Bi, Sb)_2(Se, Te)_3$。该电源将启动一个由正弦波发生器控制的脉冲发生器，脉冲频率一般为 62 次/min，在心脏停跳时可升至 72 次/min，整个心脏起搏器功率不足 300μW，采用钛合金或者环氧树脂封装。这种电池的辐射源一般采用 Ta-W 合金封装，可承受 1300℃左右的高温并可以起到防辐射的作用，整个器件表面的辐射比普通夜光手表的辐射水平还低。目前这种电池争议较大的核心是电池的回收问题，许多组织、机构担心植入者死亡后这种心脏起搏器会难于回收管理，还可能引起核废料污染问题，因而限制了其使用范围。

这种依赖放射性同位素温差发电的电源核心组件是放射源及 $(Bi, Sb)_2(Se, Te)_3$ 基热电模块。热电模块的制备如图 4.22 所示，主要涉及材料的切割以及电极的焊接两个方面，其中重难点是焊接。如图 4.19 所示，通常采用如铜、镍、铁等金属片将 P 型和 N 型块体热电材料连接成 π 型结构即形成热电器件。要求电极与热电材料的化学反应尽可能弱甚至不发生反应，同时热膨胀系数接近，避免多次热循环后电极脱落。

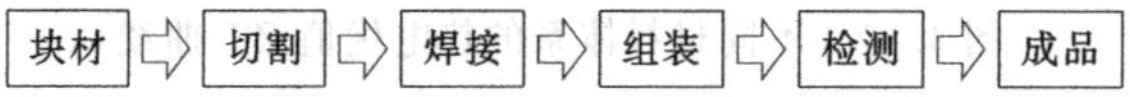

块材 ⇨ 切割 ⇨ 焊接 ⇨ 组装 ⇨ 检测 ⇨ 成品

图 4.22 热电器件的制备工艺流程

用热电材料制备电极的方法有钎焊、压接、真空蒸发、电沉积和化学沉积等。钎焊和热压接已被广泛应用。目前，几乎所有热电制冷组件和所有 $(Bi, Sb)_2(Se, Te)_3$ 基热电发电器件都是使用钎焊法制作的。

② 海洋监测系统供电　20 世纪 70～80 年代，美国海军就曾利用放射性同位素温差发电装置给大西洋海底的无线电同步转发系统供电。将 Sr-90 作为放射源，热电模块也采用 $(Bi, Sb)_2(Se, Te)_3$，设计的工作深度达到 10km，通过 DC-DC 转换器可得到 24V 输出电压，功率不低于 1W，工作寿命可达 10 年。后来，还采用了 Pu-238 作为放射源，额定输出功率为 0.5W，使用 15 年后输出功率仍可维持在 0.5W 附近，总共输出电能约为 65.7kW·h。这种发电装置对于海底或者地底下光缆、电缆中各种传感器的长期供电有着巨大优势。

放射性同位素温差发电的突出优势是免维护、使用寿命长，缺点是发电效率太低，不如传统的火力、水力或者风力发电，一般只用于极端环境下供电，例如低功率的深空或者深海探测器等。如果材料的热电优值更高，那么相应的能量转换效率也会更高，意味着在相同热量下产生的电能更多，提高热电优值是目前热电材料研究领域最紧迫的任务。

例 2　热电冰箱

热电冰箱也称为半导体冰箱，利用珀尔帖效应制冷，体积较小，一般为 9～11L，如野餐冷箱、车载冰箱、便携式红酒柜等实现食品、饮料、生物医疗制品以及化学药品的冷藏。

图 4.23(a) 为车载热电冰箱，图 4.23(b) 为热电冰箱基本结构，制冷功率约为 20W。采用 $(Bi, Sb)_2(Se, Te)_3$ 热电制冷模块。模块冷端通过蓄冷块与铝制内胆直接接触，模块热端与散热片接触，内胆与外壳之间有厚度约 3cm 的发泡绝热层。箱内温度可以比环境温度低 20～25℃。除了在冰箱底部外，还可在其侧面及顶部安装多个制冷模块，制冷温度可以进一步降低，目前有些国外品牌热电冰箱已经可以做到－10℃。例如美国 Hylan 公司曾推出过一款容积为 46L 的热电冰箱，用于列车上食品及饮料的冷藏，直接使用了列车的 74V 直流电源，冰箱内温度可比环境温度低 30℃。除了家用以外，热电冷藏箱以其方便携带、不易损坏、使用方便等优点在生物医疗制品如血液制品、疫苗、器官的冷藏运输方面发挥了巨大作用。常规民用的冷藏箱容积较小，一般不到 1L，箱内温度一般固定在 4℃左右，采用常规电池供电即可。如果有特殊需求，也可以将这种冷藏箱做成大容积箱体，例如美国曾推出了容积为 57L 的军用冷藏箱，用于野战环境下医疗物资及器械的冷藏运输。

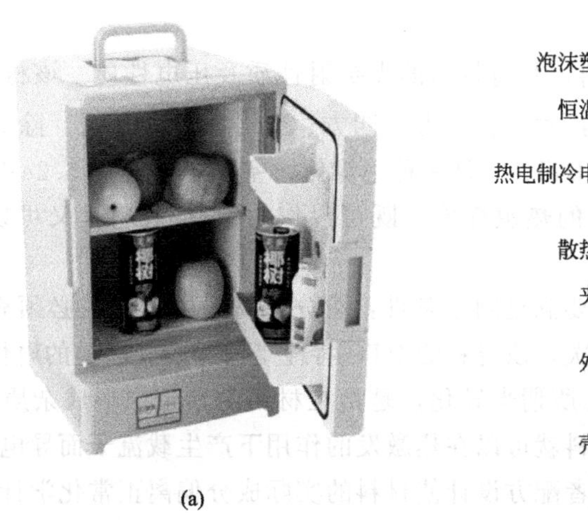
(a)

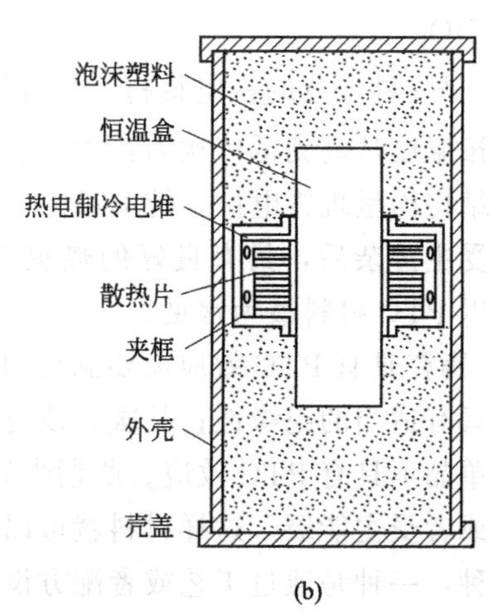

(b)

图 4.23　车载热电冰箱 (a) 和热电冰箱的基本结构 (b)

4.5 热敏材料与器件

4.5.1 热敏材料简介

根据电阻温度系数的不同，将热敏材料分为负温度系数（NTC）热敏材料和正温度系数（PTC）热敏材料两大类型。

目前市面上常用的 NTC 热敏材料大多是 Mn-Co-Ni-Cu-Fe 系过渡金属氧化物陶瓷。这种由尖晶石结构材料制备的 NTC 热敏电阻具有灵敏度高、响应快、体积小、寿命长、成本低等优点，其使用温度范围通常为－50～300℃。目前具有代表性的新型 NTC 热敏材料主要是一些具有钙钛矿结构（即 ABO_3 型，如图 4.24）的氧化物陶瓷，例如 $BaTiO_3$、$(Ba, Sr)(Bi, Fe)O_3$、$RE(Cr,Mn)O_3$ 等。而 PTC 热敏材料包括 $BaTiO_3$、V_2O_3 以及聚合物高分子材料等。

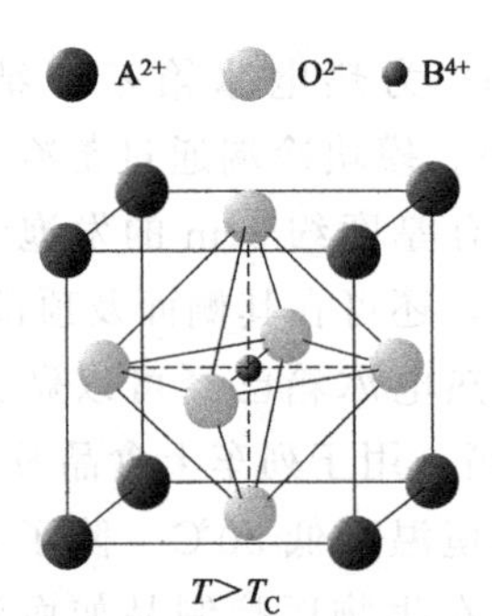

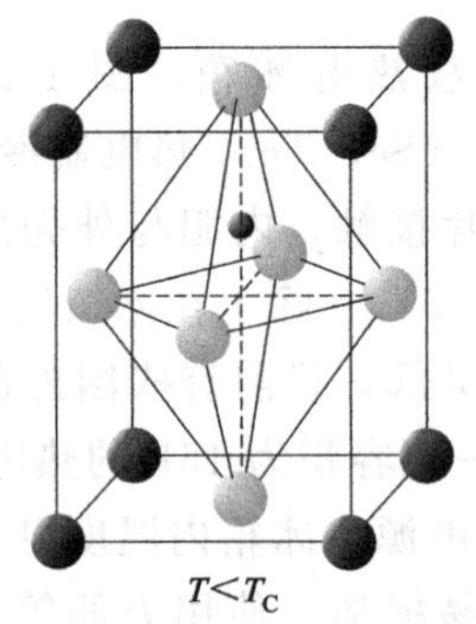

图 4.24 ABO_3 型钙钛矿结构示意图

4.5.2 常见热敏材料

4.5.2.1 钙钛矿结构材料

（1）$BaTiO_3$

$BaTiO_3$ 是一种经典的铁电材料，具有特殊的光折射性质及压电性质。该材料存在五种晶体结构，按温度从高到低依次为：六方、立方、四方、斜方及三方晶系。除立方晶系外，其余的晶体结构均呈现铁电性。纯 $BaTiO_3$ 是一种绝缘体，室温带隙约为 3.2eV，经过适当的施主或者受主掺杂后，具有良好的热敏性能，既可以作为 PTC 材料，又可以作为 NTC 材料，其中以 PTC 材料最为常见。

$BaTiO_3$ 陶瓷具有 PTC 效应需要满足两个条件：首先，材料中的晶粒必须充分半导化，同时晶界要具有适当的绝缘性；其次，该材料的 PTC 特性是由晶粒和晶界的电性能决定的，没有晶界的单晶不具有 PTC 效应。所谓半导化，是指在材料的禁带中形成杂质能级，也就是施主能级或者受主能级。这样材料就可以在热激发的作用下产生载流子而导电。半导化的方法分为两种：一种是通过工艺或者配方设计使材料的实际成分偏离正常化学计量比，例如在氧化物半导体陶瓷的制备过程中，通过控制烧结温度、烧结气氛以及冷却气氛等，形成含有大量氧空位的 $BaTiO_{3-\delta}$；另一种是掺杂，也就是在材料晶胞的某个格点掺入少量高价或低价杂质离子，引起氧化物的能带畸变，分别形成施主能级或受主能级，从而形成 N 型或 P 型半导体。由于半导体掺杂技术更为成熟，半导体的成分可控性更好，因此这种方法用途最广。

$BaTiO_3$ 基 PTC 材料的研究较为成熟，材料的常见改性措施是在 Ba^{2+} 位置进行掺杂，例如典型的成分为 $Ba_{0.93}Pb_{0.03}Ca_{0.04}TiO_3$。在降低室温电阻率方面，双施主掺杂（即同时在 Ba^{2+} 和 Ti^{4+} 位置进行掺杂）的效果要优于单施主掺杂（只在 Ba^{2+} 位置掺杂），这是因为双施主掺杂将形成多个施主能级，导致其电离施主杂质的浓度较大。此外，同时在 Ba^{2+} 和 Ti^{4+} 位置进行掺杂，晶格发生较大畸变而被活化。在这两方面原因的共同作用下，材料的室温电阻率可以大幅降低。

$BaTiO_3$ 基 NTC 材料主要改性措施：Ti^{4+} 位置掺杂、Ba^{2+} 和 Ti^{4+} 位置同时掺杂以及形成复合材料等。Ti^{4+} 位置掺杂主要指 Fe、Co、Ni 等低价阳离子的受主掺杂，代表性成分有 $BaTi_{1-x}Fe_xO_3$、$BaTi_{1-x}Co_xO_3$、$BaTi_{0.9-x}Ni_{0.1}Co_xO_{3-\delta}$ 等。Ba^{2+} 和 Ti^{4+} 位置同时掺杂主要指采用ⅡA 族以及镧系高价阳离子在 Ba^{2+} 位置进行施主掺杂，同时采用 Fe、Co、Ni 等

低价阳离子在 Ti^{4+} 位置进行受主掺杂，例如 $Sr_xLa_{1-x}Ti_{x+y}Co_{1-x-y}O_3$。近年来 $BaTiO_3$/$BaBiO_3$、$BaBiO_3$/$SrTiO_3$ 等两相复合材料也受到了研究者的广泛关注。

需要注意，以上各种杂质的掺杂量一般在 0.2%～0.3%之间，稍高或稍低均可能导致 $BaTiO_3$ 重新绝缘化，此时材料将不具备热敏效应。

(2) (Ba,Sr)(Bi,Fe)O_3

(Ba,Sr)(Bi,Fe)O_3 体系可视为 (Ba，Sr)BiO_3 体系与 (Ba，Sr)FeO_3 体系形成的置换固溶体，后面这两种体系均可单独用作 NTC 热敏材料，材料性能的优化方法与 $BaTiO_3$ 体系相似，代表性体系有 $BaBi_{1-x}Sb_xO_3$、$BaFe_{1-x}Sn_xO_3$、$SrFe_{1-x}Sn_xO_3$、$BaBiO_3$/$BaFe_{0.4}Sn_{0.6}O_3$ 等。

上述钙钛矿结构热敏材料的改性方法具有一些共同之处，即均采用阳离子位置掺杂或者多相复合方式调控材料的电性能。掺杂方式可概括为三种，即 A^{2+} 位置掺杂、B^{4+} 位置掺杂以及 A^{2+}/B^{4+} 位置双掺杂。多相复合包括绝缘相与热敏相复合、热敏相与热敏相复合等。

(3) RE(Cr,Mn)O_3

稀土钙钛矿结构材料在 NTC 热敏材料中占有非常重要的地位，最具代表性的是 $YCrO_3$。$YCrO_3$ 热敏特性较好，但在高温下极难烧结致密，疏松多孔的微结构导致其抗老化能力远逊于 $BaTiO_3$ 等传统材料。

稀土钙钛矿结构材料的改性方法也是 A^{2+} 位置掺杂、B^{4+} 位置掺杂、A^{2+}/B^{4+} 位置双掺杂或者多相复合。A^{2+} 位置掺杂如 $Y_{1-x}Ca_xCrO_3$、$La_{1-x}Sr_xO_3$ 等，B^{4+} 位置掺杂如 $YCr_{1-x}Mn_xO_3$、$YCo_{1-x}Mn_xO_3$ 等，A^{2+}/B^{4+} 位置双掺杂如 $Y_{0.9}Ca_{0.1}Cr_{1-x}Mn_xO_3$ 等，多相复合如 Y(Cr，Mn) O_3/Y_2O_3、$YCr_{0.5}Mn_{0.5}O_3$/(CeO_2+Y_2O_3) 等。许多稀土钙钛矿结构材料在烧结时都会复合适量 Y_2O_3、CeO_2 等稀土氧化物，这些氧化物会随机分散在基体材料的晶界，实现改善基体材料电性能和提高材料烧结致密度的目的。

对材料进行掺杂是为了改善导电性，降低室温电阻率；复合第二相一般是为了改善材料的电性能和烧结性能。钙钛矿结构热敏电阻材料的改性目的可概括为三个方面：通过掺杂改变能带结构实现晶粒半导化，降低室温电阻率；利用晶界受主状态形成可控晶界势垒，进而调控 PTC 效应；采用高温铁电型温度移动剂调控材料的居里温度。

稀土钙钛矿结构材料的制备工艺可分为粉体制备和烧结两个部分，其中烧结方式有无压烧结、热压烧结、SPS 烧结、微波烧结、热等静压烧结等。通过细化陶瓷粉体的粒径或者选择合适的烧结助剂以降低烧结温度，提高最终材料的致密度。目前代表性的 $YCrO_3$ 陶瓷粉体制备方法有溶胶-凝胶法、共沉淀法、固相反应法等，前两种方法容易得到纳米粉体，有利于改善材料的烧结特性。

4.5.2.2 V_2O_3

如图 4.25 所示，V_2O_3 体系主要成分是 V_2O_3，固溶少量 Cr_2O_3、Fe_2O_3、Al_2O_3、In_2O_3 或者复合少量 SnO_2，只能用作 PTC 热敏材料。与其他 PTC 材料相比，其在常态下有比较低的电导率。其 PTC 效应源于 V_2O_3 金属-绝缘体相变所诱发的体效应，该相变是一个典型的由电子强关联作用引起的莫特转变，相变过程中没有晶体结构的变化，可用于过电流保护。由于该材料的 PTC 效应来源于体效应，因此它的 PTC 特性不受电压和频率的影响。

V_2O_3 的金属-绝缘体相变机理如下：当温度达到 160K 左右时该体系发生一级相变，由

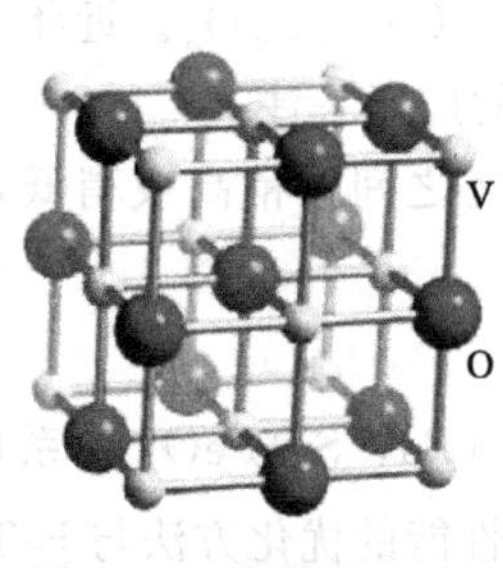

图 4.25 室温下 V_2O_3 的晶体结构示意图

反铁磁绝缘相转变为顺磁金属相，晶体结构由单斜晶系向菱方晶系转变，体积变化约 1.5%，电阻率变化不大，且电阻率变化呈现出 NTC 特性。当温度达到 373～393K 时发生顺磁金属相到顺磁绝缘相的转变，其转变温度随掺杂介质的浓度、外界的压力等因素而变化，且该相变过程中晶体的对称性没有变化，体积变化约 1.2%，电阻率变化呈 PTC 特性，电阻率增大 10^2～10^3 倍。在 373～393K 发生的顺磁金属相到顺磁绝缘相的转变格外引人关注，是比较典型的莫特转变。由于此过程涉及电子强关联作用、费米流体行为、电子-声子耦合作用、短程自旋相关作用等复杂机理，吸引了大批物理、材料等领域学者采用多种实验方法和不同理论对其导电性质进行解释。

由于 V_2O_3 体系的电阻率远低于常见的 $BaTiO_3$ 体系，室温时电阻率可达 $0.1\Omega \cdot m^{-1}$，因此在大电流过流保护元件方面有更大的优势，能够替代熔断器、断路器和真空开关等大功率条件下应用的过流保护元件。但该体系的开关温度范围较窄，热敏指数较低。

4.5.2.3 聚合物高分子复合材料

聚合物高分子复合材料是一种新型 PTC 热敏材料，主要由聚合物基体相和功能相（填充颗粒）两部分构成，基本结构如图 4.26 所示。

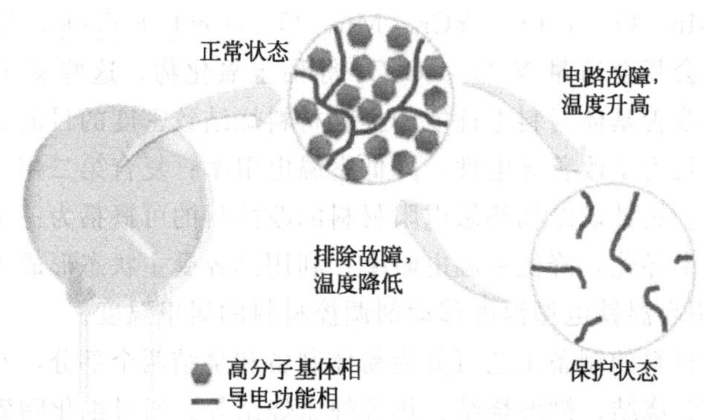

图 4.26 聚合物高分子 PTC 热敏材料结构示意图

这种 PTC 材料的聚合物基体相既可以是一种高分子树脂也可以是多种高分子树脂，基体相主要起着系统框架的作用，给功能相的运作提供一个保障。功能相由一种或多种导电颗粒组成，常见的导电颗粒有炭黑、石墨粉、碳纳米管、石墨烯、碳纤维等导电介质。功能相的作用是在复合材料中形成一个导电通路。PTC 材料首先必须是一种导电材料，其次导电颗粒的加入也会对整个 PTC 复合材料的强度和相关力学性能产生一定影响。所以提高聚合物高分子复合材料的 PTC 效应一般有两种方法：一是改变基体相的基体材料，例如对基体聚合物材料做一些化学处理如偶联剂处理，热处理如热交联，氧化剂处理，加入成核剂，加入二元聚合物等；二是以功能相的导电颗粒为切入点，改变导电颗粒的粒径、相对含量，以及导电颗粒在基体材料中的分散均匀性等。另外，也可以对导电颗粒进行表面改性处理如硅烷偶联剂改性处理，以加强填料颗粒表面与基体的界面结合性。

聚合物高分子复合 PTC 材料最突出的特点是材料的电阻率随着温度升高而增大，在结晶聚合物的熔点附近，电阻率甚至可升高十几个数量级。该体系综合了无机填料的导电性和聚合物良好的柔韧性、机械加工性能，具有较好的综合性能，即较低室温电阻率、低成本、易于加工成型等，但也存在开关温度范围窄、不耐高温、强度低、响应慢、易老化等问题。

4.5.3 热敏材料器件

4.5.3.1 热敏材料的制备及热敏材料器件的组装

热敏陶瓷器件的制备过程与其他电子陶瓷制备过程相似，如图 4.27 所示。制粉可以采用固相反应、共沉淀、溶胶-凝胶、水热、球磨、燃烧合成等常规方法。造粒是指在已经研磨好并烘干的粉料中加入适量的黏结剂，采用一定的方法将粉体制成尺寸较小的球状小颗粒。常用的黏结剂有聚乙烯醇 PVA、聚乙二醇 PEG 等。生坯成型的方式一般有干压成型和挤压成型两种：干压成型最简单，用途最广泛；挤压成型主要用于一些形状较复杂的生坯成型。氧化物热敏陶瓷对烧结工艺参数要求较为严格，除了烧结温度、保温时间外，还需要严格控制烧结气氛以及氧分压，有时为了降低烧结温度还会加入少量烧结助剂。制备电极可以采用物理气相沉积、磁控溅射、电镀、热喷涂、丝网印刷等常规方法。

制粉 ⟹ 造粒 ⟹ 生坯成型 ⟹ 烧结 ⟹ 制备电极 ⟹ 质量检测

图 4.27　热敏陶瓷器件的制备工艺流程

4.5.3.2 热敏材料实际应用

热敏器件在温度测量、温度控制、温度补偿、液面测定、气压测定、开关电路、过载保护、脉动电压抑制、自动增益调整等领域有着重要作用。表 4.1 列举了热敏电阻的一些常见用途。

表 4.1　热敏电阻的常见用途

应用领域	具体实例
家用电器	冰箱、电饭锅、洗衣机、空调、电烤箱、热水器等
汽车	电子喷油嘴、发动机防热装置、车载空调、液位计等
办公设备	打印机、复印机、传真机等
仪器仪表	流量计、真空计、湿度计、风速计、环境污染检测设备等
农业生产	暖房培育、育苗、烟草干燥等
医疗	电子体温计、人工透析、CT 诊断等

例 1　电阻温度计

NTC 热敏电阻的灵敏度非常高，特别适合作温度传感器。使用 NTC 热敏电阻进行温度测量及控制不仅具有精度高的特点，而且具有价格低廉、安装方便等优势。目前 NTC 热敏材料大多是 Mn-Co-Ni-Cu-Fe 系过渡金属氧化物陶瓷。这种由尖晶石结构材料制备的 NTC 热敏电阻使用温度范围通常为－50～300℃。在选择合适的热敏电阻时有以下因素需要考虑：①所需温度范围（一般－55～300 ℃）；②所需电阻值范围；③要求的测量精度；④环境（介质）；⑤要求的时间常数；⑥外观及尺寸要求。常见 NTC 热敏电阻的基本结构如图 4.28 所示。

NTC 热敏电阻进行温度测量所用的电路一般是惠斯通电桥。图 4.29(a) 为常见的圆盘状 NTC 热敏电阻。图 4.29(b) 为 NTC 热敏电阻温度计的电路图，图中 R_T 为 NTC 热敏电

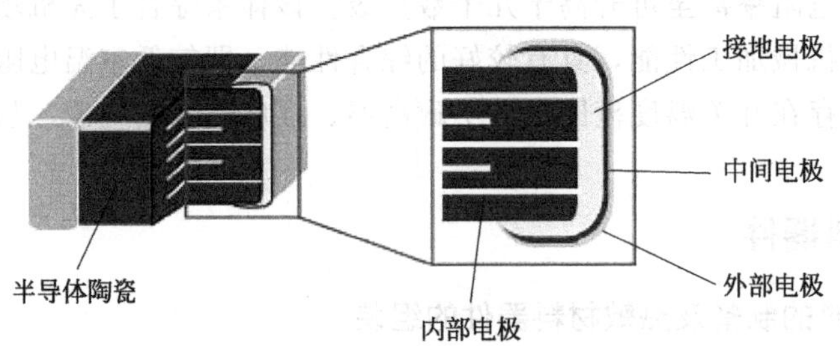

图 4.28 NTC 热敏电阻的基本结构

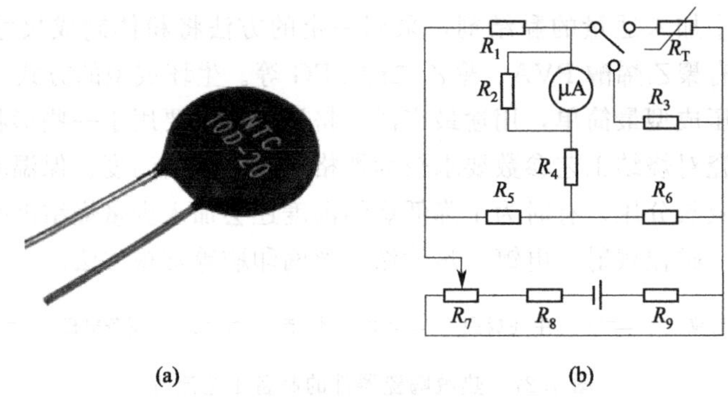

图 4.29 圆盘状 NTC 热敏电阻（a）和 NTC 热敏电阻温度计电路图（b）

阻，由于该电阻的阻值会随着温度发生变化，因此电桥对角线上微安表的示数也会发生相应变化。这种热敏电阻温度计的测量精度一般可以达到±0.1℃，感温灵敏度一般≤10s。

同理，该电路也可用于温度控制，NTC 热敏电阻及其传感器可用于控制继电器或其他电路装置。当温度发生变化时，热敏电阻的阻值改变，电桥失去平衡，有电流流经继电器，利用继电器控制加热器，就可以实现电路的温度控制。

例 2　控制电动机的启动

电动机的启动过程较为复杂。在启动瞬间，电动机要克服自身的惯性，同时还要克服负载的反作用力（例如冰箱压缩机启动时需要克服制冷剂的反作用力），因此需要较大的电流和转矩。发动机启动后，为了节约电能，维持电机转动的转矩需要大幅度减小，一般做法是给电动机增加一组辅助线圈，只在发动机启动时工作，启动后就断开该线圈的控制电路。将 PTC 热敏电阻串联在启动辅助线圈的电路中，启动后 PTC 电阻进入高阻态，正好可以切断辅助线圈电路，实现电路的开关控制。

PTC 热敏电阻应用于压缩机启动时的电路图如图 4.30 所示，图 4.30(a) 是电动机启动 PTC 热敏电阻的实物，图 4.30(b) 是分相式压缩机启动电路，$L1$ 为电动机 M 的主绕组，$L2$ 为辅助绕组，$L2$ 与热敏电阻 R_T 串联形成启动电路。在电动机启动瞬间，R_T 处于常温态，其阻值与 $L2$ 的阻抗相比可忽略不计，因此启动电路导通，保证了足够大的启动电流。随着通电时间的延长，R_T 自热升温，阻值迅速增大，并远大于 $L2$ 的阻抗，此时启动电路近似于开路。这种电路常见于往复式压缩机。图 4.30(c) 是电容式压缩机启动电路，与分相式压缩机的启动电路非常相似，只是在启动电路上多串联了一个电容 C，其目的是增大 $L1$ 与 $L2$ 之间的电流相位差，从而提高电动机的启动转矩，这样做即便电源电压低于正常值，电动机也能正常启动。这种电路常见于旋转式压缩机。

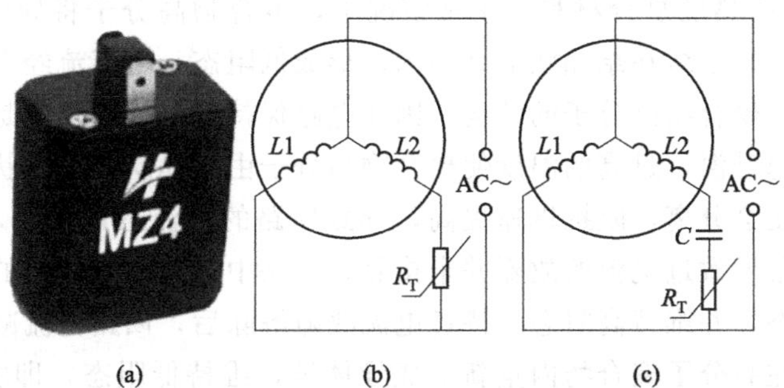

图 4.30　电动机启动 PTC 热敏电阻（a）、分相式压缩机启动电路（b）和电容式压缩机启动电路（c）

PTC 热敏电阻应用于变频空调时的启动电路如图 4.31 所示。电源电压经 R_T 加载到整流滤波电路上，对电容器充电至设定值，然后功率模块 IPM 启动，将输入的直流电压逆变为三相交流电，加载至三相交流电动机绕组上使电动机正常工作。同时电容器充电至设定值后，经功率模块输出一直流电压至继电器吸合开关 K，R_T 被短接，停止工作。

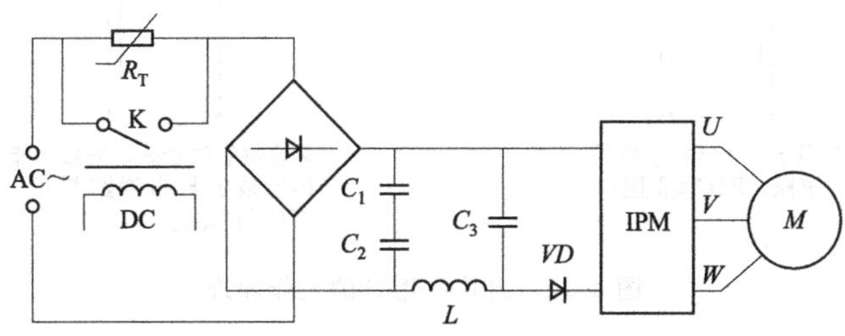

图 4.31　变频空调的启动电路

在该电路中，串联热敏电阻可起到过载保护作用，即避免在通电瞬间整流滤波电路直接承受大电流冲击，造成电子元器件损坏。如果继电器损坏，无法正常吸合，热敏电阻 R_T 在通电后自热升温，阻值迅速增大，使电路等同于开路，可以起到保护电路的作用。为确保变频空调压缩机具有良好的启动特性及过载能力，在选择 PTC 热敏电阻时需要考虑以下因素：①选择合适型号及阻值的 PTC 热敏电阻，一般建议其室温电阻选 22～100Ω；②热敏电阻的居里温度一般比压缩机的温度高 30～50℃，一般选择 100～140℃；③残余电流一般选择 5～10mA；④恢复时间一般≤ 90s；⑤最大电压一般为 500～800V。

例 3　锂离子电池的安全管理

锂离子电池在各种电子消费品中的应用非常广泛，但锂离子电池对充放电十分敏感。当电池两端电压过高或者电流过大时，会出现电池漏液、冒烟、燃烧和爆炸的危险。过充电或者过放电即便不引起电池自燃或者爆炸，也会导致电池内部发热，严重缩短电池的循环使用寿命。因此，往往要在锂离子电池中增加保护电路，其目的是对电池充放电时的各种性能参数进行监控，保证电池的寿命和功能，避免电池以及外部设备（如电脑主板、手机等）受到损坏。

锂离子电池内的 PTC 热敏电阻一般被业内称为“自恢复熔丝”，其特点是当温度达到某个特定值时，电阻值显著增大，相当于断开回路；当温度降低后，其阻值减小，电路自动复位导通，这种“断开-导通”的过程可重复成千上万次。这种自恢复熔丝所用的主要材料就是聚合物高分子PTC热敏复合材料。正常情况下，聚合物高分子将导电颗粒（例如炭黑、金属、金属氧化物等）束缚在结晶状的结构内，形成低阻态，电流流经自恢复熔丝所产生的热量极小，不会改变聚合物高分子的结构，因此电路保持低阻导通。但是，当电流急剧增大时，自恢复熔丝迅速升温，过高的温度使聚合物高分子由结晶状变为胶状，束缚在聚合物高分子内的导电颗粒便会分离，阻抗迅速提高，导致回路的电流迅速减小，达到保护的目的。回路电流变小后，若导致过电流的故障并未排除，回路中仍将维持一定的电流值，使自恢复熔丝维持在发热状态，并维持高阻态。待过电流故障解除后，回路电流减小，自恢复熔丝温度降低，导电颗粒在高分子聚合物内重新形成导体链，维持低阻态，即实现了自恢复功能，其工作原理如图4.32所示。

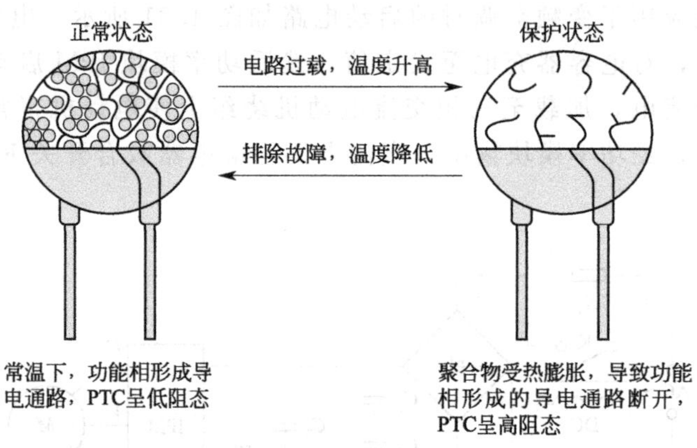

图4.32 自恢复熔丝的工作原理

由于自恢复熔丝具有上述特性，因此在许多小型电子消费品（例如手机、iPad、数码相机等）的锂离子电池中广泛应用以达到过电流和短路保护的目的，提高了电池的安全性，其工作电路及产品实物如图4.33所示。衡量自恢复熔丝优劣的两个重要参数是保护动作时间和内阻。保护动作时间与内阻、环境温度、动作前流过的电流大小等因素有关。一般而言，环境温度越高，内阻或者电流越大，那么自恢复熔丝温度升高得越快，保护动作也就越快。自恢复熔丝一般串联在电源电路中，会消耗一定的电能，从能耗角度来说，希望内阻越小越好，但内阻小会导致过电流保护动作变慢，并使保护后维持其发热的电流较大，因此在实际应用中，需要根据具体的应用场景选择正确型号的自恢复熔丝。

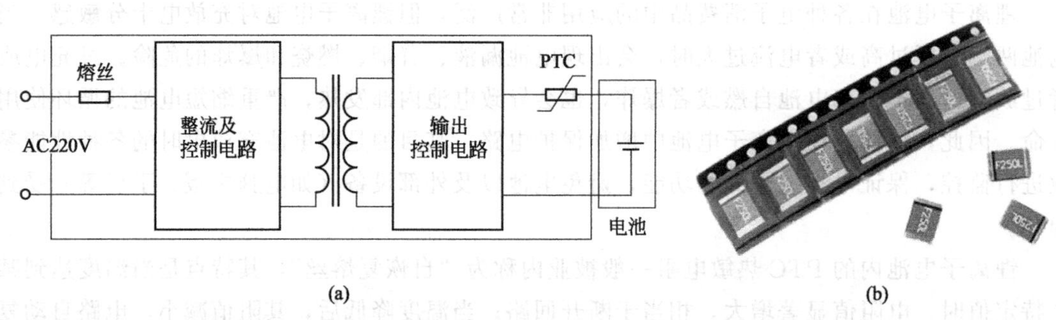

图4.33 锂离子电池中自恢复熔丝电路控制简图（a）和贴片自恢复熔丝（b）

4.6 光电材料与器件

4.6.1 光电材料简介

光电产业是 21 世纪的第一主导产业，具有极高的经济效益和战略地位，涉及太阳能光伏、发光二极管、平板显示、激光、计算机、通信、信息储存等众多领域。而光电材料是整个光电产业的基础和先导。能够产生、转换、传输、处理、储存光信号的材料统称为光电材料，包括光电发射材料、光电导材料和光电动势材料。

光电探测器是利用光电效应最早发明的光电器件；1929 年，科勒研究发明了银氧铯光电阴极，代表了光电管的问世；1939 年，苏联的兹沃雷金制成了可以应用的光电倍增管；20 世纪 30 年代末，可探测到 3μm 光波的硫化铅红外探测器问世；20 世纪 50 年代中期，可以探测可见光波段的硫化镉、硒化镉、光敏电阻和近红外波段硫化铅光电探测器投入使用；1954 年，美国贝尔实验室发明出第一个硅基太阳能电池；1960 年，美国的科学家梅曼研制出世界上第一台激光器（红宝石激光器）；1964 年，美国 RCA 公司发现了液晶的光电效应，奠定了液晶显示器的技术基础；1966 年，光纤技术开始发展；20 世纪 90 年代，光电技术在储存领域取得成功。

4.6.2 光电发射材料

光电发射材料可以产生外光电效应，即光照射到材料上会激发逸出电子。利用材料的这种特性，可以制成光电管和光电倍增管等器件。

根据光电子发射位置，光电阴极材料一般分为反射型与透射型，如图 4.34 所示。反射型采用不透明阴极材料，通常较厚，光线照射到阴极上，光电子从同一侧发射出来，又称为不透明光电阴极。而透射型阴极通常制作在透明介质上，光通过透明介质后入射到光电阴极上，光电子则从光电阴极的另一侧发射出来，又称为半透明光电阴极。

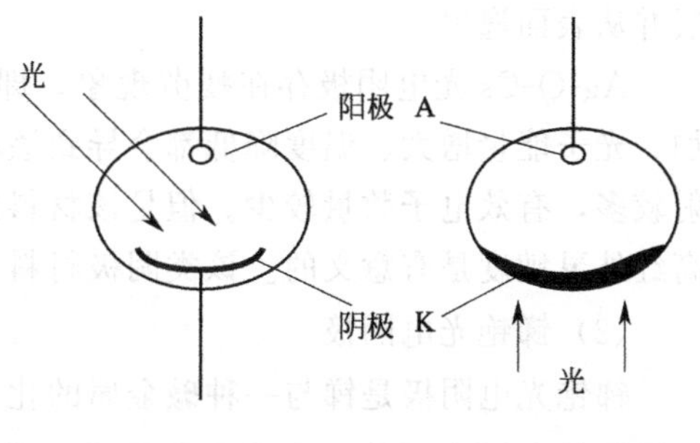

图 4.34　反射型和透射型光电阴极示意图

光电发射材料分为正电子亲和阴极材料（表面势垒高于导带底）与负电子亲和阴极材料（表面势垒低于导带底）。其中正电子亲和阴极材料有银氧铯、单碱-锑和多碱-锑材料，主要应用于光电转换器、微光管、光电倍增管等；负电子亲和阴极材料一般是典型的半导体，例如硅和磷化镓等，主要用在变像管夜视仪上，可在特殊气候条件下照常工作（如无月光、无星光、有云、有雾）。金属光电发射的量子效率很低，光谱响应范围都在紫外或者远紫外区域，只适用于对紫外灵敏的光电器件。目前对可见光、近红外、红外范围内量子效率较高的光电发射材料需求量大，促进了半导体光电阴极的研制。

(1) 银氧铯光电阴极

银氧铯（Ag-O-Cs）光电阴极是最早出现的实用光电阴极，既可以作为反射式阴极材料。又可以作为透射式阴极材料。它的光电逸出功约为 1.06eV，较纯金属银（3eV）和铯（2eV）小很多，容易产生光电发射效应。如图 4.35 所示，银氧铯光电阴极的光谱响应可以从 300nm 到 1100nm，在可见光至近红外区有较高的灵敏度，在 350nm 和 800nm 附近有两个响应峰值。光谱响应极大值处的量子效率不超过 1%。早期在红外变像管中得到应用，可用于红外探测。

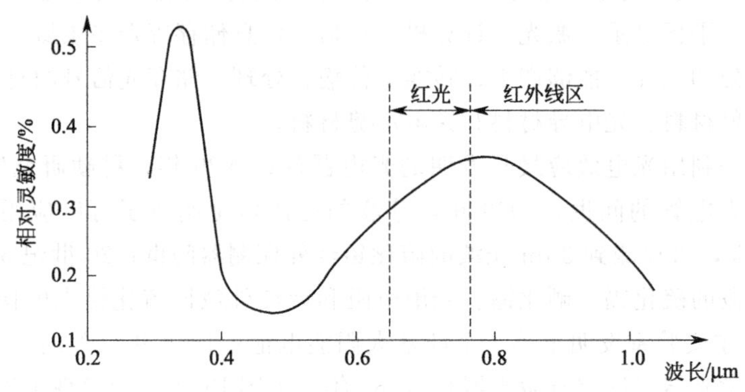

图 4.35 银氧铯光电阴极的光谱响应

银氧铯光电阴极制作工艺简单：在真空条件下，先将 Ag 蒸镀到阴极衬底上，通过控制 Ag 层的厚度调节透过率，随后引入高纯氧气氧化 Ag 膜，再蒸镀铯金属，最后根据需要可再蒸镀 Ag 层。通过控制蒸镀的温度、电流等实现银氧铯光电阴极材料性能的调控。银氧铯光电阴极是由大量银胶粒和银颗粒分散埋藏于氧化铯半导体层中构成。当入射光从玻璃和阴极界面进入阴极层，其中一部分光子被银胶粒中的自由电子所吸收而在胶粒内部产生光电子，由于胶粒和半导体层之间产生了隧道效应，这些光电子很容易进入周围的氧化铯半导体层并从表面逸出。

Ag-O-Cs 光电阴极存在疲劳现象，即随着使用时间延长，电子发射能力下降。光强增加、光子能量增大、温度降低都会导致该材料的电子发射能力快速下降。在室温下热电子发射较多，有效电子数量较少。但是该材料制备工艺简单，成本低，因此延伸它的长波限和提高红外灵敏度是有意义的。该类阴极材料主要在主动微光夜视仪中得到应用。

（2）锑铯光电阴极

锑铯光电阴极是锑与一种碱金属的化合物，也可称为单碱光电阴极。锑铯（Cs_3Sb）光电阴极是 P 型半导体，主要杂质能级为受主能级。由于锑的化学计量过剩导致受主能级处在价带附近，所以 Cs_3Sb 阴极热发射低，电导率高。而且 Cs_3Sb 阴极具有氧敏化特性，即在蒸发的 Cs_3Sb 上再蒸发一层本征 Cs_2O，可以降低 Cs_3Sb 层的电子亲和势，使其积分灵敏度提高 1.5～2 倍，且长波限可增大至 800～900nm。Cs_3Sb 光电阴极的灵敏度比 Ag-O-Cs 光电阴极高得多，疲劳效应小于 Ag-O-Cs 光电阴极。

Cs_3Sb 光电阴极仅由 Cs 和 Sb 两种元素组成，制备工艺简单。几十年来对该光电阴极成分和结构有较深入的研究，所以 Cs_3Sb 光电阴极是目前理论和工艺最成熟的一种光电阴极材料，光电管和光电倍增管的制备多选用该材料。

（3）多碱光电阴极

当锑与几种碱金属形成化合物时，发现其具有比锑铯阴极更高的光电灵敏度，其中包括双碱（如 Sb-K-Cs、Sb-Rb-Cs 等）、三碱（如 Sb-Na-K-Cs）和四碱（如 Sb-Na-K-Rb-Cs）

等，统称为多碱光电阴极。

无论是多碱还是单碱光电阴极，其化学组成为 1 个 Sb 原子和 3 个碱金属原子。多碱光电阴极制备工艺：在过量 Na 的情况下，反复引 K 和 Sb，最终把 Na 和 K 比例调整到接近 2∶1，从而获得最佳灵敏度。典型工艺为：a. 蒸 Sb。缓慢蒸发，使其厚度达到白光透过率大约降到原始状态的 70%～80%。b. 引 K。在 160℃下蒸发 K，使 K 与 Sb 膜发生化学反应生成 K_3Sb，直到其光电流上升至峰值并略有下降。c. 引 Na。在 220℃下。将 K_3Sb 暴露在 Na 蒸气中，使 K 逐渐被 Na 置换，直到其光电流上升至峰值并有明显下降，表明 Na 已过量，这时的化学计量比为 Na_xK_ySb（$x>2$，$y<1$）。d. Sb、K 交替。温度下降至 160～180℃，反复引入 Sb 和少量 K，直至获得最佳灵敏度，即 Na∶K＝2∶1。Sb、K 交替的次数取决于 Na 过量的程度，完成这一步就形成了 Sb 的双键化合物 Na_2KSb 光电阴极。e. Sb、Cs 交替。保持温度在 160℃下，与 Sb、K 交替步骤相同，反复引入 Sb 和 Cs，直到光电流达到峰值为止，最终形成的多碱光电阴极可表示为（Cs）Na_2KSb。需控制好 Sb、Cs 交替，尽量获得较薄的表面层。

4.6.3　光电发射材料器件

光电管与光电倍增管是根据外光电效应原理工作的光电探测器。这两种器件都是利用光电阴极在光照下向真空环境中发射光电子来探测光信号。这种光电探测器属于非成像型的真空光电器件。

例 1　真空光电管

真空光电管是简单的光电探测器件。按照光阴极材料，其可分为锑铯型、银氧铯型等；按照可探测的波段，其可分为对紫外线、可见光和红外线灵敏三种；按接受光的方式，其可分为正面受光型和背面受光型。

真空光电管由收集电子的阳极 A、光电阴极 K、玻璃窗、外壳及相应的电极和管脚组成。按光电管内阳极和阴极位置，可将其分成中心阳极型、中心阴极型、半圆柱面阴极型、平行平板电极型等，如图 4.36 所示。

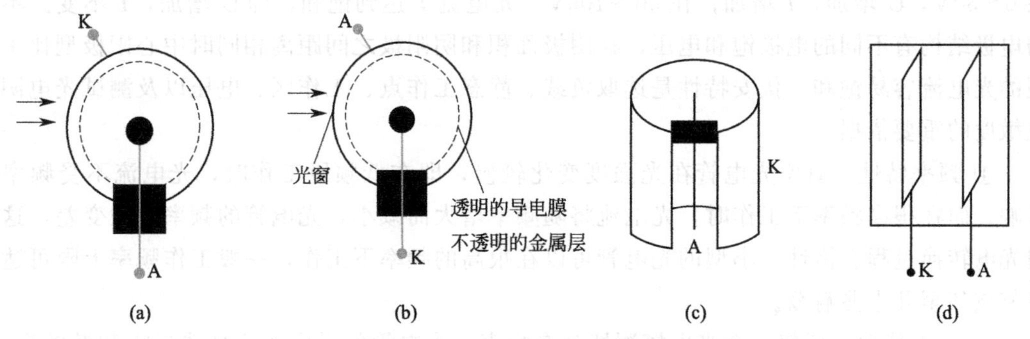

图 4.36　真空光电管的结构

(a) 中心阳极型；(b) 中心阴极型；(c) 半圆柱面阴极型；(d) 平行平板电极型

真空光电管的工作原理是：光电阴极吸收透过窗口入射的光子，产生光电效应，逸出光生电子发射到真空中，在外电场作用下，阳极上有正电压，光电子会在阴极与阳极之间做加速运动，光电子被具有较高电势的阳极所接收，在阳极回路中可以测出光电流 I，I 值大小可以反映光照强度和器件灵敏度。若停止光照，则无电流输出，所以光电管是一种把光能转变为电能的光电器件。

真空光电管的主要特性包括光电特性、光谱响应特性、伏安特性、频率特性及噪声特性等。

① 光电特性　在保持光谱不变和一定阳极电压下，光阳极电流仅由阴极发射的电子所决定。一般情况下，光照强度 E 增加，阴极发射电子增加，阳极收集到的电子也增加，它们之间都是正比关系，所以光电流 I 与光照强度 E 之间有良好的线性关系，如图 4.37 所示。但当光照强度太大时，阴极发射过程会产生光电疲劳，逸出光电子太多，影响阳极对饱和光电流的接收，线性发生了偏离。所以在使用光电管时，要挑选适合的范围，使得使用条件在线性区域内。

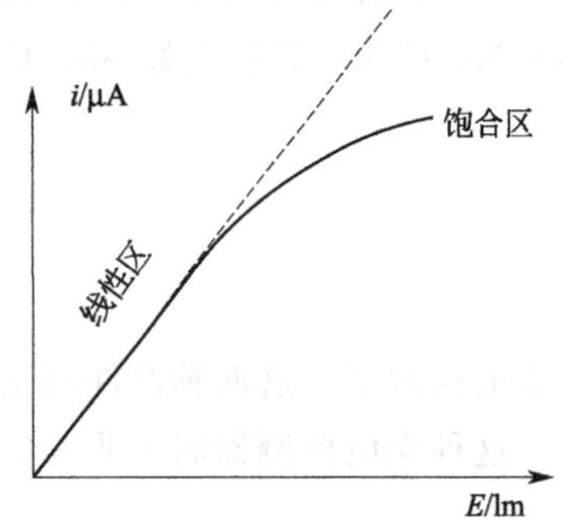

图 4.37　光电管的光电特性曲线

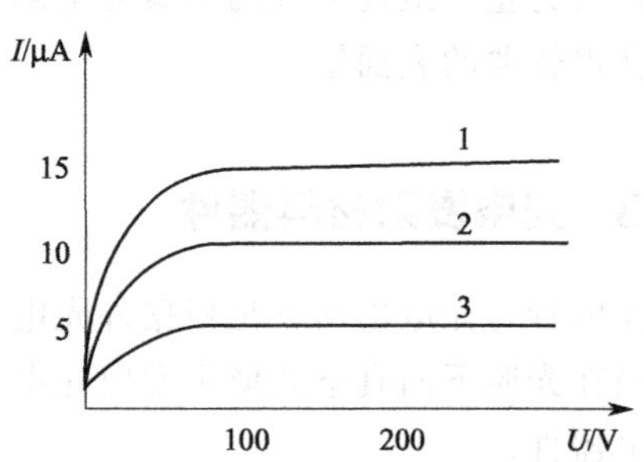

图 4.38　真空光电管的伏安特性曲线

1—0.15lm；2—0.1lm；3—0.05lm

② 光谱响应特性　真空光电管的光谱特性主要取决于光电阴极的类型、厚度及光窗材料，但由于光电管的结构特点和制造工艺不同，即使光电阴极是同一类型，各管之间的光谱响应曲线也都存在一定差别。

③ 伏安特性　伏安特性即光电管两端所加电压 U 与光电流 I 的关系，如图 4.38 所示。在 0～50V，U 增加，I 增加；在 50～100V，光电流 I 达到饱和，即 U 增加，I 不变。不同的电极结构有不同的电极饱和电压，在阴极面积和阴阳极之间距离相同时中心阳极型比平板型的光电流容易饱和。伏安特性是选取负载、静态工作点、工作区、电压以及测试光电阴极灵敏度的重要依据。

④ 频率特性　真空光电管在光强度变化较慢，即在低频段工作时，光电流不受频率的影响。而在很高频率下工作时，光电流将随频率增大而减小，光电管的频率特性变差，这表明光电转换过程有惰性。小型的光电管可以在很高的频率下工作，一般工作频率上限可达几兆赫兹甚至几十兆赫兹。

⑤ 噪声特性　任何一个光电探测器都有噪声，光电管的噪声主要是热噪声和散粒噪声。热噪声的根源在于载流子的无规则热运动，存在于任何半导体或导体中。因为温度会影响电子运动速度，所以热噪声与温度有关。散粒噪声是由粒子随机起伏所形成的，如光辐射中光子到达的起伏、阴极发射的电子数、半导体中载流子数等。

在探测弱光时，热噪声是主要的。散粒噪声电压与负载电阻成正比，而热噪声电压正比于负载电阻的平方根，因此提高负载电阻可使热噪声小于散粒噪声。

例 2　光电倍增管

真空光电管的灵敏度较低，当探测的光辐射很微弱时，需要在输出端放置放大器来增强电流信号。所以，普遍且最有效的探测微弱光辐射的器件是光电倍增管，在真空光电管的基础上增加了放大光电子的电真空器件，是目前在紫外、可见光和红外波段探测微弱辐射的非成像型探测器。光电倍增管的放大倍数很高，可达 $10^6 \sim 10^9$，探测灵敏度很高，甚至可以测量单光子。它的光电特性曲线线性好、工作频率高、性能稳定、使用方便，可以广泛应用于光度测量、天文测量、核物理研究、频谱分析等方面。

光电倍增管结构如图 4.39 所示，在光电阴极和阳极的基础上增加了由二次电子发射体制成的倍增极。在微弱的光照下，从光电阴极发射出的光电子被加速并聚焦到第一倍增极上，从第一个倍增极上发射出倍增后的二次电子。这些二次电子又被加速聚焦到具有更高电势的第二个倍增极上并获得进一步加速，经过 8～14 次倍增的电子到达阳极，产生出较强的电信号。

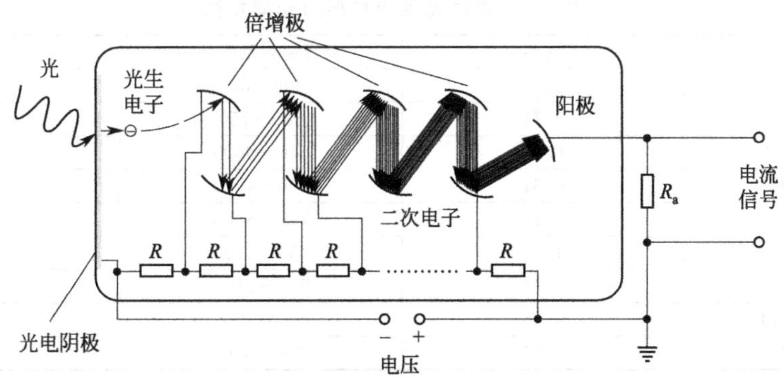

图 4.39　光电倍增管结构

4.6.4 光电导材料

光电导材料是可以产生光电导效应的材料，即可以吸收光子能量，产生电子-空穴对而引起电导率变化的材料，又称内光电效应材料或光敏材料。

4.6.4.1 光电导材料分类

通常将光电导材料按照组成的不同分为光电导半导体、光电导高分子和光电导陶瓷三大类。

光电导半导体在光电导材料中应用最为广泛，其种类繁多，有元素类半导体硅、锗等单晶，有 ZnO、PbO 等氧化物，还有铅化物半导体如 PbS、PbSe、PbTe 等以及 Sb_2S_3、InSb 等化合物半导体。

光电导陶瓷包括 CdS 陶瓷、CdTe 陶瓷和 GaAs 陶瓷等，是将半导体采用陶瓷工艺制备得到的，对外界环境的变化非常敏感。

光电导高分子材料可分为两大类：一是聚乙烯基咔唑及其衍生物与掺杂的电子受体（如 I_2、$SbCl_5$、2,4,7-三硝基芴酮等）构成的高分子电荷转移络合物；二是聚酞菁金属络合物。第一类光电导高分子光致电导效应的产生是因为聚乙烯咔唑类高分子链上产生了带正电荷的中心（阳离子自由基），正电荷很容易沿高分子链迁移，从而使高分子材料成为导电体。第二类聚酞菁金属络合物的光电导性能随酞菁类大环配体结构的变化及中心金属的不同而有所不同，中心金属多为铜、铁、镍、钴等。

4.6.4.2 光电导材料特性

由于光电导材料主要用于光敏电阻器件，因此光电导材料特性也称为光敏电阻特性。

（1）暗电阻与亮电阻

在一定外加电压下，当没有光照射时，流过光敏电阻的电流称为暗电流。外加电压与暗电流之比称为暗电阻。当光照射时，流过光敏电阻的电流称为亮电流，外加电压与亮电流之比称为亮电阻。亮电阻与光照波长、强度有关，亮电阻和暗电阻一般相差几个数量级。

（2）响应波长

不同的材料对光的响应波长不同，如硫化镉峰值波长很接近人眼最敏感的555nm，可用于视觉亮度测量和底片曝光测量；硒化镉、硫化镉、硫化铊对可见光敏感，可用于可见光探测；硫化铅对红外光敏感，可用于红外探测。表4.2为常用光电导材料的光谱特性。

表4.2　常用光电导材料的光谱特性

光电导材料	禁带宽度/eV	光谱响应范围/nm	峰值波长/nm
硫化镉(CdS)	2.45	400～800	515～550
硒化镉(CdSe)	1.74	680～750	720～730
硫化铅(PbS)	0.40	500～3000	2000
碲化铅(PbTe)	0.31	600～4500	2200
硒化铅(PbSe)	0.25	700～5800	4000
硅(Si)	1.12	450～1100	850
锗(Ge)	0.66	550～1800	1540
碲化铟(InTe)	0.16	600～7000	5500
砷化铟(InAs)	0.33	1000～4000	3500

（3）响应度

响应度又称灵敏度，是指光敏电阻在不同波长单色光照射下的灵敏度。如图4.40为硫化镉和硒化镉的灵敏度曲线，在峰值波长处最大灵敏度可达90%。响应度与光电导材料本身的性质有关，如材料的结晶度、材料中的杂质缺陷和禁带宽度等。

（4）响应时间与响应频率

光敏电阻的时间常数（光敏电阻器从光照跃变开始到稳定亮电流的63%时所需的时间）较大，一般为几毫秒到几十毫秒，所以频率上限很低，只适合对缓变的光信号进行探测。光敏电阻材料中只有PbS的频率响应高一些，可达到数千赫。几种光敏电阻材料的频率响应特性曲线如图4.41所示。光敏电阻的响应时间除了与材料的性质有关外，还会受其单晶大小的限制。当材料受光面积小时，响应时间与光照强度有关，会随着光照强度减弱而增加。

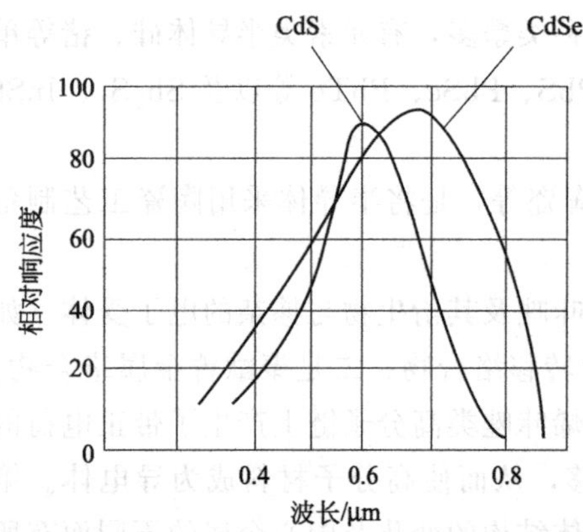

图4.40　CdS和CdSe光敏电阻的灵敏度曲线

（5）光照和温度特性

光照特性是指在一定外加电压下，光敏电阻的光电流和光通量之间的关系。光照增强后，光电导材料的载流子浓度不断增加，同时温度也升高，导致载流子运动加剧，因此复合概率增大，光电流呈饱和趋势，如图4.42所示，光敏电阻的光电特性曲线呈非线性，不宜作定量检测元件。

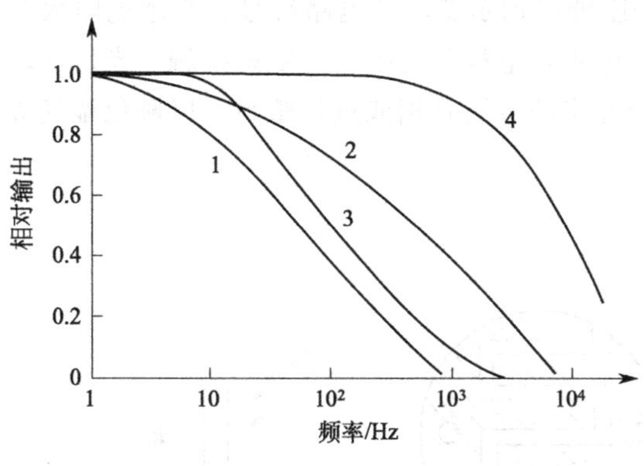

图 4.41　几种光敏电阻材料的频率响应特性曲线

1—硒；2—硫化镉；3—硫化铊；4—硫化铅

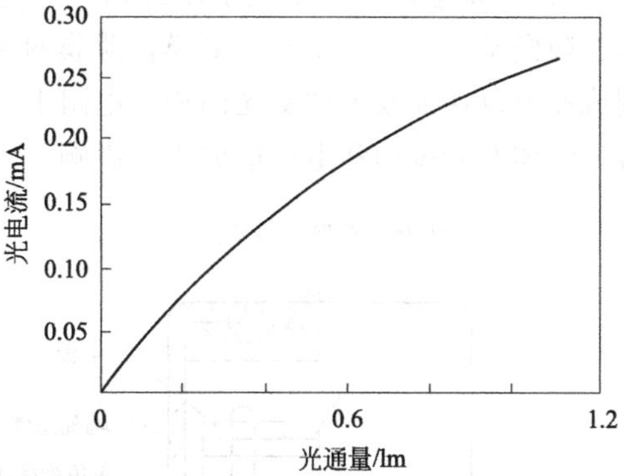

图 4.42　光敏电阻的光电特性

光电导材料中多数载流子导电，温度特性较复杂。图 4.43 是 PbS 和 PbSe 材料光谱响应度随温度的变化图，不同光电导材料的响应峰值和响应度会随温度变化而改变。一般来说，降低器件的使用温度，会使热激发的载流子变少，对势垒高度下降不大。光照以后降低势垒高度释放载流子多，载流子迁移率变化大，光电导率变化也大，因此，通常采取冷却灵敏面的办法来提高光敏电阻的灵敏度。

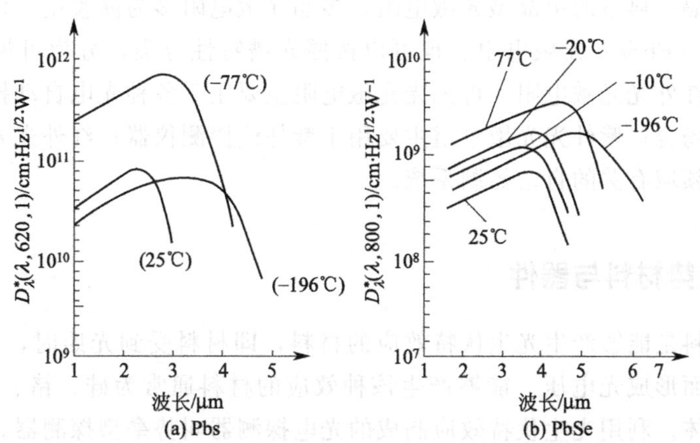

图 4.43　光敏电阻光谱响应度随温度变化

4.6.5 光电导材料器件

例　光敏电阻

利用光电导效应制成的最典型的光电导器件是光敏电阻。光敏电阻可分为紫外波段敏感、可见光波段敏感和红外波段敏感电阻，主要由所用材料决定。光电导材料均可制成光敏电阻。但是采用半导体材料制作的光敏电阻应用最为广泛，如 CdS、CdSe、PbS、Si、Ge、InSb 等。与其他材料相比，半导体光敏电阻光谱响应范围宽，有的材料灵敏度可达红外区、远红外区；其工作电流大，可达数毫安；既可测试弱光，又可应用于强光测试；通过对材料、工艺和电极结构的适当选择和设计，光电增益可达 1；无极性之分，使用方便；制作工艺简单（无需制成 PN 结）、响应速度快、量子效率高、体积小、重量轻，适合大批量生产。

① 光敏电阻的结构　图 4.44 所示为光敏电阻的结构示意图及电路符号。光敏电阻大多是在陶瓷基体上安装半导体薄膜，薄膜两端引出电极，电极与薄膜间为欧姆接触。光敏面均制成蛇形以保证较大的受光面积。电阻上面有带光窗的金属管帽或进行塑封，以避免湿气等有害气体对光敏面和电极造成不良影响。

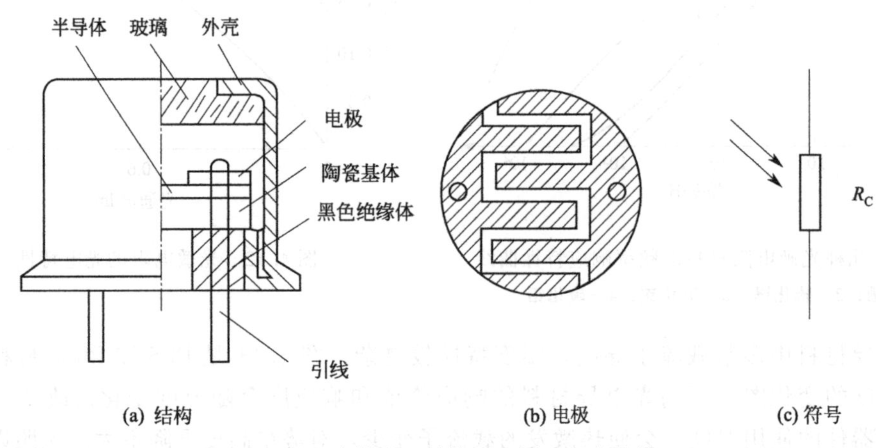

图 4.44　光敏电阻结构示意图及电路符号

② 光敏电阻的分类　光敏电阻器件按制作材料不同，可分为单晶和多晶光敏电阻，其中硫化镉和硒化镉是典型的单晶型光敏电阻，多晶光敏电阻多为薄膜型，代表电阻有硫化铅（PbS）和硒化铅（PbSe）光敏电阻。也可以按照光谱特性分类，分为可见光光敏电阻、紫外光光敏电阻和红外光光敏电阻。可见光光敏电阻主要用于各种光电自动控制系统、电子照相机、光报警等场合；紫外光光敏电阻主要用于紫外线探测仪器；红外光光敏电阻主要用于与天文、军事等领域有关的自动控制系统。

4.6.6 光电动势材料与器件

光电动势材料是能够产生光生伏特效应的材料，即材料受到光照时，产生光生载流子，注入势垒附近从而形成光电压。能够产生该种效应的材料通常为硅、锗、Ⅲ-Ⅴ族化合物及其他化合物半导体。利用光生伏特效应制成的光电探测器叫势垒型探测器。最常用的器件有光电池、光电二极管和光电三极管等。

例 1　光电池

光电池是直接把光能变成电能的光电器件，是利用各种势垒的光生伏特效应制成的，称为光生伏特电池，简称光电池。由于太阳光谱覆盖紫外到红外非常宽的波段，所以光电转换效果就取决于材料的禁带宽度。适合用于太阳能电池的材料禁带宽度应在 1.1～1.7eV，其中 1.5eV 的宽度有最高的理论光电转换效率。此外，太阳能电池材料还应容易大面积制造，性能稳定。根据所用材料不同太阳能电池可分为硅基太阳能电池、化合物半导体薄膜太阳能电池等。在此仅做简要的介绍，详细内容将在第 7 章中叙述。

① 硅基太阳能电池　虽然硅是间接带隙半导体，且禁带宽度只有 1.1eV，但是硅的储量丰富，加工技术和工艺成熟，所以市面上商业化的太阳能电池中，硅基太阳能电池约占 85%。按硅材料结晶状态不同，硅基太阳能电池可分为多晶硅、单晶硅和非晶硅太阳能电池三大类。

② 化合物半导体薄膜太阳能电池　砷化镓、碲化镉、铜铟镓硒、铜锌锡硫等化合物半

导体的禁带宽度为 1～1.6eV，通过改变掺杂元素或调节元素含量来控制带隙宽度。这些化合物半导体均为直接带隙材料，对太阳光的吸收系数大，只要几微米就能将太阳光的绝大部分吸收，是薄膜太阳能电池的极佳选择。

例 2　光电二极管

光电二极管是一种重要的光电探测器，用于可见光和红外波段的探测，工作原理是光生伏特效应。与光电池的光电转换有许多相似之处，主要区别有：光电二极管的 PN 结面积远小于光电池；光电二极管工作时需要施加外电压；光电二极管势垒较宽，光电流比光电池小，为微安量级。根据所用的半导体材料不同，光电二极管可分为锗、硅、Ⅲ-Ⅴ族化合物和其他化合物半导体。但是目前，绝大部分光电二极管用硅和锗作材料，因为硅工艺比较成熟，结构工艺易于控制，而且硅具有比锗更小的暗电流和温度系数，所以硅光电二极管发展更为迅速。

光电二极管的工作原理如图 4.45 所示。当给 PN 结加上反偏电压时，外电场和 PN 结的自建电场同相相加，加快了非平衡载流子的漂移速度，并能在外电路中形成电流（光电流）。PN 结上的反偏电压加宽了耗尽层厚度，增强了 PN 结耗尽层上的电场，可以显著提高光电效率，并加快了载流子定向运动的速度，改善了频率特性。所以光电二极管通常在反偏模式下工作。

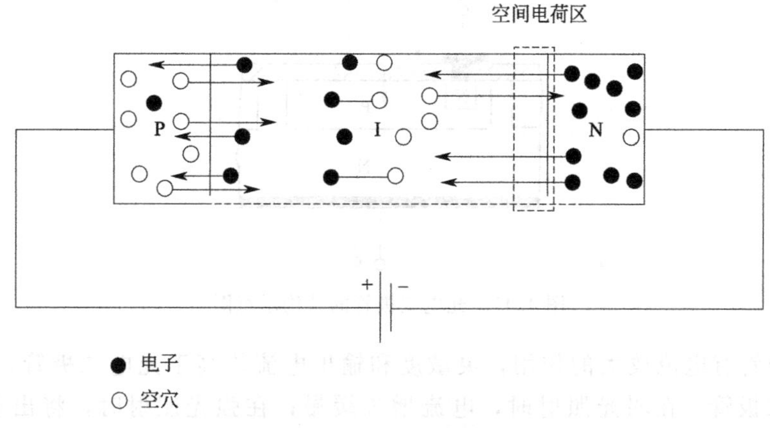

图 4.45　光电二极管工作原理示意图

光电二极管的制作：在 N 型半导体上扩散重掺杂的 P 型半导体，在扩散层（P 型层）上制作较小的顶电极。光电二极管的受光面为扩散层，为了减小暗电流及光线反射，在扩散层上涂覆透明的 SiO_2 保护膜，用于绝缘和增透。在 N 型半导体底部热沉积金属，得到底电极。光电二极管的结构及电路如图 4.46 所示。

同样是半导体类型的光电器件，衡量光电二极管特性的参数与光敏电阻类似，都包括光谱响应特性、频率响应特性、暗电流、光电特性和温度特性等。其中光电二极管的频率响应特性是半导体光电器件中最好的，特别适合于快速变化的光信号探测。

例 3　光电三极管

光电三极管是在光电二极管基础上发展起来的，结构如图 4.47 所示。光电三极管的结构与硅晶体管类似，都是由两个 PN 结组成的。光电三极管不受光照时，基极（b 极）电流等于 0，因而集电极（c 极）电流很小，称为光电三极管的暗电流。当光子入射到集电极时，产生电子-空穴对，在电场作用下形成基极电流，光电流等于基极电流与集电极电流之和。

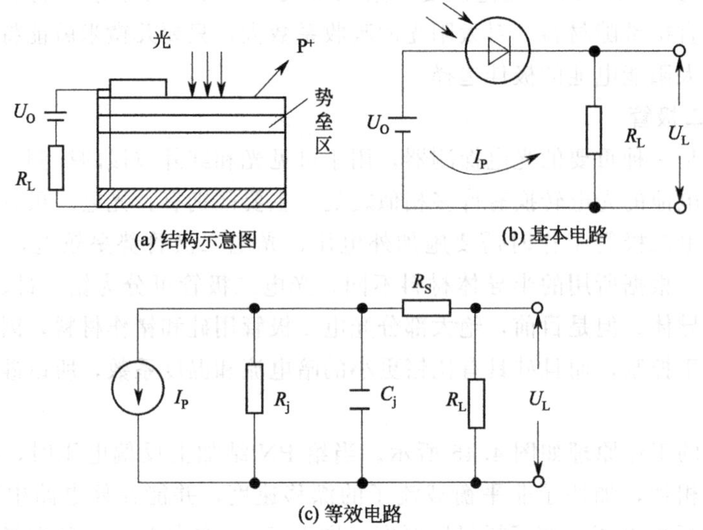

图 4.46 光电二极管的结构及电路

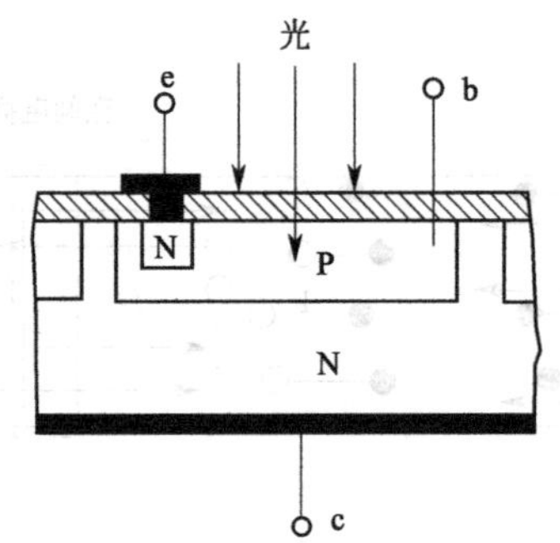

图 4.47 光电三极管的结构示意图

光电三极管有电流放大的作用，灵敏度和输出电流均高于光电二极管，但其光电特性不如光电二极管，在弱光照射时，电流增长缓慢；在强光照射时，将出现饱和现象。所以三极管不利于弱光测量，多用作光电开关或光电逻辑元件，不适合用于对光信号进行定量检测。

4.7 电光材料与器件

4.7.1 电光材料简介

电光材料是指具有电光效应的光学功能材料，通常都是尺寸较大、光学质量好的单晶体，又称电光晶体。在外界电场作用下，电光晶体折射率发生感应双折式变化。自 1875 年克尔发现电光效应以来，人们就开始对电光晶体进行研究，各国学者做出了许多卓越贡献。但是当时科技水平发展不够，电光晶体的生长和性能测试受到了限制，人们对电光晶体的研究不够充分，使得电光晶体无法得到实际应用。现代科技的迅猛发展促进了新型优良电光晶体的出现和现有电光晶体性能的优化。人们发现，可以控制外加电场对通过电光晶体的激光进行调制，包括传播方向、相位、强度和偏振状态等。因此，电光晶体作为一种重要的功能材料，能够在光通信和光信息领域得到广泛应用，例如制成电光开关、激光调制器、激光偏转器、电光场强传感器等。

4.7.2 电光材料

4.7.2.1 电光晶体

优良的电光晶体除了要具有较强的电光效应以外，还需要具有大电光系数，高透光率，宽透过波段，高折射率，良好的光学均匀性，高介电常数，低介电损耗，高导热性，高光损伤阈值（电光晶体在单位面积上所能承受的最大光功率），稳定的物理、化学性能，易生长和加工等性能。满足实际应用的晶体很少，主要为四类：KDP 型、AB 型、BBO 型和 ABO_3 型晶体。

（1）KDP 型晶体

KDP 型晶体包括磷酸二氢钾（简称 KDP）、磷酸二氘钾（DKDP）、磷酸二氢铵（ADP）、砷酸二氢钾（KDA）等结构相似的电光晶体。KDP 晶体是以离子键为主体的多键型晶体，如图 4.48 所示。四面体 $[PO_4]^{3-}$ 是晶体的基本结构基元，四面体之间通过氢键联结在一起，形成 $[H_2PO_4]^-$ 结构基元，在 K^+ 周围有 8 个氧原子与 8 个 $[PO_4]^{3-}$ 四面体相连。这类晶体的突出优点是拥有高的电光系数和电阻率、较宽的透明波段、较强的抗光损伤能力，在可见光波段的损耗小。还有一个最具优势的特征就是可以从水溶液中生长大尺寸、具有很好光学性能的单晶体，避免高温熔体法生长带来的高内应力，从而消除应力双折射，成为大型装置中电光晶体的首选材料。较明显的缺点是可承受温度低，高温易产生雾化效应；容易潮解；使用时需要介质保护，光透过率比较低。

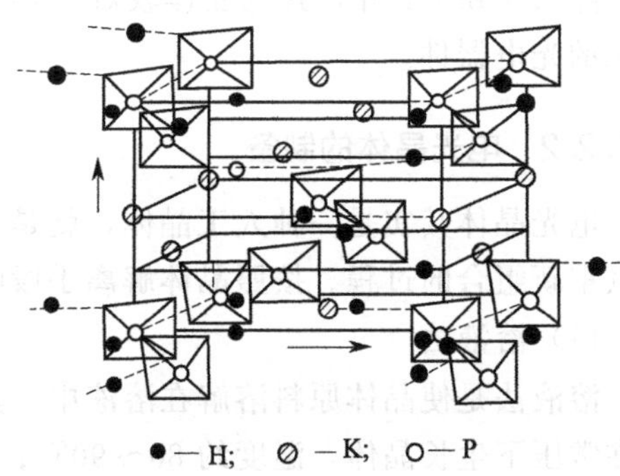

图 4.48　KDP 晶体基本结构

（2）AB 型晶体

AB 型晶体一般为闪锌矿结构，在电光晶体研究的早期，有很多关于双原子 AB 型晶体电光性质的研究，代表材料有 GaAs、GaP、ZnS、CdS、CuCl 等半导体晶体。这种晶体对称性较高，均匀性好，容易加工，且透明波段广。但其电光系数较小，物理、化学性质不稳定，比如 CuCl 易水解，ZnS 可潮解为硫酸锌，应用价值有限，目前较少有人进行这方面的研究。

（3）BBO 型晶体

BBO 晶体又称偏硼酸钡晶体，化学式为 BaB_2O_4，属于三方晶系，是我国科学家陈创天在 1983 年 9 月研制成功的一种电光晶体，是目前应用最广泛的光学晶体之一。BBO 晶体透光波段很宽，在紫外-可见-红外波段均有较好的透过性（189nm～3.5μm），光损伤阈值也很高，非常适合用于高功率激光器。因为 BBO 型晶体施加电场方向与通光方向相垂直（即横向效应)，也可以用作电光开关。

(4) ABO_3 型晶体

ABO_3 型晶体是钙钛矿型光子晶体，主要有铌酸锂（LN)、钽酸锂（LT)、钽酸钾（KT)、锆钛酸铅镧（PLZT)、铌酸钾（KN）等，基本晶体结构如图 4.49 所示。A 位离子通常是具有较大离子半径的碱金属元素，它与 12 个氧配位，形成最密立方堆积，主要起稳定钙钛矿结构的作用；B 位一般为离子半径较小的元素（一般为过渡金属元素，比如钽、铌、锆等)，它与 6 个氧配位，占据立方密堆积中的八面体中心。由于价态的多变性，其通常成为决定钙钛矿结构类型、材料很多性质的主要组成部分。与简单氧化物相比，钙钛矿结构可以使一些元素以非正常价态存在，具有非化学计量比的氧，或使活性金属以混合价态存在，使固体呈现某些特殊性质。这类晶体一般采用提拉法从熔体中生长，不容易潮解，而且具有较好的力学性能；通常具有较好的介电性质，不容易被击穿；折射率也比较高，透明波段可覆盖可见-近红外频域；电光系数都比较高。除 LN 和 LT 外，其他晶体较难获得大尺寸，很难制成实用的光电器件。

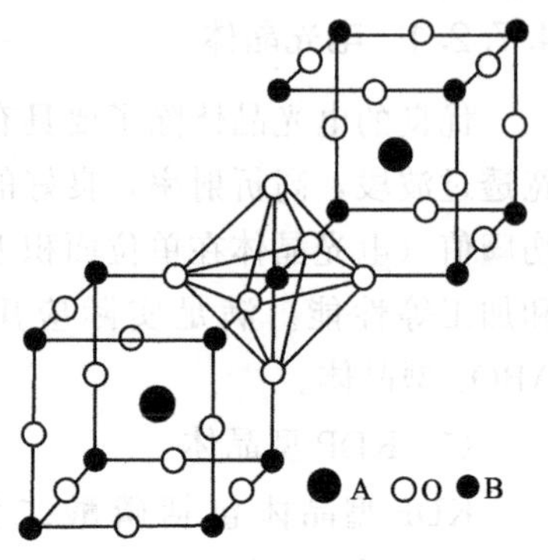

图 4.49 ABO_3 型晶体结构示意图

4.7.2.2 电光晶体的制备

电光晶体其实是一种人工晶体，就是把组成晶体的基元（原子、分子或离子）解离后又使其重新组合的过程。按照晶体解离手段的不同，人工晶体的制备有三大类。

(1) 溶液法

溶液法是使晶体原料溶解在溶液中，具体包含水溶液法、水热法与助熔剂法。水溶液法是在常压下生长晶体，温度约 80～90℃；水热法是在高温高压下生长晶体；助熔剂法是在常压高温下生长晶体。

水溶液法的基本原理是将原料（溶质）溶解在水中，采取适当的措施造成溶液过饱和，使晶体在其中生长。KDP 晶体可以采用水溶液法生长，具体生长步骤为：先将磷酸二氢钾粉末溶于水中，随后测定出溶液的饱和点温度，接着根据晶体的最大透明生长速度和溶解度的温度系数制定降温速度，温度下降到一定程度后，会生长出一些“晶芽”，将质量好的“晶芽”培育成具有理想外形结构、透明的 KDP 晶体作为籽晶，随后抛光籽晶，将处理后的籽晶置于籽晶杆上，密封后转动、提拉生长 KDP 大尺寸单晶，生长温度为 35～66.5℃，生长晶体装置如图 4.50 所示。

图 4.51 是水热法生长晶体的装置示意图和电光晶体。将晶体原料放在高压釜底部，釜内添加溶剂。加热后上下部溶液间有一定的温度差，使之产生对流，将底部的高温饱和溶液带至低温的籽晶区形成过饱和溶液而结晶。对于熔点太高或未到熔点即分解的晶体，可以加入助熔剂使其熔点下降来生长，称为助熔剂法。BBO、KN 等晶体就是采用这种方法生长的。

(2) 熔融法

熔融法是将晶体原料完全熔化，再通过一定的手段制备出单晶的方法，包含提拉法、坩埚相对移动法、区熔法、基座法、冷坩埚法与焰熔法等。

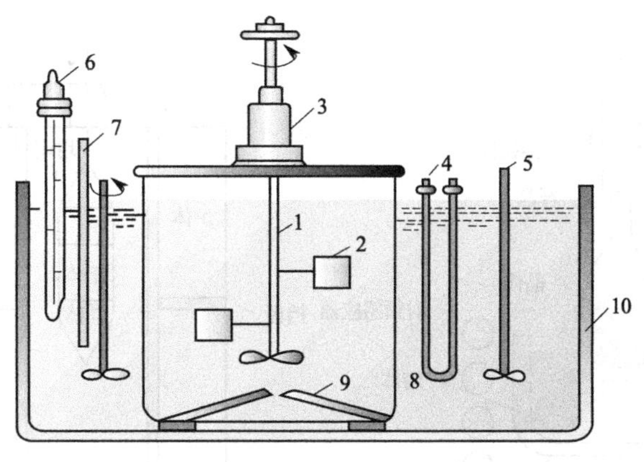

图 4.50　水溶液法生长晶体装置示意图

1—掣晶杆；2—晶体；3—转动密封装置；4—浸没式加热器；5—搅拌器；6—控制器（接触温度计）；7—温度计；8—高晶器；9—有孔隔板；10—水槽

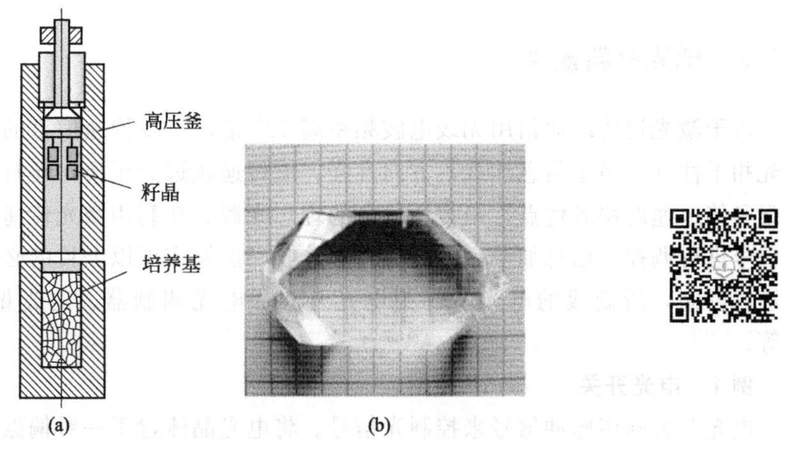

图 4.51　水热法生长晶体装置示意图和电光晶体

(a) 水热法生长晶体装置示意图；(b) 水热法生长的晶体

提拉法是将原料放在铂或铱坩埚中加热熔化，在适当温度下，将籽晶浸入液面，让熔体先在籽晶末端生长，然后边旋转边慢慢向上提拉籽晶，晶体从籽晶末端开始逐渐长大，与硅和锗单晶的生长很类似，装置如图 4.52(a) 所示。目前，使用最多的激光晶体 Nd：YAG、LN 就是采用此法生长的。

坩埚下降法是从熔体中生长优质大尺寸晶体的方法。如图 4.52(b) 所示，装有熔体的坩埚缓慢通过具有一定温度梯度的温场，开始时整个物料熔融，当坩埚下降通过熔点时，熔体结晶，随坩埚移动，固液界面不断沿坩埚平移，至熔体全部结晶。这种方法可以生长各种无机氧化物功能晶体等。

(3) 气相法

使晶体原料蒸发或挥发的方法，包含化学气相沉积与射频溅射两种方法。这种方法生长出的大部分晶体都是薄膜，生长速度慢，单晶尺寸小，较少用来生长电光晶体。

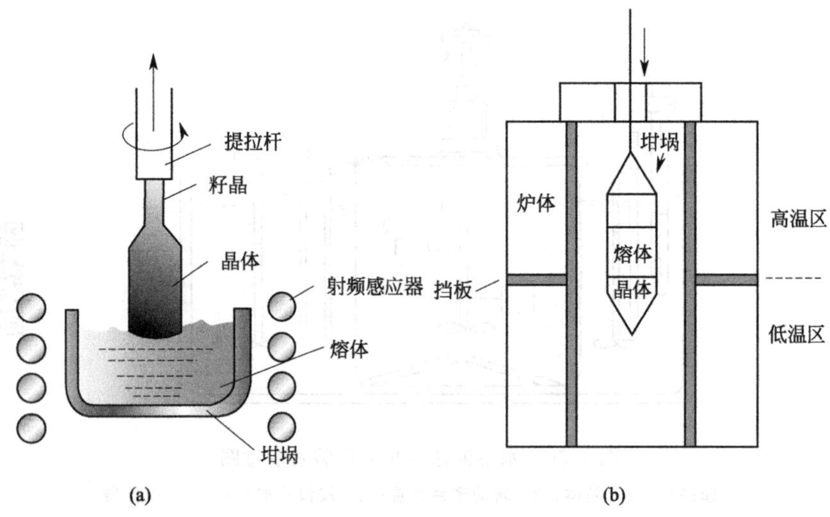

图 4.52 两种熔融法生长单晶装置示意图

(a) 提拉法生长晶体装置示意图；(b) 坩埚下降法生长晶体装置示意图

4.7.3 电光材料器件

由于激光比传统通信用无线电波频率高 10^4 倍，所以传递信息的容量就高 10^4 倍，而且激光相干性好，易于信息加载，方向性强，能传递较远的距离，还具有保密性好、抗干扰能力强和传递速度快等优点，是传递信息的理想光源。在利用激光传递信息的过程中，需要对光信号进行调控、信息加载、方向偏转和接收，能够实现以上目的必须对光相位、方向和强度进行调制，所制成的电光器件为电光开关、电光调制器、电光偏转器、电光场强传感器等。

例 1 电光开关

电光开关利用脉冲信号来控制光信号。将电光晶体置于一对偏振器之间，在晶体的通光面两侧镀电极并施加电场，可以施加脉冲电压来调制光强，如图 4.53 所示。当入射光经过起偏镜变成纵向振动的平面偏振光，电光晶体没有外加电场时，这束偏振光通过晶体时将不发生偏转，遇到只允许水平振动的偏振光通过的检偏镜时，纵向振动的偏振光无法通过，没有光输出，相当于开关关闭。如果电光晶体处于外电场中，由于电光效应使光的振动方向发生偏转，所以开始有光输出。外加电压大小也会改变输出光的大小，当所加电压可以使光振动方向偏转到水平方向时，光输出达到最大，相当于开关全部打开，这个电压称为半波电压。这样就实现了电光晶体作为电光开关的作用，而打开这个开关的则是半波电压。

最常用的电光开关晶体为 KDP、DKDP 晶体，这类晶体的线性电光效应比较显著，适合用作电光开关，而 KDP 型晶体多采用水溶液法生长，易于生长出大尺寸单晶，可以制备大型的电光开关。

例 2 电光调制器

电光调制器可以将信息加载在激光上，这个过程称为电光调制。当在电光晶体上施加交变调制信号电压时，晶体的折射率随调制电压即信号而交替变化，从而实现对光信号的相位、幅度、强度以及偏振状态的调制。若强度受到调制，则称为电光强度调制器；若相位受

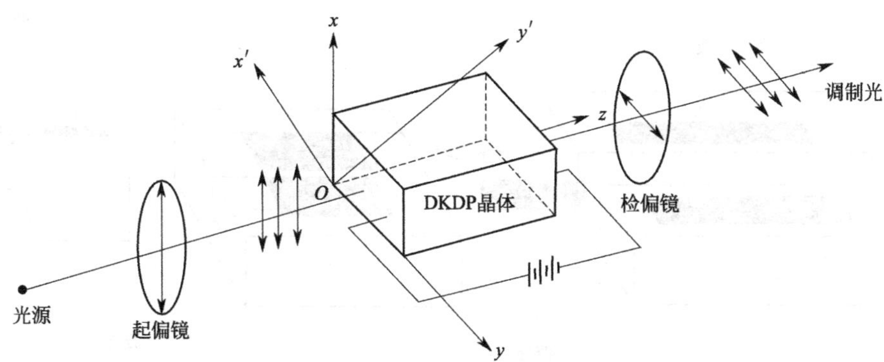

图 4.53　电光开关工作原理

到调制，则称为电光相位调制器。

电光调制器又可以分为体型调制器和光波导调制器。体调制器的体积较大，所需调制电压和消耗的功率较大，而光波导调制器则在薄膜光波导或条形光波导上，体积小，驱动功耗小。

① 体型电光调制器　体型电光调制器内部只有一种电光晶体，如图 4.54 所示，工作原理与电光开关类似。在外加电场的作用下改变单一晶体折射率从而使光波在相位上生成相位延迟，通过外加电场的作用达到光信号调制的效果，实现了光强与相位的调制，多采用 KDP 型晶体。但体型电光调制器内部晶体单一，而目前电光晶体的电光系数都比较小，若要达到好的调制效果需对单一晶体施加很大的驱动电压，通常需要千伏级。

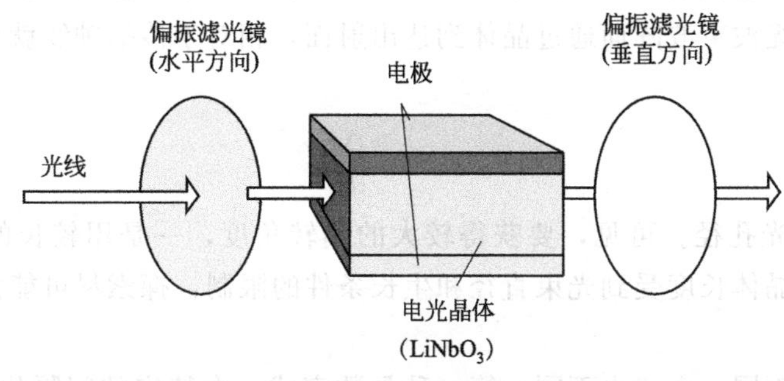

图 4.54　体型电光调制器示意图

② 波导型电光调制器　波导型电光调制器的原理是利用鲍克耳斯效应使内部晶体产生折射率变化来实现光波的相位调制。波导型电光调制器中的电光晶体仅需晶体薄膜，即外加电场仅对波导型电光调制器的薄膜区进行影响，所以只需要较小的驱动电压即可，比体型电光调制器小 1～2 个数量级。为了使调制效率最大化，通常外加电场在 z 轴方向，光的偏振方向则与外加电场方向一致，避免了双折射效应的产生，相比于体型电光调制器效率更高。波导型电光调制器的调制方法可以分为通过折射率变化产生相位调制以及通过定向耦合达到直接调制两种，如图 4.55 所示。

波导型电光调制器的衬底多选用铌酸锂（$LiNbO_3$）、钽酸锂（$LiTaO_3$）和砷化镓（GaAs）晶体，在衬底上扩散一层 Ti 形成平面波导（可以将光能限制在该区域），把场限制在波导薄膜附近，最后用溅射法沉积一对薄膜电极。

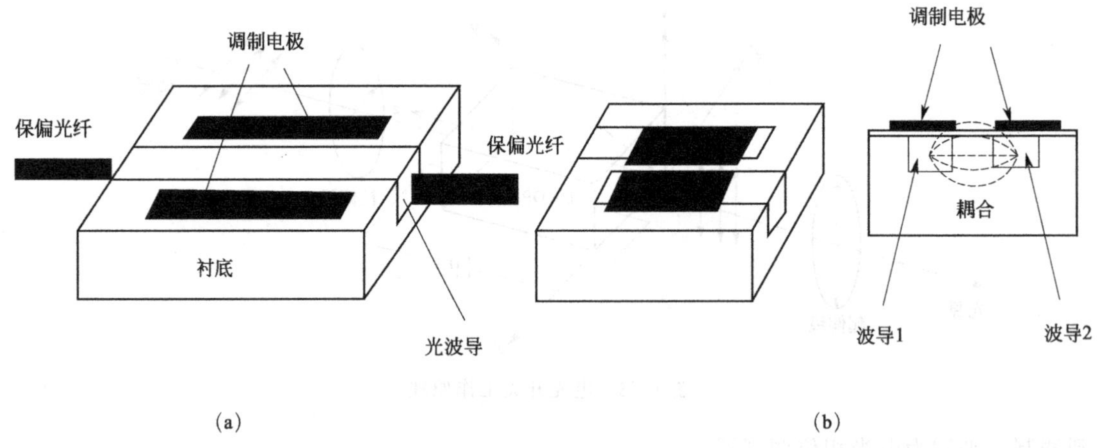

(a)　　　　(b)

图 4.55　波导型电光调制器

(a) 定向耦合性强度调制器；(b) 波导型相位调制器

例 3　电光偏转器

光偏转技术被广泛应用于光储存、光通信、光互联、激光引信、激光制导、激光雷达等众多领域，是常用的一种偏转技术，利用电光晶体的电光效应实现光束偏转。这种技术通过电压控制光束偏转，不受机械转动原件的限制，具有偏转速度快、可控性好、体积小、重量轻、灵敏度高、无惯性等优点，长期以来受到人们的重视，但其偏转范围较小会限制电光偏转技术的应用。

电光偏转属于梯度扫描技术，其原理如图 4.56 所示。当电光晶体中有垂直于入射方向的折射率梯度时，光波束波阵面通过晶体到达出射面，相对于传播轴线就会产生一个偏转角度为：

$$\theta=-L\ \frac{\Delta n}{D} \tag{4.3}$$

式中，D 为通光孔径。可见，要获得较大的偏转角度，一是用较长的晶体；二是增大折射率梯度。但是晶体长度受到光束直径和生长条件的限制，探索尽可能大的折射率梯度是关键。

由于所加电压不同，方式也不同：第一种是数字式，在特定的间隔位置上使光束离散；第二种是连续式，可以使光束传播方向发生连续偏转，从而让光点在空间按预定的规律连续移动。第一种方式主要应用在光学信息处理和存储技术中，常用的有 $LiNbO_3$ 和 $LiTaO_3$ 晶体。第二种方式主要应用于显示技术，例如液晶材料。

学科交叉融合——形成自主创新意识

随着科学技术的不断发展和细化，不同学科之间互相渗透、交叉和融合是当今科技发展的重要趋势，科技创新与突破，常常在交叉学科中产生。学科交叉能提供更宽广的知识储备，从不同角度了解、思考和解决问题，是提升自主创新思维和创新能力的重要途径。功能材料属于基础性行业，位于产业链的最上游，从新材料的开发到新产品的应用，中间涉及机械、微电子、信息技术等，如果只专注材料性能与制备，而脱离制造过程、工作原理、应用环境，自主创新意识的培养就成了无源之水。

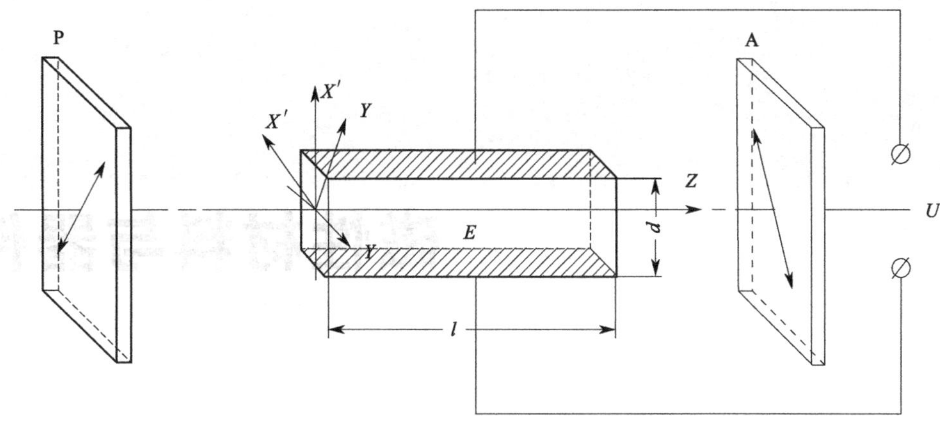

图 4.56　电光偏转器的原理示意图

创新性成果最容易产生于学科交叉的领域。通过了解航空航天、传感与仪器仪表、信息通信、生物医学等领域的相关应用背景，熟悉相关的功能材料与器件乃至设备的工作原理，能够促进知识融合，催生新想法、新知识和新应用。例如医用超声探头与设备的制造，涉及新型高性能压电单晶的研发、探头被衬与透声材料的设计、相控阵声束控制技术、纳秒级脉冲信号控制、超声谐波成像技术、成像算法与计算机模拟、产品机械加工成型、解剖学与病理学等，是材料、物理、机械、微电子、控制、计算机、软件、医学等学科交叉的结果。而压电/热释电/铁电/热电/热敏等各种功能材料的发展，也支撑和推动着各种高新技术产业的创新发展，促进各学科之间交叉融合，成为各国高新技术战略竞争的热点。

思考题

1. 压电材料的压电性能与晶体学取向和极化方向有什么关系？
2. 压电陶瓷与铁电材料是什么关系？
3. 压电陶瓷的制备流程与一般陶瓷的制备流程有什么区别？
4. 热释电探测性能受哪些因素影响？
5. 电卡效应与热释电效应之间是什么关系？
6. 以钙钛矿结构为例，铁电材料的铁电性与晶体结构之间有什么关系？
7. 简述铁电存储器的原理。
8. 场效应晶体管采用铁电材料会带来哪些优势？
9. 常见的无机热电材料有哪些？试举其中一例说明其热电性能与晶体结构之间的关系。
10. 举例说明热电材料在实际生活中的应用。
11. 常见的 PTC 热敏材料有哪些？如何优化其热敏性能？
12. 举例说明热敏材料在实际生活中的用途。
13. 根据光电效应不同，有哪几种光电器件？
14. 电光材料可分为哪些类型？各有什么优点和缺点？
15. 利用电光效应可制成什么器件？都有什么作用？

第5章 磁性材料与器件

能对磁场作出某种反映的材料称为磁性材料。根据材质和结构不同，磁性材料可以分为金属磁性材料和铁氧体磁性材料。根据物质在外磁场中表现出来的磁性强弱，磁性材料可以分为抗磁性、顺磁性、铁磁性、反铁磁性和亚铁磁性材料，其中大多数是抗磁性或顺磁性材料，它们对外磁场反应较弱。而通常所说的磁性材料即指强磁性材料，包括铁磁性和亚铁磁性材料。根据形态的不同，磁性材料可以分为粉体材料、液体材料、块体材料和薄膜材料。根据应用功能不同，磁性材料分为软磁材料、硬磁材料和功能磁性材料，其中功能磁性材料又可以分为磁致伸缩材料、磁记录材料、磁电阻材料、磁泡材料、磁光材料、旋磁材料以及磁性薄膜材料等。

工业革命使磁性材料的发展极为迅速。以电磁铁的发明为开端，在发电机、马达、变压器等逐步达到工业化水平的过程中，磁性材料的重要性也日益彰显出来。此后磁性材料两个主要的应用领域软磁材料和硬磁材料（又称为永磁材料、永磁体）各自发展起来。软磁材料和硬磁材料的磁性能存在明显差异，一般将矫顽力小于 800A・m^{-1} 的磁性材料称为软磁材料，将矫顽力大于 800A・m^{-1} 的磁性材料称为硬磁材料。软磁材料的特点是矫顽力小，磁滞损耗低，磁滞回线呈细长条状，磁滞特性不显著（图 5.1）。软磁材料包括金属软磁材料、非金属软磁铁氧体等类型（图 5.2），常用于制造变压器、继电器、电磁铁、电机以及各种高频电磁元件的铁芯。硬磁材料的特点是矫顽力大，剩磁大，磁滞回线所包围的面积肥大，磁滞特性显著（图 5.1）。硬磁材料包括碳钢、铁氧体和稀土材料等类型（图 5.2），常用于磁电式电表、永磁扬声器、耳机、小型直流电机以及雷达中的磁控管等场合。本章主要介绍软磁材料和硬磁材料性能参数、常用材料特性以及应用。

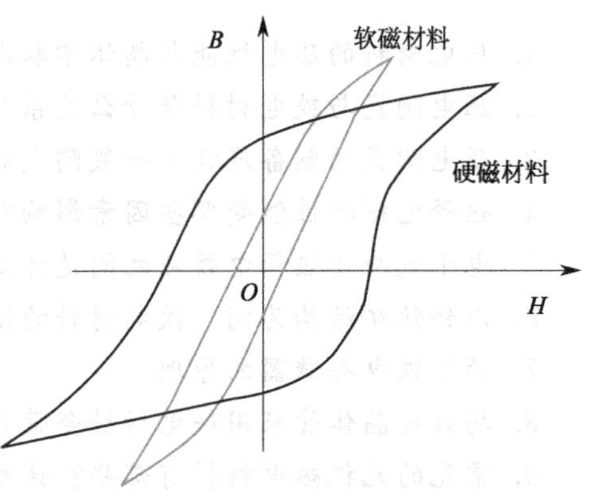

图 5.1　软磁和硬磁材料的磁滞回线

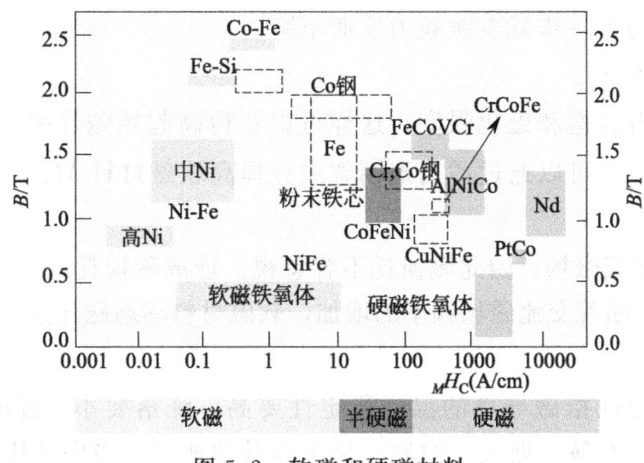

图 5.2　软磁和硬磁材料

5.1　软磁材料与器件

5.1.1　软磁材料简介

软磁材料在工业中的应用始于 19 世纪末，随着电力工程和电信技术的兴起，人们开始使用电工纯铁制造电机和变压器。到了 20 世纪初，硅钢片逐步取代电工纯铁，在电力工业中大量使用。硅钢片提高了变压器的效率，降低了损耗，至今仍是重要的工业用软磁材料之一。到了 20 世纪后期，无线电技术的兴起促进了高导磁材料的发展，出现了坡莫合金和坡莫合金磁粉芯等软磁材料。20 世纪 40～60 年代，随着雷达、电视广播、集成电路的发明，具有高性能的软磁合金薄带及软磁铁氧体材料相继被开发出来。20 世纪 70 年代以后，除了传统的晶态软磁合金，非晶态软磁合金也进入了人们的视线。

5.1.2　软磁材料的性能参数

软磁材料是指能够迅速响应外磁场的变化，且能低损耗地获得高磁感应强度的材料。在较低的外部磁场强度作用下就可以获得高的磁化强度或磁感应强度，既容易受外加磁场磁化又容易退磁。软磁材料的性能受起始磁导率、矫顽力、饱和磁化强度、磁损耗和稳定性影响。

(1) 起始磁导率 μ_i

软磁材料在磁化过程中，起始磁导率应是畴转磁化和畴壁磁化这两个过程的叠加，影响起始磁导率的主要因素包括材料的饱和磁化强度 M_S、磁晶各向异性常数 K_1 以及磁致伸缩系数 λ_S。起始磁导率 μ_i 与 M_S 的平方成正比，与 K_1 和 λ_S 成反比。影响起始磁导率 μ_i 的次要因素包括材料中的内应力 σ 和杂质浓度 β，μ_i 与 σ 和 β 成反比。

(2) 矫顽力 H_C

软磁材料的基本要求是快速响应外磁场的变化，因此需要低的矫顽力。软磁材料的矫顽力通常在 0.1～100A·m^{-1} 之间。软磁材料的反磁化过程主要通过畴壁位移来实现，因此矫顽力 Hc 主要受材料内部应力起伏和杂质含量与分布影响。对于应力不易消除的材料，应考虑降低磁致伸缩系数 λ_S，对于杂质含量较多的材料则应该考虑降低 K_1。

矫顽力的大小受晶粒尺寸变化的影响最为显著。矫顽力因晶粒尺寸的减小而增加，达到最大值后；随着晶粒的进一步减少矫顽力反而下降。

(3) 饱和磁化强度 M_S

要求软磁材料具有高饱和磁化强度，这样可以获得高起始磁导率 μ_i，并能够节省资源，实现磁性器件的小型化。可以通过适当地调整成分提高软磁材料 M_S。

(4) 磁损耗

软磁材料多用于交流磁场，因此磁损耗不容忽视。造成磁损耗的三个因素包括涡流损耗、磁滞损耗和剩余损耗。随着交流磁场频率的增加，软磁材料动态磁化造成的磁损耗增大。

(5) 稳定性

软磁材料的高稳定性指磁导率的温度稳定性要高，涨落要小，随时间的老化要尽可能小，以保证其寿命长，在航空航天、海底、地下和其他恶劣环境中使用。影响软磁材料稳定性的因素包括温度、湿度、电磁场、机械负荷、电离辐射等。

总之，软磁材料的特点是矫顽力小，磁滞损耗低，磁滞回线呈细长条形，磁滞特性不显著，这种材料容易磁化也容易退磁，初始磁导率和最大磁导率要高，饱和磁感应强度、剩余磁感应强度（剩磁）、饱和磁化强度要高，矫顽力越小越好。除此之外，软磁材料在特定场合对饱和磁致伸缩系数、居里点、密度、电阻率以及介电常数等还会有特定的要求。

5.1.3 软磁材料

软磁材料大体上可以分为四类：①金属合金类，包括电工纯铁、硅钢（Fe-Si）、坡莫合金（Fe-Ni）、仙台斯特合金（Fe-Si-Al）等；②铁氧体类，包括 Mn-Zn 系、Ni-Zn 系等；③非晶态，包括 Fe-Ni-B 非晶合金等；④超微晶/纳米晶，主要由小于 50nm 的结晶相和非晶态的晶界相组成。

5.1.3.1 金属软磁材料

(1) 电工纯铁

电工纯铁是最早也是最常用的纯金属软磁材料。这里说的电工纯铁指的是纯度高于 99.8%的铁，不含有任何故意添加的合金元素。电工纯铁通过严格的冶炼和热处理工艺制备。首先用氧化渣除去碳、硅、锰等元素，再通过还原渣脱硫、脱磷，并且通过顶吹或底吹冶炼以及真空处理进行连铸或模铸。这种方法制备的电工纯铁经过热处理后具有较高的起始磁导率和较低的矫顽力（$\mu_i = 300 \sim 500$，$\mu_{max} = 6000 \sim 12000$，$H_C = 39.8 \sim 95.5 A \cdot m^{-1}$）。

电工纯铁的磁性能主要受含碳量影响，如图 5.3 所示。随着碳含量的增加，矫顽力 H_C 增加，最大磁导率降低。因此，为了提高纯铁的磁导率，需要在高温下（750～800℃）通过氢气处理去除碳。普通等级的纯铁通过氢气退火去除杂质元素后，磁导率可达 $10^5 \mu_0$。高纯铁通过氢气退火后，磁导率可达 $10^6 \mu_0$。除了 C 以外，其他元素如 Cu、Mn、Si、N、O、S 也会对纯铁软磁性能产生不利的影响。

电工纯铁在使用过程中会发生时效现象，因为高温时铁固溶体内溶解了较多的碳或氮，在快速冷却到室温时，固溶体中形成细微弥散的 Fe_3C 或 Fe_4N，从而使矫顽力增加，起始磁导率降低。为了消除时效现象，需要对纯铁进行退火处理，在保温后缓慢冷却到 100～300℃时，Fe_3C 有足够长时间析出、长大形成对磁性能影响不大的颗粒夹杂物。

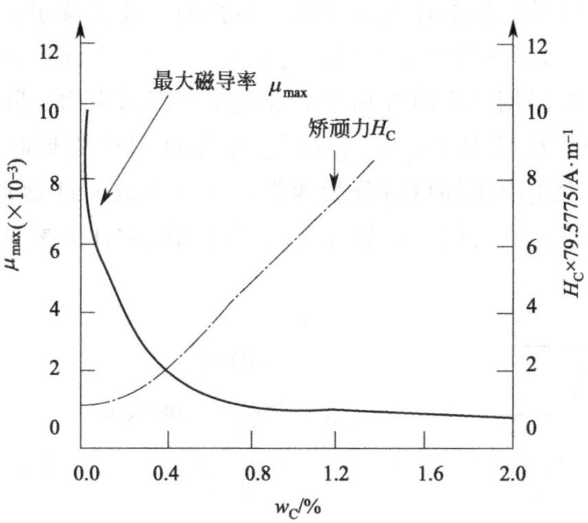

图 5.3　含碳量对电工纯铁磁性能的影响

电工纯铁主要用于在直流磁场下工作的器件，包括制造电磁铁的铁芯和磁极、继电器的磁路、感应式和电磁式测量仪表的零件、扬声器的各种磁路、电话中的振动膜和磁屏蔽、电机中用以导引直流磁通的磁极等。常见电工纯铁系软磁材料性能及应用如表 5.1 所示。

表 5.1　常见电工纯铁的性能及应用

种类	成分/%(质量分数)	ρ /10^{-8} Ω·m	H_C/A·m^{-1}	10^{-3} μ_i	10^{-3} μ_{max}	B_S/T	主要用途
工业纯铁	杂质<0.5	10.0	48～88	0.2～0.3	6～9	2.15	电磁铁铁芯磁极继电器
阿姆克铁	杂质<0.08	10.7	4～20	0.3～0.5	10～20	2.16	电磁铁铁芯磁极继电器
Cioffi 纯铁	杂质<0.05	10.0	0.8～3.2	10～25	200～340	2.16	电磁铁铁芯磁极继电器
低碳钢板	0.01C 0.35Mn 0.01P 0.02S	12.0	200～224		2.4～3.0	2.12	小型电动机

(2) 硅钢

纯铁电阻率低，只能在直流磁场下工作，在交变磁场下工作时，涡流损耗大。为了克服这一缺点，通常在纯铁中加入硅元素形成固溶体，以增大合金的电阻率和最大磁导率，并减少铁芯的磁滞损耗。碳的质量分数在 0.02%以下、硅的质量分数为 1.5%～4.5%的 Fe-Si 合金称为硅钢。

硅钢片越薄铁芯损耗越小。厚度一定时，硅钢的磁性能受硅含量影响。增加硅的含量会增大硅钢的电阻率，降低铁损。但硅含量并不是越高越好，当硅含量超过 3%时，随着硅含量增加，合金中形成金属间化合物 Fe_3Si 相，导致材料的延展性降低，成型加工困难。当硅含量达到 4%时，延伸率减小了一半以上，因此硅钢中的 Si 含量通常不超过 5%。虽然随着硅含量的增加，饱和磁感应强度和居里温度会相应减小，但一定范围内硅的添加带来的好处更多，硅钢中较高硅含量可以激励出相当高的磁感应强度，增加电阻率的同时还进一步减小磁晶各向异性常数和饱和磁致伸缩系数，因此加入适量的硅可以改善硅钢的软磁性能。

如图 5.4 所示，硅钢的磁性能还受晶粒取向的影响，纯铁及超低碳钢热轧板的再结晶组织具有（110）［001］织构，称为高斯织构，而铁的［001］方向正好是易磁化轴方向，与轧制方向相同，工厂里通常采用多次冷轧加退火处理得到高斯织构。除了高斯织构外，硅钢中另一种织构是立方织构，符号为（100）［001］。电工硅钢片的制造工艺分为热轧和冷轧两种，商业用的硅钢片根据组织不同可以分为四类：热轧非取向硅钢片、冷轧非取向硅钢片、冷轧高斯织构硅钢片、冷轧立方织构硅钢片。常用硅钢的磁性能参见表 5.2。

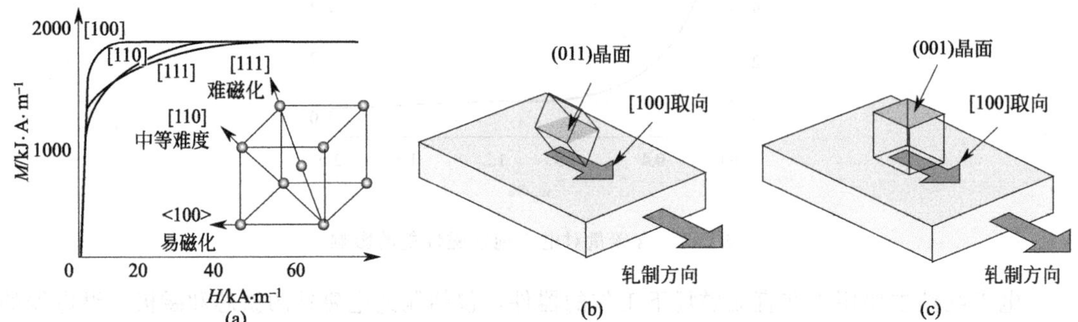

图 5.4 织构对硅钢磁性能的影响

(a) 不同取向的磁性能；(b) 高斯织构；(c) 立方织构

表 5.2 常用硅钢的磁性能（GB/T 2521—2008）

类别	牌号	厚度/mm	最小磁感应强度/T （H=800 A·m^{-1}，50Hz）	最大铁损/W·kg^{-1} $P_{1.7}$，50Hz
普通取向硅钢	23Q110	0.23	1.78	1.10
	23Q130	0.23	1.75	1.30
	27Q130	0.27	1.78	1.30
	35Q155	0.35	1.78	1.55
高磁导率取向硅钢片	23QG085	0.23	1.85	0.85
	23QG100	0.23	1.85	1.00
	27QG090	0.27	1.85	0.95
	30QG110	0.30	1.88	1.10
	35QG135	0.35	1.88	1.35

硅钢广泛用于电动机、发电机、变压器、电磁机构、继电器、电子器件及测量仪表中，主要用于制造大电流、频率 50～400Hz 中、强磁场下的电动机、发电机、变压器等；中、弱磁场和较高频率（10kHz）条件下的音频变压器、高频变压器、电视机与雷达中的大功率变压器、大功率磁变压器以及各种继电器、电感线圈、脉冲变压器和电磁式仪表等。

（3）坡莫合金

坡莫合金是镍质量分数为 30%～90%的磁性 Ni-Fe 合金，具有很高的磁导率。由于坡莫合金的成分范围宽，而且磁性能可以通过改变成分和热处理工艺等进行调节，因此既可以用作弱磁场下具有很高磁导率的铁芯材料和磁屏蔽材料，又可以用作要求低剩磁和恒磁导率的脉冲器材料，还可以用作各种矩磁合金、热磁合金和磁致伸缩合金等。

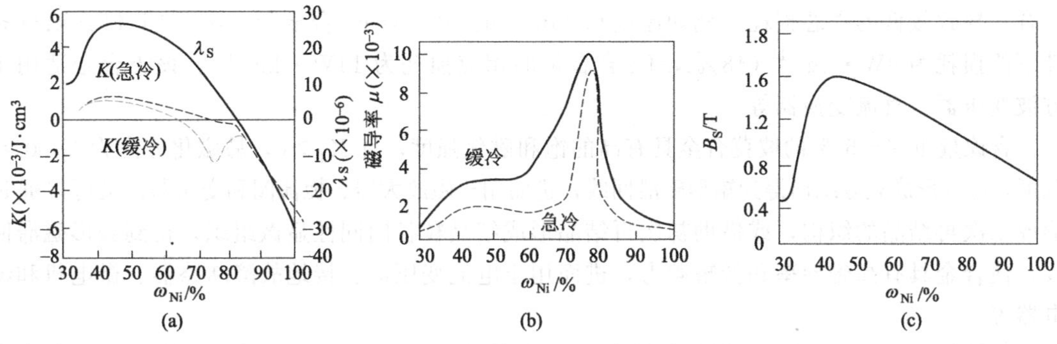

图 5.5　坡莫合金磁性能与成分的关系

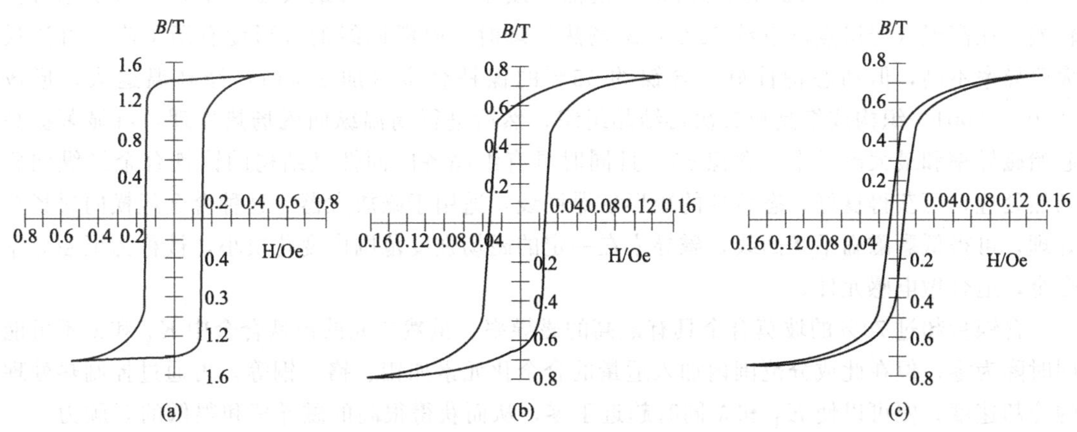

图 5.6　不同合金成分的坡莫合金的 B-H 曲线

(a) 50%Fe-50%Ni 合金 B-H 曲线；(b) 17%Fe-79%Ni-4%Mo 合金 B-H 曲线；

(c) 17%Fe-78%N-5%Mo 合金 B-H 曲线

注：1Qe＝79.5775A·m^{-1}

镍含量影响坡莫合金饱和磁化强度、居里温度、磁晶各向异性常数和磁致伸缩常数等磁性能。由图 5.5 可知，在镍含量 81%（质量）附近，坡莫合金的磁致伸缩系数 $\lambda_S=0$；在镍含量 76%（质量）附近，坡莫合金磁晶各向异性常数 $K=0$。此外，镍元素的质量分数在 70%～85%时，坡莫合金具有最佳的综合软磁性能。然而，镍的价格高，对于高饱和磁感应强度的应用，可采用质量分数为 40%～50%的坡莫合金。坡莫合金在 Ni_3Fe 成分附近，于 490℃发生有序-无序转变，缓冷时会形成 Ni_3Fe 有序相结构，致使磁晶各向异性常数 K 增大、磁导率下降。因此必须从 600℃左右急冷以抑制有序相出现，同时也可以通过添加 Mo、Cr、Cu 等第三元素抑制有序结构相。如图 5.6 所示，不同合金成分的坡莫合金具有不同的 B-H 曲线。坡莫合金按成分大致可分为 30%～40%Ni-Fe 合金、40%～50%Ni-Fe 合金、50%～70%Ni-Fe 合金和大于 70%Ni-Fe 合金四大类，每一类都可做成具有圆形磁滞回线、矩形磁滞回线或扁平磁滞回线的材料。

在含镍 30%～40%范围内，坡莫合金的磁晶各向异性常数 K_1 随着镍含量的增加而减小，并且方形比 B_r/B_s 也变小，显示圆形磁滞回线。这种圆形磁滞回线与高阻率（镍含量为 40%时，$\rho=60\mu\Omega\cdot cm$；镍含量为 48%时，$\rho=45\mu\Omega\cdot cm$）和细晶粒各向同性微结构相结合，导致较低的铁芯损耗。例如厚度 0.05mm 的 40%Ni-Fe 合金带，在 0.1T 和 20kHz 条件下的损耗为 $9W\cdot kg^{-1}$（48%Ni-Fe 合金带的相应损耗为 $14W\cdot kg^{-1}$）。该类合金适用于方波变压器、直流变换器等。

含镍量 40%～50%的坡莫合金具有高的饱和磁化强度，且 $K_1>0$，易磁化方向为<100>。既可以通过形成立方织构得到矩形磁滞回线，进而用于磁放大器、扼流圈和变压器；又可以通过形成二次再结晶的织构，或借助初次再结晶形成细晶粒各向同性显微组织，得到圆形磁滞回线，使合金具有高磁导率和低矫顽力，进而用于电流变压器、接地故障断路器、微电机和继电器等。

含镍量 50%～70%的坡莫合金具有最高的居里温度，饱和磁化强度也较高，且在有序状态时 $K_1\approx0$，因此磁场热处理效应特别明显，能产生很强的感生磁各向异性。在低温（居里点以下约 130℃）磁场热处理时，磁滞回线呈矩形，直流最大磁导率高，但动态特性较差；在高温（居里点以下约 60℃）磁场热处理时，磁滞回线的方形度有所下降，直流最大磁导率不高，但动态特性好。含镍约 55%的镍铁合金（加 2%钼）经高温退火，形成{210}<001>织构或细晶粒二次再结晶组织，然后进行高温纵向磁场热处理，可显著提高起始磁导率和最大磁导率。含镍 65%且同时具有细晶各向同性微结构的镍铁合金经纵向磁场热处理，可获得良好动态特性的矩形磁滞回线，适用于磁放大器。这种合金经横向磁场热处理，可得低剩磁扁平状回线，磁导率在一定的磁场强度范围内变化很小，被称为恒磁导率合金，适合做电感元件。

含镍量超过 70%的坡莫合金具有最高的磁导率。虽然二元的镍铁合金中 K_1 和 λ 不可能同时降为零，但在此成分范围内加入适量的合金化元素如钼、铬、铜等，再通过控制热处理的冷却速度，便可以使 K_1 和 λ 同时趋近于零，从而获得很高的磁导率和很低的矫顽力。一般这种合金的起始磁导率可达 $40\sim60mH\cdot m^{-1}$。1947 年，美国波佐思等用较纯的原材料，经真空熔炼并最终在纯净的氢气中于 1200～1300℃高温退火，获得了起始磁导率和最大磁导率极高的 $Ni_{79}Mo_5$ 合金，称为超坡莫合金。起始磁导率可达 $150mH\cdot m^{-1}$ 以上，最大磁导率可达 $1130mH\cdot m^{-1}$。在 78%Ni-Fe 合金中加入铌、钽、钼、铬、钛、铝、锰等，获得了高硬度、高磁导率的坡莫合金，维氏硬度大于 200，称为硬坡莫合金。这类合金适用于做变压器、扼流圈、磁头、磁屏蔽等。此外，该类合金通过形成立方织构，其磁滞回线还可呈矩形；同时控制该合金的有序度，使 $K_1\geqslant0$，则显示出良好的动态特性，很适合做磁调制器等。添加 2%的 80%～82%Ni-Fe 合金粉末制作的压粉铁芯，具有高的电阻和良好的稳定性，可在 300Hz 下使用。

常见坡莫合金的性能及制备工艺如表 5.3 所示。由表可知成分和加工工艺对坡莫合金性能和使用范围的影响。

表 5.3 常见坡莫合金的性能及制备工艺

材料名称	组成	磁学性能					制造工艺
		μ_i	μ_{max}	B_S/T	$H_C/A\cdot m^{-1}$	$\rho/\mu\Omega\cdot m$	
78 坡莫合金	Fe-78.5Ni	8000	100000	0.86	4	0.16	600℃急冷
45 坡莫合金	Fe-45Ni	2500	25000	1.6	2.4	0.45	1050℃急冷
Hipernik	Fe-50Ni	4000	70000	1.6	0.4	0.4	1200℃氢气退火

续表

材料名称	组成	磁学性能					制造工艺
		μ_i	μ_{max}	B_S/T	H_C/A·m^{-1}	$\rho/\mu\Omega\cdot m$	
Monimax	Fe-47Ni-3Mo	2000	35000	1.5	0.8	0.8	1125℃氢气退火
Sinimax	Fe-43Ni-3Si	3000	35000	1.1	0.8	0.9	
Radio Metal	Fe-45Ni-5Cu	2000	20000	1.5	3.2	0.6	1050℃退火
1040 Alloy	Fe-72Ni-14Cu-3Mo	40000	100000	0.6	0.2	0.6	1100℃氢气退火
Mumetal	Fe-77Ni-5Cu-2Cr	20000	100000	0.52	4	0.6	1175℃氢气退火
Mo-坡莫合金	Fe-79Ni-4Mo	20000	100000	0.87	0.5	0.55	1000℃退火、合适冷却速度
超坡莫合金	Fe-79Ni-5Mo	100000	600000	0.63	0.16	0.6	1300℃退火、合适冷却速度
36 坡莫合金	Fe-36Ni	3000	20000	1.5	1.6	0.75	
Permenorm	Fe-50Ni	500	40000	1.5	0.8～2.4	0.4	98%以上冷轧+退火

(4) 其他软磁合金

除了上述三种常用的软磁金属材料外，还包括铁钴合金、铁铝合金以及铁硅铝合金（仙台斯特合金）等软磁合金。

铁钴合金具有高的饱和磁化强度、高的饱和磁感应强度、相对低的磁晶各向异性常数、高的磁致伸缩系数。典型铁钴合金的 B-H 如图 5.7 所示。当钴含量为 49%时，最大饱和磁化强度达到 2.2T。钴含量为 50%左右的铁钴合金具有高的初始磁导率和最大磁导率，通常称为坡明德合金。铁钴合金的性能受晶粒尺寸和热处理工艺影响，在 730℃下合金发生有序-无序相变，晶体结构由面心立方变成 CsCl 结构。铁钴合金的各向异性、磁致伸缩和力学性能强烈地依赖于退火温度和冷却速度。铁钴合金的加工性能较差，通常需要加入 V、Cr、Mo、W 和 Ti 等元素来改善其加工性能。铁钴合金通常用作直流电磁铁芯、极头材料、航空发电机定子材料以及电话受话器的振动膜片等。此外，铁钴合金具有较高的饱和磁致伸缩系数，也是一种很好的磁致伸缩材料。但由于合金电阻率低，不适合高频场合使用，且含有战略资源钴，因此铁钴合金使用场合也大大受限。

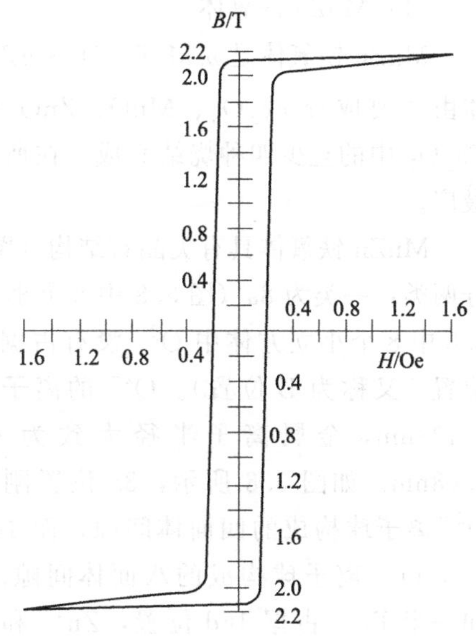

图 5.7　组成为 49%Fe-49%Co-2%V 的坡明德铁钴合金 B-H 曲线

注：1Oe=79.5775A·m^{-1}

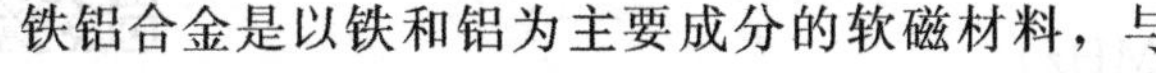
铁铝合金是以铁和铝为主要成分的软磁材料，与铁镍合金相比价格较低，常用来制作铁镍合金的替代品。合金的磁通量可以通过铝含量调节，例如 1J16 合金（最后一个数字代表铝含量）较 1J6 和 1J12 具有更高的磁导率和电阻率。铁铝合金硬度高、强度大、耐磨性好、重量轻、对压力不敏感，适合在冲击和振动环境中工作。铁铝合金具有较好的热稳定性和抗辐射等特点，主要用于磁屏蔽、小功率变压器、

继电器、微电机、讯号放大铁芯、超声波换能器元件等，此外，铁铝合金还可以用于中等磁场中工作的元件，例如微电机、音频变压器、脉冲变压器以及电感元件等。

铁硅铝合金于 1932 年在日本仙台被开发出来，因此又称仙台斯特合金，其成分为 Fe-9.6Si-5.4Al。该成分的合金磁致伸缩系数和磁晶各向异性常数几乎同时为零，并且具有高磁导率和低矫顽力。该合金不需要 Co 和 Ni，而且电阻率高、耐磨性好，是理想的磁头铁芯材料。

5.1.3.2 铁氧体类软磁材料

软磁铁氧体是发展最早、应用最广的一类铁氧体材料，这类材料具有窄而长的磁滞回线，矫顽力小，既容易获得磁性，又容易失去磁性。软磁铁氧体的磁性来自亚铁磁性，故饱和磁感应强度 M_s 较金属低，但电阻率比金属高，因此铁氧体软磁材料具有良好的高频特性。

软磁铁氧体材料的性能要求包括：高起始磁导率、高（时间、温度）稳定性、高截止频率。此外，在不同的应用场合下，对软磁铁氧体有不同的性能要求。例如开关电源及低频、脉冲变压器要求高饱和磁感应强度；磁记录器件要求高磁通密度；电波吸收材料要求工作频率范围内损耗越大越好。

常见材料包括 MnZn、NiZn、MgZn 等尖晶石型以及 Co_2Y、CoZ 等平面六角型铁氧体，其中以 MnZn 铁氧体和 NiZn 铁氧体应用最为广泛。

（1）MnZn 铁氧体

MnZn 铁氧体是 $m MnFe_2O_4 \cdot n ZnFe_2O_4$ 与少量 Fe_3O_4 组成的单相固溶体。MnZn 铁氧体由主要成分 Fe_2O_3、MnO、ZnO 及辅助成分 $CaCO_3$、SnO_2、Nb_2O_5、Co_2O_3、ZrO_2、Ta_2O_5 中的至少四种烧结而成。在所有软磁铁氧体中，MnZn 铁氧体产量最大，使用范围最广。

MnZn 铁氧体具有尖晶石结构（图 5.8），O^{2-} 的位置已经明确标出，而金属离子的位置分两类：一类为 8a（图 5.8 中 8 个小立方体的体心位置，又称为 A 位置），一类为 16d（图 5.8 中 8 个小立方体中 O^{2-} 没有占据的顶角位置，又称为 B 位置）。O^{2-} 的离子半径为 0.138nm，金属离子半径大致为 0.06～0.08nm。如图 5.8 所示，8a 位置刚好位于 O^{2-} 离子球构成的四面体间隙，而 16d 位置位于 O^{2-} 离子球构成的八面体间隙。Mn^{2+} 和一半 Fe^{3+} 占据 16d 位置，Zn^{2+} 和另一半 Fe^{3+} 占据 8a 位置。添加的 Zn 占据了 8a 位置，将原来占据 8a 位置的 Fe 离子挤到 16d 位置，从而产生铁的磁矩。

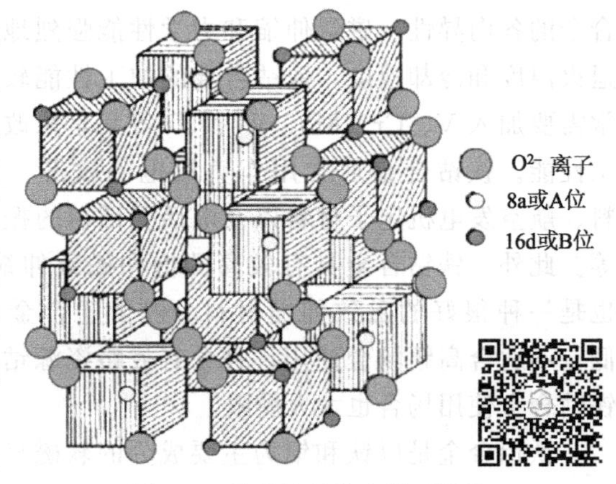

图 5.8 软磁铁氧体尖晶石结构

MnZn 铁氧体在低频段（小于 2MHz）应用极广，尤其在 500kHz 下，MnZn 铁氧体具有其他铁氧体不具备的性能，包括：磁滞损耗低、起始磁导率高、室温磁化强度高于 NiZn 铁氧体、在相同高磁导率的情况下居里温度较 NiZn 高、价格低廉。MnZn 铁氧体性能受锌含量、晶粒尺寸、晶界等微观结构参数以及微量元素掺杂等主要因素影响，具体体现在：MnZn 铁氧体的居里温度随着锌含量的增加而单调降低；在外加磁场作用下，MnZn 铁氧体的磁化强度随着锌含量增加先增大后降低；MnZn 铁氧体的损耗受电阻率和晶粒尺寸功率影响，提高电阻率并控制晶粒尺寸可以优化材料性能；当晶粒尺寸为一定值时，通过加入晶界掺杂物可以改变 MnZn 铁氧体的微观结构，虽然 MnZn 铁氧体的起始磁导率随着掺杂量的增加而降低，但磁导率却大大增加。

MnZn 铁氧体主要分为高磁导率铁氧体和高频低损耗功率铁氧体。磁导率是衡量软磁铁氧体材料性能的主要基本参数之一，通常将初始磁导率大于 5000 的 MnZn 铁氧体称为高磁导率铁氧体。高磁导率铁氧体是电子工业和电子技术中一种急需和应用广泛的功能材料，可以用作通信设备、测控仪器、家用电器及新型节能灯具中的宽频带变压器、微型低频变压器、小型环形脉冲变压器和微型电感元件等更新换代电子产品，也可以用于各种开关电源变压器和彩色回扫变压器的电感器件。

高频低损耗功率铁氧体的主要特征是在高频（几百赫）、高磁感应强度条件下，仍旧保持很低的功耗，而且功耗随磁芯温度升高而下降，在 80℃达到最低点，从而形成良性循环。高频低损耗功率铁氧体主要用于以各种开关电源变压器和彩色回扫变压器为代表的功率型电感器件。

（2）NiZn 铁氧体

NiZn 铁氧体是另外一类产量大、应用范围广的高频软磁材料，晶体结构与 MnZn 铁氧体一样，只是 Ni 取代了 Mn 的位置。使用频率在 1MHz 以下时，其性能不如 MnZn 铁氧体，而在 1MHz 以上，NiZn 铁氧体具有多孔性以及高电阻率、高磁通密度、高磁导率、低矫顽力、高居里温度、低温度系数、低损耗、良好的高频特性等优点，性能大大优于 MnZn 铁氧体。NiZn 铁氧体软磁材料做成的铁氧体宽频带器件，使用频率可以从几千到几千兆赫，大大扩展了软磁材料的使用范围，其主要功能是在宽频带范围内实现射频信号的能量传输和阻抗变换。NiZn 软磁材料具有频带宽、体积小、重量轻等特点，由于广泛应用在雷达、电视、通信、仪器仪表、自动控制、电子对抗等领域。图 5.9 和表 5.4 对比了 MnZn 与 NiZn 铁氧体材料 *B-H* 曲线和磁学性能的差异。

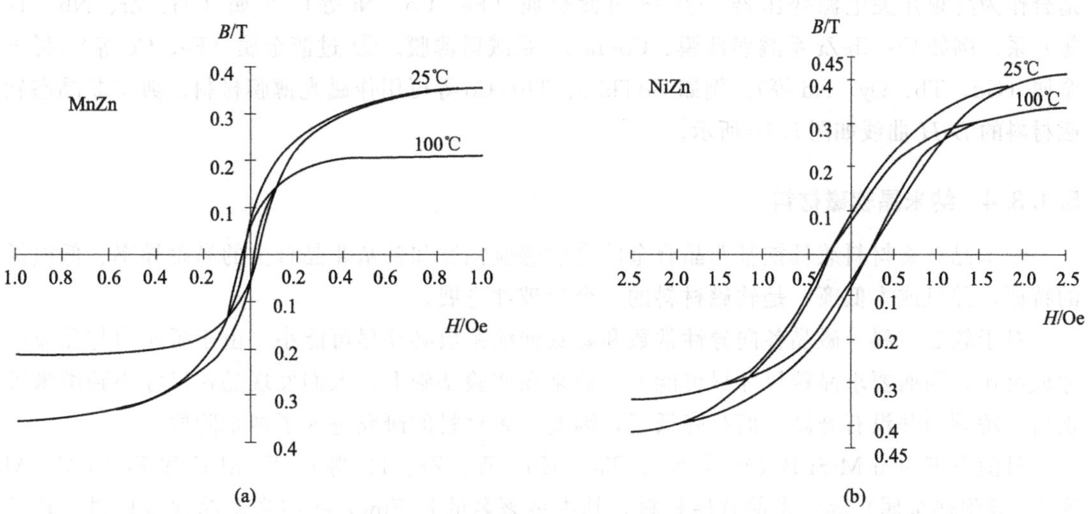

图 5.9　典型 MnZn 和 NiZn 铁氧体在不同温度下的 *B-H* 曲线

(a) MnZn 铁氧体；(b) NiZn 铁氧体

注：$1Oe=79.5775A\cdot m^{-1}$

表 5.4 MnZn 与 NiZn 铁氧体的磁学性能差异

材料	μ_i	B_s/T	T_C/℃	H_C/A·m^{-1}	ρ/Ω·cm
MnZn	750～15000	0.3～0.5	100～300	0.04～0.25	10～100
NiZn	15～1500	0.3～0.5	150～450	0.3～0.5	10^6

(3) 其他铁氧体

镍的价格高，在频率低于 30MHz 的情况下，可以使用价格便宜的 MgZn 铁氧体来代替，只是性能稍差一些。由于晶体结构的限制，立方晶系铁氧体的使用频率大体上只能在数百兆赫之下，高频软磁材料基本上以平面型六方晶系的铁氧体为主。在起始磁导率相同的条件下，平面型六方晶系铁氧体的截止频率较立方晶系高 5～10 倍，例如 CoZ 铁氧体的截止频率约为 1500MHz，用 IrO 取代 CoZ 中的铁，截止频率可以提高到 8000MHz。

5.1.3.3 非晶态软磁材料

非晶态软磁材料不具备晶体特性，从原子排列上看属于长程无序、短程有序的结构。因此，非晶态软磁材料不存在阻碍畴壁移动的位错和晶界，从而具有高磁导率和低矫顽力等特点，并且磁各向同性。非晶态软磁材料综合性能优良，具有以下特点：电阻率比同种晶体材料高；在高频场合使用时涡流损耗小；体系的自由能较高，因而结构是热力学不稳定的，加热时具有结晶化的倾向；材料的机械强度较高，硬度较高，耐蚀性能强，抗 γ 射线及中子等辐射的能力强。

目前已经达到实用化的非晶态软磁材料主要有以下三类：① 3d 过渡金属（Fe、Co、Ni 等）-非金属（B、C、Si、P 等）系。铁基非晶态合金，如 $Fe_{80}B_{20}$、$Fe_{78}B_{13}Si_9$ 等，具有较高的饱和磁感应强度（1.56～1.80T）；铁镍基非晶态合金，如 $Fe_{40}Ni_{40}P_{14}B_6$、$Fe_{48}Ni_{48}Mo_4B_8$ 等，具有较高的磁导率；钴基非晶态合金，如 $Co_{70}Fe_5$（Si，B)$_{25}$、$Co_{58}Ni_{10}Fe_5$（Si，B)$_{27}$ 等，适合作为高频开关电源变压器。② 3d 过渡金属（Fe、Co、Ni 等）-金属（Ti、Zr、Nb、Ta 等）系。例如 Co-Nb-Zr 系溅射薄膜、Co-Ta-Zr 系溅射薄膜。③ 过渡金属（Fe、Co 等）-稀土金属（Gd、Tb、Dy、Nd 等）。例如 GdTbFe、TbFeCo 等可用作磁光薄膜材料。典型非晶态软磁材料的 *B-H* 曲线如图 5.10 所示。

5.1.3.4 纳米晶软磁材料

纳米晶软磁材料兼具铁基非晶合金的高磁感应强度和钴基非晶合金的高磁导率、低损耗的特征，并且成本低廉，是软磁材料的一个突破性进展。

对于软磁材料，磁晶各向异性常数和磁致伸缩系数必须尽可能小，由于矫顽力与晶粒尺寸成反比，因而要求晶粒尺寸尽可能大。后来在实验基础上，人们发现晶粒尺寸小到纳米级别后，矫顽力并没有升高，而是降低了，因此软磁材料的研究进入了纳米阶段。

目前有 Fe-Cu-M-Si-B（M 为 Nb、Ta、Mo、W、Zr、Hf 等)、Fe-M-C 和 Fe-M-V（M 为 Ta 等耐热金属）等纳米晶软磁材料，其中最著名的是 Finemet 纳米微晶软磁材料，其成分为 $Fe_{73.5}Cu_1Nb_3Si_{13.5}B_9$，晶粒尺寸为 10nm，具有优异的软磁性能。表 5.5 列出了典型纳米晶、非晶、铁氧体材料的磁性能。除具有高磁导率、低矫顽力等特点外，纳米晶软磁材料还有很低的铁芯损耗，综合性能最佳。

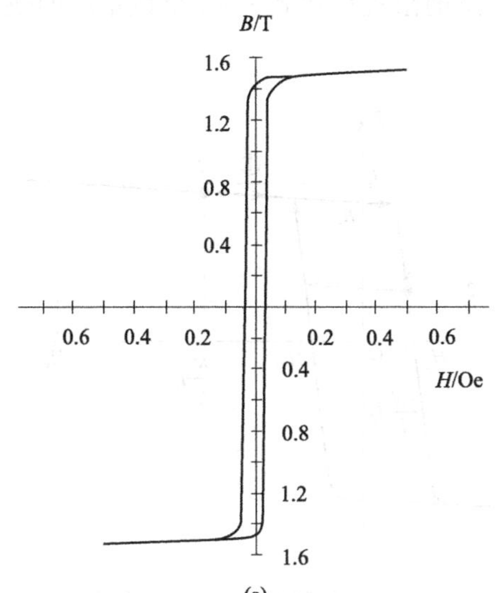

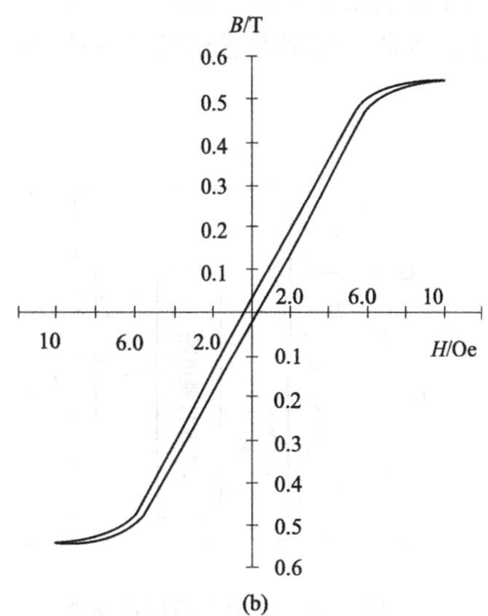

图 5.10　FeBSi 和 CoSiFe 非晶合金的 B-H 曲线

(a) 81%Fe-13.5%B-3.5%Si 非晶合金的 B-H 曲线；(b) 66%Co-15%Si-4%Fe 非晶合金的 B-H 曲线

注：1Oe=1000/4nA・m^{-1}

表 5.5　铁氧体、非晶材料、纳米晶材料的磁性能对比

磁性能	铁氧体	非晶		纳米晶
	MnZn	铁基(FeMSiB)	钴基(CoFeMSiB)	Finemet
B_s/T	0.44	1.56	0.53	1.35
H_C/A・m^{-1}	8.0	5.0	0.32	1.3
B_r/B_s	0.23	0.65	0.50	0.60
P_C/kW・m^{-3}	1200	2200	300	350
$\lambda_S/10^{-6}$		27	～0	2.3
T_C/℃	150	415	180	570
$\rho/\Omega\cdot m$	0.20	1.4×10^{-6}	1.3×10^{-6}	1.1×10^{-6}
$d_s\times10^{-3}$/kg・m^{-3}	4.85	7.18	7.7	7.4

5.1.4 软磁材料器件

例 1　高频磁放大稳压器

① 工作原理　开关电源磁放大稳压器应用于计算机 ATX 电源和通信开关电源，磁放大稳压器通过调节主变压器次级侧的脉冲宽度来达到输出稳压的目的。典型的磁放大稳压器原理如图 5.11 所示。磁放大稳压器的关键部件是控制电感。控制电感由具有矩形 B-H 回线的磁芯及其上的一个绕组组成。磁芯的工作点如图 5.12 所示，当磁芯于点①工作时，磁芯饱和，控制电感的阻抗 $|Z|$ 接近 0，控制电感相当于短路。当磁芯于点②工作时，磁芯处于复位状态。复位是指磁通量达到饱和后的去磁过程，使磁通回到原来工作点的数值，称为磁通复位。由于磁放大稳压器所用磁芯材料的特点（良好的矩形 B-H 回线及高的磁导率）以及开关电源于高频（100kHz 左右）下工作，使得此时的控制电感对输入脉冲呈现高阻抗，

相当于控制电感开路。实际上，饱和与复位时控制电感的阻抗可达到 3～4 个数量级的快速变化。因此，控制电感相当于一只“可控磁开关”。

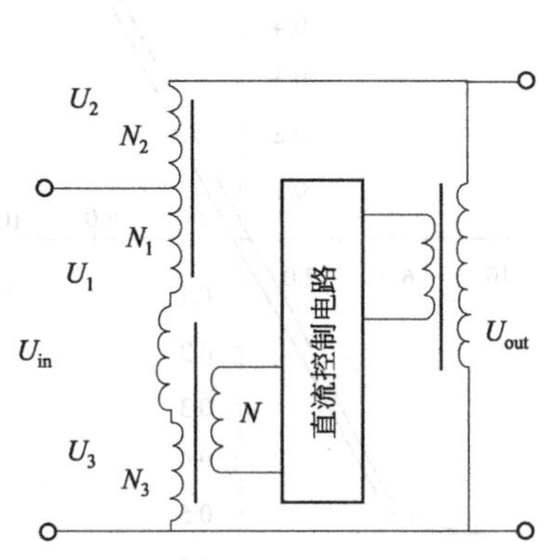

图 5.11 磁放大稳压器原理

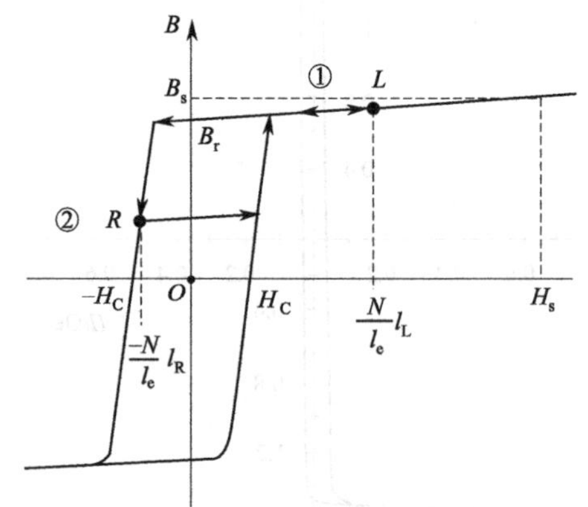

图 5.12 控制电感磁芯的工作点

② 软磁材料的选择　根据上述对稳压器工作状况的描述，为了满足开关电源提高效率和减小尺寸、重量的要求，需要一种高磁感应强度和高频低损耗的磁芯。为了最大限度地利用磁芯，较大功率运行条件下的软磁材料，在高温工作范围内，应该具有以下主要的磁特性：高的饱和磁感应强度或高的振幅磁导率。这样变压器磁芯在规定频率下允许有一个大的磁通偏移，可减少匝数；在工作频率范围内有低的磁芯总损耗。在给定温升条件下，低的磁芯损耗将允许有高的通过功率；需要有高的居里点、高的电阻率、良好的机械强度等。

根据上述要求，可以选择的软磁材料包括：硅钢片、坡莫合金、非晶及纳米晶软磁合金。在高频下，坡莫合金电阻率太低，导致涡流损耗大，造成温升，效率降低。而铁氧体饱和磁感应强度过低，居里温度也低，很难适应磁放大器在恶劣环境中对材料应力敏感性、热稳定性的严格要求。非晶及纳米晶软磁材料具有中等或高饱和磁感应强度、极低的饱和磁致伸缩系数和磁晶各向异性常数，具有极佳的综合磁性能，其中优异的高频特性引人注意。

③ 非晶软磁材料制备工艺　非晶态属于结晶前的中间状态，又称为亚稳定态，当以足够快的速度冷却至足够低的温度时，原子来不及形成晶核就会形成非晶合金。

常见的非晶软磁材料制备方法如图 5.13 所示，包括气相沉积法、液相急冷法以及高能粒子注入法。气相沉积法指将晶态材料原子无规则沉积到基体上形成非晶态，主要技术包括真空蒸发、溅射/辉光放电、化学沉积等。液相急冷法是将熔融合金在加压的惰性气体作用下从石英喷嘴中喷出，形成均匀的熔融金属细流，连续喷射到高速旋转的冷却辊表面，使液态合金高速（$10^6 \sim 10^8$℃·s^{-1}）冷却形成非晶态。高能粒子注入法则将大功率高能粒子输入加热晶体材料表面，引起局部熔化并迅速凝固形成非晶态。高能注入粒子有一定射程，只能得到一薄层非晶材料，常用于改善表面特性。

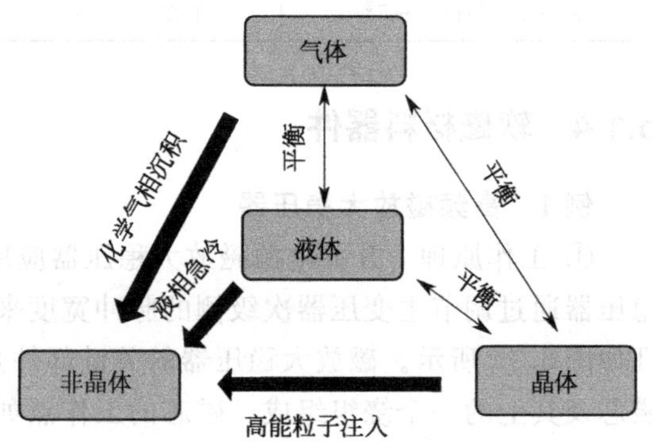

图 5.13 非晶软磁材料制备方法

例2　计算机磁记录器件

计算机磁记录器件包含磁记录介质和磁头两部分，磁记录介质材料形成不同磁化的小永磁体，而这些永磁体就是磁记录的最小记录单元。磁记录的形成机理如图5.14所示。单磁畴粒子组成一个个微小永磁体，在消磁状态下取向随机分布，如图5.14(a)。总的磁化强度为零，因而没有磁极产生。在外部磁场作用下，单磁畴粒子中的磁化方向容易发生转动，并且与外磁场方向一致，如图5.14(b)。在此阶段逐渐出现N极和S极，磁极的强度随着外部磁场的增强而升高。因此，单磁畴粒子的磁化方向、分布发生变化，转化为一个个微小永磁体相应的磁极方向和强度，并与外界信号相对应，如图5.14(c)所示。常用磁头与磁记录介质相组合的形式记录，多数情况下通过磁头间隙产生的漏磁通使磁介质磁化。因此磁头对计算机磁记录器件至关重要。

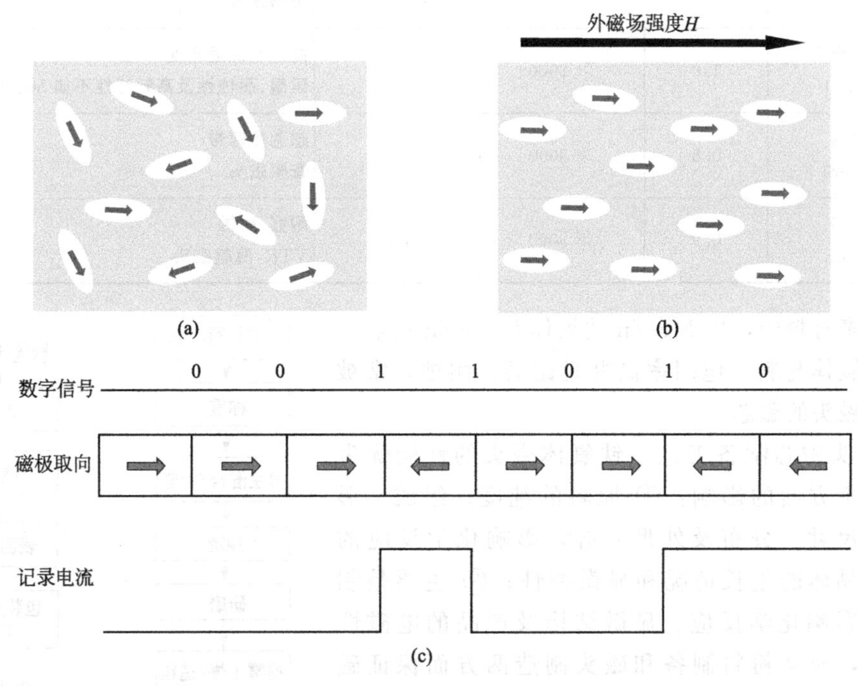

图5.14　磁记录基本原理

(a) 消磁状态；(b) 在外磁场作用下形成微小永磁体；(c) 信号存储及信号形成的原理

① 磁头的工作原理　磁头是指能对磁记录介质进行信息记录、再生及读取的部件。磁头也是磁记录装置中实现电磁能量转换的关键部件。最为广泛使用的磁头为环形磁头，利用电磁感应进行记录。其主要结构为一电磁铁，一般在铁芯的周围绕有导线（图5.15）。为了能对磁记录介质有效地施加磁场，磁芯经过精密机械加工。为使磁记录介质处于饱和磁化状态，磁头对记录介质施加相当于其矫顽力数倍的磁场。

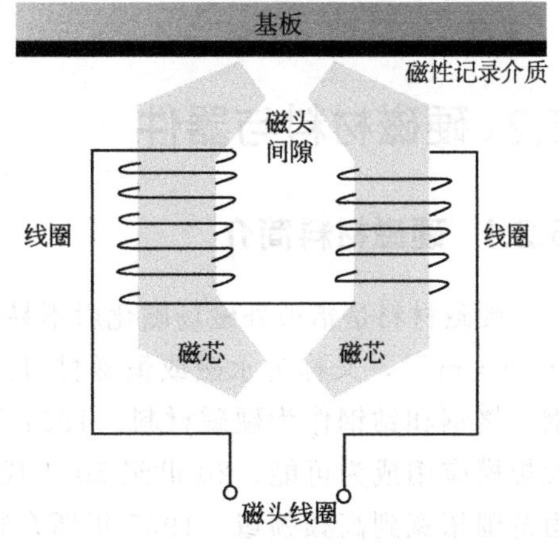

图5.15　磁记录器件磁头的结构

② 磁头的材料选择　磁记录介质的矫顽力很高，由于需要使介质材料完全饱和磁化，因此电磁

感应的磁头磁芯使用的软磁材料的饱和磁感应强度要高；此外由于需要高灵敏地检查出介质较弱的磁场，因此材料的磁导率要高。综合而言，软磁材料需要满足：① 磁导率及饱和磁化强度高；② 矫顽力低；③ 电阻率高；④ 耐磨性强等特点。可以用作磁头磁芯的材料见表5.6。一般要求 H_C 在 $1.2 \sim 4 A \cdot m^{-1}$ 之间；B_s 在 0.8～1.8T 之间。

表 5.6 主要的磁头磁芯材料

磁头磁芯材料	B_s/T	μ(1MHz 时)	$\rho/\mu\Omega \cdot cm$	备注
Mn-Zn 软磁铁氧体	0.5	＞2000	约 10^6	电阻率高，耐磨耐蚀 VTR，音频磁头
坡莫合金（Ni-Fe）	0.85	＞1000	60	耐磨、耐蚀 价格便宜
仙台斯特合金 (Si-Al-Fe)	1.0	＞2000	80	高饱和磁通密度 耐磨、耐蚀性及高频特性不如 Mn-Zn 铁氧体
非晶材料 Co-Fe-B-Si	0.8	＞3000	140	超急冷薄带 音频磁头
非晶材料 Co-Nb-Zr	0.9	＞3000	120	耐磨、耐蚀 VTR，薄膜磁头

在诸多材料中，以 Mn-Zn 铁氧体和 Ni-Zn 铁氧体为主的铁氧体材料，电阻率高并且耐磨、耐蚀，常被用于制造磁头的磁芯。

③ 磁头磁芯制备工艺 铁氧体磁头的性能优劣取决于两个方面的影响：① 原料的纯度、组成、形貌（颗粒尺寸、分布及外形）等，影响化学反应的速度以及晶体的生长情况和显微特性；② 主要是制备工艺，影响化学反应、显微结构及产品的电磁性能。因此，应从粉料制备和磁头制造两方面保证磁头的性能。软磁铁氧体磁头的具体制备工艺如图5.16所示。

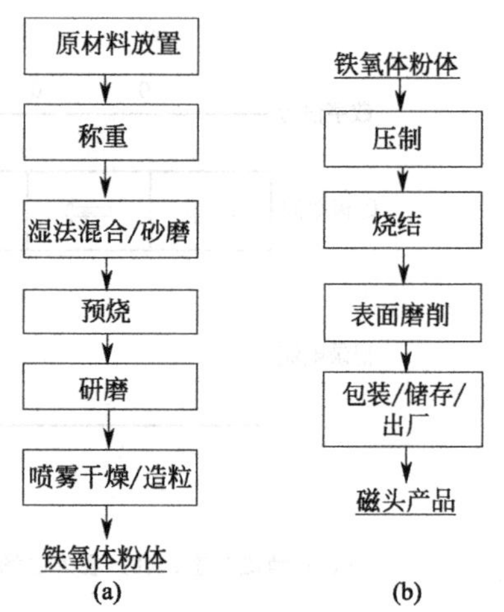

图 5.16 软磁铁氧体磁头的制备工艺

(a) 粉体制备；(b) 磁头制备

5.2 硬磁材料与器件

5.2.1 硬磁材料简介

硬磁材料是指被外磁场磁化后不易退磁，能长期保持其强磁性的材料，一般矫顽力大于 $10^4 A \cdot m^{-1}$，又称为永磁或恒磁材料。20 世纪初，人们普遍使用磁能积较低的碳钢、钨钢、铬钢和钴钢作为硬磁材料。1931 年日本工程师发明了铝镍钴磁钢，使得硬磁材料的大规模应用成为可能。20 世纪 50 年代钡铁氧体的出现既降低了成本，又将硬磁材料的应用范围拓宽到高频领域。1967 年斯奈特在量子磁学的指导下发现了磁能积高的稀土磁体 $SmCo_5$，为硬磁材料的应用开辟了一个新时代，此后第二代稀土永磁材料 Sm_2Co_{17} 以及第三代稀土永磁材料 $Nd_2Fe_{14}B$ 相继被研发出来。1991 年德国物理学家克内勒提出了双相复合磁体交换作用理论，为纳米晶磁体发展提供了理论基础。由于稀土元素价格昂贵，各国也加大了新一代硬磁材料的研发，开发了钐铁氮、纳米复合稀土永磁等新型材料，并在不断提高其性能。尽管目前 Ba、Sr 铁氧体仍是用量最大的硬磁材料，但其地位正在逐步被 Nd-Fe-B 材料代替。

5.2.2 硬磁材料分类与性能参数

5.2.2.1 硬磁材料分类

硬磁材料大体上可以分为合金、铁氧体、金属间化合物和稀土等四大类：a. 合金类，包括铸造、烧结和可加工合金。铸造合金的主要种类包括 AlNiCo、FeCrCo、FeCrMo、Fe-AlC、FeCo（V）（W）等；烧结合金包括 Re-Co（Re 代表稀土）、Re-Fe 以及 AlNi（Co）、FeCrCo 等；可加工合金包括 FeCrCo、PtCo、MnAlC、CuNiFe 和 AlMnAg 等。b. 铁氧体类，主要包括 $MO\text{-}6Fe_2O_3$ 系，其中 M 代表 Ba、Sr、Pb 或 SrCa、LaCa 等复合成分。c. 金属间化合物，主要包括 MnBi 等。d. 稀土类，主要包括 $SmCo_5$、Sm_2Co_{17}、$Nd_2Fe_{14}B$ 等。

5.2.2.2 硬磁材料的性能参数

硬磁材料被磁化达到饱和后，如果撤去外加磁场，在磁铁两个磁极之间的空隙中便会产生恒定磁场。与此同时，磁铁本身也会受到退磁作用。退磁场的方向和原来外加磁场的方向相反。因此，硬磁材料的工作点将从剩磁点 B_r 移到磁滞回线的第二象限，即退磁曲线的某一点上，如图 5.17 所示。硬磁材料的实际工作点用 D 表示。由此可知，硬磁材料性能的好坏应该用退磁曲线上有关的物理量表征，它们是剩磁 B_r、矫顽力 H_C、最大磁能积 $(BH)_{max}$ 等。此外，硬磁材料在使用过程中的性能稳定性往往也是实际应用中所要考察的重要指标。

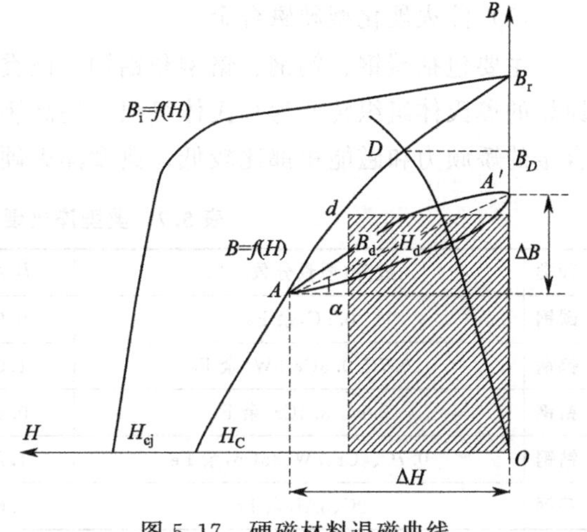

图 5.17　硬磁材料退磁曲线

（1）剩磁 B_r

磁性材料被磁化到饱和以后，当外磁场强度降为零时所剩的磁感应强度称为剩余磁感应强度，简称剩磁，用 B_r 表示。由于剩磁的存在，硬磁材料才能在没有外磁场时对外保持一定的磁场。剩磁越大，产生的磁场越强。

（2）矫顽力 H_C

硬磁材料的矫顽力有两种定义：一个是使磁感应强度 $B=0$ 所需的磁场强度，常用 ${}_BH_C$ 表示；另一个是使磁化强度 $M=0$ 所需的磁场强度，常用 ${}_MH_C$ 表示。在比较不同硬磁材料的磁性能时不能混淆。通常来说 ${}_MH_C>{}_BH_C$，两者之间的差别依赖于退磁曲线的特征。高性能硬磁材料要求矫顽力大并且与易磁化轴趋向一致。不同的硬磁材料，获得高矫顽力的措施不一样。

（3）最大磁能积 $(BH)_{max}$

图 5.17 中退磁曲线某一点 d 对应的 B_d 和 H_d 的乘积（曲线中的阴影部分面积）即磁能积。B_d 和 H_d 的乘积随着 d 点的变化而变化，必然存在一点，使得 B_d 和 H_d 的乘积最大，该值称为最大磁能积。最大磁能积是硬磁材料的重要指标，最大磁能积越大，硬磁材料单位体积中储存的磁能也越大。

（4）稳定性

硬磁材料在使用过程中对温度、振动或冲击等外界环境因素的稳定性也是衡量其性能的重要因素，材料稳定性的好坏直接关系到硬磁材料工作的可靠性。

综上所述，硬磁材料的性能要求包括：剩余磁感应强度要高、矫顽力要高、最大磁能积要大、稳定性要好。

5.2.3 硬磁材料

5.2.3.1 金属硬磁合金

金属硬磁合金是一类发展和应用较早的以铁和铁族元素为重要组元的合金，又称永磁合金。金属硬磁合金最重要的特征就是矫顽力高，根据矫顽力形成机理，可以分为以下几类：淬火硬化型硬磁合金、析出硬化型硬磁合金、时效硬化型硬磁合金和有序硬化型硬磁合金。

（1）淬火硬化型硬磁合金

主要包括碳钢、钨钢、铬钢和铝钢。该类磁钢主要通过高温淬火把已经加工过的零件中原始的奥氏体组织转变为马氏体组织来提高矫顽力。与其他金属硬磁合金相比，淬火硬化型合金的矫顽力和磁能积都比较低，典型淬火硬化型硬磁合金性能如表 5.7 所示。

表 5.7 典型淬火硬化型硬磁合金的性能

种类	成分(质量分数)/%	B_r/T	H_C/A·m^{-1}	$(BH)_{max}$/kJ·m^{-3}
碳钢	0.9C,余 Fe	0.95	0.40	1.59
钨钢	0.7C、0.3Cr、6W、余 Fe	1.05	0.53	2.39
铬钢	0.9C、3.4Cr、余 Fe	0.90	0.44	1.99
钴钢	0.7C、4Cr、7W、35Co,余 Fe	1.20	2.07	7.96
铝钢	2C、8Al,余 Fe	0.60	1.60	3.98

（2）析出硬化型硬磁合金

析出硬化型硬磁合金大致有以下三类：Fe-Cu 系合金，主要用于铁簧继电器等；Fe-Co 系合金，主要用于半固定装置的存储元件；AlNiCo 系合金，其中以铝镍钴硬磁合金最为著名，也是最主要、应用范围最广的一类金属硬磁材料。

铝镍钴是在 AlNiFe 系合金基础上发展起来的，主要成分为铝、镍、钴、铁和其他微量金属元素（Mo、Ti 等），有的经适当热处理而得到各向同性的硬磁合金，有的经磁场热处理或定向结晶处理而得到各向异性硬磁合金。

磁钢中铁磁性析出粒子的形状各向异性，导致铝镍钴磁钢具有很高的矫顽力。这种铁磁性析出粒子 α_1 相由 Spinodal 分解相变过程产生：α（Fe-Ni-Al）$\longrightarrow \alpha_1$（Fe 或 FeCo）$+\alpha_2$

(NiAl)。这种铁磁性 α_1 相在非铁磁性 α_2 相中，以单磁畴粒子的形式析出，产生形状各向异性的高矫顽力。铝镍钴合金的性能受钴含量的影响很大，用钴代替铁，增大了 α-相的饱和磁化强度，导致较高的 B_r，并增大了 α 和 α_1 间的磁化强度差 $\Delta M = M_\alpha - M_{\alpha 1}$。增加钴含量可以提高矫顽力，同时提高居里温度。

铝镍钴硬磁合金是 20 世纪 30 年代研制成功的。当时，它的磁性能最好，温度系数又小，因而在永磁电机中应用得最多、最广。20 世纪 60 年代以后，随着铁氧体硬磁材料和稀土硬磁材料的相继问世，铝镍钴合金在电机中的应用逐步被取代。目前铝镍钴合金仍用于仪表工业中制造磁电系仪表、流量计、微特电机、继电器等。

(3) 时效硬化型硬磁合金

时效硬化型硬磁合金的矫顽力通过淬火、塑性变形和时效硬化等工艺获得。时效硬化型硬磁合金可以分为以下几种：① α-铁基合金包括钴钼、铁钨钴和铁钼钴合金，其磁能积较低，一般用在电话接收机上。②铁锰钛和铁钴钒合金磁性能相当于低钴钢，经过冷轧、回火处理后进行切削、弯曲和冲压等加工，主要用于指南针和仪表零件。③铜基合金主要有铜镍铁（60%Cu-20%Ni-Fe）和铜镍钴（50%Cu-20%Ni-2.5%Co-Fe）两种，磁能积约 6～15 $kJ \cdot m^{-3}$，可用于测速仪和转速计。④Fe-Cr-Co 系合金是当今主要应用的另一类金属硬磁合金，含有 20%～33%铬、3%～25%钴、3%～25%钼，其余为铁，通过添加 Mo、Si、V、Nb、Ti、W、Cu 等元素可以改善硬磁性能。

体心立方 FeCrCo 合金跟铝镍钴一样也是通过 Spinodal 分解获得硬磁性。FeCrCo 合金是在 Fe-Cr 二元合金的基础上加 Co 发展起来的，FeCrCo 合金在高温区形成单一的 α 相，然后通过 Spinodal 分解形成 78Fe-5Cr-17Co（α_1 相）和 13Fe-80Cr-7Co（α_2 相），在随后的回火过程中，两相的成分差进一步加大，从而得到高的磁性能。FeCrCo 的延展性比铝镍钴合金更好。FeCrCo 合金的最大优点就是居里温度较高（T_C＝680℃左右），可以在高温下使用。FeCrCo 的磁性能稳定性好，适用于高精度元器件。按制造工艺不同铁铬钴合金可分为各向同性和各向异性的。典型铁铬钴合金的磁性能参见表 5.8。

表 5.8　典型铁铬钴合金的磁性能（GB/T 15018—1994）

牌号	类别	B_r/T(Gs)	H_C/kA·m^{-1}(Oe)	$(BH)_{max}$/kJ·m^{-3}(MGs·Oe)
2J83	各向异性	1.05(10500)	48(600)	24～32(3.0～4.0)
	各向同性	0.60～0.75(6000～7500)	38～43(475～538)	8～10(1.0～1.3)
2J84	各向异性	1.20(12000)	52(650)	32～40(4.0～5.0)
	各向同性	0.75～0.85(7500～8500)	39～45(488～563)	10～15(1.3～1.9)
2J85	各向异性	1.30(1300)	44(550)	40～48(5.0～6.0)
	各向同性	0.80～0.90(8000～9000)	36～42(450～525)	10～13(1.3～1.6)

注：1Gs＝10^{-4}T，1Oe＝79.5775A·m^{-1}，不同牌号合金对应不同成分。

铁铬钴硬磁合金具有良好的机械加工性能，冷热塑性变形性能良好，可以进行冷冲、弯曲、钻孔和各种切削加工，能够制成片材、棒材、丝材和管材，特别适合制作尺寸复杂的结构件。其磁性与铝镍钴相当，由于具有剩磁高、温度系数低、性能稳定等特点，可以用于对永磁体性能稳定性要求较高的精密仪器和装置中，包括电话机的受话器、扬声器、转速表和台式计算机的硬性元件。

(4) 有序硬化型硬磁合金

包括银锰铝、钴铂、铁铂、锰铝和锰铝碳合金。其显著特点是在高温下处于无序状态，经过适当淬火和回火后，由无序相中析出随机分布的有序相，从而提高了合金的矫顽力。一般用来制造磁性弹簧、小型仪表元件和小型磁力马达的磁系统等。另外，铁铂合金具有强烈的耐腐蚀性，可以用于化学工业测量及调节腐蚀性液体的仪表中。

5.2.3.2 铁氧体硬磁材料

最常见的铁氧体硬磁包括钡铁氧体（$BaO \cdot 6\ Fe_2O_3$）和锶铁氧体（$SrO \cdot 6\ Fe_2O_3$），它们的性能差异较小，锶铁氧体的 H_C 值略低。

按制造工艺的差别，铁氧体硬磁可分为各向同性硬磁和各向异性硬磁两类。各向同性铁氧体硬磁材料的磁能积一般约为 $8kJ \cdot m^{-3}$。铁氧体硬磁主要为六方晶系的磁铅石铁氧体（如图 5.18 所示），具有强的单轴各向异性。如果在成型时施加外磁场，使颗粒的易磁化轴定向排列，材料的剩磁和磁能积可得到很大的提高，这样便制成了各向异性铁氧体硬磁材料。

根据易磁化轴的方向硬磁铁氧体可以分为 3 个类型：易磁化轴处于六方 c 晶轴方向，称为主轴型；易磁化轴处于垂直于主轴的平面内，称为平面型；易磁化轴处于一个圆锥面内，称为锥面型。

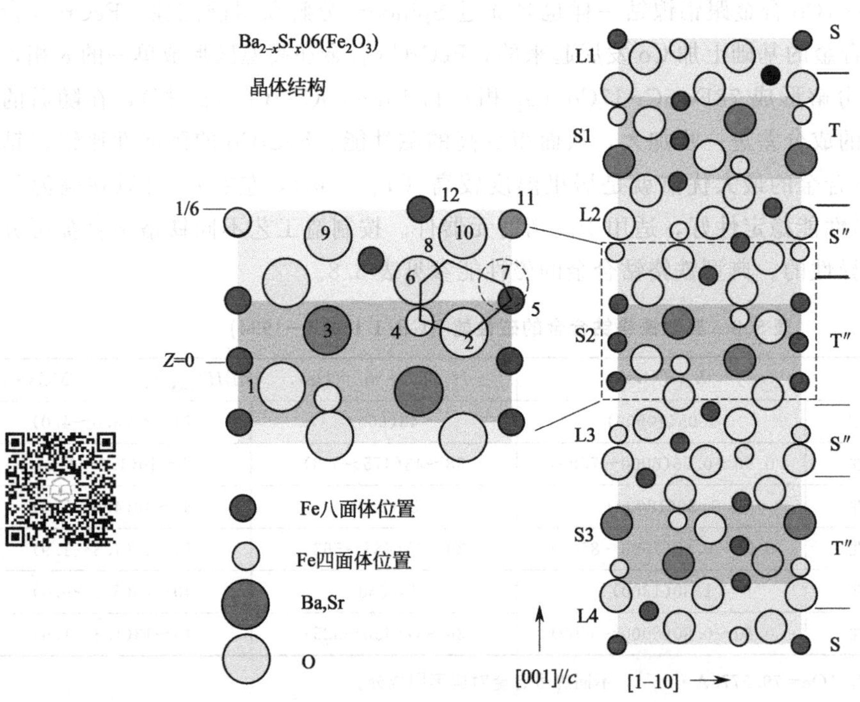

图 5.18 铁氧体磁铅石结构

常见铁氧体硬磁的磁性能如表 5.9 所示。铁氧体硬磁电阻率高、矫顽力大、有较强的抗退磁性能，能有效地应用在大气隙磁路中，特别适合作小型发电机和电动机的永磁体以及测量与控制器件等。

表 5.9　常见铁氧体硬磁的磁性能（GB/T 12796.1—2012）

材料牌号	B_r		$_BH_C$		$(BH)_{max}$	
	Wb·m^{-3}	Gs	kA·m^{-1}	Oe	kJ·m^{-2}	MGs·Oe
Y10T	＞0.20	＞2000	128～160	1600～2000	6.4～9.6	0.8～1.2
Y15	0.28～0.36	2800～3600	128～192	1600～2400	14.3～17.5	1.8～2.2
Y20	0.32～0.38	3200～3800	128～192	1600～2400	18.3～21.5	2.3～2.7
Y25	0.35～0.39	3500～3900	152～208	1900～2600	22.3～22.5	2.8～3.2
Y30	0.38～0.42	3800～4200	160～216	2000～2700	26.3～29.5	3.3～3.7
Y35	0.40～0.44	4000～4400	176～224	2200～2800	30.3～33.4	3.8～4.2
Y15H	＞0.31	＞3100	232～248	2900～3100	＞17.5	＞2.2
Y20H	＞0.34	＞3400	248～264	3100～3300	＞21.5	＞2.7
Y25BH	0.36～0.39	3600～3900	176～216	2200～2700	23.9～27.1	3.0～3.4
Y30BH	0.38～0.40	3800～4000	224～240	2800～3000	27.1～30.3	3.4～3.8

注：1Gs=10^{-4}T，1Oe=79.5775A·m^{-1}。

铁氧体硬磁材料主要以 SrO 或 BaO 及 Fe_2O_3 为原料，加入适量的 Al、Si、Mn、Ca、Cr、Bi、Sn 等氧化物，按一定比例混合后，经过预烧、破碎、制粉、压制成型、烧结和磨加工制造而成。制备烧结铁氧体硬磁的工艺流程如图 5.19 所示。

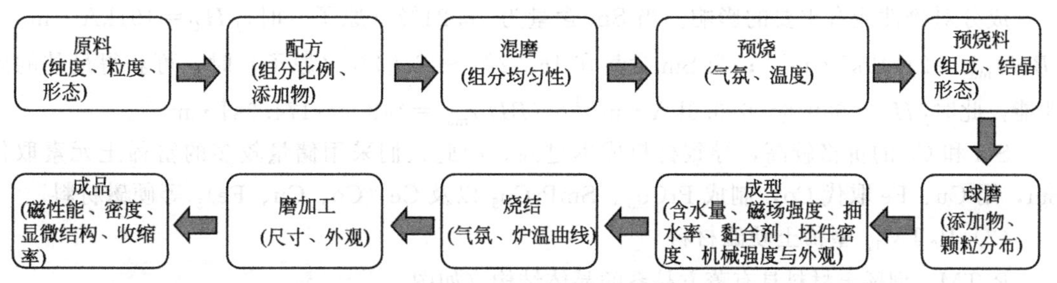

图 5.19　铁氧体硬磁制备工艺流程图

在硬磁材料中，铁氧体硬磁的综合性能较低，但原料丰富、性价比高、工艺简单成熟、抗退磁性能优良等，在很多领域仍大量应用。铁氧体硬磁的性能可以通过改善取向度、烧结密度、细化晶粒提高。

5.2.3.3　稀土硬磁材料

稀土硬磁材料是稀土元素 R（Sm、Nd、Pr）与过渡金属元素 TM（Co、Fe 等）形成的金属间化合物，是目前具有最高磁能积的硬磁材料。通常以最大磁能积、剩磁、磁感矫顽力、内禀矫顽力等来衡量性能，这些数值越大，材料性能越好。我国于 20 世纪 60 年代研究了第一代稀土材料 $SmCo_5$，第一代稀土硬磁材料（SmPr）Co_5 的磁能积达到 204.5kJ·m^{-3}。于 1976 年开始研究第二代稀土硬磁材料 RE_2Co_{17}，磁能积达到 247kJ·m^{-3}。1983 年第三代稀土硬磁材料钕铁硼问世，磁能积达到 286kJ·m^{-3}，并在 1996 年达到 374 kJ·m^{-3}。随后更多的稀土硬磁材料被研发出来，包括 $ThMn_{12}$、$Nd(Fe,M)_{12}N_x$ 和 $Pr(Fe,M)_{12}N_x$ 等。这些材料具有优异的磁性，可以与钕铁硼相媲美。

(1) RCo_5 型稀土硬磁材料

最先出现的 RCo_5 型稀土硬磁材料是 $SmCo_5$。Sm 与 Co 可以形成 7 种金属间化合物，包括 Sm_2Co_{17}、$SmCo_5$、Sm_2Co_7、$SmCo_3$、$SmCo_2$ 和 Sm_4Co_9。RCo_5 型稀土硬磁材料具有 $CaCu_5$ 型晶体结构（图 5.20 所示），属于六方晶系，由 Co 原子层和 Co、R 混合原子层相间重叠而成，晶格常数 $a=5.004\text{Å}$、$c=3.971\text{Å}$。这种低对称性的六方结构使 RCo_5 有较高的磁晶各向异性常数，其中 c 轴为易磁化轴。

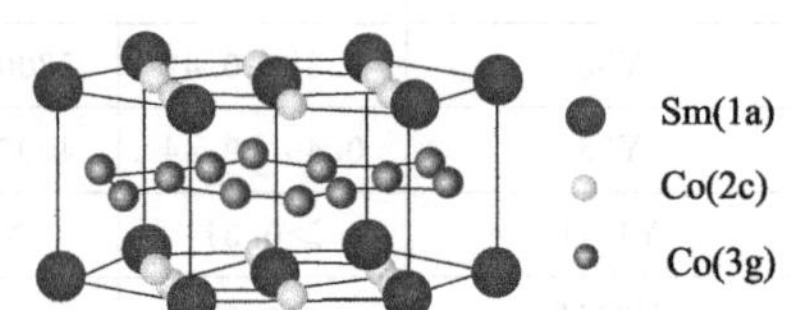

图 5.20 RCo_5（$SmCo_5$）晶体结构

对于 $SmCo_5$ 硬磁材料，磁化强度可以近似看作单畴颗粒的均匀转动，理论上 $SmCo_5$ 的内禀矫顽力 $_MH_C$ 和磁晶各向异性常数 K_1 成正比。实际情况中这些合金的矫顽力比理论值低很多，$SmCo_5$ 单畴临界尺寸为 $d_0=0.3\sim1.6\mu m$，而实际获得的矫顽力最高时的颗粒尺寸为 $5\sim20\mu m$，此时 $_MH_C$ 和 K_1 不成正比。晶界、晶体缺陷和第二相对 $SmCo_5$ 硬磁材料畴壁的钉扎效应由反磁化畴的形核与长大的临界场决定。

$SmCo_5$ 合金具有很高的磁晶各向异性常数，$K_1=15\sim19\times10^3 kJ\cdot m^{-3}$，$M_S=890kA\cdot m^{-1}$，理论磁能积达到 $244.9kJ\cdot m^{-3}$。做成磁体后，$B_r=0.8\sim0.95T$，$_BH_C=557.2\sim756.2\ kA\cdot m^{-1}$，$(BH)_{max}=135.3\sim159.2kJ\cdot m^{-3}$。居里温度 $T_C=740℃$，可以在 $-50\sim150℃$ 工作，是一种较为理想的永磁体。

成分对磁性能有重要的影响。当 Sm 含量为 16.24%（原子）时，$_BH_C=191kA\cdot m^{-1}$，$(BH)_{max}=21.49kJ\cdot m^{-3}$；当 Sm 含量在 16.72%～16.94%（原子）时，可获得最佳的磁性能，此时 $_BH_C=660.6\sim676.6kA\cdot m^{-1}$，$(BH)_{max}=148.9\sim174.3kJ\cdot m^{-3}$。

Sm 和 Co 的价格较高，导致材料成本过高。因此人们采用储量较多的富稀土元素取代 Sm，用 Cu、Fe 取代 Co，制成 $PrCo_5$、$SmPrCo_5$ 以及 Ce（Co、Cu、Fe）$_5$ 等硬磁材料。

(2) R_2TM_{17} 型稀土硬磁材料

R_2TM_{17} 型稀土材料具有菱方晶系的晶体结构（如图 5.21 所示），Sm_2Co_{17} 是稀土硬磁材料中磁稳定性最好的一种，居里温度很高（926℃），可应用于高温环境。单相型 R_2（Co、Fe）$_{17}$ 硬磁的矫顽力由反磁化畴的形核、长大的临界场决定，其性能不高、工艺不易控制，因此应用价值不高。人们从两个方面来发展 2∶17 型稀土钴硬磁材料。一方面在三元 Sm_2(Co、Fe)$_{17}$ 硬磁合金基础上，通过添加其他元素发展高性能硬磁材料，例如通过添加 Mn、Cr 元素形成的 $Sm_2(Co_{0.8}Fe_{0.05}Mn_{0.15})_{17}$ 合金的磁性能：$B_r=1.13T$，$_MH_C=1066.6kA\cdot m^{-1}$，$(BH)_{max}=222.8kJ\cdot m^{-3}$。然而这一类硬磁材料的温度稳定性差，制造工艺不易掌握，重复性较差，因而没有在工业界推广使用。另一方面，以 Sm-Co-Cu 三元系为基础发展起来的 2∶17 型稀土硬磁材料是时效硬化型材料。其中，以 Sm-Co-Cu-Fe-M 系 2∶17 型为代表的第二代硬磁材料已经在工业中广泛应用，尤其以 Sm_2(Co、Cu、Fe、Zr)$_{17}$ 合金性能最好。典型的特性包括：$B_r=0.9\sim1.19T$，$_BH_C=$

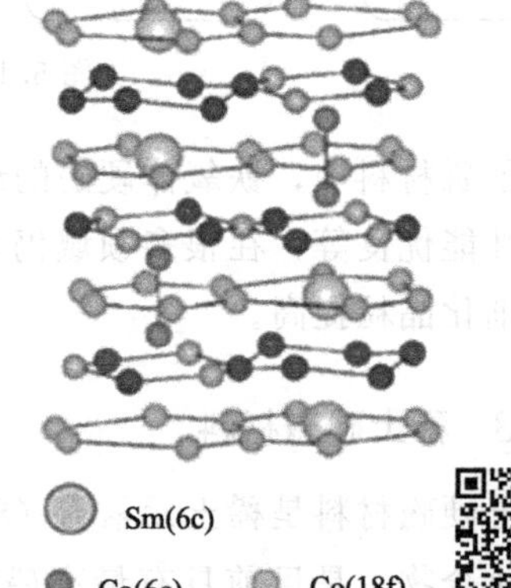

图 5.21 Sm_2Co_{17} 晶体结构

493～796kA·m^{-1}，$_{M}H_{C}$=525～2388kA·m^{-1}，$(BH)_{max}$=175～251kJ·m^{-3}，T_C=840～870℃，可以在－60～350℃工作，但 Sm 和 Co 含量仍然很高，且工艺复杂。

合金元素的含量对磁性能影响很大，Sm 影响合金的矫顽力和退磁曲线；随着 Fe 含量的增加，合金的 B_S 迅速提高，同时 Fe 促进胞状组织形成，$_{M}H_{C}$ 也随着 Fe 含量增加而升高；Cu 含量的增加可使$_{M}H_{C}$ 提高，使 B_r 和 K 下降；Zr 在提高$_{M}H_{C}$ 和退磁曲线方形度上起关键作用，含有 Zr 的合金矫顽力对热处理敏感，Zr 的加入可以使合金中 Fe 含量增加、Cu 和 Sm 含量减少。

（3）Nd-Fe-B 型稀土硬磁材料

基于 R_2Fe_{17} 稀土硬磁材料发展了以 Nd-Fe-B 型为代表的第三代稀土硬磁材料。R_2Fe_{17} 中 Fe-Fe 原子距离太近，Fe 的局域性较强，受周围邻近原子数和原子间距影响较大，导致合金的居里温度低。向 R_2Fe_{17} 中加入原子半径小的元素（如 B、C 等），可以成为 R-Fe 化合物的固溶元素存在于晶格中，从而改变 Fe-Fe 的距离、Fe 原子周围环境以及近邻原子数，最终提高居里温度并改善永磁性能。第三代稀土硬磁材料的磁能积得到了大大提升，$Nd_2Fe_{14}B$ 的 $(BH)_{max}$=512kJ·m^{-3}。

最常见的 Nd-Fe-B 合金为 $Nd_{15}Fe_{77}B_8$ 合金，以 $Nd_2Fe_{14}B$ 化合物为基，并富有 B 和 Nd，结构如图 5.22 所示。$Nd_2Fe_{14}B$ 化合物一个单胞中有 68 个原子，构成四方结构，易磁化轴为 c 轴。富 Nd 相沿晶粒边界分布，能助熔促进烧结，使磁体致密化，B_r 提高，并且有利于矫顽力提高。富 B 相大部分也是沿晶界分布，B 为四方相形成的关键，但过多会使得 B_r 下降。

$R_2Fe_{14}B$ 中存在三种磁性原子之间的交换作用，即 R-R、R-TM、TM-TM 原子间的交换作用（R 表示稀土元素，TM 表示过渡元素）。R 原子磁矩源于 4f 电子，4f 电子壳层半径比原子间距小一个数量级，R-R 原子相互作用很弱，TM-TM 相互作用最强。对于不同的 R 和 TM 原子，居里温度不同。$Nd_2Fe_{14}B$ 的居里温度为 307℃，$Pr_2Fe_{14}B$ 为 292℃，$Sm_2Fe_{14}B$ 为 343℃，$Gd_2Fe_{14}B$ 为 377℃；用 Co 代替 Fe 构成 $Nd_2Co_{14}B$，居里温度高达 439℃。

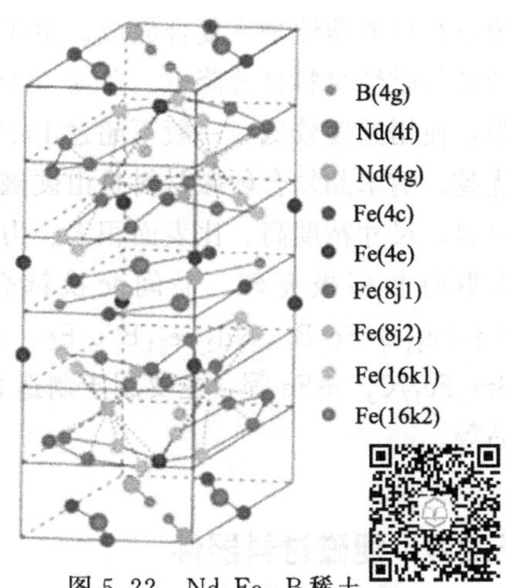

图 5.22　$Nd_2Fe_{14}B$ 稀土永磁材料的晶体结构

$R_2Fe_{14}B$ 的磁矩由稀土原子 R 和 Fe 原子共同决定。对于轻稀土原子构成的 $R_2Fe_{14}B$，磁矩 $M=14\mu_j^{Fe}+2\mu_j^{R}$；对于重稀土原子构成的 $R_2Fe_{14}B$，磁矩 $M=14\mu_j^{Fe}-2\mu_j^{R}$。4s 电子极化和不同稀土原子对各晶位上的 Fe 原子影响不同，使得每个晶位上的 Fe 原子磁矩各不相同，并且随着 R 原子变化。在所有 $R_2Fe_{14}B$ 中，$Nd_2Fe_{14}B$ 的磁矩和饱和磁化强度最高。

表 5.10　稀土硬磁材料的性能

性能	$SmCo_5$	Sm_2Co_{17}	Nd-Fe-B
密度/(g·cm^{-3})	8.3	8.4	7.4
B_r/T	0.85～0.95	1.0～1.14	1.05～1.25
$_{B}H_{C}$/kA·m^{-1}	637～716	557～716	796～915

续表

性能	$SmCo_5$	Sm_2Co_{17}	Nd-Fe-B
${}_MH_C/kA\cdot m^{-1}$	>1432	477～1671	955～1989
$(BH)_{max}/kJ\cdot m^{-3}$	127～175	183～239	213～395
$\alpha(\%)/℃^{-1}$	−0.05	−0.03	−0.12
$\beta(\%)/℃^{-1}$	−0.27	−0.21	−0.60
$T_c/℃$	740	820～926	312
机械强度	中	差	好
耐蚀性	中	好	差

目前，由于合金的居里温度不高，Nd 和 Fe 都易被氧化和腐蚀，因此 R-Fe-B 合金的磁稳定性差。Nb-Fe-B 三元系永磁材料磁感应强度为 Sm-Co 的 3～5 倍，矫顽力温度系数为 Sm-Co 合金的 2～3 倍，典型的性能如表 5.10 所示。合金磁性能改进方法包括：通过添加 Al、Nb、Ga、Dy 等元素减缓氧化速度，提高矫顽力；添加 Co 提高居里温度；减少原料中的中和氯离子；在磁体表面形成保护膜涂层等。烧结 Nd-Fe-B 硬磁材料具有完善的生产技术，已经广泛用于汽车、计算机、通信、医疗、仪器仪表、家用电器等领域。用其制成的器件具有性能优异、重量轻、体积小、能量大、节能、增效等一系列优点。

5.2.3.4 复合硬磁材料

以复合材料为代表的硬磁材料已经有一定的研究。复合硬磁材料由永磁性物质粉末和作为黏结剂的塑性物质复合而成。由于其含有一定比例的黏结剂，故其磁性能比相应的没有黏结剂的磁性材料显著降低。除金属复合硬磁材料外，其他复合硬磁材料受黏结剂耐热性所限，使用温度较低，一般不超过 150℃ 。在众多复合材料中，纳米晶复合硬磁材料性能最为优越。纳米晶复合硬磁材料是由硬磁相和软磁相在纳米尺度范围内复合形成的新型稀土硬磁材料，尺寸精度高、比表面积大、力学性能好、磁体各部分性能均匀性好、易于进行磁体径向取向和多极充磁、晶间交换耦合作用明显。目前主要的纳米晶复合硬磁材料包括 $Nd_2Fe_{14}B/Fe_3B$、$Nd_2Fe_{14}B/\alpha\text{-}Fe$、$Nd_2Fe_{14}B/\alpha\text{-}Fe$、$Pr_2Fe_{14}B/\alpha\text{-}Fe$、$Sm_2Fe_{17}N_x/\alpha\text{-}Fe$ 和 $Sm_2Fe_{17}C_x/\alpha\text{-}Fe$ 等，主要用于制造仪器仪表、通信设备、旋转机械、磁疗器械及体育用品等。

5.2.4 硬磁材料器件

例 1 稀土永磁电机

① 永磁电机工作原理 永磁电机［图 5.23(a)］作原理与电励磁同步电机相同，区别在于前者是以永磁体［图 5.23(b)］代替励磁绕组进行励磁。如图 5.23(c) 所示，当永磁电机的三相定子绕组（各相差 60°）通入频率为 f 的三相交流电后，将发生一个以同步转速推移的旋转磁场。在稳态情况下，主极磁场跟着旋转磁场同步滚动，转子转速亦是同步转速，它们之间相互作用并发生电磁转矩，驱动电机旋转并进行能量转换。因此电机对提供磁场的材料要求很高。

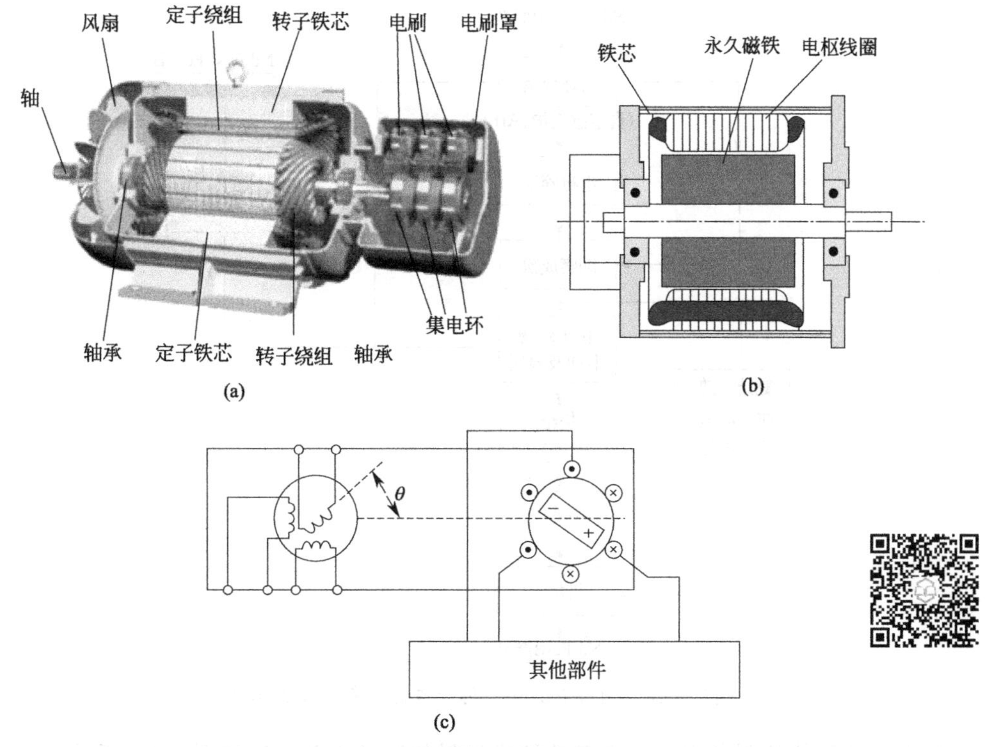

图 5.23 永磁电机的工作原理

② 材料选择 稀土硬磁材料的高磁能积和高矫顽力(特别是高内禀矫顽力)，使得稀土作为永磁电机的材料具有体积小、重量轻、效率高、特性好等一系列优势。在诸多稀土硬磁材料中，第三代稀土硬磁材料 Nd-Fe-B 因高磁能积，应用最为广泛。

③ 稀土硬磁材料制备工艺 稀土硬磁材料的制备方法包括烧结法、热变形法、还原扩散法、熔体快淬法、黏结法、铸造法等，其中烧结法和黏结法在生产中应用最广。制备 Nd-Fe-B 稀土硬磁材料的工艺流程如图 5.24 所示。

例 2 永磁铁氧体扬声器

扬声器是一种把电信号转变为声信号的换能器件，扬声器的性能优劣对音质的影响很大。在音响设备中扬声器是一个很薄弱的器件，而对音响效果而言，它又是一个重要的部件。常见的扬声器有电磁式扬声器、动圈式扬声器、静电式扬声器等。

① 扬声器的工作原理 扬声器一般由防尘盖、纸盆、盆架、弹波、音圈、华斯、磁钢、T 铁等组成（图 5.25）。常见的扬声器包括动圈式、电磁式、电感式、静电式、压电式等多种，其中电磁式扬声器应用范围较广。电磁式扬声器的工作原理：在永磁体两极之间有一可动铁芯的电磁铁，当电磁铁的线圈中没有电流时，可动铁芯受永磁体两磁极相等吸引力的吸引，在中央保持静止；当线圈中有电流流过时，可动铁芯被磁化为一条形磁体。随着电流方向的变化，条形磁体的极性也相应变化，使可动铁芯绕支点做旋转运动，可动铁芯的振动由悬臂传到振膜推动空气热振动。

② 材料选择 扬声器磁体的作用是在扬声器磁气隙中产生一个具有一定磁感应强度的恒磁场。在诸多硬磁材料中铁氧体最传统、最常用。铁氧体产品体积大且价格低，是扬声器磁体的理想材料。

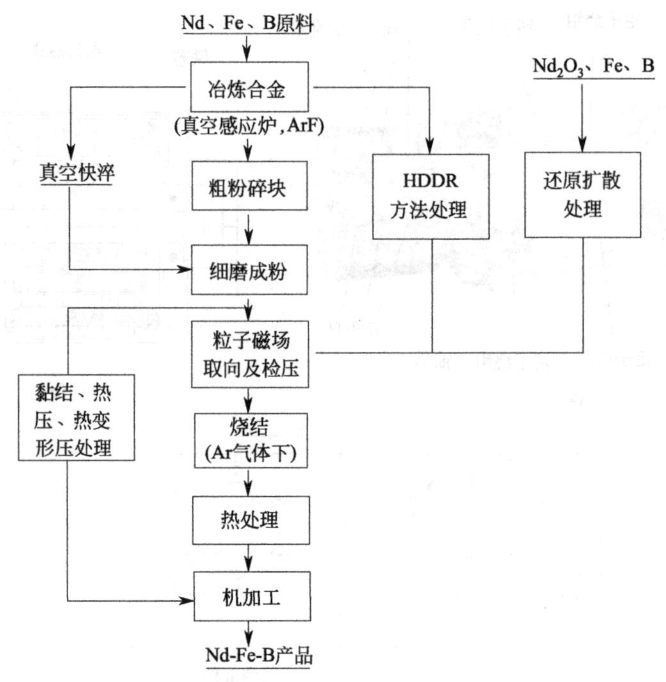

图 5.24 制备 Nd-Fe-B 稀土硬磁材料的工艺流程

③ 永磁铁氧体的制备工艺 铁氧体硬磁材料的制备工艺流程如图 5.26 所示。

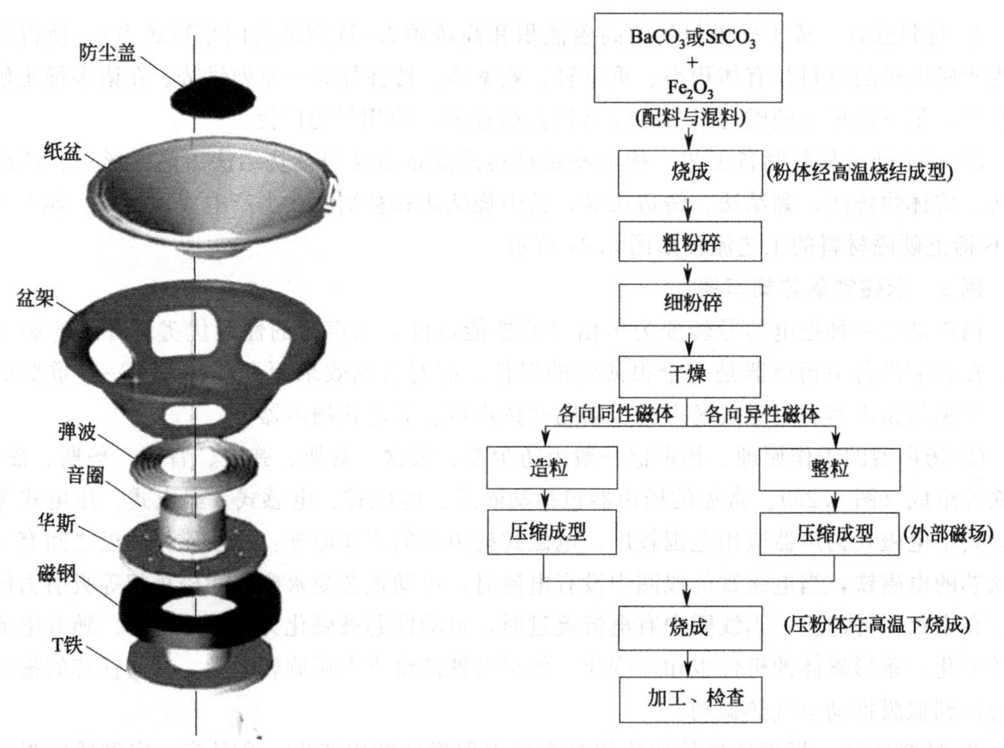

图 5.25 扬声器的结构

图 5.26 铁氧体硬磁材料的制备工艺流程

稀土资源保护——培养专业情怀

稀土是磁性材料、发光材料乃至其他重要材料不可缺少的添加成分，是不可再生的重要自然资源，在经济社会发展中起着至关重要的作用。我国稀土资源丰富，20 世纪 50 年代以来，稀土行业取得了很大进步，已经成为世界上最大的稀土生产、应用和出口大国。

稀土开发在造福人类的同时，资源和环境问题不断凸显，资源的合理利用和环境的有效保护是世界面临的共同挑战。习总书记一直强调“金山银山不如绿水青山”。在党中央的高度重视下，我国在环保和资源合理利用方面取得了显著成效，对稀土开采、生产、出口等环节综合采取措施，加大资源和环境保护力度，努力促进稀土行业持续健康发展。

随着经济全球化的深入发展，中国在稀土领域的国际交流合作日益增多。中国一贯尊重规则，信守承诺，为世界提供了大量的稀土产品。中国将继续按照世界贸易组织规则，加强稀土行业的科学管理，向国际市场供应稀土产品，为世界经济发展和繁荣作出贡献。材料工作者也要具有专业情怀，加强稀土资源和环境保护，进行高质量稀土资源开发和有效利用。

思考题

1. 加入 Si 对 Fe-Si 合金性能主要有哪些影响？

2. 指出下列材料中哪些是硬磁材料，哪些是软磁材料？并以其中一种硬磁材料为例，说明提高硬磁材料性能的方法。

(1) 坡莫合金； (2) MnZn 铁氧体； (3) AlNiCo； (4) Nd-Fe-B； (5) 纯度为 99.9999%的铁；(6) NiZn 铁氧体；(7) $SmCo_5$；(8) 硅钢片。

3. 影响稀土硬磁材料磁稳定性的因素有哪些？要提高稳定性需要采取哪些措施？

4. 软磁材料和硬磁材料的磁滞回线有何特点？分别画出软磁材料和硬磁材料的磁滞回线，并在曲线上标出矫顽力、饱和磁化强度和剩余磁化强度。

5. 在工厂里搬运烧红的钢锭，为什么不能用电磁铁起重机？

6. 简述晶粒大小对常规磁性材料和纳米晶磁性材料矫顽力的影响规律，并说明为什么。

7. 简述硬磁材料的主要特点和分类。

8. 铁硅合金和铁镍合金在磁性和应用上各具什么特点？

第6章 光学材料与器件

光学材料是用于光学装置和仪器中具有一定光学性质和功能的材料统称。按照材料光学效应不同，可以将光学材料分为利用线性光学效应传输光线的材料（也称光介质材料）和利用非线性光学效应传输光线的材料（非线性光学材料），本章重点探讨光介质材料。光介质材料以折射、反射和透射的方式改变光线的方向、相位和偏振状态，使光线按预定的要求传输，也可以吸收或透过一定波长范围的光线从而改变光的强度和光谱成分。本章将从激光材料、光纤材料、发光材料、红外材料和液晶材料五个方面介绍光学材料与器件。

6.1 激光材料与器件

6.1.1 激光材料简介

激光经常与半导体、计算机一起并称为20世纪中叶的三大发明。激光理论的早期发展可以追溯到100多年前，爱因斯坦在1916年为激光理论铺下第一块基石，他提出高能级原子在外加光场激发下会发生受激辐射的假说。1928年朗登堡发现受激辐射的间接证据，被称为负吸收。1951年唐斯提出通过受激辐射放大的微波在谐振腔中进行自励振荡可以获得相干输出的设想，而后他和学生戈登一起制造了世界上第一台微波激射器。1958年肖洛和汤斯首先描述了光频下产生激光的作用条件。1960年美国物理学家梅曼研制成功世界上第一台以红宝石（Cr：Al_2O_3）为工作物质的固体激光器，宣告了激光器的诞生。随后各种类型的激光器如气体激光器、半导体激光器、光纤激光器等相继问世，极大地推动了激光科学和技术的蓬勃发展。激光器在空间通信、材料加工、医疗、光纤通信、光纤特性检测、光学图像处理、激光打印、大气研究、军事和国防等领域有着广泛的应用。

6.1.2 激光的特性和激光器的基本结构

6.1.2.1 激光的特性

相对于普通光源，激光具有以下突出的特性：定向性或准直性好；单色性好，发光的波长单一；具有相干性，发出的光子是同相位，可以互相增强；强度大，亮度高。

6.1.2.2　激光器的基本结构

激光器是使光学材料受激辐射发光并将激光输出的器件。受激辐射要求光子在介质中必须反复地发生这类辐射，并且约束在一个方向上。所以激光器必须具有工作物质、泵浦源和光学谐振腔三个基本组成结构才能实现以上目的，激光器的基本结构如图 6.1 所示。

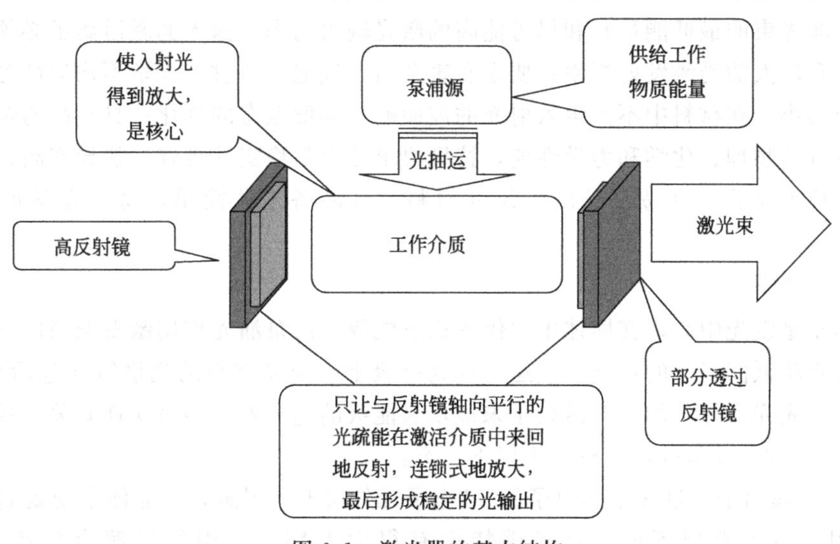

图 6.1　激光器的基本结构

(1) 工作介质

产生某一波长的激光活性介质即激光材料，也称激活介质。激光材料的特性是由材料原子中电子分布决定的，不同的电子状态产生不同波长的激光。激光材料按照性质可以分为固体、气体、半导体和液体四种。

(2) 泵浦源（激励装置）

作用是将工作介质的基态电子源源不断地激励到高能级上，而且确保高能级粒子数量远多于低能级粒子数，即实现“粒子数反转”。根据激光工作介质的不同将泵浦源分为光泵浦、电泵浦。通常固体激光器采用光作为泵浦源，而半导体激光器采用电作为泵浦源。

固体激光器的光泵浦系统可分为惰性气体和金属蒸气放电灯、白炽灯、半导体二极管和太阳能泵浦系统。泵浦源的选取必须根据所要求的输出功率、工作方式（脉冲或连续式）、重复率及需要泵浦的激光材料等因素考虑。多数固体激光器采用惰性气体脉冲灯、连续脉冲氙灯。例如脉冲红宝石激光器采用的是闪光灯。

(3) 谐振腔

谐振腔也称激光器的反馈系统，在激活介质两端适当位置放置两个反射镜所构成，作用是提供正反馈，使激活介质中产生的辐射能多次通过激活介质，进一步诱发更多的高能态粒子受激辐射而产生同样波长和相位的光束，积累来回振荡的光子数量，产生“放大”作用。两面反射镜也起到对光束的准直作用和过滤作用，从而提高单一模式中的光子数，获得单色性和方向性好的强相干光（光子频率、相位和振幅均相同）。其中一面镜子达到 100% 的反射作用，另一面镜子则是半透过性的，可以让腔内的一部分激光导出。

6.1.3 固体激光材料

6.1.3.1 固体激光材料特性和组成

固体激光材料由基质材料和激活离子两部分组成，其中基质材料决定了工作物质的各种物理、化学性质，而激活离子主要决定光谱性质。因此，对固体激光材料主要要求为：要充分利用泵浦光的能量，固体激光材料要在泵浦光的辐射区有较大的吸收率；为获得较低的阈值（能产生激光束的最低能量）和尽可能高的激光输出功率，掺入的激活离子必须具有有效的激发光谱和较大的受激发射概率；要求有害杂质、气泡、条纹、光学不均匀性等缺陷尽可能少，内应力小，在材料中不产生入射光的波面畸变和偏振态的变化；具有高的荧光量子效率；具有良好的物理、化学和力学性能，特别要求热力学稳定性良好、热导率高、热膨胀系数小、热效应不显著；容易生长出大尺寸材料，且制备工艺简单，易于光学加工，成本低廉。

（1）激活离子

激活离子是发光中心，在固体中提供亚稳态能级，由泵浦光作用激发振荡出一定波长的激光，即实现将低能级上的粒子“抽运”到高能级上。激光材料的光谱特性包括吸收光谱、荧光光谱、激光光谱等，均与激活离子未被填满能级的电子发生能级跃迁有关。目前可用作激活离子的元素约 20 多种，大致分为以下 4 类：

① 过渡金属离子　过渡金属离子的 3d 电子无外层电子屏蔽，在晶体中受到周围晶体场的直接作用。晶体类型不同，其光谱特性有很大差别。常用的过渡金属离子包括铬（Cr^{3+}）、镍（Ni^{3+}）、钴（Co^{2+}）、铜（Cu^{3+}）等。

② 三价稀土金属离子　不同于过渡金属离子，三价稀土离子的 4f 电子受 5s 和 5p 外壳层电子屏蔽，使得周围基质晶体场对 4f 电子的作用减弱。因此，这类激活离子对一般的泵浦光吸收率较低，为了提高效率必须采用一定的技术，如掺入敏化剂和提高掺杂浓度。常用的三价稀土离子有钕（Nd^{3+}）、镨（Pr^{3+}）、钐（Sm^{3+}）、铕（Eu^{3+}）、镝（Dy^{3+}）、钬（Ho^{3+}）、铒（Er^{3+}）、镱（Yb^{3+}）等。

③ 二价稀土金属离子　这类离子的 4f 电子比三价稀土离子多一个，使 5d 的能量降低，4f-5d 的跃迁吸收带处于可见光区，有利于泵浦光的吸收。但这类离子稳定性差，会使激光输出特性变差，如钐（Sm^{2+}）、镝（Dy^{2+}）、铥（Tm^{2+}）、铒（Er^{2+}）等。

④锕系离子　锕系离子大部分是人工放射性元素，不易制备，放射性处理复杂，应用较困难，目前仅有 U^{3+} 离子在 CaF_2 中得到应用。

（2）基质材料

工作介质的基质材料应能为激活离子提供合适的配位场，并具有优良的机械、热学性能和光学质量。常用的基质材料有晶体、玻璃和陶瓷 3 大类。

① 激光晶体　晶体中离子呈有序排列，掺杂后形成掺杂的离子型晶体。有序的晶格场对各离子的影响相同，基质晶体热导率高、硬度高、荧光谱线窄。主要的激光晶体有以下几种：a. 金属氧化物晶体，如蓝宝石（Al_2O_3）、钇铝石榴石（$Y_3Al_5O_{12}$，简写 YAG）、钇镓石榴石（$Y_3Ga_5O_{12}$，简写 YGG）、钆镓石榴石（$Gd_3Ga_5O_{12}$，简写 GGG）和氧化钇（Y_2O_3）等。掺杂的激活离子多为三价过渡金属离子或三价稀土金属离子。掺入 Nd^{3+} 离子的钇铝石榴石（Nd：YAG）激光晶体更是获得了固体激光材料的垄断地位，成为目前效率

最高、平均功率最大的激光增益介质之一。b. 磷酸盐、硅酸盐、铝酸盐、钨酸盐、钼酸盐、钒酸盐、铍酸盐晶体，例如氟磷酸钙[$Ca_5(PO_4)_3F$]、五磷酸钕（NdP_5O_{14}）、铝酸钇（$YAlO_3$，简写 YAP)、钨酸钙（$CaWO_4$)、钼酸钙（$CaMoO_4$)、钒酸钇（YVO_4）等。它们均以三价稀土离子为激活离子，特别是掺有 Nd^{3+} 离子的钒酸钆晶体（Nd：$GdVO_4$）具有较大的吸收和发射率以及较高的热导率，从而成为高功率激光器的新型激光工作物质。c. 氟化物晶体，如掺有钕离子的氟化钇锂晶体（Nd：YLF)，由于热透镜和双折射效应降低、储能增大而成为重要的激光材料之一。

② 激光玻璃　玻璃基质是重要的激光材料之一，与其他的固体激光基质材料相比，易于制备，可以获得透光性高、光学性均匀的大尺寸激光玻璃，且成本较低；是光学各向同性介质，能够非常均匀地掺入浓度很高的激活离子；易于成型和加工，可以制成大小不同的各种形状以适应各种器件结构。

与晶体基质不同，玻璃的热导率远低于绝大多数晶体基质材料，而且玻璃中激活离子的固有发射谱线比晶体中的宽，线宽加宽增大了激光阈值。然而这种加宽的线宽又使获得较短激光脉冲成为可能，并能够在介质中储存更多的能量，因此玻璃基质与晶体基质材料互为补充。

③ 激光陶瓷　激光陶瓷是透明的基质材料，晶粒尺寸在几十微米量级，光学性能、力学性能、导热性能等类似于晶体或优于晶体。在陶瓷中，激活离子随机分布在晶粒的内部或表面，没有明显的偏聚现象。激活离子受晶场作用、激活离子的能级结构、激活离子的电子能级跃迁等类似于晶体中的情况。用陶瓷作基质材料的缺点是多晶，具有气孔、杂质、晶界等缺陷，容易造成强的光线散射和折射及材料的不透明性。但与激光晶体相比，激光陶瓷制备时间短，成本低，可以制备成各种形状和尺寸，烧结的温度比晶体的熔点低，组分偏离小，掺杂量高；与玻璃相比，激光陶瓷在热导率、硬度、机械强度等性能方面具有更大优势。

6.1.3.2　典型固体激光材料

(1) 红宝石（Cr：Al_2O_3）

红宝石是最早实现激光运用的固体激光物质，以刚玉单晶（α-Al_2O_3）为基质，以 0.05%～1%（重量比）Cr_2O_3 为激活剂。红宝石激光晶体堪称较为理想的一种激光材料。晶体物理、化学性能优良，硬度高，抗破坏能力强，同时对泵浦光的吸收特性好，可在室温条件下获得 694.3nm 的可见激光振荡。但是它属于三能级结构，产生激光的阈值较高。

红宝石材料受激发射的过程可以用图 6.2 说明。氧化铝掺铬后，晶体中 Al 原子的位置被 Cr 取代，构成红宝石的发光中心。泵浦闪光灯发出的光将 Cr^{3+} 基态（E_1）上的电子激发到 E_3 能级上，由于晶体自身的作用，E_3 能级扩展成宽的能带，以吸收大量的电子。电子在 E_3 能级上稍停片刻，便跳回到较低能级的亚稳态 E_2 上。这是一种无辐射跃迁，也是一种自发辐射，所以并不发光。经过多次无辐射跃迁，E_2 亚稳态能级上聚集了大量电子，E_2 在此停留的时间约为 1ms，这个瞬间对粒子的运动来说是很长的。这个时间段内亚稳态能级积累的电子大大超过了基态 E_1，形成了粒子数反转，当 E_2 上的电子吸收合适的光子能量后，就会离开亚稳态跃迁到基态，并发出强光，这就是受激辐射的过程，拥有这种能级的激光材料是三能级系统。红宝石激光材料的受激辐射波长取决于 E_2 和 E_1 之间的能级差，激光波长为 694.3nm。

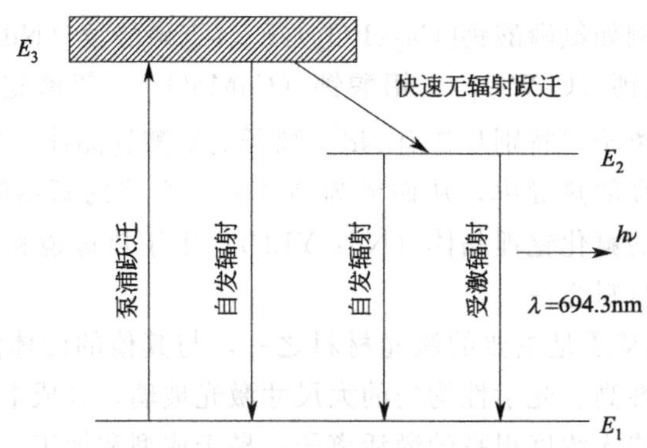

图 6.2 Cr^{3+} 在红宝石基质中的能级图

红宝石可用提拉法生长，与制备硅单晶和电光晶体的提拉法类似，制备工艺成熟，易于获得高光学质量、大尺寸晶体。按生长轴与光轴夹角不同，称为 0°、90°、60°红宝石等。

(2) 掺钕钇铝石榴石晶体（Nd：$Y_3Al_5O_{12}$）

石榴石是一类天然矿物，化学成分可用通式 $A_3B_2(SiO_4)_3$ 来表示，A 代表钙、镁、铁、锰等二价阳离子，B 代表铝、铁、铬等三价阳离子，这些矿物外形很像石榴。当以钇和铝分别置换 A 和 B 后便是化学式为 $Y_3Al_5O_{12}$（YAG）的钇铝石榴石。YAG 作为基质材料具有硬度高、光学质量好、机械强度高、导热性好、在激光波长范围内透过率高、荧光谱线窄、高增益、低阈值输出激光等特点。Nd：$Y_3Al_5O_{12}$（Nd：YAG）激光晶体以 YAG 为基质材料，Nd^{3+} 作为激活离子取代 YAG 晶体中的部分 Y^{3+}。Nd：YAG 晶体呈淡紫色，Nd^{3+} 的含量约为 1％（原子），是目前高效率、高平均功率激光器的激光介质之一。

Nd：YAG 激光跃迁能级属于四能级系统，具有良好的力学和光学性能。Nd^{3+} 基态电子被激发到高能态的频率相当于钨灯的输出频率，可以不用闪光灯和电容组，白炽灯就可以作为泵浦光源。图 6.3 为 Nd^{3+} 在钇铝石榴石中的能级图。在光泵浦下，Nd^{3+} 基态电子跃迁到高能级后，很快通过无辐射跃迁到亚稳态 $^4F_{3/2}$，由 $^4F_{3/2}$ 向下能级自发辐射产生荧光。产生的荧光谱线有 3 条，其中 1.064 μm 的荧光最强，其次是 1.35 μm 谱线，最弱的是 0.914 μm 谱线。1.064μm 谱线起振，抑制 1.35μm 的谱线起振，在 Nd：YAG 激光器中通常只观察到 1.064μm 的激光。只有采用专门选频措施后，才能实现 1.35μm 的激光振荡，用选频的方法可使 Nd：YAG 产生 20 种以上的激光跃迁。

与红宝石的三能级系统相比，四能级系统受激跃迁的最终态不是基态能级，而是基态能级以上的能级，如图 6.3 中的 $4I_{11/2}$ 能级。在室温下，从基态能级直接激发到 $4I_{11/2}$ 能级的概率很小，所以 $4I_{11/2}$ 能级上的粒子数接近于零，因此在 $4I_{11/2}$ 能级与激发态能级之间更容易建立粒子数反转，即四能级系统与三能级系统相比可在较低激励能量下获得激光输出。

(3) 钕玻璃

钕玻璃是玻璃激光材料的典型代表，是以玻璃为基质，掺入适量的氧化钕而制成的固体激光工作物质。Nd^{3+} 在玻璃中和晶体中的能级结构基本相同，仅能级高度和宽度略有差别。钕玻璃具有许多优于其他固体激光材料的光学、力学和化学特性而被广泛应用。例如，钕玻璃具有非常高的掺杂浓度和极好的均匀性，材料性能稳定，玻璃的形状和尺寸具有较大的自由度，大的钕玻璃棒长可达 1～2m，直径达 3～10cm，易于制成特大功率的激光器；小的可

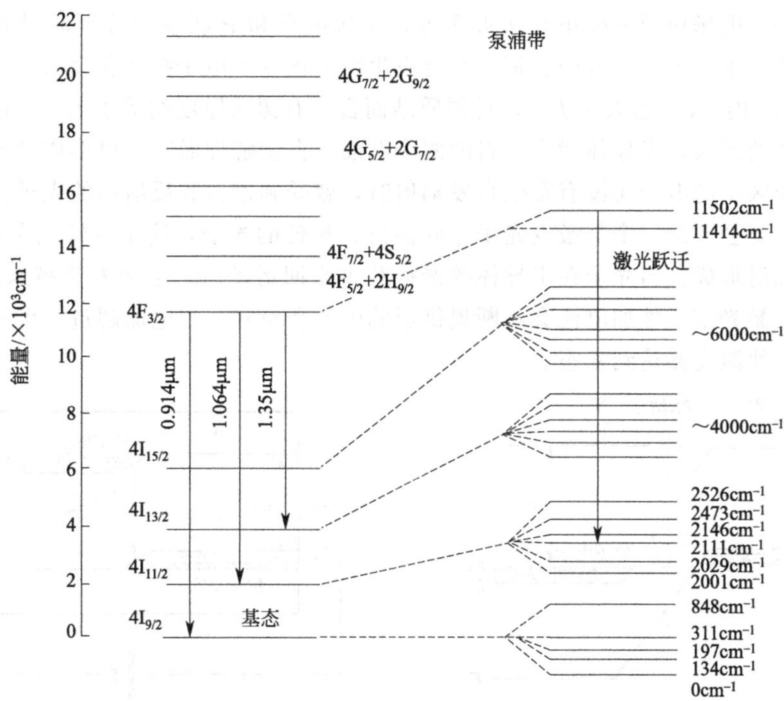

图 6.3　Nd^{3+} 在钇铝石榴石中的能级图

以做成直径仅几微米的玻璃纤维，用于集成电路中光放大或振荡。

钕玻璃作为激光工作物质的主要缺点有：热性能和力学性能较差，热导率比 YAG 晶体约低一个数量级，因而冷却性能较差；热膨胀系数较大，受热畸变比晶体严重。所以钕玻璃不适合在连续或高重复率的激光发射下工作。

6.1.4 半导体激光材料

1962 年，GaAs 半导体激光器研制成功，具有体积小、效率高、结构简单而紧固以及运行简单且价格便宜等优点。但阈值电流高、光束单色性差、发散度大、输出功率小。1968 年，GaAlAs-GaAs 异质结构的研究，促使半导体激光器的阈值电流密度下降了两个数量级，实现了室温运转，输出功率也有了很大的提高，半导体激光器有了突破性进展。随后的 50 多年间半导体激光器的输出波长、功率和寿命都取得了大幅度提高。

6.1.4.1 半导体激光发射原理

半导体激光器包括一个具有有源区的 PN 结，通过电子和空穴在有源区复合发射光子。半导体激光器也具有激光器的基本结构，即激光介质、泵浦源和谐振腔。与固体激光器一样，要得到激光输出，首先要激光介质能够实现粒子数反转，工作物质才具有增益，即让 PN 结导带中的电子数高于价带。实现半导体激光材料粒子数反转需要注入电流，即半导体激光器的泵浦源为电泵浦。半导体激光材料的 PN 结采用重掺杂，使得 P 区和 N 区的费米能级 E_{FP} 和 E_{FN} 分别进入该区的价带和导带，如图 6.4(a) 所示。在未加偏压的条件下，$E_{FP}=E_{FN}$，且存在的内建势垒 V_0 阻止 N 区电子及 P 区空穴向对方区域扩散。在 PN 结两端施加正向偏压，且 $V \geqslant V_0$，如图 6.4(b) 所示，这样有 $E_{FN}-E_{FP}>E_g$。此时 PN 结上的内建电场在外加电场作用下减小并接近于零，N 区电子和 P 区空穴分别向对方扩散，并成为对方区域的非平衡少数载流子。辐射复合发生在 P 区一个电子扩散长度 L^- 及 N 区一个空穴扩散长度 L^+ 内，L^- 远大于 L^+，对同质结而言，有源区厚度约等于 L^-。有源区就是实现粒子数反转的区域，半导体激光材料的两个端面（自然解理面）可以形成谐振腔并提供正反馈。当有源区中的电子还没有发生自发辐射时，就受到谐振腔反射回的光子的激发而与空穴复合，这样就会放出一个与激发光子相同能量、相位的光子，这个激发光子一开始由 PN 结中的自发辐射形成。当光子在半导体的谐振腔中来回运动时，会激发出越来越多的光子，从而形成相干激光束。外加电流会不断提供新的电子和空穴，当电流超过一个阈值时，相干光越来越强，使激光器达到稳态。

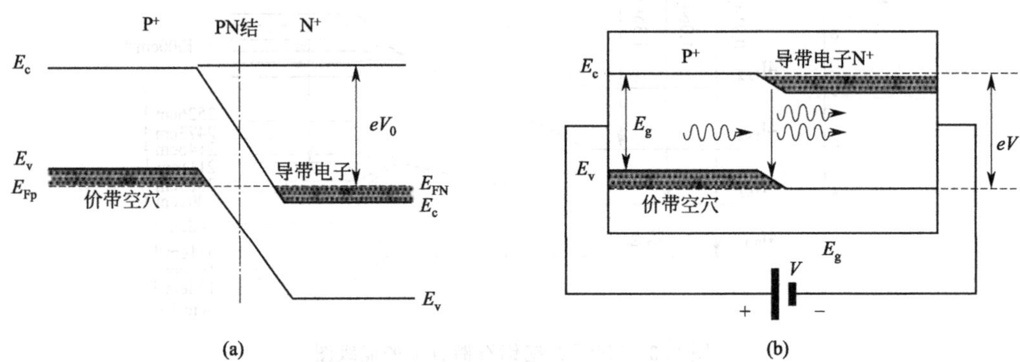

图 6.4 半导体材料受激跃迁示意图

（a）无偏置条件下能带结构；（b）正向偏置粒子数反转条件下能带结构

6.1.4.2 半导体激光材料

最简单的半导体激光工作物质由同质的 PN 结构成，如 P 型 GaAs 和 N 型 GaAs。但这种材料做成的激光器阈值电流非常高，在 300K 下，阈值电流密度大于 $100000\mathrm{A \cdot cm^{-2}}$。这种激光器只能在低温或者脉冲模式下工作，实际应用受到很大限制。因此，采用半导体材料作为激光工作介质需要进行特殊的结构设计。

（1）双异质半导体

目前大部分半导体激光介质都采用双异质结结构。同质结、单异质结和双异质结结构分别如图 6.5 所示，双异质结结构的优势在于，一方面可以将注入的载流子限制在结附近的极小区域内，这样可以以较小的注入电流实现粒子数反转所需要的载流子浓度；另一方面也需要一定的波导结构将光子限定在有源区附近，可以增加光子密度，提高受激辐射的概率。所以双异质结结构可以同时实现对载流子和光子的限制。

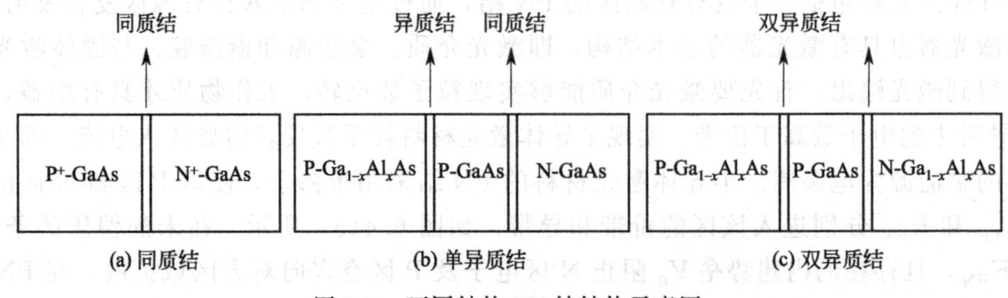

图 6.5 不同结构 PN 结结构示意图

双异质结半导体激光器和能带结构如图 6.6 所示。其中 GaAlAs 带隙宽度约为 2eV，GaAs 带隙宽度为 1.4eV，有源区 P-GaAs 为厚度 0.1～0.2μm 的薄层。由于 P-P 异质结和 P-N 异质结对注入有源层的电子和空穴分别存在势垒，阻止电子和空穴继续漂移，因此电子和空穴在有源层大量聚集，形成粒子数反转。另外，相比于 AlGaAs，GaAs 具有更高的折射率，形成二维介质波导将光子约束在有源层中，从而降低了光子的损耗，提高了光子密度。

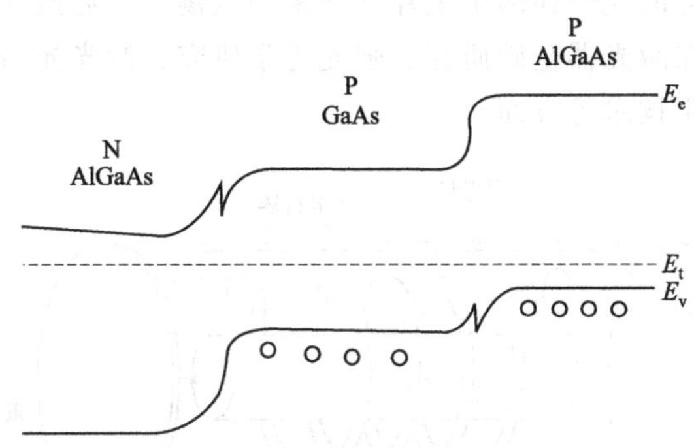

图 6.6　双异质结半导体激光器和能带结构

双异质结激光器的 PN 结是用带隙和折射率不同的两种材料在适当的基片上外延生长形成的。不同种类的材料形成的异质结，晶格常数不同，易产生缺陷，降低发光效率。因此双异质结激光器材料要采用晶格常数大致相同的两种材料来组合。在上述异质结中，将 Al 添加到 GaAs 中形成二元固溶体，由于 Al 和 Ga 有相近的原子尺寸，因此在整个二元成分范围内并没有引起晶格常数的显著改变，满足器件设计要求。

(2) 多量子阱半导体

当半导体的尺寸接近电子的德布罗意波长（约为 10 nm）时，电子的波动性质便表现出来，并导致其光学性质改变。量子阱的发光过程与块状半导体材料本质上没有区别，但是在多量子阱结构中（图 6.7），窄带隙的薄层可以限制载流子，激光辐射就发生在这些窄带隙的薄层中。与块状有源层的半导体激光器相比，量子阱半导体激光器有几个明显的优势：首先，产生激光振荡的阈值电流显著降低；其次，可以通过结构尺寸上的设计在一定范围内实现特定波长发射。由于量子阱半导体激光器的优异性能，其已经商业化并获得广泛应用。

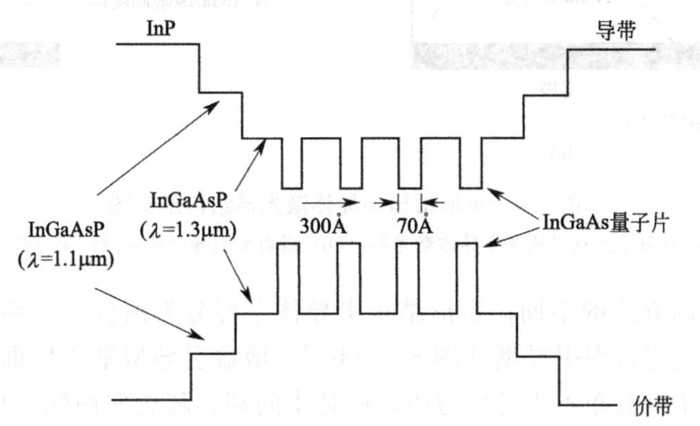

图 6.7　多量子阱（超晶格）结构

6.1.5 激光器件

例 1　红宝石激光器

红宝石激光器的基本构造如图 6.8 所示，采用典型的脉冲式激光，由环绕在红宝石棒上的氙闪光灯发出的光束将红宝石中的 Cr^{3+} 基态电子激发到一个高能级上，造成粒子数反转产生受激辐射，受激辐射的光子在两个镜片之间来回振荡，最后激光从一端射出。红宝石激光器用途广泛，可应用在激光器基础研究、强光光学研究、激光光谱研究、激光照相和全息技术以及激光雷达和测距技术等方面。

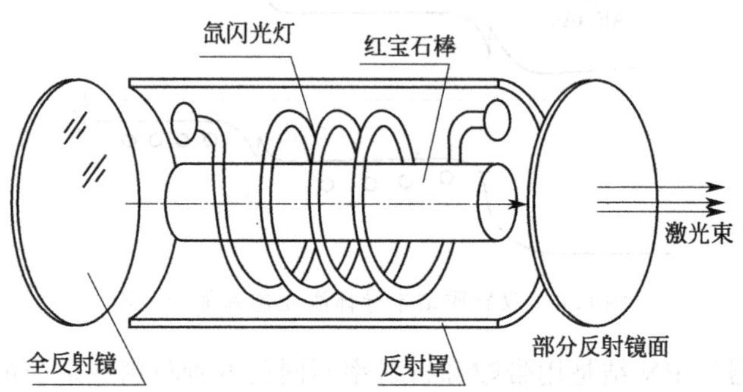

图 6.8　红宝石激光器的基本构造

例 2　双异质结半导体激光器

只在双异质结半导体两侧施加泵浦电压所制备出的半导体激光器只解决了平面方向对载流子的限制问题，而在结平面侧向，载流子和光子仍可自由运动。为了进一步改善半导体激光器的特性，需要在结平面侧向进一步对载流子及光子进行限制，即采用所谓的条形结构，如图 6.9 所示。

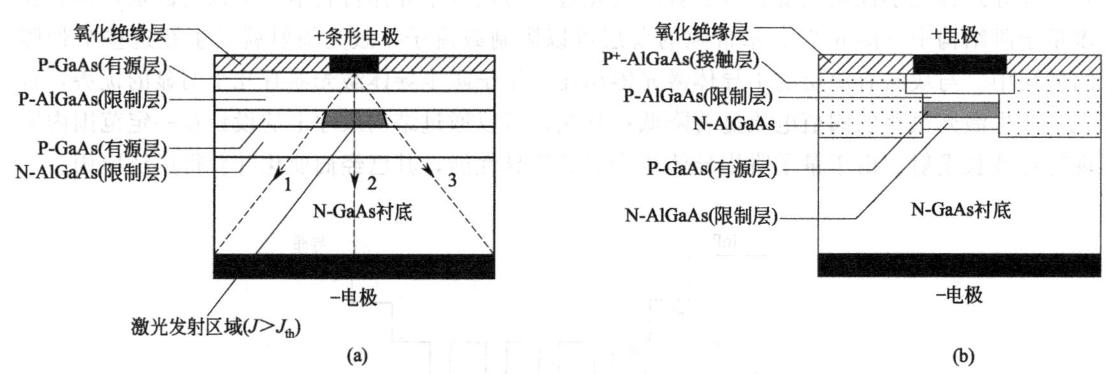

图 6.9　条形结构半导体激光器结构示意图

(a) 增益引导型双异质结半导体激光器；(b) 折射率引导型双异质结半导体激光器

按照对光子限制方式的不同，条形结构半导体主要分为两种：一种是增益引导型［图 6.9 (a)］，另一种是折射率引导型［图 6.9 (b)］。增益引导型结构借助条形电极，注入的载流子在有源层的浓度分布不再是均匀的，而是中间高，随着向两侧（1 和 3）的扩展，载流子浓度逐渐降低，而载流子浓度与光增益直接相关，只有在一定范围内才能有足够的增益产生激光振荡，形成有源区域。在有源区域内，电流密度最高之处也是光学增益最高之处。

采用这种条形结构，载流子更为集中，阈值电流会明显降低，典型值约为几十毫安。

事实上，增益引导型激光器在结平面的侧向对光子没有限制，只是将光子在一定范围内发射而已。若要对光子在结平面侧向进行限制，可以采用折射率引导型结构。例如在结平面的侧向，在有源区两侧也采用宽带隙的半导体材料，即可实现对光子的限制。如图 6.9（b）所示，P-GaAs 构成的有源区被宽带隙的 AlGaAs 包围，有源区相当于矩形光波导，有效地将光子限制在矩形的有源区内。

激光武器——维护国家安全利器

维护国家安全是每一位公民应有的安全意识，更需要科技工作者发挥专业特长，致力于研发维护国家安全的利器。与传统武器相比激光武器有明显的优势：每秒飞行 30 万千米光速，比任何武器都快，一旦瞄准，就能够立刻击中目标，无需考虑提前量。可以在极小面积上、极短时间里集中超过核武器 100 万倍的能量，还能灵活地改变方向，没有任何发射性污染，不受电磁干扰。激光武器是维护国家安全的重要利器。

1964 年 3 月中国开始激光武器研制，但是直到改革开放以后才取得进展。世界高技术蓬勃发展、国际竞争日趋激烈，王大珩、王淦昌、杨嘉墀和陈芳允四位科学家提出“关于跟踪研究外国战略性高技术发展的建议”，朱光亚大力倡导，邓小平做出“此事宜速作决断，不可拖延”的重要批示。在充分论证的基础上，党中央、国务院于 1986 年 3 月启动实施“高技术研究发展计划（863 计划）”，旨在提高我国自主创新能力，坚持战略性、前沿性和前瞻性，以前沿技术研究发展为重点，统筹部署高技术的集成应用和产业化示范，充分发挥高技术引领未来发展的先导作用。而激光技术是 863 计划的重要科目之一。

目前中国拥有进军激光武器领域的权威专家，如候静等世界著名科学家。同时中国的攻击激光雷达包含着世界最尖端的 5 大核心技术：激光材料技术，激光辐射材料物理机理及成像图谱技术，一次性快速跟踪定位控制技术，激光成像技术和高密度能量可逆转换载体材料技术。这些领先世界的先进技术增强了民族自豪感，激励我们更加奋发图强。

6.2　光纤材料与器件

6.2.1　光纤材料简介

光纤是光导纤维的简称，是 20 世纪 70 年代最重要的发明之一，与激光器、半导体探测器一起开辟了光通信的新纪元。光纤通信是将记录声音等信息的电信号变成光信号，然后通过光纤将光信号传输，最后再将光信号转变成电信号的通信技术。光纤作为信息传输介质具有损耗低、容量大、抗电磁干扰能力强、保密性好、尺寸小、重量轻、原材料丰富等优点。

1966 年，英籍华人高锟提出光纤传输概念，并通过实验与研究指出：如采用石英玻璃等作为介质，可使传输损耗降低到 $20\mathrm{dB}\cdot\mathrm{km}^{-1}$。随后，贝尔实验室、英国电信研究所和美国康宁玻璃公司率先开展了低损耗光纤的研究，并在 1970 年研制出衰减为 $20\mathrm{dB}\cdot\mathrm{km}^{-1}$ 的光纤，不久使光纤的衰减降到 $4\mathrm{dB}\cdot\mathrm{km}^{-1}$。随后的几十年，石英玻璃光纤的损耗降低到 $0.16\mathrm{dB}\cdot\mathrm{km}^{-1}$，几乎达到了材料的本征光学损耗。20 世纪 80 年代中期，全世界范围内的光纤通信开始走向实用化。1993 年后，全球范围信息高速公路开始建设。到 2000 年，世界光纤的年产量达到 6000 万千米以上，而已经铺设的光纤总长度达到 2 亿千米以上，全世界进入了信息时代。

6.2.2 光纤的结构

光纤利用全反射原理把光频电磁波的能量约束在其结构内，并引导光波沿光纤轴向传播。光纤的传输特性是由其结构和材料决定的。

光纤的基本结构是两层圆柱状介质，内层为纤芯，外层为包层。其中纤芯为高透明的固体材料，如高二氧化硅玻璃、多组分玻璃、塑料等，作用是传输光波。包层则由有一定损耗的石英玻璃、多组分玻璃、塑料等制成，作用是将光波限制在纤芯中传播。纤芯的折射率 n_1 要比包层的折射率 n_2 稍大，当满足一定入射条件时，光波就能沿纤芯向前传播。所以光纤的导光能力取决于纤芯和包层的性质。

光纤结构示意图如图 6.10 所示。刚拉制出来的光纤就像普通玻璃丝一样脆弱，为了保护光纤，提高其机械强度，作为产品提供的光纤都在拉制后经过一道套塑工序，即在其外表涂覆一层甚至几层塑料层。一次涂覆层称预涂层，厚度一般为 5～40μm，缓冲层厚度一般为 100μm 左右，目的是防止光纤因一次涂覆层不均匀或受侧压力作用而产生微弯，带来额外损耗。还有二次涂覆层，一般由尼龙制成，可提高光纤的抗拉强度，同时改善其抗水性能。

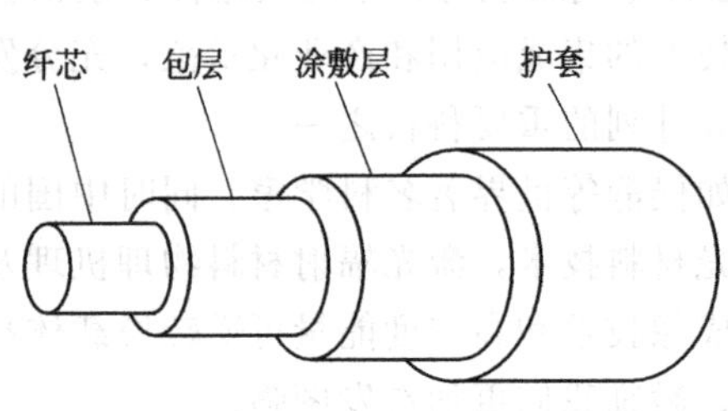

图 6.10 光纤结构示意图

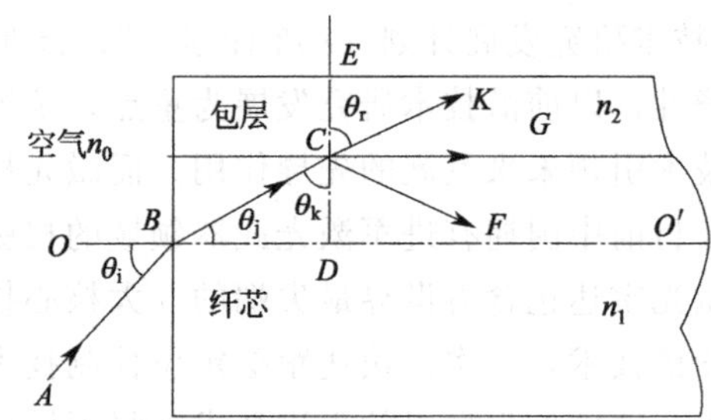

图 6.11 光纤的全反射原理示意图

6.2.3 光纤的导光原理

6.2.3.1 光纤中的全反射

光纤传输光的原理是光的全反射现象。如图 6.11 所示，当光束投射到折射率为 n_1 的纤芯和折射率为 n_2 的包层交界面上时，入射角 θ_k 和 θ_r 满足光的折射定律，即

$$n_1 \sin\theta_k = n_2 \sin\theta_r \tag{6.1}$$

根据全反射定律，由于 $n_1 > n_2$，光线从光密介质的纤芯到光疏介质的包层中，当 θ_k 逐渐增大到某一临界角 θ_c 时，θ_r 变为 90°，此时光不再进入包层介质中，而是全部返回纤芯中，这就是光纤发生全反射的原理。

6.2.3.2 光纤中光线的传输

从光纤端面入射的光线分为两种类型：一种是子午光线（通过光纤轴线的平面内）；另一类是偏射光线。

(1) 子午光线

当入射光线通过光纤轴线，且入射角大于界面临界角时，光线将在界面上不断发生全反射，形成曲折光线，传导光线的轨迹始终处于入射光线与轴线所决定的平面内，如图 6.12 (a) 所示，这种光线称为子午光线。

为完整确定一条光线，需用两个参量，除了光线在纤芯和包层界面上的入射角 θ_k 外，还需光线与光纤轴向的夹角 θ_i，如图 6.11 所示。光线从折射率 n_0 的介质通过端面中心点 B 入射，进入光纤中按子午光线传播。按照折射定律，有：

$$n_0\sin\theta_i = n_1\sin\theta_j = n_1\cos\theta_k = n_1\sqrt{1-\sin^2\theta_k} \tag{6.2}$$

式中，n_1 是纤芯的折射率；θ_i 是光线从 n_0 的介质入射到纤芯的入射角；θ_j 是光线在纤芯中的折射角；θ_k 是光线从纤芯向包层材料入射的角度。若要满足全反射条件，需使 $\theta_k > \theta_c$ (全反射临界角)，结合式 (6.1) 和空气的折射率 $n_0=1$，则子午光线可以激发导波需满足以下条件：

$$\sin\theta_i \leqslant \arcsin\sqrt{n_1^2-n_2^2} \tag{6.3}$$

(2) 偏射光线

当入射光线不通过光纤轴线时，传导光线将不在一个平面内，而按照图 6.12 (b) 所示的空间折射传播，这种光线称为偏射光线。偏射光线的入射角大于子午线，不与光纤轴相交。

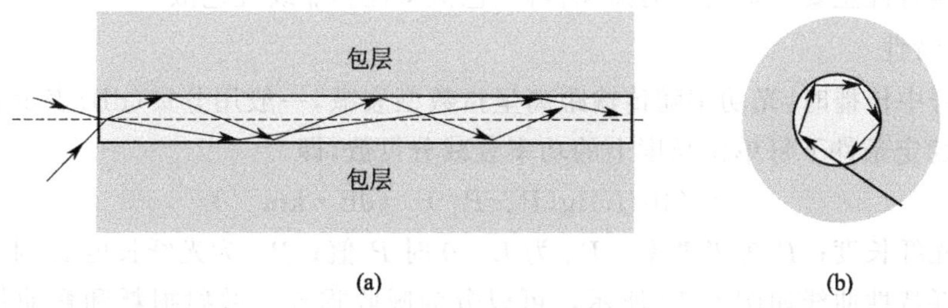

图 6.12 光纤端面入射的两种光线类型

(a) 子午光线；(b) 偏射光线

6.2.3.3 光纤的特性参数

(1) 数值孔径

数值孔径定义为光纤接受外来入射光最大受光角 (θ_{imax}) 的正弦，可用 NA 表示，表达式为：

$$\mathrm{NA} = \sin\theta_{imax} = \sqrt{n_1^2-n_2^2} \tag{6.4}$$

式中，n_1 和 n_2 分别是光纤纤芯和包层的折射率。根据子午光线行进的条件，NA 值越大，θ_{imax} 可以越大，因而有较多的光线进入纤芯，可见数值孔径是表征光纤集光本领的一种量度。但 NA 太大，对单模传输不利，因为它易激发光的高次模传播方式。光纤的数值孔径仅取决于纤芯的折射率及包层相对折射率差，与光纤的直径无关。

(2) 相对折射率差

相对折射率差 Δ 定义为纤芯折射率同包层折射率的差与纤芯折射率之比，即

$$\Delta = \frac{n_1-n_2}{n_1} \tag{6.5}$$

相对折射率差表征光被约束在光纤中的难易程度，Δ 越大，越容易将传播光约束在纤芯中。一般纤芯的折射率略大于包层的折射率，Δ 极小（小于 1%）。

（3）归一化频率

归一化频率表示光纤中传播模式数量的参数，可用 V 表示。它与光纤的纤芯半径 a 和数值孔径 NA 有关，所以又称为光纤的结构参数。NA 和 a 越大，V 就越高，光在光纤中传播模式数量就越多。一般，当 $V<2.405$ 时，只能传输基模；当 $V>2.405$ 时为多模传输态。

（4）截止波长

$0<V<2.405$ 时，光纤中只能传输一种模式的光波，满足以下公式：

$$\lambda_c=\frac{2\pi n_1 a(2\Delta)^{\frac{1}{2}}}{2.405} \tag{6.6}$$

式中，λ 为光波波长；Δ 为相对折射率差。当 $\lambda>\lambda_c$ 时，光纤传播模式为单模；当 $\lambda<\lambda_c$ 时，光纤传播模式为多模。λ_c 称为单模光纤的截止波长。

6.2.4 光纤的传输特性

光纤传输特性主要包括光纤的损耗特性、色散特性和非线性色散。

(1)损耗特性

光在光纤中传播时,光功率随传输距离呈指数型衰减,一般用分贝(dB)表示光纤的损耗,记为 α,α 是稳定条件下每单位长度上的功率衰减分贝数,即

$$\alpha=(10/L)\lg(P_0/P_L)\quad(\mathrm{dB}\cdot\mathrm{km}^{-1}) \tag{6.7}$$

式中，L 为光纤长度；P 为光功率；P_0 为 $L=0$ 时 P 值；P_L 为光纤长度 L 时 P 值。

光纤损耗特性曲线如图 6.13 所示，可以分为吸收损耗、散射损耗和弯曲损耗三大类。吸收损耗是由光纤材料和杂质对光能的吸收引起的，光能以热能的形式消耗于光纤中，是光纤损耗中重要的损耗，包括：本征吸收损耗、杂质离子引起的损耗、原子缺陷吸收损耗。散射损耗是光纤内部散射减小传输功率所产生的损耗。最重要的散射是瑞利散射，它是由光纤材料内部密度和成分变化而引起的。物质的密度不均匀，进而使折射率不均匀，这种不均匀在冷却过程中被固定下来，它的尺寸比光波波长要小。光在传输时遇到这些比光波波长小、带有随机起伏的不均匀物质时，改变了传输方向，产生散射，引起损耗。另外，光纤中含有的氧化物浓度不均匀以及掺杂不均匀也会引起散射，产生损耗。弯曲损耗是因为光纤是柔软的，可以弯曲，可是弯曲到一定程度后，光纤虽然可以导光，但会使光的传输途径改变，由传输模转换为辐射模，使一部分光能渗透到包层或穿过包层成为辐射模向外泄漏损失掉，从而产生损耗。当弯曲半径大于 5～10cm 时，由弯曲造成的损耗可以忽略。

（2）色散特性

单模光纤的色散主要包括材料色散、波导色散，而多模光纤还存在模间色散、偏振色散等。现代光纤通信基本都使用单模光纤。

（3）非线性色散

由于石英光纤中［SiO_4］四面体的对称结构，一般不出现二阶非线性效应。光纤中最低阶的非线性效应来自三阶非线性极化率。光纤中的非线性效应往往产生一些不利的影响，如受激拉曼散射，受激布里渊区散射，四波混频等，从而限制光纤的通信容量，并导致光纤

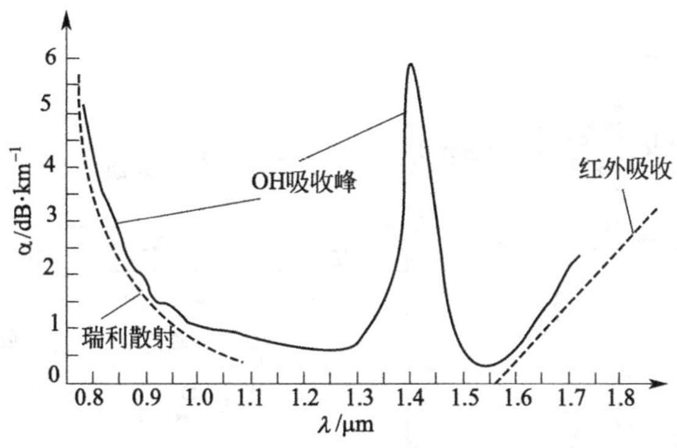

图 6.13　光纤的损耗特性曲线

波分复用系统中串话现象发生。有利的方面是，单模光纤中的非线性效应可以利用其拉曼散射产生新的频率，实现拉曼光的放大；也可以利用克尔效应实现光信号的全光处理等。

6.2.5　光纤材料

6.2.5.1　玻璃光纤

制造光纤的基本原料是 SiO_2，在地球上的储量相当丰富。制造 1km 长的光纤仅需 40g 左右石英原材料。因此，光纤代替传统金属传输线路可节省大量的有色金属铜和铝。目前应用最多的玻璃光纤有石英系玻璃光纤、卤化物玻璃光纤、硫系玻璃光纤和硫卤化物玻璃光纤等。

(1)石英系玻璃光纤

石英玻璃光纤纤芯的主要成分是高纯度的 SiO_2，SiO_2 密度约为 $2.2g\cdot cm^{-3}$，熔点约为 1700℃。SiO_2 的纯度要达到 99.9999%，其余成分为极少量掺杂材料，如二氧化锗等，掺杂材料的作用是提高纤芯的折射率。纤芯直径一般为 5～50μm。包层材料一般是纯 SiO_2，其折射率一般比纤芯折射率稍低。若是多包层光纤，则包层含有少量的掺杂材料如 F 等，以降低折射率。包层直径为 125μm，包层外面是高分子材料(如环氧树脂、硅橡胶等)涂覆层。光纤的弯曲半径允许小至 5mm 左右，工作温度范围为 −40～50℃，预期使用寿命在 10 年以上。

石英光纤制造主要包括两个过程，即制棒和拉丝。为了获得低损耗的光纤，这两个过程都要在超净环境中进行。首先要熔制出一根玻璃棒，玻璃棒的芯材料和包层材料都是石英玻璃。为了降低石英光纤的内部损耗，现在大都采用 CVD 法制取高纯度的石英预制棒，再拉丝制成低损耗石英光纤。如图 6.14 所示，CVD 法用超纯氧气作载气，把超纯原料气体四氯化硅($SiCl_4$)和掺杂剂如四氯化锗($GeCl_4$)、三溴化硼(BBr_3)、三氯氧磷($POCl_3$)等气体输送到以氢氧焰作热源的加热区。混合气体在加热区发生气相反应，生成粉末状二氧化硅及添加氧化物。继续升温加热，使混合粉料熔融成玻璃态，制成超纯玻璃预制棒。石英光纤的拉丝装置如图 6.15 所示，预制棒由送料机构送入管状加热炉(石墨电阻炉)中，当预制棒尖端被加热到一定温度时(1600℃左右)，黏度变低，靠自身重量逐渐下垂变细形成纤维。纤维经由纤径测量仪监测并拉引到牵引辊绕到卷筒上。送料机构的速度必须与牵引辊收丝的速度相适应。拉丝速度一般为 $30\sim100m\cdot s。^{-1}$。

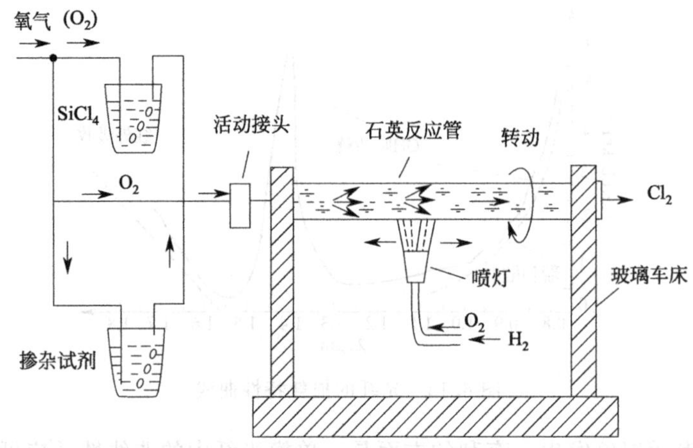

图 6.14 超纯玻璃预制棒的 CVD 制法

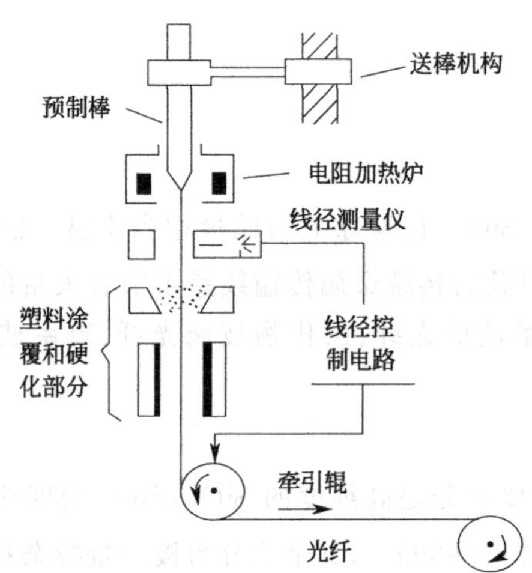

图 6.15 石英光纤的拉丝装置

(2)卤化物玻璃光纤

卤化物玻璃光纤诞生于 20 世纪 70 年代中期。与氧化物玻璃相比，卤化物玻璃紫外电子跃迁的带隙宽，透光范围可从紫外一直延伸至中红外或中远红外波段。1978 年，Van Uitert 和 Wemple 首先探讨了卤化物玻璃作为超低损耗玻璃的可能性，推算了 BeF_2 玻璃和 $ZnCl_2$ 玻璃的本征损耗最小值分别为 10^{-2} dB · km^{-1} 和 10^{-3} dB · km^{-1}，较石英光纤低得多。

氟化物玻璃的折射率介于 1.3～1.6 之间，可随玻璃的化学组成进行调整。氟化物玻璃是无机玻璃中折射率最低、色散最小的玻璃。目前氟锆酸盐玻璃光纤的最低损耗已降至 0.65 dB · km^{-1}，是目前性能最好的重金属氟化物玻璃。用于光纤拉制的最基本的系统是 ZrF_3-BaF_2-LaF_3 三元系统。其中，ZrF_3 是玻璃网络形成体，BaF_2 是玻璃网络修饰体，而 LaF_3 则起降低玻璃失透倾向的网络中间体作用。在此系统基础上，又引入了 AlF_3、YF_3、HfF_4 及碱金属氟化物 NaF 或 LiF 等，得到了玻璃性能更好，光学和热学性能在较大范围内连续可调，更适宜光纤拉制的 $ZrF_3(HfF_4)$-BaF_2-$LaF_3(YF_3)$- AlF_3-NaF(LiF)系统玻璃。氟锆酸盐玻璃的弱点是经受不了液态水的侵蚀，机械强度较低，碱金属氟化物的引入使其化学稳定性变得较差，这些都有待改进。

氟化物玻璃光纤通常采用预制棒法在高于玻璃软化温度下拉制，与石英玻璃光纤类似，也包括光纤预制棒制备和光纤拉制两个阶段。但氟化物玻璃光纤预制棒主要采用熔制-浇注法制备，即用无水高纯氧化物作原料，按一定配比放置在能耐氟化物熔体侵蚀的铂、金或玻璃态碳坩埚中，逐渐加热至 800～1000℃，并在此温度保持一定时间使其完全融化，以达到澄清和均化的目的，然后将熔体冷却到适当温度浇注成型。为减少玻璃中的含氧杂质及由此产生的散射损耗，配合料中应引入适量的氟化剂（如 NH_4HF_2 等），整个熔制过程应在尽可能干燥或含有 Cl_2、CCl_4 或 NF_3 等反应气体的气氛下进行。

6.2.5.2　塑料光纤

由于塑料光纤具有柔软性好、加工性好、价格便宜等特点，因而在短距离通信、传感器以及显示等方面获得使用。目前最常用的塑料光纤纤芯有三类：聚甲基苯丙烯酸甲酯（PMMA）及其共聚物系列；聚苯乙烯（PS）系列；氘化聚甲基丙烯酸甲酯（PMMA-d_S）系列。其中 PMMA 系列光纤特征好且价格便宜，目前被广泛应用。第三类光纤用氘取代 C—H 中的 H，是降低损耗的重要途径，氘化的主要作用是降低分子振动吸收，氘取代度越高，损耗水平越低。近年来，塑料光纤芯层材料已由热塑性聚合物扩展到热固性聚合物，如聚硅氧烷等。对于包层材料，不仅要求透明、折射率比纤芯低，而且要具有良好的成型性、耐摩擦性、耐弯曲性、耐热性以及与纤芯良好的黏结性。以 PMMA 及其共聚物为芯材（折射率约为 1.5）的光纤，多选用含氟聚合物或共聚物为包层材料。

为减小塑料光纤的吸收和散射损耗，合成纤芯聚合物所用的单体必须是高纯度的。一般采用碱性氧化铝过滤法和蒸馏法去除单体中的杂质，如尘埃、过渡金属等，有时也通过渗透膜进行纯化。

6.2.5.3　晶体光纤

晶体光纤是用晶体材料制成的光纤。按纤维中晶体的结构可分为多晶纤维和单晶纤维。晶体光纤有近乎完美的晶体结构，集晶体与纤维的特性于一身，可广泛用于制作各种光通信器件。晶体光纤对较长波长的光具有比玻璃光纤更好的传输特性，而单晶光纤由于晶界对光的散射小，因而对光的损耗较小。虽然晶体光纤的表面质量和内部光学均匀性还达不到玻璃光纤的性能，但对一些要求在更宽光谱范围内具有更小损耗的应用和制作长度较短的器件来说仍然具有很大优势，晶体纤维的生长技术和器件研究在 20 世纪 80 年代得到迅速发展。

(1) YAG 系列晶体光纤

YAG 晶体光纤有很多种，主要用于制作晶体激光器、晶纤光放大器等。如 Nd：YAG 晶体光纤可以制作波长为 1.06μm、0.946μm、1.32μm 的激光器件，其中 1.32μm 是光纤通信波长。Er：YAG 晶体光纤可制作波长为 1.64μm、1.78μm 和 2.938μm 的激光器件，其中波长 1.64μm 和 1.78μm 的激光对人眼安全，在军事方面有应用前景；而 2.938μm 的激光能被生物组织强烈吸收，可用作激光外科技术的光源，特别适用于眼科手术。

一般用激光加热基座生长（LHPG）法生长 YAG 晶体光纤，可以在真空、保护气氛（氩气、氦气）及空气中进行，YAG 晶体会沿着 (111) 方向生长。晶体光纤横截面呈六角形，角的顶部呈圆弧形。为了减小光波导损耗，应采用适当的生长规范使光纤的截面更接近圆形。生长时固-液界面向熔体方向凸起，呈现 YAG 晶体凸形截面生长的习性，这有利于杂质的排除和晶粒的淘汰，容易得到单晶光纤。Nd：YAG 晶体光纤的生长速率一般为

0.5～3mm・min^{-1}，比块状 Nd：YAG 高两个数量级。

(2) Al_2O_3 系列晶体光纤

Al_2O_3 晶体属于六方晶系，熔点是 2045℃，可用气相凝结法、边界限定薄膜馈料生长法（EFG）、LHPG 等方法生长。用 LHPG 法生长时，其缩颈比可达 5：1，这在各种晶体中是最大的，生长速率一般为 0.5～3mm・min^{-1}。现如今已生长出直径为 3～500μm、长为 30cm 的光纤，直径均匀，表面粗糙度低。Al_2O_3 晶体光纤的机械强度很高，对近红外光只有很小的吸收，熔点高，可用作传光光纤和光纤高温计。Al_2O_3 晶体光纤高温计可测高达 2000℃的高温，精度已达 0.1%，可用于发动机内温度的测量以确定燃料最佳配比，也可用于高炉内部温度和火箭升空时喷出尾气的温度的测量。

6.2.6 光纤器件

例 1　光纤陀螺

光纤陀螺即光纤角速度传感器，具有无机械活动部件、无预热时间、加速度不敏感、动态范围宽、数字输出、体积小等优点。光纤陀螺是各种惯性导航和制导的一种最有发展前途的传感器，在航空、航海、航天、兵器以及其他一些领域中，有着十分广泛的应用。

作为最新一代光纤陀螺，谐振式光纤陀螺（R-FOG）结构如图 6.16 所示。以光纤谐振腔内多光束干涉增强萨奈克效应，实现对转动频率的精确检测，通常光纤谐振腔只需几十米光纤，热致非互易性低，检测精度可逼近探测器散粒噪声决定的检测极限，是高精度小型化光纤陀螺发展的重要方向。

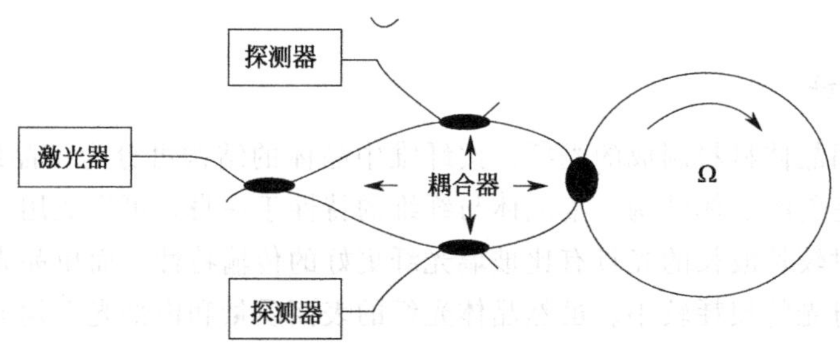

图 6.16　谐振式光纤陀螺结构简图

谐振式光纤陀螺包括全光纤型、集成光学型两种类型。当陀螺以一定的角速度转动时，环形腔的谐振频率由于萨奈克效应而发生变化，其中顺时针谐振频率与逆时针谐振频率的变化是相反的，利用外加激光分别锁定顺时针和逆时针的谐振频率，然后测量这一频率差即可获得转动角速度，这就是谐振式光纤陀螺的工作原理。

R-FOG 具有以下特点：①光纤长度短，减小了由于光纤环中温度分布不均匀而引起的漂移，降低了成本；②采用了高相干光源，波长稳定性高；③由于谐振频率与旋转角速度成正比，所以检测精度高，动态范围大。

然而 R-FOG 谐振腔的发展经历了单模光纤、保偏光纤和单偏振光纤谐振腔等技术阶段，均未解决背向散射、克尔效应、法拉第效应、Shupe 效应，以及偏振衰落等产生的噪声制约，在动态环境中长期稳定性差。高检测精度要求窄带光源，其高相干性更进一步增大了噪声的影响，导致 R-FOG 长期处于实验室阶段，不能走向实际工程应用。

例2 掺铒光纤放大器

光纤放大器(OFA)是指运用于光纤通信线路中,实现信号放大的一种新型全光放大器。同传统的半导体激光放大器(SOA)相比较,OFA不需要经过光电转换、电光转换和信号再生等复杂过程,可直接对信号进行全光放大,具有很好的“透明性”,特别适用于长途光通信的中继放大。OFA为实现全光通信奠定了一项技术基础。

在光通信中普遍使用的光纤放大器工作物质是掺镨离子的光纤和掺铒离子的光纤,其中使用掺铒离子光纤作为放大器工作物质的器件称为掺铒光纤放大器(EDFA),其放大的波长范围在1550 nm通信窗口附近。

掺铒光纤放大器的工作原理如图6.17所示。980 nm光子泵浦激光器使铒离子的电子从基态激发到泵浦能带(步骤①),电子从激发态衰变到亚稳态(步骤②)的速度非常快,约1μs,而电子从亚稳态弛豫到基态的时间很长,约10ms,这样电子会在亚稳态能级上衰变到低能态(步骤④)并聚集,从而实现粒子数反转分布。若使用1480nm泵浦激光器可以直接把电子从基态激发到亚稳态能级的顶部(步骤③)。在无激励光子流时,一部分电子跃迁到基态(步骤⑤),自发辐射放大,这会导致放大器的噪声。若有信号光激励,基态的电子将吸收一小部分外部光,并跃迁到亚稳态,称为受激吸收(步骤⑥)。最后信号光子触发激发态的电子使其跃迁到基态,并发射与输入信号光子具有相同能量、相同波矢量以及相同偏振态的新光子产生受激辐射,实现光信号放大(步骤⑦)。铒离子亚稳态和基态的宽度约为1530~1560nm,所以铒光纤放大器在超过1560nm时增益会稳定下降,大约在1616nm处降至0dB。

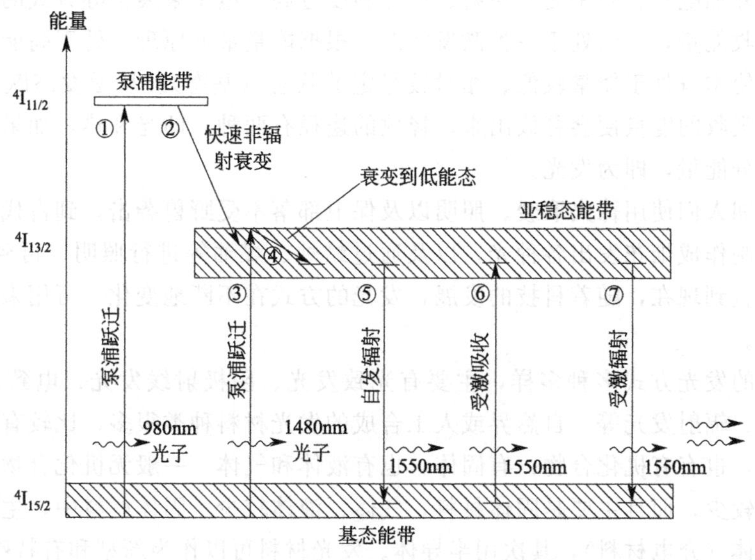

图6.17 掺铒光纤放大器的工作原理

掺铒光纤放大器的结构如图6.18所示。其中掺铒光纤(EDF)和光功率泵浦光源是放大器的关键。EDF的增益取决于Er^{3+}的浓度、光纤长度和直径以及泵浦光功率等多种因素,通常由实验测试获得最佳增益。对泵浦光源(波长通常为980nm或1480nm)的基本要求是大功率和长寿命。现在的研究表明波长为980nm的泵浦效率最高,且噪声较低,是未来发展的方向。波分复用器(WDM)的作用是把泵浦光与信号光进行耦合。光隔离器置于放大器的两端防止光反射,并保证系统稳定工作和减小噪声。光滤波器可以滤除放大器噪声,提高系统的信噪比。

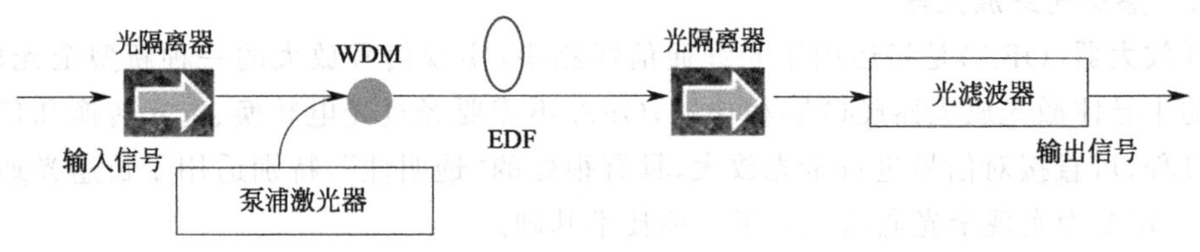

图 6.18 掺铒光纤放大器结构

在不同泵浦光功率下，当光纤长度较短时，放大器的增益增加很快；当超过某一长度时，增益反而下降。这是因为长度增加，光纤中泵浦光功率下降，且掺铒光纤损耗远大于普通光纤，从而导致增益下降。虽然掺铒光纤的损耗大于普通光纤，但实验表明，在掺铒光纤中，可得到接近 3dB 的噪声系数，这是噪声系数的极限。掺铒光纤的极低噪声，使其成为光纤通信中的理想放大器，是在光纤通信系统中广泛应用的一个重要原因。

6.3 发光材料与器件

6.3.1 发光材料简介

发光其实是物质从外界吸收一定的能量，将吸收的能量通过发光形式释放出去的过程。当物体受到如外加电场、外来光源照射、外界温度过高、电子束轰击等方式的激发后，物质便会从外界吸收能量，从而处于一种激发状态，根据能量最低原理，处于高能态的材料又会通过某种方法使本身处于能量较低、相对较稳定的状态（基态）。从激发态跃迁到基态的过程中，从外界吸收的能量便会释放出来，释放的途径有两种，即光和热，如果以电磁波的形式释放出这部分能量，即为发光。

从远古时期人们使用篝火取暖、照明以及保卫部落不受野兽袭击，到古代人们利用火药添加其他元素制作成烟花发出各种光，以及通过蜡烛、煤油等进行照明，再到 19 世纪爱迪生发明灯泡。直到现在，随着科技的发展，发光的方式在不断地变化，可用来发光的材料也在日益变化着。

发光材料的发光方式多种多样，主要有光致发光、阴极射线发光、电致发光、热释发光、光释发光、辐射发光等。自然界或人工合成的发光材料种类很多，比较有效的发光材料有无机化合物，也有有机化合物；有固体，也有液体和气体。一般无机化合物种类较多，有机化合物种类较少，而且主要是固体材料，气体、液体较少。固体材料中，主要用禁带宽度比较大的绝缘体（介电材料），其次用半导体。发光材料可以作为新型和有特殊要求的光源，也可以作为显示、显像、探测辐射场等技术手段。

6.3.2 光致发光材料

物体依赖外界光源获得能量，产生激发导致发光的现象称为光致发光（PL），光致发光的激发光源包括从紫外到红外几乎所有波段。能够产生这种效应的材料称为光致发光材料。材料的光致发光大致经过吸收、能量传递及光发射三个主要阶段，光的吸收及发射都发生于能级之间，都经过激发态。而能量传递则是由于激发态的运动。

光致发光材料一般可以分为荧光发光材料、长余辉发光材料和上转换发光材料。如果按发光弛豫的时间分类，光致发光材料又可分为荧光材料和磷光材料。

6.3.2.1　荧光材料

发光材料经过某种波长的入射光（通常是紫外线或 X 射线等高能量光子）照射，吸收光能后进入激发态，立即（$10^{-9}\sim10^{-7}$ 秒内）退激发并发光（波长通常在可见光波段），而且一旦停止入射光照射，发光现象也随之消失，这种光就称为荧光。

1575 年，西班牙一植物学家在阳光下观察到菲律宾紫檀木切片的黄色水溶液呈现天蓝色；1852 年，斯托克斯用分光计观察奎宁和叶绿素溶液时，发现它们所发出的光波长比入射光的波长稍长，这说明物质吸收了光，并重新发出不同波长的光，而不是漫反射作用引起的，这种波长上的变化称为斯托克斯位移，发光波长总是大于激发光波长的现象称为斯托克斯发光。

荧光材料的分子并不能将吸收的光能全部转变为荧光，总是或多或少地以其他形式释放。将吸收光转变为荧光的百分数称为荧光效率。荧光效率是荧光材料的重要特性之一。在理想的无外界干扰的情况下，材料发射光的量子数等于吸收光的量子数，即荧光效率为 1，而实际上，荧光效率总是小于 1。

一般来说，荧光效率与激发光波长无关。在材料的整个分子吸收光谱中，荧光发射对吸收的关系都是相同的，即各波长的吸收与发射之比为一常数。但是荧光强度与激发光强度密切相关，一定范围内，激发光越强，荧光也越强。定量地说，荧光强度等于吸收光强度乘以荧光效率。通常可以产生荧光的材料大部分是有机物，因为特殊的能级结构无机物发光的寿命较长，属于磷光范畴。

对有机化合物荧光材料来说，光的吸收和荧光发射均与材料的分子结构有关。因为产生荧光最重要的条件是分子必须在激发态有一定的稳定性，最短需持续 10^{-9}s。多数分子不具备这一条件，在荧光发射以前就以其他形式释放了能量。只有具备共轭键系统的高分子才能使激发态保持相对稳定而发射荧光。因此，有机荧光材料主要是以苯环为基础的芳香族化合物和杂环化合物，例如酚、蒽、荧光素、罗达明、9-氢基吖啶、荧光染料及某些液晶。有机荧光材料的荧光效率除了与结构有关外，还与溶剂有关。部分有机荧光材料及它们在某种溶剂中的荧光效率见表 6.1。

表 6.1　部分有机荧光材料及发光效率

荧光色素	溶剂	荧光效率
荧光素	0.1mol · L^{-1} NaOH 溶液	0.92
荧光素	pH7.0 的水	0.65
罗达明	甲醇	0.97
9-氢基吖啶	水	0.98
酚	水	0.22
蒽	苯	0.29

6.3.2.2　磷光材料

磷光材料其实是大多数情况下我们提到的荧光粉等，因为发射的荧光寿命大于 10^{-8}s，所以从严格意义上说，其发射的光属于磷光。磷光材料的主要组成是基质和激活剂两部分，用作基质材料的有第Ⅱ族金属的硫化物、氧化物、硒化物、氟化物、磷酸盐和钨酸盐等，如 ZnS、BaS、$CaSiO_3$、$CaWO_4$、$ZnSiO_3$、Y_3SiO_3 等，所用的激活剂是发光中心，根据激活剂可以选择合适基质。例如，对 ZnS、CdS 而言，Ag、Cu、Mn 是最好的激活剂。碱土磷光材料可以有更多的激活元素，除上述的激活剂外，还可以选择 Bi、Pb 和稀土金属等。

(1) 显示用荧光粉材料

卤磷酸盐荧光粉是以锑、锰为激活剂的一种含卤素的碱土荧光粉。碱土金属一般是钙，也可以用锶代替一部分。发光的颜色和效率可以通过改变其基质中的氟氯比例或调整锰浓度来控制。卤磷酸盐荧光粉将紫外线转为可见光的效率较高，可在长时间内维持其发光特性。另外，也更易制成灯用涂层所需的细颗粒。它有一个很大的缺点是高亮度与较好的显色性不能同时获得，即光效和光色不能同时兼顾。

稀土离子具有丰富的能级和 4f 电子跃迁特性，其吸收能力强、转换率高且物理、化学性质稳定。稀土三基色荧光粉的发光颜色分别是红、绿、蓝，通过将三种粉体按不同的比例混合，可实现单色或白色发光，解决了卤磷酸盐荧光粉长期存在的光效和显色性能不能同时提高的矛盾，成为新一代灯用荧光粉材料。

稀土红粉区发光的典型代表是 $Y_2O_3:Eu^{3+}$，可以满足作为发红光荧光粉的所有条件，其特点是效率高、色纯度好、光衰性能稳定。在提高材料性能上，加入一定量的 La、Gd、Ta、Nb 等元素或者氧化物，如 InO_2、GeO_2 等，可提高其发光亮度和稳定性。加入一定量的硼酸盐，可以降低材料的烧结温度，同时不影响其发光亮度。虽然稀土红粉区发光材料的基质材料可以有磷酸盐、硼酸盐、硅酸盐等，但其掺杂元素始终是稀土铕（Eu）元素，因为其独特的能带结构，导致红粉区发光效率非常高。发出绿光的荧光粉在稀土三基色荧光粉中对灯的光通量、显色性等起重要作用。这类材料的基质种类很多，有 $MgAl_{11}O_{19}$、Y_2SiO_4、$LaPO_4$ 等，但是掺杂元素都是 Ce（铈）-Tb（铽）离子对，发绿光的离子 Tb、Ce 作为敏化剂可以提高 Tb 离子的发光效率和发光强度。稀土三基色荧光粉的蓝色部分已实用的有铝酸盐体系和卤磷酸盐体系，掺杂元素是稀土 Eu。Eu 在这些基质材料中会实现高效率蓝色发光。

目前发光效率最高的黄光荧光粉为掺铈元素的钇铝石榴石荧光粉（Ce：YAG），其发光峰值波段在 525～565nm，可以通过调节荧光粉的粒径微调发光的波段，是白光 LED 器件中重要的荧光粉材料。YAG 荧光粉为淡黄色粉末，耐水、耐酸碱、化学稳定性非常好且无毒无害，是黄色发光荧光粉的重要材料。

(2) 上转换发光材料

人们在对光致发光材料的探索中发现存在着与斯托克斯定律相反的发光现象，也就是材料被激发后辐射出的光子能量高于激发光的光子能量——频率上转换发光过程，即材料发射光比激发光波段短。上转换发光机理与斯托克斯发光相反，因此上转换发光也被称为反斯托克斯发光。

稀土离子的亚稳态能级具有特殊的性质，可以将连续吸收的多个光子通过多光子加和作用产生能量，激发基态的电子跃迁至高能级，当高能级上的电子向低能级跃迁时就会发射出比吸收的光子能量更高的短波辐射。这就产生了稀土掺杂上转换发光材料的反斯托克斯效应。在 20 世纪 40 年代，B. Obrien 发现用红外光激发一种磷光体时，该磷光体可以发出可见光，因此人们定义这种现象为上转换发光。但其实这种现象只是红外释光的一种，与频率上转换发光的概念不符。在 20 世纪 50 年代末，由于军用需要，开始了对稀土离子上转换发光现象的研究。直到 1966 年，F. Auzel 发现向玻璃基质材料中掺入稀土离子后，被红外光激发出的可见光强度增强了上百倍，才正式提出了“上转换发光”的观点。20 世纪 60～70 年代，以 F. Auzel 及 J. C. Wright 为代表的团队对稀土离子掺杂上转换材料特性及其机制展开了深入、系统的研究，提出了产生上转换发光的前提是掺杂的稀土离子必须形成亚稳激发态的概念。

上转换发光材料大多数是掺杂稀土元素的化合物或稀土元素化合物，激活剂均为稀土元素，其中以 Er-Yb 组合最为常见，Yb 作为敏化剂吸收红外光子传递给 Er 离子，Er 离子作为激活剂吸收两个红外光子并发射出一个可见光子。Er 的上转换发光包括绿色和红色区域，通过调节 Er 离子浓度，加入其他杂质离子或改变基质材料来调节绿光区和红光区的发光强度比例。此外，也有发蓝光和黄光的稀土掺杂上转换发光材料。

6.3.3　电致发光材料

电致发光（EL）是指在直流或交流电场作用下，依靠电流和电场的激发使材料发光的现象，又称场致发光。能够产生这种现象的材料称为电致发光材料或场致发光材料。

1920 年德国学者古登和玻尔发现，某些物质加上电压后会发光，这是 EL 现象首次被发现；1936 年，德斯垂将 ZnS 荧光粉浸入蓖麻油中，并加上电场，荧光粉便能发出明亮的光；1947 年美国学者麦克马斯发明了导电玻璃，多人利用这种玻璃做电极制成了平面光源，但由于当时发光效率很低，还不适合作照明光源，只能勉强作显示器件；20 世纪 70 年代后，由于薄膜技术带来的革命，薄膜晶体管（TFT）技术的发展促进电致发光在寿命、效率、亮度、存储上的技术有了相当的提高，使得电致发光成为在显示技术中最有前途的发展方向之一。

6.3.3.1　电致发光机理

电致发光的机理是被加速的过热电子碰撞发光中心，使发光中心被激发而发光。电致发光包括四个基本过程：载流子从绝缘层和发光层界面处的局域态穿过进入发光层；载流子在发光层的高电场中加速成为过热电子；过热电子碰撞，激发发光中心；载流子再次被束缚到基态。

电致发光按激发过程不同可分为注入式电致发光和本征式电致发光。注入式电致发光直接由装在晶体上的电极注入电子和空穴，当电子与空穴在晶体内复合时，以光的形式释放出多余的能量。注入式电致发光的基本结构是结型二极管（LED），代表材料是Ⅱ-Ⅳ族和Ⅲ-Ⅴ族化合物所制成的 PN 结，又称 PN 结电致发光，如图 6.19 所示。本征型电致发光又分为高场电致发光与低能电致发光。其中高场电致发光是荧光粉中的电子或由电极注入的电子在外加强电场的作用下在晶体内部加速，碰撞发光中心并使其激发或离化，电子在恢复到基态时辐射发光。

根据发光原理电致发光可分为低场和高场下的发光；电致发光还可以分为薄膜型电致发光和分散型电致发光。

6.3.3.2　电致发光材料

电致发光材料类型很多，包括粉末、薄膜、PN 结和有机物等。

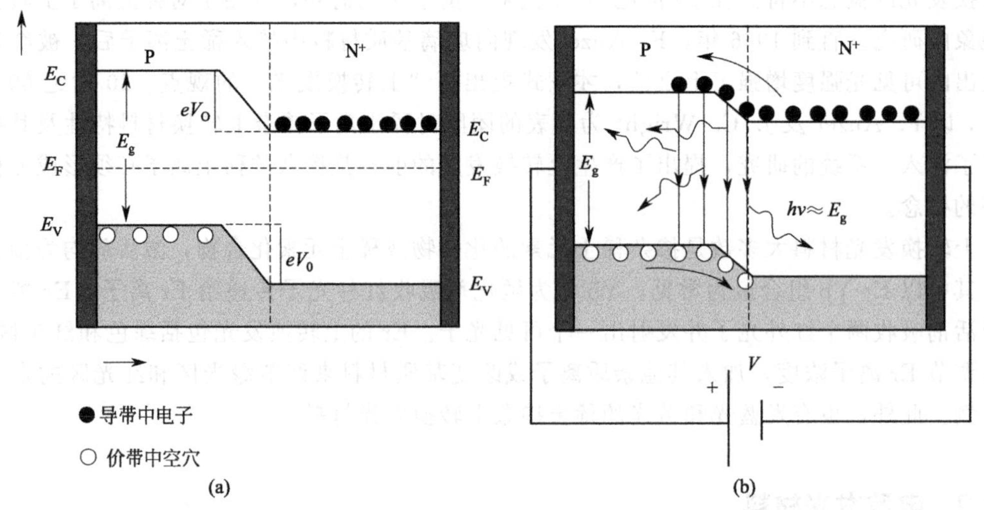

图 6.19 PN 结电致发光原理

(1) 粉末电致发光材料

电致发光材料本质上应该是一种可以传导电流的半导体，粉末类的电致发光材料掺杂铜、银的含量较高。另外，要使这些材料具有很好的发光特性，还需经过包铜工艺处理。包铜工艺就是在已经烧结好的材料表面包铜，化学成分可表示为 Cu_xS。

最常用的粉末电致发光材料有 ZnS：Mn、Cu，可以发出橙红色光，亮度约为 350cd·m^{-2}，流明效率为 0.5lm·W^{-1}。其他材料如 ZnS：Ag 可以发出蓝光，(Zn，Cd)S：Ag 可以发出绿光，改变配比还可以发出红光。这些粉末材料都在约 100V 电压下激发，亮度为 70cd·m^{-2}。另外还有一些在 CaS、SrS 等基质中掺杂稀土元素的材料。

以上材料都在直流电压下激发，流明效率较低。现在普遍应用的是在交流电压下激发的粉末电致发光材料，交流电压激发的发光材料流明效率约为 15lm·W^{-1}。常用的交流粉末电致发光材料以 ZnS 为代表，掺入铜氯、铜锰、铜铅等激活剂后，与介电常数很高的有机介质（如环氧树脂和羟乙基糖的混合物等）相混合制成，可以发出红、橙、黄、绿、蓝等各种颜色的光。

(2) 薄膜型电致发光材料

薄膜型电致发光器件的基本结构和原理如图 6.20 所示。在绝缘层和发光层的界面上因晶格失配和晶格缺陷而产生界面能级，被这些界面能级俘获的电子在强电场的作用下因隧道效应而进入发光体的导带内。进入导带内的电子又在强电场的作用下加速，并以很大的动能与发光中心原子碰撞，结果发光中心被激发到高能量状态，当它回到基态时发出光来。发光层一般选用掺杂激活剂 Mn、Tb、Sm、Tm、Eu、Ce 等的 ZnS、CaS、SrS、Zn_2SiO_4、$ZnGa_2O$ 材料。透明电极一般掺杂导电的 SnO_2 或 In_2O_3，绝缘层用高介电常数的材料，如 Y_2O_3、Si_3N_4、Al_2O_3 等。薄膜型电致发光材料不需要介质，而且可以在高频电压下工作，发光亮度很高，发光效率也可达到几个流明每瓦。

(3) PN 结型电致发光材料

PN 结型电致发光材料主要指发光二极管（LED）材料。这种材料一般是化合物半导体，包括二元、三元和四元化合物，尤其是四元化合物，可以在相当宽的范围内控制禁带宽度与晶格常数。这些化合物半导体大部分是直接带隙半导体，相较于 Si、Ge 等间接带隙的

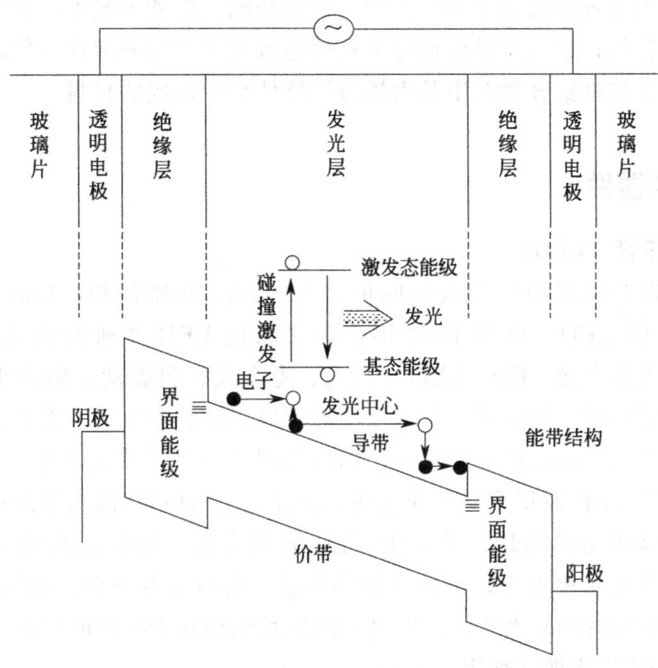

图 6.20 薄膜型电致发光器件的基本结构和原理

元素半导体有较高的发光效率。表 6.2 列出部分化合物半导体材料的电致发光性能。

表 6.2 部分化合物半导体材料的电致发光性能

发光颜色	发光波长/nm	材料	可见光发光效率/lm·W^{-1}	外量子效率/%	
				最高值	平均值
红光	700	GaP∶Zn-O	2.5	12	1～3
	660	GaAlAs	0.27	0.5	0.3
	650	GaAsP	0.38	0.5	0.2
黄光	590	GaP∶N-N	0.45	0.1	
绿光	555	GaP∶N	4.2	0.7	0.015～1.15
蓝光	465	GaN		10	
白光	谱带	GaN-YAG	小芯片 1.6，大芯片 18		

(4) 有机电致发光材料

有机电致发光材料制成的器件一般都是有机发光二极管（OLED）。1963 年 Pope 将数百伏电压加在有机芳香族蒽晶体上时，观察到发光现象。但由于电压过高，发光效率低，未得到重视。1979 年，华裔科学家 C. W. Tang 无意间发现一块做实验的有机蓄电池在发光，OLED 的研究从此开始。1987 年，C. W. Tang 等报道了第一个非晶态有机电发光器。此后，许多企业和研发机构开始研究小分子 OLED 器件。1990 年，Burroughes 等证明高分子有机聚合物也有电致发光效应，并报道了第一个高分子有机电致发光器。如今，高效率（>15lm·W^{-1}）和高稳定性（发光强度为 150cd·m^{-2} 时，工作寿命>10000h）的有机 EL 器件已经研制出来。

有机电致发光材料主要有三大类：第一类是具有隔离发色团结构的主链聚合物，如聚芳香烃及其衍生物、聚芳香烃乙炔及其衍生物、聚碳酸酯、聚芳香醚等；第二类是侧链悬挂发色团的柔性主链聚合物；第三类是由低分子量的电致发光材料分散在一般高分子材料中形成的共混材料，如羟基喹啉铝分散在甲基丙烯酸甲酯体系中形成的材料。

6.3.4 发光材料器件

例 1 发光二极管（LED）

半导体 PN 结作为发光源的二极管问世于 20 世纪 60 年代初，1964 年首先出现红色 LED，之后出现黄色 LED。直到 1994 年蓝色、绿色 LED 才研制成功。1996 年，日本 Nichia 公司成功开发出白光 LED。LED 以省电、寿命长、耐震动、响应速度快等特点，广泛应用于指示灯、信号灯、显示屏、景观照明等领域，在日常生活中随处可见。近年来，随着人们对半导体发光材料研究的不断深入、LED 制造工艺的不断进步和新材料的开发应用，各种颜色的超高亮度 LED 取得了突破性进展，高亮度 LED 也将成为第四代绿色照明光源。

LED 是一种固态半导体器件，可以直接把电转化为光。如图 6.21 所示，一块电致发光的半导体芯片封装在环氧树脂中，针脚支架作为正、负电极并起到支撑作用。LED 的心脏是 PN 结，它是自发辐射的发光器件，发出光的波长由形成 PN 结的材料决定。不同 PN 结材料制成的 LED 器件发光效率如表 6.2 所示。

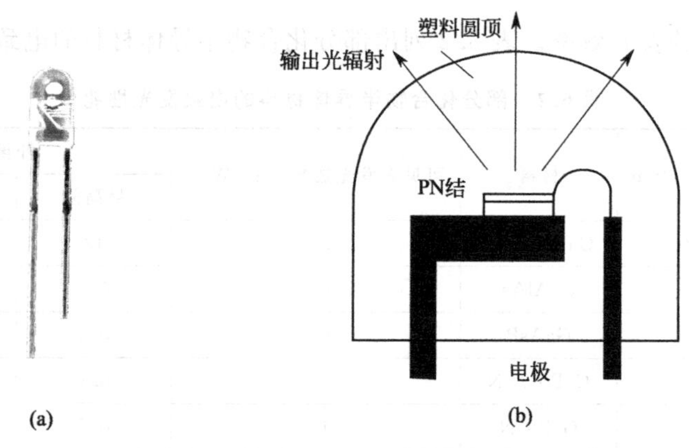

图 6.21 LED 结构

(a) LED 灯珠；(b) LED 基本结构示意图

当给发光二极管加上正向电压（P 极加正电压，N 极加负电压）后，普通硅二极管正向工作电压大于 0.6V，锗二极管正向工作电压大于 0.3V 时，发光二极管正向工作电压 V_F 大于 1.5～3.8V（通常情况下，红光和黄光发光二极管的工作电压是 2V 左右，其他颜色的发光二极管工作电压是 3V 左右），则从发光二极管 P 区注入 N 区的空穴和由 N 区注入 P 区的电子，在 PN 结附近数微米区域内分别与 N 区的电子和 P 区的空穴复合，产生自发辐射的荧光，如图 6.19（b）所示。不同的半导体材料中电子和空穴所处的能量状态不同，即 E_g 不同。电子和空穴复合时释放出的光子能量越大，则发出的光波长越短。常用的是发红光、绿光、蓝光和黄光的二极管。

例 2 荧光灯

荧光灯即低压汞灯，利用低气压的汞蒸气在放电过程中辐射紫外线，从而使荧光粉发出可见光的原理进行发光，因此它属于低气压弧光放电光源。如图 6.22 所示，荧光灯管内部被抽成真空后，再充入 400～500Pa 压力的氩气和少量的汞。管内壁涂一层荧光粉，两端装有预热的钨丝，钨丝外表涂有钡和锶等能因受热发射电子的氧化物。当钨丝通电温度达到 950℃时（通电后灯管两端发亮），其表面所涂氧化物发射自由电子，启辉器断开瞬间两端电极间有较高电压（镇流器自感电压外加电源电压），管内惰性气体电离在两极间形成电弧（整个灯管点亮，这个过程叫启辉），启辉后灯管内温度增高，液态汞蒸发成压力为 0.8Pa 的汞蒸气。在电场作用下，汞原子不断从原始状态被激发成激发态，继而自发跃迁到基态，并辐射出波长 253.7nm 和 185nm 的紫外线（主峰值波长是 253.7nm，约占全部辐射能的 70%～80%；次峰值波长是 185nm，约占全部辐射能的 10%），以释放多余的能量。荧光粉吸收紫外线的辐射能后发出可见光。荧光粉不同，发出光的颜色也不同，这就是荧光灯可做成白色和彩色的缘由。1974 年，荷兰飞利浦首先研制成功能够发出人眼敏感的红、绿、蓝三色光的荧光粉。三基色（又称三原色）荧光粉的开发与应用是荧光灯发展史上的一个重要里程碑。由于荧光灯所消耗的电能大部分用于产生紫外线，因此，荧光灯发光效率远比白炽灯和卤钨灯高。

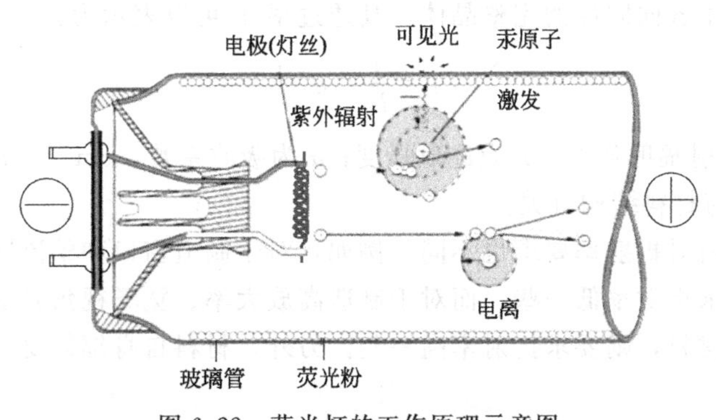

图 6.22 荧光灯的工作原理示意图

6.4 红外材料与器件

6.4.1 外线材料简介

红外材料是指在红外成像与制导技术中用于制造透镜、棱镜、窗口、滤光片、整流罩等的一类材料。英国科学家牛顿在 1666 年用玻璃棱镜进行太阳光的分光实验，将白色太阳光分解成由红、橙、黄、绿、青、蓝、紫等各种颜色所组成的光谱，称“太阳光谱”。在太阳光谱发现以后的相当长一段时间里，没有人注意到太阳光中除了各种颜色的可见光外，还存在不可见光。1800 年英国物理学家赫舍尔发现太阳光经棱镜分光后所得到光谱中还包含一种不可见光，通过棱镜后的偏折程度比红光还小，位于红光谱带的外侧，所以称为“红外线”。20 世纪 30 年代以前，红外线主要用于学术研究。其后又发现，除炽热物体外，每种处于 0 K 以上的物体均发射特征电磁波辐射，并主要位于电磁波谱的红外区域。这个特征对军事观察和测定肉眼看不见的物体具有特殊意义。此后，红外技术得到快速发展，第二次世界大战期间已使用红外定位仪和夜视仪。现在各个领域都可以找到它的应用实例。

6.4.2 红外线的基本性质

红外线与可见光一样，本质上都是电磁波，具有波的性质和粒子的性质，遵守光的反射和折射定律，在一定条件下产生干涉和衍射效应，波长范围 0.7～1000μm。按波长可分为三个光谱区：近红外 0.7～15μm，中红外 15～50μm，远红外 50～1000μm。红外线与可见光的不同之处在于：红外线对于人的肉眼是不可见的；在大气层中，对红外波段存在着一系列吸收很低的“透明窗”，如对于 1～1.1μm、1.6～1.75μm、2.1～2.4μm、3.4～4.2μm 等波段，大气层的透过率在 80%以上，对于 8～12μm 波段，透过率为 60%～70%。

6.4.3 红外透过材料

在红外线应用技术中，要使用能够透过红外线的材料。对这些材料的要求是红外光谱透过率要高，短波限要低，透过频带要宽，一般红外波段是 0.7～20μm。如果材料对某波长的透过率低于 50%，那么可以定义此波长为截止限。任何光学材料，只能在某一波段内具有高的透过率，对于各向同性的完整晶体，其透过率 T 可以表示为：

$$T=\frac{I}{I_0}=e^{-\alpha L} \tag{6.8}$$

式中，I_0 为入射辐射强度；I 为透射强度；α 为吸收系数，cm^{-1}；L 为样品厚度，cm。α 是波长的函数，与材料结构有关。

不同用途的材料对折射率要求也不同，例如，对于制造窗口和整流罩的光学材料，为了减少反射损失，要求折射率低一些，而对于制造高放大率、宽场视角光学系统的棱镜、透镜及其他光学附件的材料，则要求折射率高一些。另外，材料自身辐射要小，否则会造成微信号的干扰。

选择任何光学材料，都要注意其力学性质、物理性质和化学性质，要求温度稳定性好，对水、气体稳定。力学性能主要是弹性模量、扭转刚度、泊松比、拉伸强度和硬度。物理性质包括熔点、热导率、膨胀系数、可成型性等。

目前实用的红外透过材料只有二三十种，可以分为晶体、玻璃、透明陶瓷、塑料等四种。

6.4.3.1 晶体

晶体（如石英晶体）很早就作为光学材料使用。在红外区域，晶体也是使用最多的光学材料。与玻璃相比，晶体的透射长波限较长（最大可达 60μm），折射率和色散范围也较大。不少晶体熔点高、热稳定性好、硬度大，而且只有晶体才具有对光的双折射性能。但晶体价格一般比较贵，且单晶体不易长成大的尺寸，因而应用受到限制。常见的红外晶体主要有离子晶体、氧化物晶体、无机盐晶体及半导体单晶体等。

（1）碱卤化合物晶体

碱卤化合物晶体是一类离子晶体，如氟化锂（LiF）、氟化钠（NaF）、氯化钠（NaCl）、氯化钾（KCl）、溴化钾（KBr）、碘化铯（CsI）等。这类晶体熔点不高，易生成大单晶，具有较高的透过率和较宽的透过波段。但碱卤化合物晶体易潮解、硬度低、机械强度差，应用范围受限。因此，一般做成器件后必须用有机薄膜将其保护起来，主要用来制造远红外器件。

（2）碱土-卤族化合物晶体

碱土-卤族化合物晶体是另一类重要的离子晶体，如氟化钙（CaF_2）、氟化钡（BaF_2）、氟化锶（SrF_2）、氟化镁（MgF_2）等，其中，MgF_2 做导弹整流罩时，多采用热压法制成的多晶体产品，具有高于90%的红外透过率，是较为满意的透红外窗口材料。这类晶体具有较高的机械强度和硬度，几乎不溶于水，适于窗口、滤光片、基板等应用。

（3）氧化物晶体

这类晶体中的蓝宝石（Al_2O_3）、石英（SiO_2）、氧化镁（MgO）和金红石（TiO_2）具有优良的物理和化学性质：熔点高、硬度大、化学稳定性好，作为优良的红外材料在火箭、导弹、人造卫星、通信、遥测等方面使用的红外装置中被广泛地用于窗口和整流罩等。

（4）无机盐化合物单晶体

在无机盐化合物单晶体中，可作为红外透射光学材料使用的主要有 $SrTiO_2$、$Ba_5Ta_4O_{15}$、$Bi_4Ti_3O_2$ 等。其中，$SrTiO_2$ 单晶在红外装置中主要做浸没透镜使用，$Ba_5Ta_4O_{15}$ 单晶是一种耐高温的近红外透光材料。

（5）金属铊的卤化物晶体

金属铊的卤化物晶体，如溴化铊（TlBr）、氯化铊（TlCl）、溴化铊-碘化铊（KRS-5）和溴化铊-氯化铊（KRS-6）等也是一类常用的红外光学材料。这类晶体具有很宽的透过波段且只微溶于水，适于在较低温度下使用，是良好的红外窗口与透镜材料。

（6）半导体单晶

重要的红外半导体单晶主要是硅、锗及一些化合物半导体。硅在力学性能和抗热冲击性能上比锗好得多，温度影响也小，对红外线有很高的透过率。如超纯硅对1～7μm红外光的透过率高达90%～95%，是夜视镜和夜视照相机的重要材料。但硅的折射率高，使用时需镀增透膜，以减少反射损失。ZnS（0.57～14μm）和ZnSe（0.48 ～22μm）两种晶体具有较宽的红外透过波段，故可应用于8～14μm，都是中远红外导弹整流罩的候选材料。

6.4.3.2 玻璃

玻璃具有光学均匀性好、易于加工成型、价格便宜等优点，但不足的是透过波长较短，使用温度一般低于500℃。红外光学玻璃主要有以下几种：硅酸盐玻璃、铝酸盐玻璃、镓酸盐玻璃、硫族化合物玻璃等。氧化物类玻璃的有害杂质是水分，因其透过波长不超过7μm。硫族化合物玻璃透过红外波长范围更宽一些。例如 $Ge_{30}As_{30}Se_{40}$ 玻璃，可以透过波长为13μm的光波。但加工工艺比较复杂，而且常含有有毒元素。

6.4.3.3 红外透明陶瓷

烧结的陶瓷进行了固态扩散，产品性能稳定，目前已有十多种红外透明陶瓷可供选用。Al_2O_3 透明陶瓷不仅可以透过近红外光，而且可以透过可见光，熔点高达2050℃，性能与蓝宝石差不多，但价格却便宜得多。稀土金属氧化物陶瓷是一类耐高温的红外光学材料，其代表是氧化钇（Y_2O_3）透明陶瓷。它们大都属立方系，因而光学上是各向同性的，与其他晶体相比，晶体散射损失小。

6.4.3.4 塑料

塑料也是红外光学材料，但近红外性能不如其他材料，故多用于远红外波段，如聚四氟乙烯、聚丙乙烯等。

6.4.4 红外探测材料

碲镉汞（$Hg_{1-x}Cd_xTe$，一般用 MCT 表示）是直接带隙半导体，用它制备成的探测器是光子探测器，具有量子效率高、响应速度快等特点，在制备过程中适当地控制组分，就可使其带隙在 0～1.45eV 间变化，光电响应覆盖 1～3μm、3～5μm、8～12μm 三个红外“大气窗口”以及 18μm 以上长波红外波段，具有中波红外、长波红外和超长波红外的波长灵活性和多色能力。碲镉汞的有效质量小、电子迁移率高，能够达到 80% 左右的极高量子效率。是红外探测器中应用最广泛、最重要的材料。

MCT 的制造技术要求很高，首先原料的成分必须很纯，通常要求纯度为 99.9999%以上，一般也要求 99.999%。目前采用的制造方法除通常制造单晶的方法——直拉法和布里奇曼法外，主要是液相外延法和气相外延法。制造大面积薄膜阵列是探测元件发展的趋势，尽管工艺复杂，但直接带隙结构是它的优点。另外，膨胀系数和底材（Si）的膨胀系数相近，而且线路又易于表面钝化，是 MCT 材料的另一优点。

MCT 载流子浓度低、介电常数小等使得探测器少数载流子寿命长，电子、空穴有效质量比大，电子迁移率高，介电性能好，用来制备高性能红外探测器——碲镉汞探测器。

6.4.5 红外材料器件

红外在四个方面有着重要的实际应用：① 辐射测量，如非接触温度测量，农业、渔业、地面勘察，探测焊接缺陷，微重力热流过程研究等。②对能量辐射物的搜索和跟踪，如宇航装置导航，火箭、飞机预警，遥控引爆管等。③制造红外成像器件，如夜视仪器、红外显微镜等，可用于火山、地震研究，肿瘤、中风早期诊断，军事上的伪装识别，半导体元件和集成电路的质量检查。④ 通信和遥控，如宇宙飞船之间进行视频和音频传输，海洋、陆地、空中目标的距离和速度测量，这种红外通信比其他通信（如无线电通信）抗干扰性好，也不干扰其他信息，保密性好，而且在大气传输中，波长越长，损耗越小。

红外仪器结构主要有两部分：一是红外光学系统，二是红外探测器。光学系统接受外来的红外辐射，进行光学过程处理（如透过、吸收、折射等）。探测器能将接收到的红外辐射转换成人们便于测量和观察的电能、热能等其他形式的能。红外材料就是应用在红外仪器上的材料，主要用来制造红外光学系统中的窗口、整流罩、透镜、棱镜、滤光片、调制盘等。

例 1　红外探测器

20 世纪 70 年代末到 80 年代初研制的第一代 HgCdTe 光导通用组件在军事电子装备中得到了广泛应用，目前正面临着进一步提高性能和降低成本的要求。为满足夜视、火控、侦察、监视、精确制导和光电对抗等军事应用，需要发展高密度的第二代焦平面探测器和第三代大规格、多色、非制冷焦平面探测器，这对红外探测器及其材料提出了新的更高的要求，必须提高原有探测器材料的性能，并开发新型的材料。

红外探测器从探测机理上可以分为两大类：光子探测器——利用光电效应制成的辐射探测器。探测器中的电子直接吸收光子的能量，使运动状态发生变化而产生电信号，常用于探测红外辐射和可见光。热探测器——用探测元件吸收入射辐射而产生热造成温度升高，并借助各种物理效应把温度的升高量转换成电量的器件。

例 2 红外线治疗仪

红外线是一种对人体有益的光，是生命之光。远红外线对人体没有伤害，即使放射出几十度的高温，人体也可以接受。由于红外线能从不同水平调动人体本身的抗病能力而治疗疾病，因此常应用于医学和生物学中。

用红外线治疗疾病的基础是温热效应。在红外线照射下，组织温度升高，毛细血管扩张，血流加快，物质代谢增强，组织细胞活力及再生能力提高。用于治疗扭、挫伤，可促进组织肿胀和血肿消散以及减轻术后粘连，促进瘢痕软化，减轻瘢痕挛缩等；治疗慢性炎症时，改善血液循环，增加细胞的吞噬功能，消除肿胀，促进炎症消散。

例 3 红外智能节电开关

红外智能节电开关是一种高科技产品，性能稳定，真正做到了既节能又环保，是声光控产品的完美替代产品。它通过感应人体的红外辐射而自动快速开启开关，可应用于灯具、防盗报警器、自动门等各种设备。触发方式包括一次触发和连续触发。

当红外开关测到人体红外光谱的变化时，自动接通负载，若人不离开感应范围，将持续接通；人离开后，延时自动关闭负载。红外智能节电开关触发的时候不需要人发出任何声音。不同于声光控灯，不需要声音和开关控制，从而避免了声控噪声的侵扰；感应人体热量控制开关，避免了无效电能的损耗，达到节能效果。

现在的公共场所照明（比如公共走廊及楼梯间）应用最多的还是几年前出现的声光控延时灯具和开关。这种灯具和开关的出现，实现了人来灯亮、人走灯灭，已成为公共场所照明开关的主流产品。当然，从某种程度上说这种产品确实实现了节能的目的，但同时也对人们的生存环境造成了一定的破坏。由于产品本身性能的限制，这种声光控灯具和开关自动控制的实现需要（超过 60dB）声音的配合，这就给大众需要的安静环境造成一定的噪声污染。随着社会的发展和人们对生态环境的重视，这种声光控灯具和开关已慢慢不能满足人们的需要，这就要求更加节能和环保的自动照明控制产品出现，以满足人们对高质量生活的需求。红外智能节电开关是以成熟的红外感应技术为平台，加入更多的高新技术元素而形成的一种具有广阔市场前景的高科技产品，它的出现弥补了声光控技术的缺陷，自动控制的实现不需要声音和其他会给环境造成影响的条件的配合，而是通过人身体向外界散发红外热量实现自动控制功能。同时，融入了更多更先进的高科技元素，更节能，更环保。

6.5 液晶材料与器件

6.5.1 液晶材料简介

1888 年奥地利植物学家莱尼茨尔在显微镜中观察到胆甾醇苯甲酸酯（俗称胆固醇）在 145.5℃时，熔化成一种雾浊液体，在 178.5℃时，突然全部变成清亮的液体。当冷却时，先出现紫蓝色，而后自行消失，物质再呈浑浊状液体。某些有机物的结晶受热熔融或溶解之后，失去了固态物质的刚性，产生了流动性，表观上看似乎由结晶态变成液态，但这种流动性物质的分子仍然保持着有序排列，在物理性质上呈现各向异性，继续加热这种各向异性的流动液体，则得到各向同性的液体。也就是说，某些晶体熔化时，要经过一种兼有液体和晶体性质的流体过渡状态。物质这种既有液体的流动性，又具有晶体分子排列整齐、各向异性的状态，叫物质的液晶态。

液晶的流动性表明，液晶分子之间作用力是微弱的，要改变液晶分子取向排列所需外力很小。在几伏电压和几微安每平方厘米电流密度下就可以改变向列型液晶分子取向。因此，液晶显示具有低电压、微功耗特点。此外，液晶分子结构决定了液晶具有较强各向异性的物理性能，稍微改变液晶分子取向，就会明显地改变液晶的光学和电学性能。上述特性使液晶得到广泛应用。

6.5.2 液晶分子结构和分类

根据液晶的形成条件，可将液晶分为溶致型和热致型。溶致型液晶利用合适的溶剂制成一定浓度的溶液，当此浓度超过某一临界值时才显示液晶的性质。热致型液晶是在一定温度区间，即在 T_c（由晶态转入液晶态的温度）和 T_i（由液晶态转入无序液体的温度）范围内形成液晶态。作为显示技术应用的液晶都是热致液晶。

根据几何形状的不同，液晶分子分棒状、板状和碗状三种。板状分子液晶应用于液晶显示器的光学补偿膜，碗状分子液晶尚未得到应用。显示主要采用棒状分子液晶。

6.5.2.1 棒状液晶

棒状液晶分子是由中心部和末端基团组成的。中心部由刚性中心桥键连接苯环（联苯环、环已烷、嘧啶环、醛环等）。中心桥键是双键、酯基、甲亚氨基、偶氮基、氧化偶氮基等官能团。这些官能团和苯环类物质组成 π 电子共轭体系，形成整个分子链不易弯曲的刚性体。末端基团有烷基、烷氧基、酯基、羧基、氰基、硝基、氨基等。末端基团直链结构和极性基团使液晶分子具有一定的几何形状和极性。中心部和末端基团的不同组合形成不同的液晶相，具有不同的物理特性。当棒状分子几何长度（L）和宽度（d）比 $L/d>4$ 时，才具有液晶相。

6.5.2.2 液晶的结构

按分子排列方式不同，液晶的结构可以分为三种类型，即向列型、近晶型和胆甾型。

（1）向列型液晶

向列型液晶的分子排列如图 6.23(a) 所示，这种类型的液晶由长径比很大的棒状分子组成，保持与轴向平行的排列状态。因为分子的重心杂乱无序，并容易顺着长轴方向自由移动，所以像液体一样富于流动性。黏度相对较小，在液晶显示中有较大的用途。

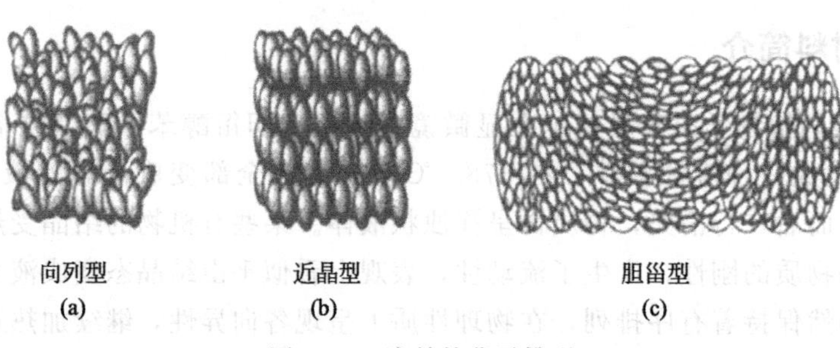

图 6.23 液晶的分子排列

如图 6.24 所示，取 δV 小区域，对微观液晶分子尺寸来说，δV 区域足够大，其区域内液晶分子平均取向表示为指向矢 n，液晶分子有序度 S 表示为：

$$S=\frac{1}{2}(3<\cos^2\theta_i>-1) \tag{6.9}$$

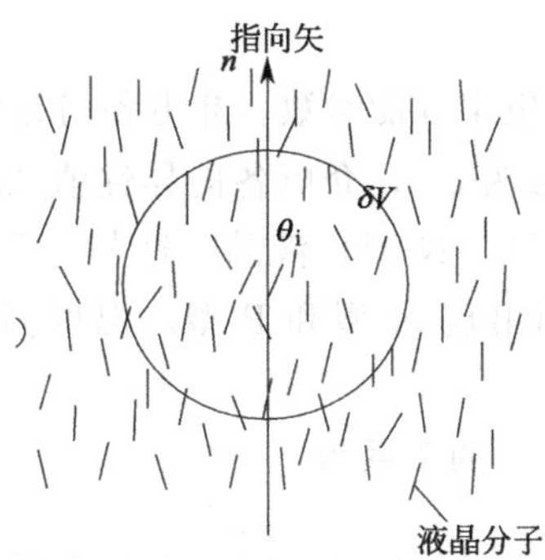

图 6.24　液晶指向矢和有序参数

式中，$<\cos^2\theta_i>$表示 δV 内 $\cos^2\theta_i$ 的平均值；θ_i 表示指向矢 n 和某一液晶分子长轴之间的夹角。当液晶分子长轴与 n 完全平行，即 $\theta_i=0$ 时，$<\cos^2\theta_i>=1$，即 $S=1$。当液晶分子无取向，随机分布时，$<\cos^2\theta_i>=1/3$，$S=0$。一般向列型液晶 S 为 0.5～0.6。处于这种液晶态的分子能上下、前后、左右移动，单个分子也能绕长轴旋转。

(2) 近晶型液晶

能形成这种液晶态的分子，形状也呈雪茄状，分子长轴互相平行，且排列成层，层与层之间相互平行，分子排列比较整齐，近似于晶体的排列状况，如图 6.23 (b) 所示。在这种液晶结构中，分子通常只能在层内前后左右移动，而不易在上下层之间越层移动。但是，单个分子也能绕其长轴旋转。由于层内分子之间有较大的约束力，该液晶态对电磁场等外界干扰不如向列型敏感。

(3) 胆甾型液晶

图 6.23(c) 为胆甾型液晶分子排列，这种液晶态的棒状分子分层排列，在每一层中分子的排列是平行的，取向是一致的。但相邻两层分子的排列方向成一定的角度，因而多层分子链的排列方向逐层扭转，呈现螺旋形结构，分子层法线为螺旋轴，螺距表示指向矢旋转 360°所经过的距离。胆甾型可看作向列型液晶分子规则旋转排列的特例。

6.5.3　液晶材料的物理性能

液晶分子几何形状、极性官能团位置和极性大小、苯环以及分子之间的相互作用等因素决定了液晶的物理性能和各向异性。在显示应用中，液晶材料主要物理参数有相变温度、黏度、介电常数、折射率、弹性常数等。

(1) 相变温度

对于热致型液晶，相变温度确定液晶态存在的温度范围和各相存在的温度范围。向列型液晶相变温度指晶体转变为向列相的温度（下限温度）和向列相转变为各向同性液态的温度（上限温度）。上、下限温度范围就是液晶存在的温度范围。用差热分析法和偏光显微镜测量液晶相变温度。单体液晶很难满足显示需要的宽温度范围，通常采用多组分液晶混合配方得到宽温度液晶。

(2) 黏度

黏度与液晶响应关系密切，黏度与温度有关。黏度具有各向异性，向列型液晶黏度在指向矢方向小，近晶型液晶黏度在分子层平行方向小。

(3) 介电常数

介电常数是液晶材料的主要电学性能参数。介电各向异性液晶在分子长轴方向的介电常数为 $\varepsilon_{//}$，在垂直方向的介电常数为 $\varepsilon_{\perp}$，介电各向异性值 $\Delta\varepsilon=\varepsilon_{//}-\varepsilon_{\perp}$。当 $\varepsilon_{//}>\varepsilon_{\perp}$ 时，为正性（P 型）液晶；反之，为负性（N 型）液晶。这与主要极性官能团在分子中的位置有关，例如，氰基位置不同，分别出现 N 型和 P 型。温度高于 N-I 相变点，介电各向异性消失。

介电各向异性值与有序参数 S 的关系为：

$$\Delta\varepsilon=\frac{4\pi}{\varepsilon_0}NhF\left[\Delta a_{\mathrm{e}}-\frac{F\mu^2}{2K_{\mathrm{B}}T}-(1-\cos^3\theta)\right]S \tag{6.10}$$

式中，h、F 表示局部电场的修正系数；N 表示单位体积分子数；Δa_{e} 表示电极化各向异性；μ 表示磁化率；K_{B} 表示玻尔兹曼常数；T 表示温度；θ 表示分子长轴与主要极化基团之间的角度。式(6.10) 表明，某一 θ 值为临界值，$\Delta\varepsilon>0$ 或 $\Delta\varepsilon<0$，说明 $\Delta\varepsilon$ 值与分子结构有关。此外，$\Delta\varepsilon$ 与电场频率、相变有关。

在电场 $\boldsymbol{E}$ 作用下，液晶分子取向的自由能 F_{e} 表示为

$$F_{\mathrm{e}}=-\frac{1}{2}\varepsilon_0\Delta\varepsilon(n\cdot E)^2 \tag{6.11}$$

式中，n 表示指向矢。对于 P 型液晶，$\Delta\varepsilon>0$ 且 n 和 E 平行时，F_{e} 最小。因此，P 型液晶分子在电场方向最稳定。相反，N 型液晶的分子长轴垂直于电场方向时最稳定。在显示器件被选通时，液晶分子取向重新排列成最稳定状态。

(4) 折射率

在光频率作用下，液晶分子电极化引起的介电常数 ε_{∞}^2 和折射率之间的关系为 $\varepsilon_{\infty}^2=n$。折射率同样有各向异性。在液晶分子中苯环、联苯环、双重键等组成的中心部 π 电子在分子长轴方向上容易极化，因而分子长轴方向折射率 $n_{//}$ 大于垂直方向折射率 $n_{\perp}$。当向列型液晶整齐排列时，认为单轴晶体除入射光平行于指向矢以外，均出现双折射。

单轴晶体有两个不同的主折射率 n_{o} 和 n_{e}，分别表示正常光和非常光折射率。在向列型液晶和近晶液晶中，液晶分子指向矢 n 的方向相当于单轴晶体的光轴。与指向矢 n 垂直或平行振动的入射光就会产生 $n_{//}$ 和 $n_{\perp}$ 折射率，则

$$n_{\mathrm{o}}=n_{\perp}, n_{\mathrm{e}}=n_{//} \tag{6.12}$$

而且，折射率各向异性，即

$$\Delta n=n_{\mathrm{o}}-n_{\mathrm{e}}=n_{//}-n_{\perp} \tag{6.13}$$

向列型液晶和近晶型液晶在三维空间上的折射率如图 6.25(a) 所示，正常光表现为球面，非常光则表现为旋转的椭圆体，而且 $n_{\mathrm{o}}<n_{\mathrm{e}}$，只有在指向矢的方向上才是一致的。通常，$n_{//}>n_{\perp}$，$\Delta n$ 为正值。因此，向列型液晶和近晶型液晶具有正光性。

对于胆甾型液晶，与指向矢垂直的螺旋轴相当于光轴，当光的波长比螺距大很多时，液晶的主折射率为：

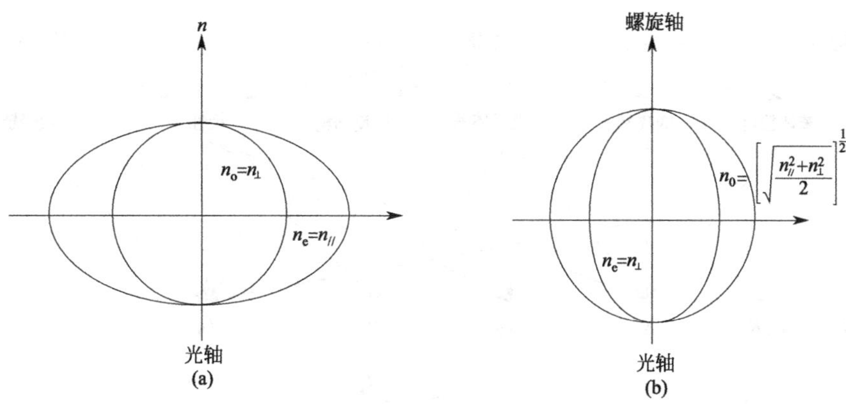

图 6.25　液晶的双折射率

(a) 向列型和近晶型液晶（正光性）；(b) 胆甾型液晶（负光性）

$$n_o=\left[\sqrt{\frac{n_{//}^2+n_\perp^2}{2}}\right]^{\frac{1}{2}},n_e=n_\perp \tag{6.14}$$

在胆甾型液晶中，$n_{//}>n_\perp$ 的关系仍然成立，但 $\Delta n=n_o-n_e<0$，故胆甾型液晶具有负光性。图 6.25(b) 表示胆甾型液晶正常光和非常光折射率的空间分布。

(5) 弹性常数

在向列型液晶中，分子沿着指向矢方向平移，不产生形变恢复力。但破坏分子取向有序后，出现指向矢空间不均匀性，使体系自由能增加，产生指向矢形变恢复能。向列型液晶弹性形变能很低，在外场作用下容易形变，液晶显示功耗很小。

上述液晶物理性能与液晶分子结构、官能团关系密切。在实际显示应用中，单体液晶难以显示所需要的各种参数指标。因此，采用多种液晶混合，以改善和控制液晶工作温度范围、响应特性、阈值、陡度、视角、对比度等。图 6.26 所示为液晶材料分子结构与液晶材料物理参数、器件性能的关系。连线表示液晶分子中心桥键、取代基、末端基团等分子结构基团与材料物理参数 $\Delta\varepsilon$、ν、k_{33}/k_{11}、Δn、T_N、S 及器件性能（陡度、多路驱动能力、阈值、响应特性、视角、对比度、工作温度）的相互关系。

6.5.4　液晶的效应

液晶结构很脆弱，微弱的外界能量或压力就能使液晶的结构发生变化，从而使其功能发生相应的变化，因此，液晶表现出许多奇妙的效应。

(1) 温度效应

当胆甾型液晶的螺距与光的波长一致时，就产生强烈的选择性反射。白光照射时，因其螺距对温度十分敏感，它的颜色在几摄氏度内剧烈地改变，引起液晶的温度效应。该效应在金属材料的无损探伤、红外线转换、微电子学中热点的探测、医学诊断以及探查肿瘤等方面有重要的应用。

(2) 电光效应

液晶分子对电场的作用非常敏感，外电场的微小变化，都会引起液晶分子排列方式的改变，从而引起液晶光学性质的改变。因此，在外电场作用下，从液晶反射出的光线在强度、

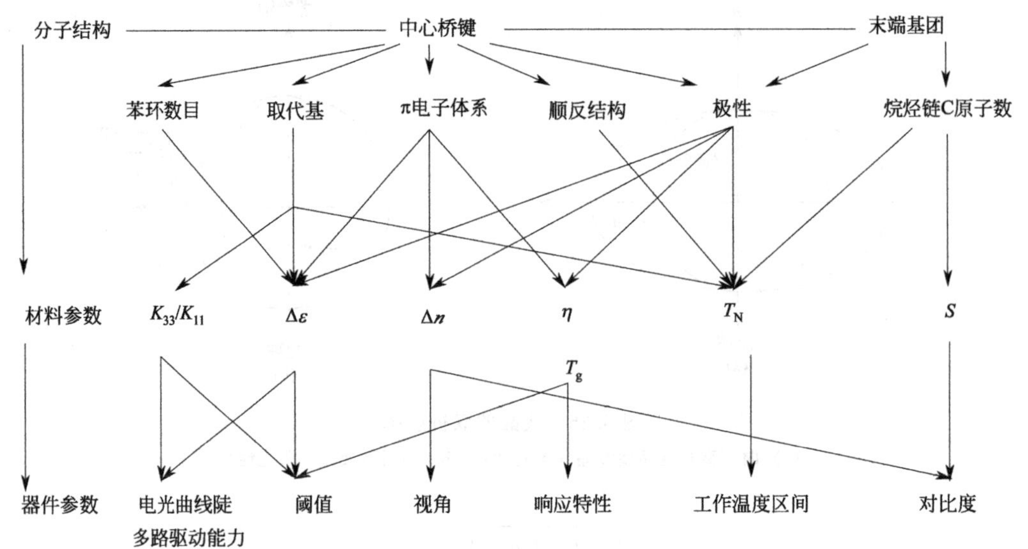

图 6.26 液晶材料分子结构与液晶材料物理参数、器件性能的关系

颜色和色调上都有所不同，这是液晶的电光效应，该效应最重要的应用是各种各样的显示装置。

(3) 光伏效应

在镀有透明电极的两块玻璃板之间，夹有一层向列型或近晶型液晶。用强光照射，在电极间出现电动势的现象称为光伏效应，即光电效应，该效应广泛应用于生物液晶中。

(4) 超声效应

在超声波作用下，液晶分子的排列改变，使液晶物质显示出不同颜色和不同的透光性质。

(5) 理化效应

将液晶化合物暴露在有机溶剂的蒸汽中，这些蒸汽就溶解在液晶物质之中，从而使物质的物理、化学性质发生变化，这就是液晶的理化效应，利用该性质可以监测有毒气体。

此外，液晶还有应力效应、压电效应和辐照效应等。

6.5.5 液晶材料

6.5.5.1 自然界中的液晶

酵母、维生素 B_{12} 等是自然界中的液晶。1850 年已经有人发现将髓磷脂与水混合后可以观察到双折射现象。髓磷脂是包围在神经纤维周边的白色脂肪状物质，由 30％的蛋白质和 70％的脂质组成，实际上是一种可以形成溶致型液晶相的物质，是最早发现的生物体内液晶。液晶对生物体是非常重要的，细胞的原生质膜主要是由磷脂组成的层状液晶。因为固体可以构成结构，却不能提供穿透性来交换物质，而液体可以用来交换物质，却不能形成结构，所以自然界巧妙地利用液晶（兼具固体与液体的性质）作为原生质膜，以便选择性地与外界交换物质，这也是生物器官必须具有特定形状、结构的原因。

6.5.5.2 合成液晶

早期发现的大部分液晶材料需要在100℃左右才具有液晶性质而不具有实用性。液晶的性质是由液晶分子结构决定的，可以通过分子设计，合成满足不同环境应用要求的新型液晶材料。一般在设计液晶分子时需考虑如下因素：必须具有高的光、热和化学稳定性，使用寿命长；具有较宽的使用温度区域，可适用于不同的低温或高温环境；黏度低，以获得高速的电场响应；如果是铁电液晶，则分子的异方向性要大，适合于低电压操作等。

许多有机分子都可以形成液晶，在形状上必须具有各向异性，如棒状分子、盘状分子，甚至板状、叶状、碗形等形状特殊的分子。有机分子构成液晶相必须满足三个基本条件：①棒状结构或平面结构，分子结构具有刚性的双键或三键，易形成共轭体系，使整个分子链不易弯曲；②分子有一定的极性，极性基团和易极化的原子团影响分子间的相互作用力，从而影响相变温度[包括胆甾相转变为向列相(C-N)，向列相转变为各向同性(N-I)]，通过诱导力和色散力等作用，使分子保持取向有序；③分子具有适当的长径比（大于4）。

在实际合成液晶分子时，分子骨架中必须含有苯环、环已烷等，或分子间可以形成氢键；胆甾相液晶分子还应该考虑光学活性因素，如引入不对称碳原子等。一般设计可以遵循如下结构：

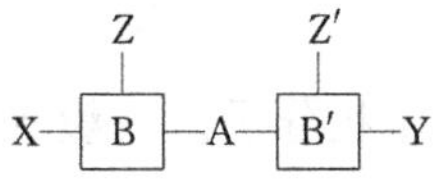

Z　　　Z′
X—[B]—A—[B′]—Y

其中，X、Y为末端基团，主要是烷基、烷氧基、酯基、羧基、氰基、硝基和氨基等；A为中心桥键，为亚氨基、偶氮基、氧化偶氮基、酯基等官能团；B和B′为环体系，常见的为苯环、环已烷、嘧啶环等；Z和Z′为侧向基团，可以是—H、—F、—Cl、$—CH_3$、—CN等原子或原子团。

任何一种单一液晶材料的性能都不可能完全满足应用要求，尤其是在显示技术中，实际使用的液晶都是由多种液晶按一定比例配制出来的混合液晶。混合液晶材料的化学和物理性质，比如熔点、清亮点、双折射率（Δn）、介电各向异性值（$\Delta\varepsilon$）、阈值电压（V_{th}）和弹性系数（K_{33}/K_{11}）等，都是混合后的液晶体系中所有组分性质的综合体现。常用的液晶单体主要有联苯类、酯类、烷基桥链化合物、杂环类、含氟化合物等。

按照液晶分子中心桥键及取代基的不同，液晶可以归纳为以下几类：

(1) 席夫碱类液晶

席夫碱类液晶分子结构如下：

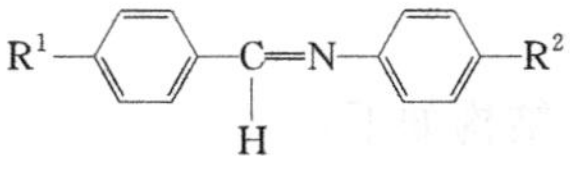

R^1—⟨苯环⟩—CH=N—⟨苯环⟩—R^2

当R^1和R^2分别为CH_3O—和C_4H_9—、C_2H_5O—和C_4H_9—、C_3H_7—和—CN、C_4H_9O—和—CN时，胆甾相转变为向列相（C-N）的相变温度分别为22℃、37℃、65℃和65℃，向列相转变为各向同性（N-I）的相变温度分别为47℃、80℃、77℃和108℃。R^2为丁基时液晶的介电各向异性值为负值，而R^2为极性较大的氰基时介电各向异性值变为正值。此类液晶主要用于动态散射（DS）和电控双折射（ECB）显示模式。向列液晶初期使用这类液晶材料，但席夫碱基容易吸收水分而分解，稳定性差。当在液晶分子苯环上引入一个羟基时，羟基可与亚氨基中的氮原子形成氢键，可以增加中心桥键的稳定性，结构如下：

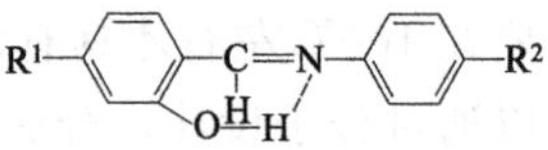

(2) 环已烷基乙基苯类液晶

环已烷基乙基苯类液晶分子结构如下：

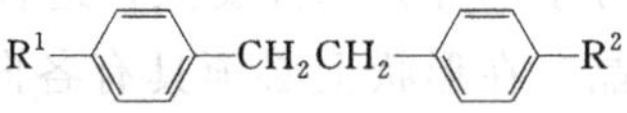

R^1 为 3～7 个碳原子的烷基，R^2 为低碳原子数的烷氧基（如 C_2H_5O—、C_3H_7O—）或—CN。C-N 和 N-I 相变温度较低，一般在室温至 45℃和 45～55℃之间。当 R^2 为氰基时液晶的介电各向异性值为正值，当 R^2 为极性较小的烷氧基时为负值。由于环烷基和中心亚乙基的性质，这类液晶分子具有黏度低、响应速度快的特点。

(3) 二苯乙炔类液晶

二苯乙炔类液晶分子结构如下：

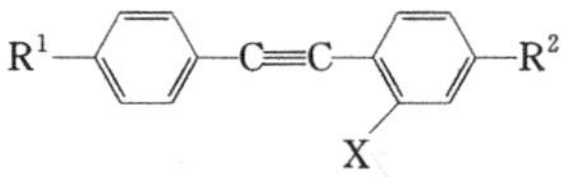

有较长的共轭结构，是一种刚性棒状分子。一般 X 为—H、—Cl 或—CH_3，R^1 为 2～5 个碳原子数的烷基，R^2 为 2～5 个碳原子数的烷氧基。其双折射率大（$\Delta n \approx 0.28$），黏度低，相变（N-I）温度高。当 X 为—F，R^1 和 R^2 分别为 C_4H_9—和 C_2H_5O—时，C-N 相变温度为 45℃，N-I 相变温度为 51℃；当 X 为—CH_3，R^1 和 R^2 分别为 C_4H_9—和 C_2H_5O—时，C-N 相变温度为 42℃，N-I 相变温度为 54℃。

(4) 安息香酸酯类液晶

安息香酸酯类液晶分子结构如下：

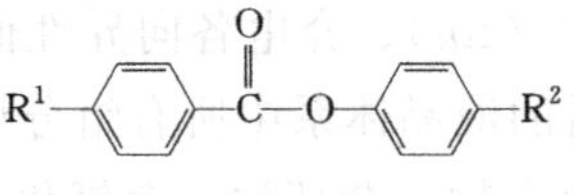

一般 R^1 为低碳原子数（1～5）烷基或烷氧基，R^2 可以是相同碳原子的烷基或烷氧基，也可以是氰基。它们的 C-N 和 N-I 相变温度都较高，范围较宽，约为 10～80℃。根据取代基不同，其介电各向异性值可正可负。这类液晶材料的特点是稳定性好、化合物品种丰富、性能优良，是配制混合液晶的主要组分，应用广泛。

(5) 环已烷基甲酸苯酯类液晶

环已烷基甲酸苯酯类液晶分子结构如下：

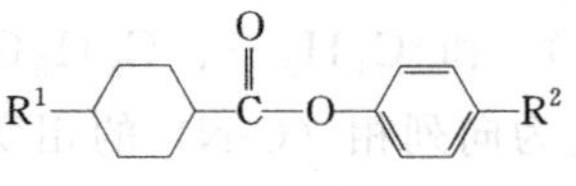

为了得到具有实际应用性的液晶分子，R^1 和 R^2 分别为丙基、丁基、戊基或已基；为了得到不同介电各向异性值的液晶，R^2 可以是相应碳原子数的烷氧基或—CN。这类液晶的 C-N 和 N-I 相变温度分别在 26～54℃和 31～69℃之间。环已烷基甲酸苯酯类液晶材料的特点是黏度低、温度范围宽。

(6) 苯基环已烷类和联苯基环已烷类液晶

苯基环已烷类和联苯基环已烷类液晶分子结构如下：

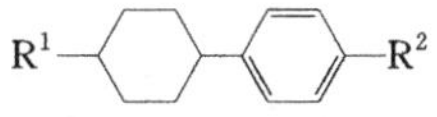

这类液晶分子的结构特点是一个环已烷基和 1～2 个苯环直接相连，有较长的共轭刚性单元。一般取代基 R^1 为丙基或戊基，R^2 为—CN 或 —⟨苯环⟩—CN 。这类液晶的 C-N 和 N-I 相变温度都较高。由于 R^2 一般为极性较大的氰基或氰基取代的苯基，所以具有介电各向异性值皆为正的特点。液晶化合物稳定性好、黏度低，在液晶显示中有很重要的应用。

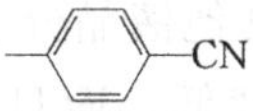

(7) 环已烯类液晶

环已烯类液晶分子结构如下：

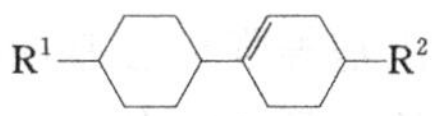

这类液晶分子由取代的环已基与环已烯相连而得，取代基 R^1 和 R^2 分别是碳原子数 3～7 的烷基，C-N 和 N-I 的相变温度都较低，分别小于 30℃和 40℃，具有低黏度和低双折射率（$\Delta n \approx 0.08$）的特点。

(8) 联苯类和三联苯类液晶

联苯类和三联苯类液晶分子结构如下：

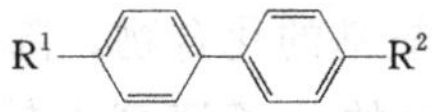

具有实际应用价值的这种液晶分子，一般 R^1 为 5～7 个碳原子的烷基、烷氧基或烷基取代的苯基等，R^2 为—CN。这类液晶材料的 C-N 和 N-I 相变温度范围较宽，在分子中引入不同的取代基 R^1，可以在十几至二百多摄氏度的范围内调节，具有介电各向异性值皆为正的特点。末端基团为烷基、烷氧基和氰基的联苯类液晶化合物通常为无色，且具有优越的化学稳定性和光化学稳定性，介电各向异性值比较大，双折射率大，黏度中等。三联苯化合物还有清亮点较高的特点。

(9) 含嘧啶环类液晶

含嘧啶环类液晶分子结构如下：

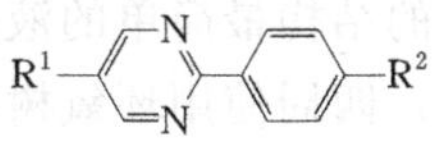

这类液晶分子由苯基取代的嘧啶结构单元组成，其中苯基和嘧啶环上具有不同的取代基。一般嘧啶环上的取代基 R^1 为 6～7 个碳原子的烷基或烷基苯基，R^2 为 6～9 个碳原子的烷氧基或—CN，由于取代基的变化较大，因此 C-N 和 N-I 相变温度变化范围较大，分别可以达到 100℃和 250℃左右。这类液晶的介电各向异性值皆为正并且较大（$\Delta\varepsilon \approx 8$）。含嘧啶环的液晶具有使用温度范围宽、阈值电压低的特点，适用于多路驱动显示。

(10) 二氟亚苯基类液晶

二氟亚苯基类液晶分子结构如下：

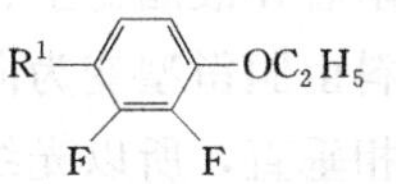

二氟亚苯基类液晶分子在苯环上引入了 2 个氟原子，使介电各向异性值为负（$\Delta\varepsilon$ 在 $-2\sim-6$ 之间）。液晶分子中取代基 R^1 的结构如下：

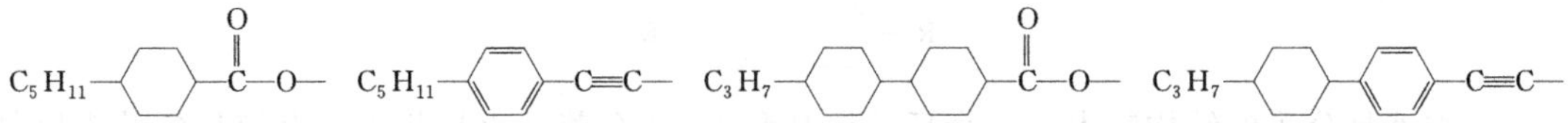

C_5H_{11}—⬡—C(=O)—O—　C_5H_{11}—⬡—C≡C—　C_3H_7—⬡—⬡—C(=O)—O—　C_3H_7—⬡—⬡—C≡C—

可见，这类液晶是在其他液晶分子的苯环的 2 位和 3 位引入氟原子而得到的产物，由于氟原子的存在，液晶的黏度低，而且 Δn 随中心桥键变化很大，一般在 0.07～0.29 之间。同时，由于氟原子的引入，弹性系数比（K_{33}/K_{11}）有所增大。

总体而言，席夫碱、嘧啶和乙炔类液晶属于双折射率较高的液晶材料，环己烷和苯基环己烷属于双折射率较低的液晶材料。同类液晶化合物中双折射率会随末端基团的改变而改变，一般按烷基、烷氧基、氰基的顺序递增；嘧啶及二噁烷类液晶的介电各向异性值较大，席夫碱类液晶的比较小。末端基团为氰基等强极性基团的液晶介电各向异性值较大，而末端基团为烷基、烷氧基等极性较小基团的液晶介电各向异性值较小。

环已烷、苯甲酸基、苯基、环已基类液晶的弹性常数比较大，嘧啶类液晶的比较小。一些常见液晶的弹性常数大致按如下顺序变化：4,4′-烷基嘧啶苯腈＜4,4′-烷基二噁烷苯腈＜4,4′-烷基环已基苯醚＜4,4′-烷基环已基甲酸苯腈酯＜4,4′-烷基联苯腈＜4,4′-烷基苯甲酸苯腈酯＜4,4′-烷基环已基甲酸环已基腈酯＜1-(-4 烷基)环已基-2,4′-苯腈基乙烷。

黏滞系数的变化规律与双折射率的变化规律相反，随末端基团氰基、烷氧基、烷基顺序依次减小。对于末端基团为烷基和烷氧基的化合物，随链长的增加而增加。根据 Onsager 和 Flory 理论，对于液晶化合物，长度大的分子清亮点较高。一般而言，随末端取代基的变化，清亮点大致按如下顺序变化：$-F<-CH_3<-CH_2O<-NO_2<-CN$；同一类末端取代基中，一般碳原子多的化合物清亮点高，碳原子少的化合物清亮点低。当分子中有横向取代基时，相变温度区会变窄，而且对液晶相温度稳定性影响大。中间刚性结构对清亮点的影响也较大，一般联苯结构的清亮点高，苯基环已基结构的清亮点低。

6.5.6 液晶材料器件

例 1　扭曲向列型液晶显示器

扭曲向列型液晶是目前仍在使用的结构最简单的液晶显示器件。在涂覆透明电极的两片玻璃基板之间，夹有向列相液晶薄层，四周使用环氧树脂密封。玻璃基板之间的间距一般为 10μm 左右。

正型透射式液晶的显示原理如图 6.27 所示。当两个透明电极间不加电压时，如图 6.27(a) 所示，液晶盒内的液晶材料在定向层的作用下，长轴方向从液晶盒上表面到液晶盒下表面旋转 90°。垂直入射到液晶盒上表面的光经偏振片成为线偏振光，线偏振光的偏振方向平行于下偏振片的光轴方向，从而能透过液晶盒。

当在液晶盒的透明电极上施加电压时，如图 6.27(b) 所示，由于液晶分子正、负电荷中心不重合，电偶极矩的方向为液晶分子的长轴方向，因此液晶分子的长轴会沿电场方向倾斜。当电压增加到一定的幅值时，除附着在液晶盒上、下表面的液晶分子外，其他液晶分子长轴都按电场方向重新排列，液晶材料由胆甾型变为向列型，不再具有旋光效应。此时，由于液晶盒上、下表面起偏器的方向互相垂直，所以光线不能透过液晶盒传输。

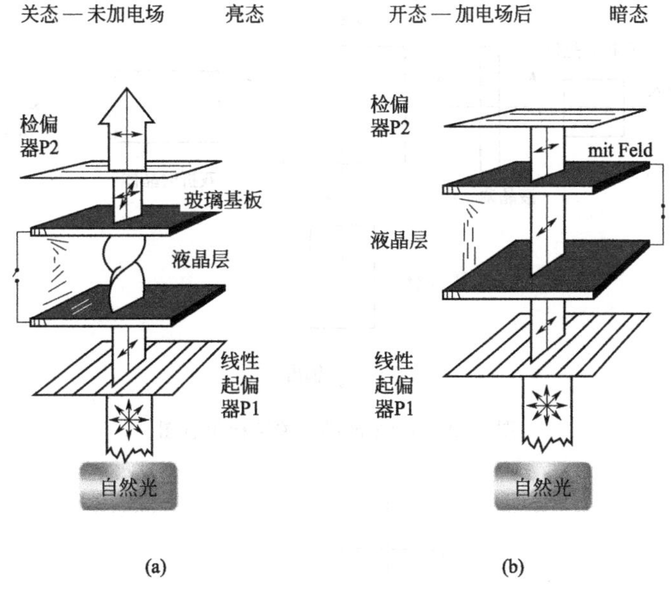

图 6.27　正型透射式液晶显示器件工作原理示意图

负型透射式液晶盒下表面的检偏器方向与上表面起偏器的方向平行，当电极上不加电压时，光不能透过液晶盒，加电压时光可透过液晶盒。

与各类显示器件相比，液晶显示器具有如下特点：低压、低功耗——2～3V 的工作电压和几个微安的工作电流，功耗只有 10^{-6}～10^{-5} W·cm^{-2}，与大规模集成电路的发展相适应；平板结构——液晶显示器的基本结构是两片导电玻璃中间灌有液晶的薄型盒，易于控制显示面积和厚度；显示信息量大——液晶显示中，各像素点之间不用采取隔离措施，在同样尺寸的显示窗口内可容纳更多的像素；易于彩色化——液晶无色，采用滤色膜容易实现彩色；长寿命、无辐射、无污染——阴极射线管显示器中有 X 射线辐射，等离子体显示器中有高频电磁辐射，液晶不会有这种情况出现。

但是液晶显示器显示视角小，大部分液晶显示原理都依靠液晶分子的各向异性，对于不同方向的入射光，反射率是不一样的，视角一旦增大对比度迅速下降。而且响应速度慢，液晶在显示快速移动的画面时，质量不好，可通过减薄液晶厚度和改进电路来改善。另外液晶也不适于高寒和高热地区使用。

例 2　快速响应液晶光开关

液晶光开关主要利用电场改变 Fabry-Perot 腔内液晶的有效折射率，达到调制入射激光光通量的目的。图 6.28 所示为 1×2 液晶开关结构示意图。这种快速响应液晶光开关适用于高刷新率、大屏幕、低功耗的液晶显示或紧凑型的光电开关等领域。

例 3　液晶偏振控制器

利用液晶电光效应中的双折射效应，对向列相液晶施加电场使液晶分子的排列方向发生改变，从而使入射光发生双折射。调节、控制电压可以改变一定厚度液晶的双折射程度，进而控制出射光的偏振方向，如图 6.29 所示。其中，d 为液晶层厚度，p 为液晶偏振方向扭曲螺距。当外加电压改变时，液晶盒上的相位延迟也发生变化，因此可以把一定厚度的液晶盒作为可变的相位延迟器使用，也是一种相位可变的偏振控制器。其优点是具有很快的响应速度，缺点是插入损耗大，不适合在温度变化较大的环境和场合中工作。

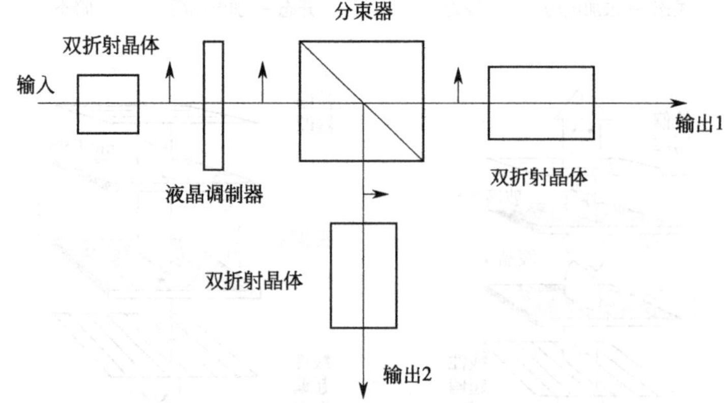

图 6.28　1×2 液晶开关结构示意图

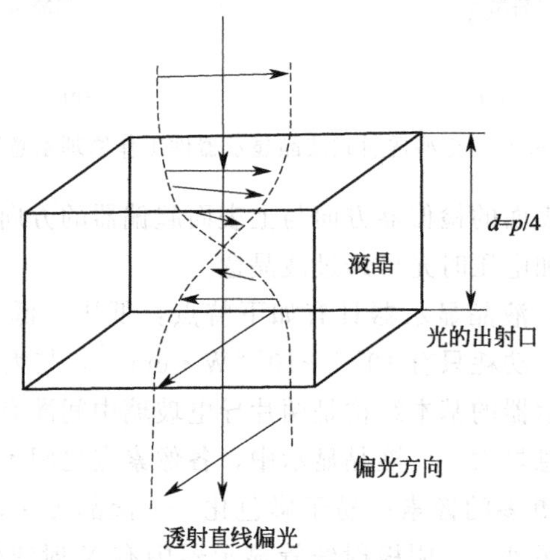

图 6.29　液晶偏振控制器示意图

思考题

1. 产生激光的三个必备条件是什么？为什么需要这些条件？

2. 简述并分析红宝石和 Nd：YAG 激光材料产生粒子数反转的过程和两者的区别。

3. 为什么多选用双异质结作为半导体激光器的工作物质？简述其工作原理。

4. 简述光纤的基本结构和传输特性。

5. 有一光纤的纤芯折射率为 1.5，包层折射率为 1.48，计算光从空气进入该光纤的最大角度及相应的数值孔径。若将光纤浸入水中（水的折射率为 1.33），最大入射角有多大改变？

6. 发光的形式有哪几种？简述这些发光的基本原理。

7. 简述 LED 的结构和发光的基本原理。

8. 简述红外光的基本性质与用途。

9. 液晶有哪几种基本结构形态？每种形态有何特点？

10. 简述负型透射式液晶盒的工作原理。

第7章

能源材料与器件

目前人类所需能源约78%为石油、煤、天然气等化石能源，全世界每年的能源消耗量换算成石油后约为80亿吨，依此消费速度，到本世纪六十年代，化石能源将被消耗殆尽，加之世界人口的持续增加将会使能源紧缺的时期提前到来。因此新能源的开发与利用不仅关系到人类的可持续发展，更关系到人类子孙后代的命运，倡导绿色节能环保刻不容缓，探索可再生且清洁的新能源、研究新能源材料技术已经迫在眉睫。

新能源材料是新型能源发展的物质基础，已经受到人们的普遍重视和关注。新能源材料通常指与太阳能、风能、核能、地热能、化学能、氢能等相关的材料。例如，将太阳光高效地转化为电能的材料可视为一种新能源材料；把不同状态如气态、液态或固态氢单质转化成化合态存储起来，在需要时可连续释放氢用来发电的材料也可视为一种新能源材料；将化学能转化成电能的锂离子电池或超级电容器电极材料、燃料电池催化剂材料也是新能源材料等。新能源材料种类繁多，数不胜数，本章内容主要针对可与电能相互转换，目前有较好应用前景的高新技术材料与器件进行介绍，包括锂离子电池材料与器件、太阳能电池材料与器件、燃料电池材料与器件、超级电容材料与器件等。

7.1 锂离子电池材料与器件

7.1.1 锂离子电池简介

电池是重要的能源转化装置，将化学能转化为电能。电池可分为一次电池和二次电池，一次电池是指一次性使用的电池，如锌锰、镍锌等干电池；二次电池又称为可充电电池或蓄电池，是指在电池放电后可通过充电的方式使活性物质激活而继续使用的电池，先后开发了铅酸电池、镍氢电池、镍镉电池、锂离子电池等可充电电池。

锂离子电池具有优异的电性能，安全无公害，是一种高能量充电电池，发展速度极快，深受各国科研工作者重视。1990年日本索尼公司首先成功开发了锂离子电池，1993年实现电池商品化，1996年加拿大莫利公司开始规模化生产。目前，锂离子电池已经广泛用于笔记本电脑，摄录、移动通信等高附加值设备及能源车用动力等。可以预计，锂离子电池将成为 21 世纪人造卫星、宇宙飞船、潜艇、鱼雷、军用导弹、火箭、飞机、汽车等现代高科技领域的重要化学电源之一。

7.1.2 锂离子电池结构原理及性能指标

(1) 锂离子电池的特点和种类

锂是自然界最轻的金属元素，电极电势约为−3.045V（相对标准氢电极），当以锂作为负极时，会与正极形成较高的电势差，且具有较高的能量密度。锂离子电池特点如下：工作电压高，约为 3.6 V，是镍-镉、镍-氢电池的 3 倍；体积小，比镍-氢电池小 30%；质量轻，比镍-氢电池轻 50%；能量密度高，约为 $140W \cdot h \cdot kg^{-1}$，是镍-镉电池的 2～3 倍、氢-镍电池的 1～2 倍；无记忆效应、无污染、自放电小、循环寿命长。

根据所用电解质材料不同，将锂离子电池分为液态锂离子电池和聚合物锂离子电池；根据锂离子电池的形状不同主要分为圆柱形和方形两种，此外还有扣式锂离子电池等。

液态锂离子电池具有能量密度高、工作电压高、应用温度范围宽、自放电率低、循环寿命长、无污染、安全性能好等独特的优势，现已广泛用作袖珍贵重家用电器，如移动电话、便携式计算机、摄像机、照相机等的电源，并已在航空、航天、航海、人造卫星、小型医疗仪器及军用通信设备领域中逐步替代传统的电池。

聚合物锂离子电池具备液态锂离子电池的优点，又因其采用不流动电解质，安全性能更好，可以制成任意形状和任意尺寸的超薄型锂离子电池，更适合用作微型电器的电源，应用领域也更为广泛。

(2) 锂离子电池的结构

锂离子电池的基本结构包括：正极、负极、正负极双极板、隔膜、电解质、外壳及密封圈、盖板等，其核心部分为正极、负极、隔膜及电解质。正、负极是储锂的场所，对锂离子的存储能力直接决定了电池容量；隔膜起导通锂离子、阻隔电子的作用，同时对电池有一定的支撑和保护作用，防止电池内部短路；电解质则保证锂离子在正、负极之间顺利传导，从而保证锂离子嵌入和脱嵌快速进行。外壳、盖板、密封圈等随电池的外形变化而有所改变，还要考虑安全装置。

(3) 锂离子电池的工作原理

锂离子电池是一种浓差电池。充电时，锂离子从正极材料中脱出，经过电解质隔膜嵌入负极，负极处于富锂态，同时充电电子从外电路供给到负极，保证负极的电荷平衡。放电过程则相反，锂离子从负极脱出，经过电解质隔膜嵌回到正极，正极处于富锂态。以层状结构 ($LiMO_2+C$) 正负极锂离子电池为例，锂离子电池的充放电工作原理如图 7.1 所示。

在理想充放电情况下，锂离子在层状结构的正极氧化物材料和负极碳材料层间嵌入和脱出，锂离子在运动过程中一般只引起正、负极材料的层面间距变化，不破坏材料晶体结构，在充放电过程中正、负极材料的化学结构基本不变。从充放电的可逆性来看，锂离子电池反应是一种理想的可逆反应，其电化学反应式为：

正极反应：
$$LiMO_2 \underset{放电}{\overset{充电}{\rightleftharpoons}} Li_{1-x}MO_2 + xLi^+ + xe^-$$

负极反应：
$$6C + xLi^+ + xe \underset{放电}{\overset{充电}{\rightleftharpoons}} Li_xC_6$$

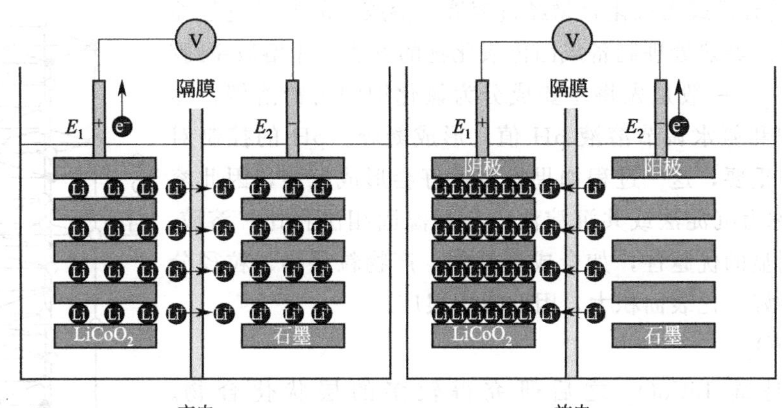

图 7.1　锂离子电池的充放电工作原理示意图

总反应：

$$6C + LiMO_2 \underset{放电}{\overset{充电}{\rightleftharpoons}} Li_{1-x}MO_2 + Li_xC_6$$

（4）锂离子电池的主要性能

锂离子电池在工作过程中的主要性能如下：a. 工作电压又叫负载电压或放电电压，指接上负载后，放电过程中显示的电压。b. 电池容量一般用放电电流和放电时间的乘积来表示，包括理论容量、实际容量、标称容量及额定容量等。c. 比容量为单位质量或单位体积所释放出的电量。d. 电池内阻为电流流过电池内部受到的阻力，使电池电压降低，此阻力称为电池内阻。e. 放电倍率指电池以某种电流强度放电的数值为额定容量数值的倍数。f. 自放电率指电池存放时间内，在没有载荷的条件下，自身放电使得电池容量损失的比率。g. 寿命以充放电的循环次数或使用年限来定义。

7.1.3　锂离子电池正极材料

多种锂嵌入化合物均可以作为锂离子电池的正极材料，现阶段所用的主要是层状结构正极材料，包括钴酸锂（$LiCoO_2$）、镍酸锂（$LiNiO_2$）、亚锰酸锂（$LiMnO_2$）和复合氧化物 $LiCo_xNi_yMn_zO_2$；尖晶石结构正极材料，如锰酸锂（$LiMn_2O_4$）；橄榄石结构正极材料，如磷酸铁锂（$LiFePO_4$）等。

7.1.3.1　层状结构正极材料

（1）$LiCoO_2$

$LiCoO_2$ 是最早被商业化的锂离子电池正极材料，具有 α-$NaFeO_2$ 型层状结构，拥有典型的二维锂离子通道，适合锂离子的脱嵌，结构稳定，如图 7.2 所示。在放电容量、充放电效率、可逆性、电压稳定性和综合性能方面都有突出的表现，如标称容量在 1.6A·h（1A·h=3600C）以上，标称电压 3.7V、工作电压 2.4～4.2V，但是成本非常高，主要用于中小型号电芯，如笔记本电脑和手机等小型电子设备中。

$LiCoO_2$ 的制备方法比较多，包括高温固相法、溶胶-凝胶法、水热法、共沉淀法、模板法等。一般采用高温固相法制备，在 200℃以上，$CoCO_3$ 开始分解生成 Co_3O_4、Co_2O_3，在 300℃时其主体为 Co_3O_4，在高于此温度时钴氧化物与 Li_2CO_3 进行固相反应生成 $LiCoO_2$。

溶胶-凝胶法是有机或无机化合物经过溶液、溶胶、凝胶等过程而发生固化，然后经热处理制备成固体氧化物的方法。用溶胶-凝胶法制备 $LiCoO_2$，一般是先将主要成分为氯化钠的岩盐溶解，然后用氢氧化锂和氨水调节溶液 pH 值，形成凝胶。pH 的控制对凝胶的形成很重要，这一过程如果控制不好会形成沉淀，因此溶胶-凝胶法也称为沉淀法或共沉淀法。与高温固相法相比，溶胶-凝胶法具有明显的优越性，如合成温度低，产物粒子小、粒径分布窄、均一性好、比表面积大，因此应用很广。

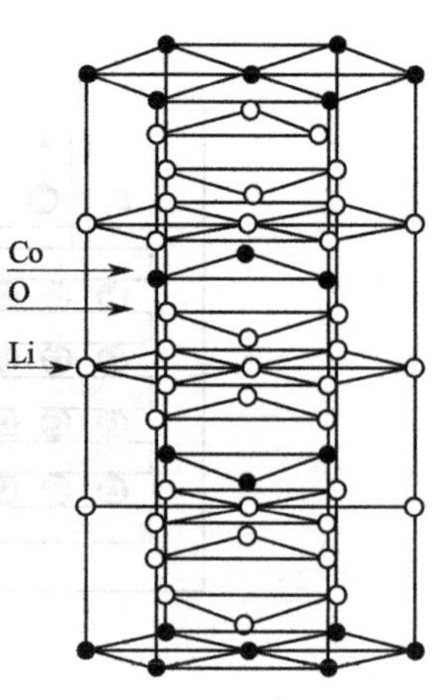

图 7.2 层状 $LiCoO_2$ 的结构示意图

(2) $LiNiO_2$

$LiNiO_2$ 是继 $LiCoO_2$ 之后研究得较多的层状化合物。$LiNiO_2$ 的理论比容量为 $276A \cdot h \cdot kg^{-1}$，实际比容量为 $140 \sim 180 A \cdot h \cdot kg^{-1}$，工作电压为 2.5～4.2 V。作为锂离子电池正极材料，$LiNiO_2$ 的优点包括：价格低，无过充或过放电的限制，自放电率低，无污染等。但在应用过程中，$LiNiO_2$ 还存在一些问题有待解决。

$LiNiO_2$ 的制备工艺条件要求较高，必须在富氧气氛下合成。$LiNiO_2$ 的制备关键是将低价态镍完全转变为高价态镍，高温是实现高价态 $LiNiO_2$ 形成的最有效方式，但当温度超过600℃时，合成过程中的 Ni_2O_3 易分解成 NiO_2，反而不利于 $LiNiO_2$ 的形成。制备 $LiNiO_2$ 不得不选用苛刻的低温方法，如低温固相合成法、液相法、溶胶-凝胶法、微波合成法、直接氧化法等。在制备三方晶系的 $LiNiO_2$ 过程中，容易生成立方晶系的 $LiNiO_2$，而立方晶系的 $LiNiO_2$ 在非水电解质溶液中无活性。因此，工艺条件控制不当，极易导致 $LiNiO_2$ 材料的电化学性能不稳定或下降。

$LiNiO_2$ 在充放电过程中，也会发生从三方晶系到单斜晶系的转变，导致容量衰减，且相变过程中排放的氧气可能与电解液反应。此外，$LiNiO_2$ 在高脱锂状态下的热稳定性也较差，易于引发安全性问题。通过掺入少量 Cu、Mg、Al、Ti、Co 等金属元素，可使 $LiNiO_2$ 获得较高的放电平台和电化学循环稳定性。

(3) $LiMnO_2$

$LiMnO_2$ 最有希望取代 $LiCoO_2$ 成为新一代锂离子电池的正极材料，具有无毒、污染小、电势高、耐过充过放、热稳定性好、安全性能高、成本低等优点。$LiMnO_2$ 作为锂离子电池正极材料的理论比容量高达 $285A \cdot h \cdot kg^{-1}$，是尖晶石型锰酸锂比容量的 2 倍，也是目前理论比容量最高的锂离子电池正极材料。少量掺杂型层状 $LiMnO_2$ 商品实际比容量达 $140 \sim 160A \cdot h \cdot kg^{-1}$，循环寿命在 500 次以上。以 $LiMnO_2$ 为正极材料的锂离子电池在电动汽车、人造卫星等领域都有非常广阔的应用前景。

制备层状 $LiMnO_2$ 的方法较多，如高温固相合成法、溶胶-凝胶法、共沉淀法、水热法、模板法等。无论采用何种方法，目的是要在工艺简单、成本较低的条件下制备出粒度分布较窄的纳米级颗粒产物。

纯 $LiMnO_2$ 的层状结构相在充放电过程中会逐渐变化成尖晶石相，其比容量下降、循环寿命衰减较快，高温性能较差、寿命相对较短。为避免结构畸变带来电化学性能的弊端，可通过掺杂不同金属或非金属元素来稳定其层状结构，常采用的掺杂方法包括金属阳离子如 Al^{3+}、Co^{3+}、Cr^{3+}、V^{3+} 等掺杂或多元掺杂；也可选择阴离子掺杂，阴、阳离子共掺杂或稀土掺杂等；或者对 $LiMnO_2$ 进行表面包覆改善电化学性能，发挥其作为锂电池正极材料特有的优势。

(4) $LiCo_xNi_yMn_zO_2$

$LiCo_xNi_yMn_zO_2$ 正极材料综合了 $LiCoO_2$、$LiNiO_2$、$LiMnO_2$ 三种层状材料的优点，综合性能优于以上任意单一组分正极材料，存在明显的三元协同效应：通过引入 Co，能够减少阳离子混合占位情况，有效稳定材料的层状结构；引入 Ni，可提高容量；引入 Mn，不仅可以降低材料成本，而且可以提高安全性。$LiCo_xNi_yMn_zO_2$ 材料充放电平台略高于 $LiCoO_2$。

三元材料中过渡金属离子组成成分变化，材料的性能会出现变化。过量锰的存在能降低材料成本，对材料结构起支撑作用，提升安全性，但容量偏低；过量镍的存在使得电化学活性成分增加，容量提升，但阳离子混排加剧，材料的结构稳定性和循环性下降，而且热稳定性随之变差；Co^{3+} 的添加有利于减弱 Li^+-Ni^{2+} 阳离子混排，提高材料结构的稳定性，同时可以参与到电化学反应中，在稳定材料循环性的同时，也保证了较高的比容量输出，但是 Co^{3+} 含量过高，晶胞体积会变小，可逆嵌锂量会降低。因此，三元复合材料中过渡金属元素的含量在很大程度上影响其电化学性能。

$LiCo_xNi_yMn_zO_2$ 三元电极材料具有容量高、循环稳定性好、成本适中等重要优点，但安全性、耐高温性及大功率放电性能较差，具有一定的毒性，主要用于动力电池及小型电池如手机或笔记本电脑电池等。

7.1.3.2　尖晶石结构正极材料

$LiMn_2O_4$ 是典型 AB_2O_4 型尖晶石结构（图 7.3）锂离子电池正极材料。$LiMn_2O_4$ 具有很多优点：比 $LiNiO_2$ 容易制备，价格较 $LiCoO_2$ 便宜；$LiMn_2O_4$ 体系中还可以插入额外的 Li^+ 形成空气中稳定的富锂尖晶石 $Li_{1-x}Mn_2O_4$ 相，过量的锂可用来补偿电池首次循环时负极的损耗，一方面提高正极材料的比容量，另一方面增加电池的循环稳定性。缺点是工作过程中容量会发生缓慢衰减。

尖晶石型 $LiMn_2O_4$ 的制备方法较多，包括高温固相合成法、微波烧结法、固相配位反应法、软化学合成法、Penchini 合成法、水热合成法、沉淀法及溶胶-凝胶法。高温固相法是工业中主要的生产方法，技术已经非常成熟，主要工艺过程包括混料、预烧结、粉碎分级、多次烧结、粉碎过筛。但是这种工艺很难对 $LiMn_2O_4$ 进行掺杂或者包覆改性，产物的形貌受 MnO_2 本身形貌的影响很大，生产的产品属于普通容量型，国内一般用在中低端手机电池上。高端锂离子电池用正极材料 $LiMn_2O_4$ 在制备过程中进行铝掺杂，通常采用液相法和半固相法在前驱体合成阶段将铝掺杂进晶格当中。此方法的核心技术和要求包括：①因前驱体的形貌、粒径和粒径分布决定了产物的性能，所以需通过调节前驱体 pH 值保证铝和锰原子级水平均匀混合而不发生相分离；②锂源一般选用碳酸锂，混合一定的氟化锂以提供氟掺杂；③在配料阶段要添加过量的锂盐保证烧结后的产品富锂；④在预烧结阶段要加入促进晶粒生长的添加剂，以便在烧结过程中调整产物的形貌和晶粒大小；⑤应有较长时间的缓慢降温阶段，并且通过控制气氛避免产生缺氧固溶体。

7.1.3.3　橄榄石结构正极材料

$LiFePO_4$ 在自然界中以磷铁锂矿形式存在，具有有序规整的橄榄石型结构，如图 7.4

所示，属于正交晶系，空间群为Pmna，是一种稍微扭曲的六方最密堆积结构。磷酸铁锂成本低、高温性能好、容量大、重量轻、材质环保、无毒、循环稳定性能极佳，是下一代锂离子电池最有竞争力的正极材料之一，但其低温性能差，振实密度小、体积大，因此在微型电池应用方面不具有优势。

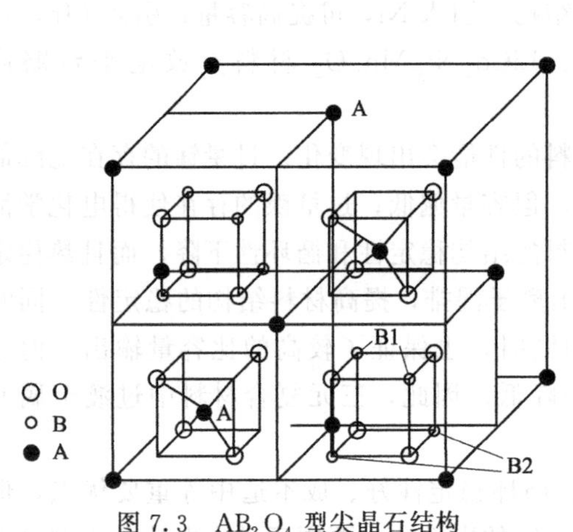

图 7.3 AB_2O_4 型尖晶石结构

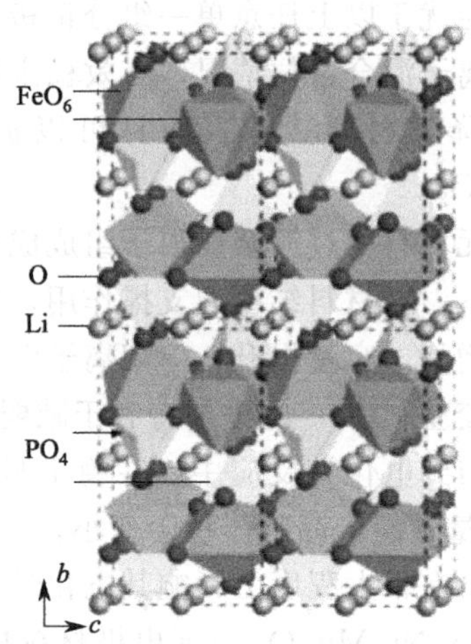

图 7.4 $LiFePO_4$ 的橄榄石结构

目前，制备 $LiFePO_4$ 的方法仍是固体化学中的经典合成方法，包括固相法、水热法、溶胶-凝胶法及碳热还原法等，也有新型合成方法包括共沉淀法、微波法、喷雾热分解法及脉冲激光沉积法等，但制备出的 $LiFePO_4$ 导电性均较差，不适宜大电流充放电。改善导电性能的方法很多，首选方法是在 $LiFePO_4$ 中分散或包覆导电炭，一方面可增强粒子与粒子之间的导电性，减少电池极化；另一方面碳还能为 $LiFePO_4$ 提供电子隧道，以补偿锂离子脱嵌过程中的电荷平衡。另一有效途径是在 $LiFePO_4$ 中加入少量导电金属粒子，如铜和银，不但可提高其导电性，而且比容量也有所提高。高价金属离子（Mg^{2+}、Al^{3+}、Cr^{3+}、Ti^{4+}、Nb^{5+}、W^{6+}等）的固溶体掺杂可使 $LiFePO_4$ 的电导率提高 8 个数量级，远超钴酸锂、亚锰酸锂等正极材料，且其大电流充放电性能可满足电动汽车的动力要求。$LiFePO_4$ 电池系列已应用于汽车、助力车、医疗器械及通信设备等领域。

7.1.4 锂离子电池负极材料

负极材料的比容量和工作电压直接决定锂离子电池的能量密度，是最重要的电池材料之一。根据储锂机理分为嵌入型、合金型、转换反应型三大类负极材料。

7.1.4.1 嵌入型负极材料

嵌入型负极材料包括人造石墨、天然石墨、中间相碳微球、硬炭、软炭等碳材料。中间相碳微球具备倍率性能优异的特点，但是制备工艺复杂、产率低、成本居高不下，发展受限，而硬炭和软炭在技术上还不够成熟。目前，应用最广的碳负极材料仍然是天然石墨和人造石墨，其中人造石墨有更好的循环寿命和倍率性能，结构如图 7.5 所示。天然石墨是从天然石墨矿中提炼出来的，有土状石墨和鳞片石墨两种，鳞片石墨较土状石墨的纯度高，提纯后含碳量可达99%以上，可逆比容量可达300～350A·h·kg^{-1}，因此，锂离子电池中多采用鳞片石墨作为负极原材料。天然石墨的缺点是颗粒外表面反应活性不均匀，颗粒粒度较大，在充放电过程中表面晶体结构容易被破坏。为了解决这些问题，需要对天然石墨进行诸如机械研磨、引入元素、表面包覆等改性处理。人造石墨是焦炭类原料高温石墨化的产品。石墨颗粒小、石墨化程度低、结晶取向度小，其倍率性能、循环寿命、体积膨胀、防止电极反弹等都优于天然石墨，比容量和压实密度很接近天然石墨，主要缺点是比天然石墨成本高。中低端产品较多采用天然石墨，动力电池以天然石墨为主，而手机、笔记本电脑等的小型锂电池和高端产品则以人造石墨为主。

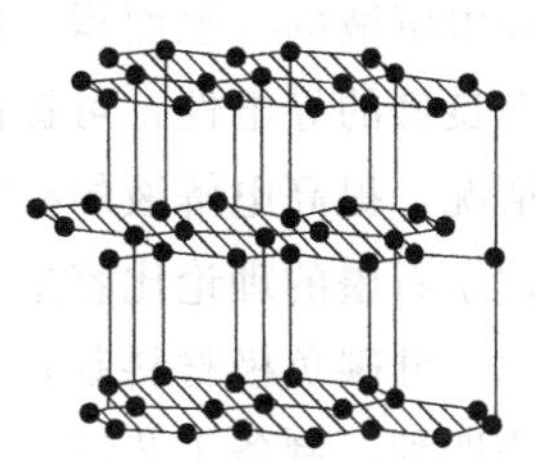

图7.5 嵌入型负极石墨结构

人造石墨的制造方法很多，常见的方法是以粉状优质煅烧石油焦为主要原料，加入沥青（作为黏结剂）和少量其他辅料，混合均匀后压制成型，然后在非氧化性气氛中于2500～3000℃处理，使之石墨化。一般来讲，高比容量的负极采用煤系及石油系针状焦作为原材料，普通比容量的负极采用价格更便宜的石油焦作为原材料。人造石墨的主要生产过程如下：a. 预处理。根据产品不同，将石墨原料与沥青按不同比例混合，物料通过真空上料机转入料斗，然后由料斗放入空气流磨中进行气流磨粉，将毫米级粒径的原辅料磨至微米级。b. 热解造粒。将预处理得到的物料投入反应釜中，用氮气将反应釜内空气置换干净后封闭反应釜，在2.5kPa下进行电加热，在200～300℃搅拌，继续加热至400～500℃，搅拌得到粒径10～20mm的物料，降温出料。c. 球磨造粒。将热解造粒得到的物料真空输送至球磨机，将粒径10～20mm物料磨制成粒径6～10μm的物料。球磨制得的粉料经管道输送至筛分机进行筛分，筛下物用自动打包计量装置进行计量包装，得到中间物料。筛上物由管道真空输送返回球磨机再次球磨。d. 石墨化。采用石墨化炉将球磨造粒得到的物料在无氧状态下进行石墨化，石墨化温度约为2500～3000℃。e. 球磨筛分。石墨化后的物料通过真空输送到球磨机，进行物理混合、球磨，使用分子筛进行筛分，筛下物进行检验、计量、包装入库。筛上物进一步球磨达到粒径要求后再进行筛分。可见，从原料到最终的锂电池负极材料主体，尽管中间只需要经过几个大的工艺步骤，但其中包括的工序是非常烦琐的，整体的制备流程也是比较复杂的。

7.1.4.2 合金型负极材料

合金型负极材料包括硅基、铝基、锡基材料和钛酸锂等。硅基负极材料具有很高的比容量，理论储锂比容量高达4200A·h·kg^{-1}，约为石墨的10倍；硅的嵌锂充放电平台略高于石墨；在充电时不易引起表面析锂现象，安全性能要高于石墨类负极材料；硅在地壳中的储存量很高，来源广泛、价格便宜，是一种很有应用前景的锂离子电池负极材料。然而，硅作为锂离子电池负极材料也存在一些问题：一方面，硅是半导体材料，电导率很低，需要加入一些导电剂以便提高电极材料的导电性；另一方面，硅基负极材料在充放电过程中会产生较大的体积变化，导致硅粒破裂和粉化，迫使硅材料与导电剂分离，内阻增大，容量快速衰减。

为了抑制硅材料的体积膨胀和改善硅颗粒之间的电接触，目前的有效方法是将硅与碳材料进行复合，形成硅碳负极材料。采用碳材料作为硅基材料的缓冲基体有以下几点好处：①碳材料可有效减小硅负极在充放电过程中产生的巨大体积膨胀；②碳材料的存在减小了硅和电解液的接触面积，以生成稳定的固体电解质界面膜，提高首次充放电效率；③碳材料具有良好的导电性，可提高硅负极的电导率；④碳材料可以改善硅表面悬键引起的电解液分解情况，提高电解液的稳定性。常用硅碳负极材料的比容量至少可达到 $400A \cdot h \cdot kg^{-1}$，超过了石墨的理论比容量。

硅碳负极材料制备方法主要有化学气相沉积法、溶胶-凝胶法、高温热解法和机械球磨法四种，制备工艺较复杂，目前尚未标准化，导致该类材料价格较高。

（1）化学气相沉积法

以硅烷、纳米硅粉、介孔硅分子筛 SBA-15 和硅藻等硅单质或含硅化合物为硅源，碳或碳的有机物为碳源，以其中一种组分为基体，将另一组分均匀沉积在基体表面得到复合材料。该方法制备的硅碳复合材料，硅、碳两组分连接紧密、结合力强；在充放电过程中活性物质不易脱落，具有高的首次充放电容量和良好的循环稳定性；碳层均匀稳定，不易出现团聚现象；杂质含量少，设备简单，反应过程对环境友好，适合工业化生产。

（2）溶胶-凝胶法

溶胶-凝胶法制得的硅碳复合材料中硅材料能够实现均匀分散，且能够保持较高的可逆比容量及稳定的循环性能。但是炭气凝胶较其他碳材料稳定性能差，在循环过程中炭壳会产生裂痕并逐渐扩大，导致负极结构破裂，降低使用性能；且凝胶中氧含量过高会生成较多不导电的二氧化硅，导致负极材料循环性能降低。

（3）高温热解法

高温热解法是目前制备硅碳复合材料最常用的方法，工艺简单、容易操作，只需将原料置于惰性气氛下高温裂解即可，而且重复性好。此方法合成的复合材料中，碳的空隙结构比较稳定，能更好地缓解硅在充放电过程中的体积变化。然而，高温热解法制得的复合材料，硅的分散性较差，碳层会有分布不均的状况，并且颗粒容易产生团聚等现象。

（4）机械球磨法

将块状硅材料粉碎、研磨得到纳米硅，然后进行碳包覆，再与石墨按照所需的比例进行混合，最后除磁，形成硅碳复合材料，粒径一般在 35μm 以下。机械球磨法制备的硅碳复合材料颗粒粒度小、组分分布均匀；该方法工艺简单、成本低、效率高，适合工业生产。但是该法是两种反应物质在机械力的作用下混合，颗粒的团聚现象难以解决。

除硅碳负极材料外，硅氧负极材料也迈入了产业化生产，生产流程与硅碳负极材料有所区别。将硅粉和二氧化硅分别进行粗磨和细磨后，混合压成块状，再在高温条件下生成氧化硅；在氧化硅中加入研磨介质进行研磨，优选粒径为 5～7μm 的氧化硅微粒；以乙炔为碳源，经过高温热解后采用化学气相沉积法进行表面碳包覆；对碳包覆后的氧化硅进行除磁，最后与石墨混合包装。

金属铝可与锂形成三种不同的金属间化合物 AlLi、Al_2Li_3、Al_4Li_9。采用金属铝锂合金作为锂离子电池负极材料的理论比容量远高于石墨基负极材料，且能够有效地避免锂枝晶的出现，最终提高安全性能。铝锂合金具有平坦的电化学反应平台，能提供非常稳定的工作电压。锡基负极材料可分为锡氧化物和锡基复合氧化物，氧化物是指各种价态的金属锡氧化物。

具有尖晶石结构的钛酸锂是新型的负极材料之一，结构示意图如图 7.6 所示。与石墨负极相比，钛酸锂负极材料具有更高的嵌锂电势，可有效避免金属锂的析出和锂枝晶的形成。

钛酸锂及嵌锂态的 $Li_7Ti_5O_{12}$ 具有远高于石墨的热力学稳定性，不易引起电池热失控，从而具有更高的安全性。在锂离子嵌入、脱出的过程中，钛酸锂晶格参数几乎不发生变化，晶体结构能够保持高度的稳定性，是一种“零应变”材料，具有极佳的循环稳定性。此外，钛酸锂材料还具有优异的低温性能、快速充电能力、较高的性价比，在大规模储能等领域具有较好的应用前景。

7.1.4.3　转换反应型负极材料

转换反应型负极材料包括过渡金属如 Fe、Cu、Ni、Mn、Co 等金属的氧化物、硫化物等，过渡金属氧化物的结构如图 7.7 所示。过渡金属氧化物 M_xO_y 或硫化物 M_xS_y（M 为 Fe、Cu、Ni、Mn、Co）的理论比容量可高达 $700mA \cdot h \cdot g^{-1}$ 以上。它们以转换的形式进行储锂，其储锂机理有别于上述两种负极材料：氧化物 M_xO_y 或硫化物 M_xS_y 与 Li^+ 反应生成金属 M 与 Li_2O 或 Li_2S。与金属氧化物相比，硫化物具有更高的比容量、能量密度、功率密度等，且金属硫化物的合成方法较为简单，常用方法包括机械研磨法、高温固相法、液相合成法及电化学沉积法等。

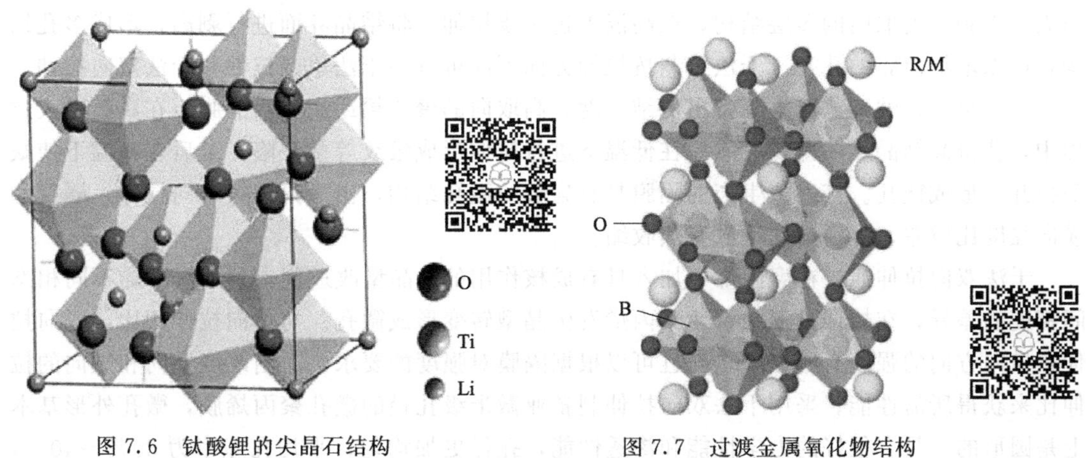

图 7.6　钛酸锂的尖晶石结构　　图 7.7　过渡金属氧化物结构

7.1.5　锂离子电池隔膜材料

隔膜是锂离子电池关键内层组件之一，其作用是：①隔开锂离子电池的正极和负极，防止正、负极接触造成电池短路；②隔膜中的微孔可以让锂离子通过，形成充放电回路；③隔膜具备适当的闭孔温度，通过对电池温度的感知限制过充或过放。隔膜的性能决定了电池的界面结构、内阻等，直接影响电池的容量、循环以及安全性能等。性能优异的隔膜对提高电池的综合性能具有重要的作用。

目前市场化的锂离子电池隔膜主要有聚乙烯膜、聚丙烯膜以及它们的复合膜。聚乙烯、聚丙烯微孔膜具有较高的孔隙率、较低的电阻、较高的抗撕裂强度、较好的抗酸碱能力、良好的弹性及对非质子溶剂的保持性能。隔膜制备技术的难点在于造孔的工程技术以及基体材料的制备，其中造孔的工程技术包括隔膜造孔工艺、生产设备以及产品稳定性，基体材料制备包括聚丙烯、聚乙烯材料和添加剂的制备和改性技术。造孔工程技术的难点主要体现在孔隙率不够、厚度不均、强度差等方面，较理想的隔膜孔结构如图 7.8 所示。

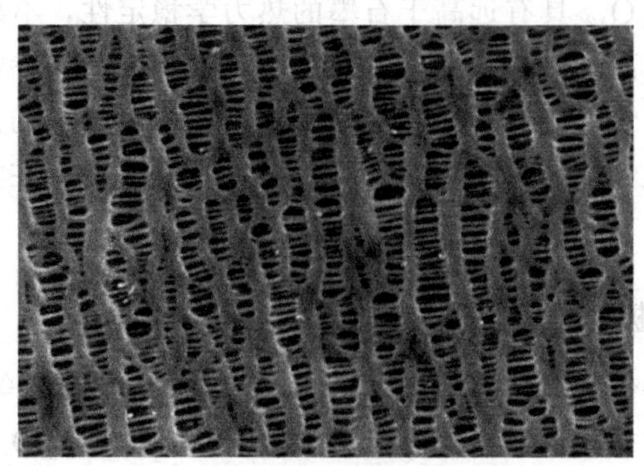

图 7.8 隔膜的孔结构示意图

按照制备工艺不同，造孔工艺可分为干法和湿法两大类，两种方法制备的隔膜微孔的成孔机理不同。

(1) 干法工艺

干法工艺是将聚烯烃树脂熔融、挤压、吹膜制成结晶性聚合物薄膜，经过结晶化处理、退火，得到高度取向的多层结构，在高温下进一步拉伸，将结晶界面进行剥离，形成多孔结构，可以增加薄膜的孔径。干法工艺按拉伸方向不同可分为干法单向拉伸和干法双向拉伸。

干法单向拉伸工艺首先制备出低结晶度、高取向的聚乙烯或聚丙烯隔膜，在高温退火过程中，获得高结晶度的薄膜；然后在低温下进行拉伸形成银纹等微缺陷；最后在高温下使缺陷拉开，形成微孔。该工艺生产的隔膜具有扁长的微孔结构，由于只进行单向拉伸，隔膜的横向强度比较差，但横向几乎没有热收缩。

干法双向拉伸通过在聚丙烯中加入具有成核作用的β晶型改进剂，利用聚丙烯不同相态间密度的差异，在拉伸过程中，使聚丙烯发生晶型转变形成微孔。与单向拉伸相比，双向拉伸在横向方向的强度有所提高，而且可以根据隔膜对强度的要求，适当改变横向和纵向的拉伸比来获得所需性能。采用干法双向拉伸制备亚微米级孔径的微孔聚丙烯膜，微孔外形基本上是圆形的，具有很好的力学性能和渗透性能，孔径更加均匀，平均孔隙率为30%～40%，平均孔径约为0.05μm。

干法拉伸工艺简单、无污染，是锂离子电池隔膜制备的常用方法，但采用该工艺制得的隔膜，孔径及孔隙率较难控制，拉伸比较小，约为1～3，同时低温拉伸容易导致隔膜穿孔，产品不能做得很薄。

(2) 湿法工艺

湿法生产工艺又称相分离法或热致相分离法，将液态烃或一些小分子物质与聚烯烃树脂混合，加热熔融后，形成均匀的混合物，然后降温进行相分离，压制成膜片，再将膜片加热至接近熔点温度，进行双向拉伸使分子链取向，最后保温一定时间，用易挥发物质洗脱残留的溶剂，即可制备出相互贯通的微孔膜材料。此方法不仅可制备出相互贯通的微孔膜材料，而且生产出来的隔膜具有较高的纵向和横向强度，主要应用于高性能锂离子电池等。

具体工艺流程包括：投料、挤出塑化、过滤计量、铸片冷却、双向拉伸、牵引切边、测厚、后处理、收卷检验、分切打包。该工艺制得的隔膜孔径范围处于相微观界面的尺寸数量级，比较小而均匀。双向的拉伸比均可达到5～7，因而隔膜性能呈现各向同性，横向拉伸强度高，穿刺强度大，正常的工艺流程不会造成穿孔，产品可以做得更薄，使电池能量密度更高。但由于聚乙烯基材的熔点只有140℃，所以，采用湿法工艺生产的聚乙烯隔膜热稳定性较差。

7.1.6 锂离子电池电解质材料

从内部传质的实际要求出发，锂离子电池电解质必须满足以下基本要求：①电解质不具有电子导电性，但必须具有良好的离子导电性，一般温度范围内，电解质的离子电导率在 $1\times10^{-3}\sim2\times10^{-3}S\cdot cm^{-1}$ 之间；②电池内部输运电荷依赖离子的迁移，高离子迁移数可减小电极反应时的浓差极化，使电池产生高能量密度和功率密度，理想的锂离子迁移率应尽量接近1；③电解质与电极直接接触时，应尽量避免副反应发生，要具备一定的化学稳定性和热稳定性；④需要有足够高的机械强度，以满足电池的大规模生产包装过程；⑤不能腐蚀正、负极材。根据电解质的形态不同可将电解质分为液态电解质和固态电解质两大类。

(1) 液态电解质

由于锂离子电池充放电电势较高，且负极材料嵌有化学活性较大的锂，所以电解质必须采用有机化合物而不能含有水。但有机物离子导电性都不好，要在有机溶剂中加入可溶解的导电盐以提高离子导电性。目前锂离子电池用液态电解质使用的溶剂为无水有机物如碳酸乙酯（EC)、碳酸丙烯酯（PC)、碳酸二甲酯（DMC)、碳酸二乙酯（DEC）及其混合溶剂。导电盐包括 $LiClO_4$、$LiPF_6$、$LiBF_6$、$LiAsF_6$ 和 $LiOSO_2CF_3$，电导率：$LiAsF_6>LiPF_6>LiClO_4>LiBF_6>LiOSO_2CF_3$。

$LiClO_4$ 因具有较高的氧化性容易出现爆炸等安全性问题，一般只局限于实验研究中。$LiAsF_6$ 离子电导率较高，易纯化，且稳定性较好，但含有有毒As，使用受到限制。$LiBF_6$ 化学及热稳定性不好，且电导率不高。$LiOSO_2CF_3$ 导电性差，且对电极有腐蚀作用，较少使用。虽然 $LiPF_6$ 会发生分解反应，但具有较高的离子电导率，因此，目前商用锂离子电池大部分采用EC2DMC作为溶剂的 $LiPF_6$ 电解液，它具有较高的离子电导率与较好的电化学稳定性。

$LiPF_6$ 的合成方法主要有气-固反应法、氟化氢溶剂法、有机溶剂法和离子交换法等。在工业上，以氟化氢溶剂法合成为主，有机溶剂法合成次之。目前，$LiPF_6$ 合成技术已经较为成熟，工业上常用氟化氢溶剂法采用无水HF制备 $LiPF_6$，反应过程如下：

$$5HF+PCl_5 = 5HCl+PF_5$$

$$LiF+PF_5 = LiPF_6$$

有机溶剂法合成 $LiPF_6$ 是使LiF和 PCl_5 在 $-20\sim300$℃下在有机溶剂（如乙醚或DMC）中反应0.1～10h得到 $LiPF_6$，再对其进行精制提纯，最后得到纯度大于99.9%的 $LiPF_6$ 电解液。

(2) 固态电解质

由于液态电解质存在漏液、易燃、易爆等安全性问题，因此锂离子电池电解质体系正在向固态化发展。固态电解质又称为快离子导体，具有较高的离子电导率、弱电子导电性以及低活化能。使用固态电解质除避免液态电解质漏液的缺点外，还可把锂离子电池做成更薄(厚度仅为0.1mm)、能量密度更高、体积更小的高能电池。固态电解质在传导锂离子过程中还会抑制负极产生的枝晶锂的生长，使得金属锂用作负极材料成为可能。

固态电解质大体可分为固态聚合物电解质和固态无机物电解质两类。固态聚合物电解质具有良好的柔韧性、成膜性、稳定性、成本低等特点，既可作为正、负电极间隔膜用，又可作为传递离子的电解质用。加入无机复合盐或者利用接枝、嵌段、交联、共聚等手段来破坏高聚物的结晶性能，可明显地提高其离子电导率。固态无机物电解质具有离子电导率高、使用寿命长等优势，其中硫化物类电解质的离子电导率与有机电解液相当，是未来固态电解质的主流发展方向。

7.1.7 锂离子电池

例 1 手机用锂离子电池

手机已然成为了当今人们生活和工作中不可或缺的移动通信设备。手机电池伴随着手机的诞生而出现，从种类上而言，手机用电池大致经历了三个阶段：第一阶段是镍铬手机电池，该类电池的体积和重量都差不多占据了整部手机的一半，且需要充电 10h 以上却只能通话约 30min；第二阶段是镍氢手机电池，该类电池虽然在体积、重量以及充电效率上有了很大进步，但依然遗留了易发热、易变形的劣势；第三阶段是锂离子手机电池，尽管该类电池的制造成本较高，但因其高的容量、充电效率及安全性等优势成为了手机等通信设备中的能量供应器件。作为一类性能优良的手机电池，必须具备如下要求：① 容量高，待机时间长；② 无记忆，无自放电，可快速充电；③ 寿命长，可充电 500 次以上；④ 安全可靠，性能稳定；⑤ 电池壳体经久耐用；⑥不含汞、铅、镉等有害物质，符合环保要求。

手机锂离子电池主要由两大部分组成，即保护板和电芯。电芯结构如图 7.9，其封装过程为正极、隔膜、负极缠绕或层叠、包装后灌注电解液，封装后引出正极耳和负极耳，最终制成电芯。其中，正极板涂覆的材料包括黏合剂、导电剂及活性物质钴酸锂；负极板涂覆的材料则为黏合剂和石墨碳粉；隔膜材料为聚乙烯或聚丙烯。

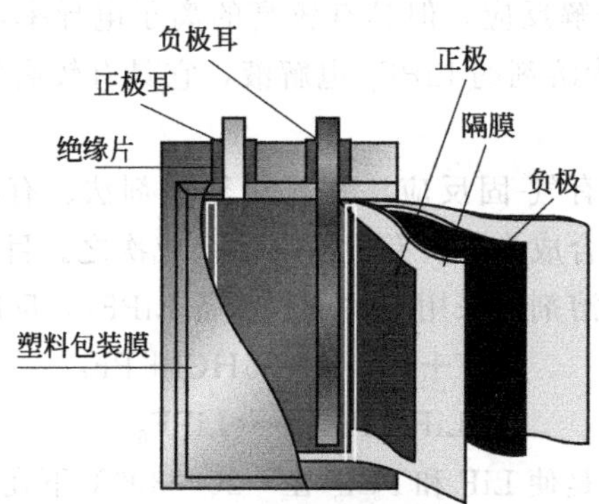

图 7.9 锂离子电池电芯结构示意图

锂离子电池制备工艺如图 7.10 所示，主要的工序流程如下：①正负电极配料。用专门的溶剂和黏结剂分别与粉末状的正、负极活性物质混合，经搅拌均匀后，制成浆状的正、负极物质。②制电极片。通过自动涂布机将正、负极浆料分别均匀地涂覆在金属箔表面，经自动烘干后自动剪切制成正、负极电极片。③装配。按正极片-隔膜-负极片-隔膜自上而下的顺序排布，卷绕入壳后对其进行封口，并进行盖板焊接、电池烘烤等工艺，最后注入电解液，即完成电池的装配过程，制成成品电池。④化成。将成品电池放置测试柜进行充放电测试，筛选出合格的成品电池，待出厂。

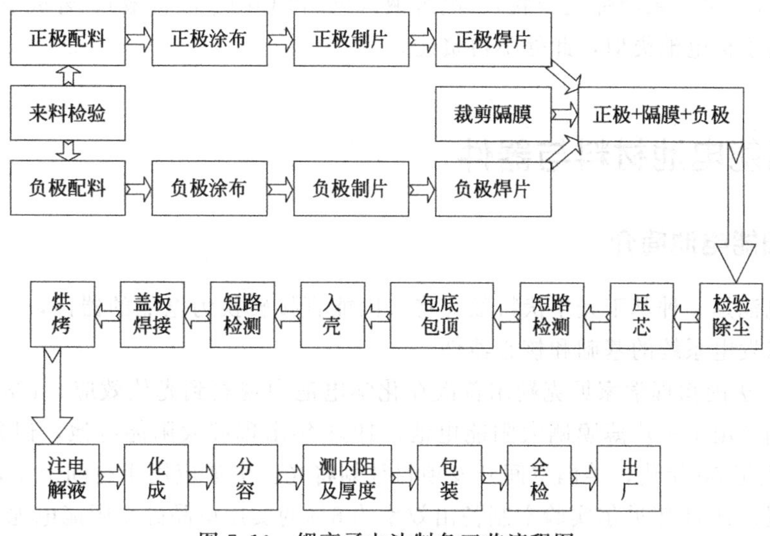

图 7.10　锂离子电池制备工艺流程图

华为中央研究院联合美国阿贡实验室在正极材料 $LiCoO_2$ 中掺杂了 La 和 Al，其主要作用是稳定充放电过程中正极材料的结构，保持锂离子的扩散系数不变，从而保证正极材料在循环过程中无衰减。掺杂后的电池稳定电压可提升到 4.5V，正极材料的可逆比容量达到 $190A \cdot h \cdot kg^{-1}$ 以上，同时改善了正极材料在此电压下的稳定性，大大提升了锂离子电池的能量密度。

目前手机电池核心器件的构成材料包括：正极材料（$LiCoO_2$）、负极材料（人造石墨）、隔膜（聚丙烯膜）、黏结剂（聚偏氟乙烯）、导电剂（乙炔黑）、电解液（$LiPF_6$）、外壳（铝壳）。

例 2　新能源汽车用锂离子电池

特斯拉 Model S 专用的松下 18650 电池是锂离子电池的鼻祖——日本 SONY 公司当年为了节省成本而定下的一种标准性的锂离子电池型号，其中 18 表示直径为 18 mm，65 表示长度为 65 mm，0 表示圆柱形电池。该款电池是松下产的型号为 NCR18650B 的三元材料电池，电压达到 3.6V，能量密度高达 $243W \cdot h \cdot kg^{-1}$。电池以高镍的镍钴铝三元材料为正极活性物质，以人造石墨为负极材料，电解液为六氟磷酸锂，隔膜依然采用单层聚乙烯。该款电池能量密度更大、稳定性更高、可控性更强，即使电池组的某个单元发生故障，也不会对电池整体性能产生影响。

我国新能源汽车主流用正极材料为磷酸铁锂，如比亚迪，用全新一代磷酸铁锂型锂离子电池的能量密度可提升 50%，而成本却降低了 30%。磷酸铁锂电池除应用于新能源汽车外，还可用于电动自行车、家用照明、医疗设备、太阳能电池辅助设备等。

新能源汽车对锂离子电池的性能要求较高，主要体现在能量密度、功率密度、循环寿命及安全性能等方面。我国电动汽车重大专项计划书中对电动汽车用锂离子电池的性能要求如下：①电池的能量密度应大于 $130W \cdot h \cdot kg^{-1}$；②电池的功率密度应高于 $1600W \cdot kg^{-1}$；③电池的可充电循环次数应大于 500 次；④电池的续航里程应大于 10 万千米；⑤电池的工作温度在 −20～50℃之间。

目前磷酸铁锂电池的主要构成材料为正极材料（$LiFePO_4$ 粉）、负极材料（改性天然石墨)、隔膜（聚乙烯、聚丙烯复合膜)、电解液（PC 和 $LiPF_6$ 混合液)、外壳（钢壳)。其生产工艺与上述手机电池类似，此处不再赘述。

7.2 太阳能电池材料与器件

7.2.1 太阳能电池简介

太阳能电池是一种基于光生伏特效应将太阳能直接转换为电能的器件，又称光伏电池，是太阳能光伏发电系统的基础和核心器件。

1839 年，法国物理学家贝克勒尔首次在化学电池中观察到光伏效应。1883 年，美国科学家弗里茨制备出第一块薄膜硒太阳能电池。1941 年出现硅太阳能电池，但光电转化效率非常低。20 世纪 50 年代，美国空间开发项目计划将光伏电池应用于空间卫星，太阳能电池得到较快发展，1954 年贝尔实验室制备出效率约 6%的实用单晶硅太阳能电池，具有划时代意义，之后硅太阳电池应用范围不断扩大，现在已成为太阳能电池主流产品，但是价格居高不下。与此同时薄膜太阳能电池受到关注，最初研究 Cu_2S/CdS 薄膜太阳能电池，但其稳定性问题无法克服。1956 年制成第一块具有实际意义的Ⅲ-Ⅴ族 GaAs 高效薄膜太阳能电池，并逐步发展为当代价格昂贵的高效电池。1963 年，研究出效率超过 6%的Ⅱ-Ⅵ族 CdTe/CdS 薄膜太阳能电池，现在小面积单结 CdTe 电池的效率超过 16%。20 世纪 70 年代相继开发出Ⅰ-Ⅲ-Ⅴ族 $CuInSe_2$（CIS）化合物和非晶硅薄膜太阳能电池，小面积单结铜铟镓硒（CIGS）太阳能电池的效率已经超过 20%。20 世纪 80 年代又研发出有机和液体纳米晶 TiO_2 染料敏化太阳能电池。2009 年发现高效有机无机杂化钙钛矿太阳能电池。

太阳能电池技术发展如火如荼，正成为世界快速、稳定发展的新兴产业之一。目前限制太阳能电池使用的主要障碍仍然是成本高和效率偏低。有关太阳能电池的新理论、新设计、新材料、新工艺和新产品不断涌现，并得以大规模应用，为解决能源问题提供了新途径。

7.2.2 太阳能电池的分类、结构及工作原理

(1) 太阳能电池的分类

根据电池工作原理，可以把太阳能电池分为三类：①同质结太阳能电池，指电池 PN 结由同一种半导体材料所形成，如硅、砷化镓太阳能电池等。②异质结太阳能电池，指电池 PN 结由不同种半导体材料所形成，如 CdTe/CdS 太阳能电池。③肖特基太阳能电池，肖特基结是一种简单的金属与半导体的交界面，与 PN 结相似，具有非线性阻抗特性。具有肖特基结特点的太阳能电池称为肖特基结太阳能电池，如石墨烯（半金属）/半导体肖特基结太阳能电池。

根据所用材料不同，太阳能电池可分为：硅太阳能电池、化合物半导体太阳能电池、有机半导体太阳能电池、染料敏化太阳能电池。

根据发展历程，太阳能电池可分为三代：第一代太阳能电池，主要指单晶硅和多晶硅太阳能电池。第二代太阳能电池，是指以薄膜技术为核心的非晶硅、碲化镉和铜铟镓硒等太阳能电池；第三代太阳能电池，是指突破传统的平面单 PN 结结构的各种新型电池，这类电池通过引入多 PN 结叠层、介孔敏化、体相异质结等新型结构以及新型材料以获得低成本、高

效率的太阳能电池，代表了太阳能电池未来的发展方向。目前主要包括叠层电池、染料敏化电池、有机光伏电池、量子点电池以及最新的钙钛矿电池等。

(2) 太阳能电池的组成结构及工作原理

太阳能电池种类繁多，不同的电池结构有所不同。以单晶硅太阳能电池为例介绍太阳能电池的基本结构，如图 7.11 所示。硅太阳能电池主要由前电极、表面减反射层、N 型半导体、P 型半导体、背电极、基板等几部分组成。

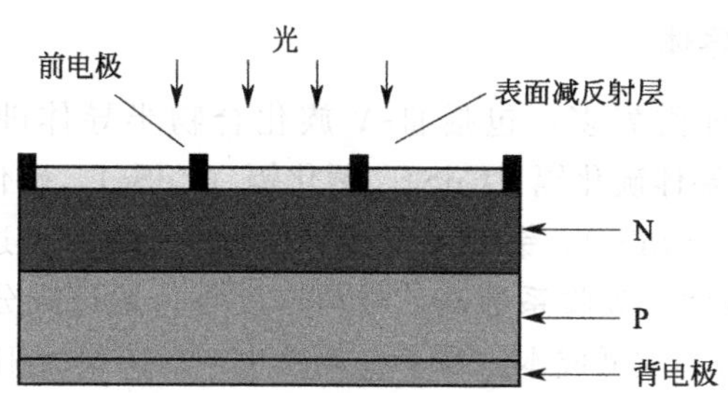

图 7.11　太阳能电池的基本结构

太阳能电池的工作原理如图 7.12 所示。太阳光照射到电池上并被吸收，能量大于禁带宽度 E_g 的光子将电子从价带激发到导带，形成自由电子，价带中留下带正电的空穴，即形成电子-空穴对；自由电子和空穴在不停地运动中扩散到 PN 结的空间电荷区，被内建电场分离，电子被扫到 N 型一侧，空穴被扫到 P 型一侧，从而在电池上下两面分别形成正、负电荷累积，产生电动势；在电池两侧引出电极并接上负载，负载中就有电流通过。

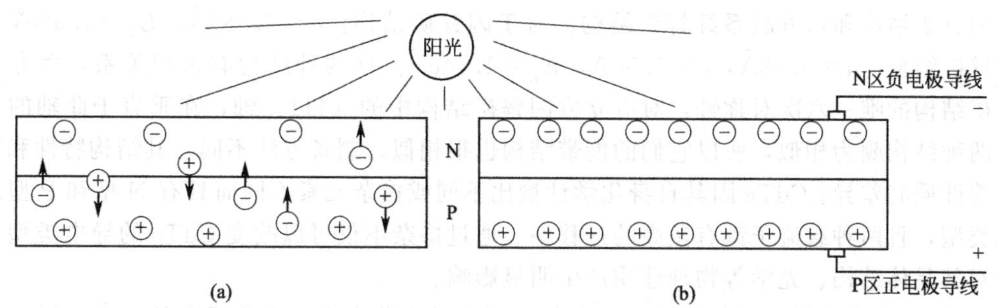

图 7.12　太阳能电池的工作原理

(a) 电子、空穴移动方向；(b) 内建电场作用载流子排布

(3) 太阳能电池的性能参数

太阳能电池的关键性能参数包括开路电压、短路电流、最大输出功率、填充因子、光电转换效率等，具体介绍见 2.6 节光生伏特效应理论部分。

7.2.3 太阳能电池材料

太阳能电池材料主要包括半导体、表面涂层、电极等几种，不同的电池结构所需材料有所区别，其中半导体材料是决定太阳能电池性能的关键材料。对太阳能电池材料的基本要求为：① 能充分利用太阳光辐射，即半导体材料的禁带宽度符合太阳光谱范围；② 高光电转换效率；③ 材料本身环保，无污染；④ 材料便于工业化生产，性能稳定，成本低。下面主要对太阳能电池半导体材料进行简要介绍。

7.2.3.1 硅半导体材料

太阳能电池用硅半导体材料，按照其结晶形态可以分为单晶硅、多晶硅和非晶硅，按照其厚度又可分为硅片和薄膜硅等。有关硅的物理、化学性质以及单晶硅、多晶硅和非晶硅的制备方法请读者参见 3.2 节半导体材料部分。

7.2.3.2 无机化合物半导体

化合物半导体材料种类繁多，包括Ⅲ-Ⅴ族化合物半导体砷化镓（GaAs）、磷化铟（InP），Ⅱ-Ⅵ族化合物半导体硫化镉（CdS）、硒化镉（CdSe）、碲化镉（CdTe）等，Ⅰ-Ⅲ-Ⅵ族多元化合物铜铟硒（CuInSe）、铜铟镓硒（CuInGaSe）等。上述这些化合物半导体材料禁带宽度符合太阳光谱范围，吸收系数高，材料厚度小，通过成分调节或掺杂成低电阻 P 型或 N 型半导体材料，可制成低成本、易于大规模生产的薄膜太阳能电池。Ⅲ-Ⅴ族化合物半导体砷化镓和磷化铟半导体的物理、化学特性以及制备方法在 3.2 节半导体材料部分已经详细介绍，这里介绍高效Ⅱ-Ⅵ族化合物碲化镉和Ⅰ-Ⅲ-Ⅵ族多元化合物铜铟镓硒半导体材料。

(1) CdTe

CdTe 是典型Ⅱ-Ⅵ族元素化合物，两种元素均处于第五周期，显示一定的金属性。与Ⅲ-Ⅴ族化合物如 GaAs 相比，Cd 与 Te 的结合具有更强的离子化合物特性，键能更高，禁带更宽，所以一般 CdTe 归类于宽禁带化合物半导体。常见 CdTe 晶体结构有两种，为立方晶系闪锌矿结构和六方晶系纤锌矿结构。对于闪锌矿结构：$a=6.481\text{Å}$，$E_g=1.50\text{eV}$；对于纤锌矿结构：$a=4.58\text{Å}$，$c=7.50\text{Å}$，$E_g=1.44\text{eV}$。这两种结构有密切关系，六方晶系纤锌矿结构的唯一六次对称轴，对应立方闪锌矿结构中的（111）轴，在垂直于此轴的方向上，两种结构颇为相似，所以它们的能带结构也很相似。制备方法不同，其结构特性和禁带宽度等性质有差异。CdTe 因其自身化学计量比不同或掺杂元素不同而具有 N 型和 P 型两种导电类型，且两种载流子都有较高的迁移率。通过掺杂不仅可以改变 CdTe 的导电类型，而且会对其晶体结构、光学等物理性质产生明显影响。

CdTe 具有直接带隙结构，响应光谱与太阳光谱十分吻合，吸收系数约 10^5cm^{-1}，是非常理想的薄膜太阳能电池吸收体材料，但镉的剧毒性会对环境造成严重的污染。CdTe 薄膜的制备方法有电沉积、PVD、CVD、CBD、丝网印刷、溅射、真空蒸发等。

CdTe 具有合适的禁带宽度和高吸收系数，一般做成异质结构薄膜太阳能电池，且以 CdTe 为基的太阳能电池结构简单，生产成本低，商业化进展快。一般结构组成为：背电极（Al、Cu、Ni 等金属）、背接触层、吸收层 CdTe、缓冲层 CdS、高阻层和电极 TCO（透明导电氧化物）层，如图 7.13 所示。与晶硅太阳能电池相比，碲化镉太阳能电池具有制作方便、成本低廉和重量较轻等优点。

(2) Cu(In，Ga) Se_2 半导体

铜铟硒（$CuInSe_2$）简称 CIS，属于Ⅰ-Ⅲ-Ⅵ族三元化合物半导体，具有黄铜矿的晶体结构，如图 7.14 所示。在 CIS 晶体中，每个阳离子（Cu，In）有四个最邻近的阴离子（Se）；同样，每个阴离子（Se）有两种最邻近的阳离子，2 个 Cu 和 2 个 In 位于以 Se 为中心的四个角上。铜铟嫁硒[$Cu(In,Ga)Se_2$]简称 CIGS，属于Ⅰ-Ⅲ-Ⅵ族四元化合物半导体，Ga 部分

替代CIS晶体中的In便形成了CIGS的黄铜矿晶体结构。由于Ga的原子半径小于In，所以CIGS的晶格常数随Ga含量的增加而减小。

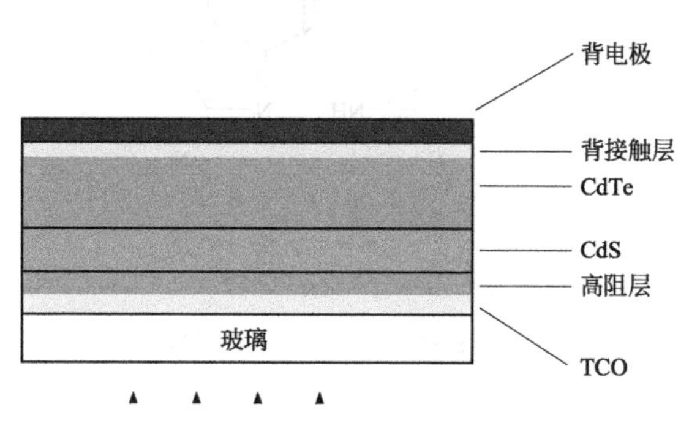

图7.13　CdTe薄膜太阳能电池结构示意图

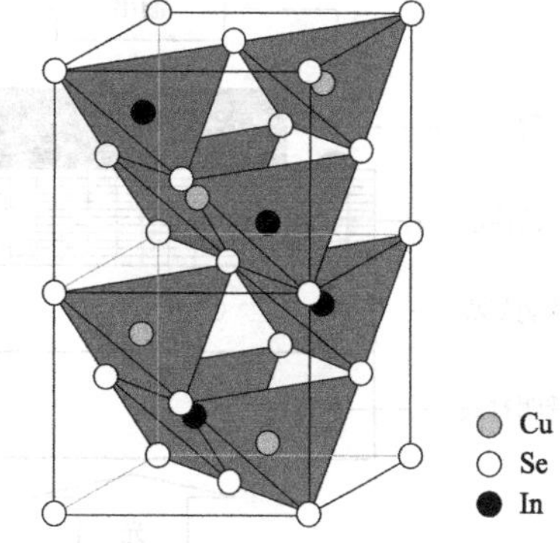

图7.14　铜铟硒晶体结构示意图

CIGS为直接带隙半导体，可以掺入一定量的Ga元素替代In元素，通过调节Ga/(Ga+In)可以调节CIGS的禁带宽度在1.04～1.68eV之间连续变化，吸收系数可以达到10^5cm^{-1}，具有较大范围的太阳能光谱响应特性，非常适合制备具有最佳薄膜光学吸收带隙的化合物半导体材料。CIGS化合物半导体材料可以直接通过调节化学组成得到P型或者N型导电类型，不需要外加杂质，这样就不会产生硅系太阳能电池很难克服的光致衰退效应，使得电池的使用寿命更长。CIGS薄膜的制备方法包括多源共蒸、溅射、分子束外延生长、电化学沉积等。CIGS薄膜太阳能电池的一般结构如图7.15所示，一般包括背电极Mo、吸收层CIGS、缓冲层CdS、减反射层i-ZnO、窗口层ZnO：Al及前电极Ni-Al，具有转换效率高、生产成本低、无光衰退以及弱光性能好等显著特点，在国际上被称为第二代最具发展潜力的廉价太阳能电池。由于In和Ga为贵金属，Se有毒，用Zn、Sn、S分别代替CIGS中的In、Ga、Se发展了Cu_2ZnSnS_4（CZTS）体系。CZTS薄膜的光学带隙接近1.5eV，与太阳光谱的响应较好，非常适合用作太阳能电池中的光吸收层材料。CZTS的光吸收系数较大（可见光波段吸收系数10^4～10^5cm^{-1}），只需要1μm厚度即可完全吸收太阳光，适合制备薄膜太阳能电池。此外，CZTS的组成元素储量均较丰富且无毒。因此，CZTS作为一种光伏材料近年来逐渐受到人们的关注。

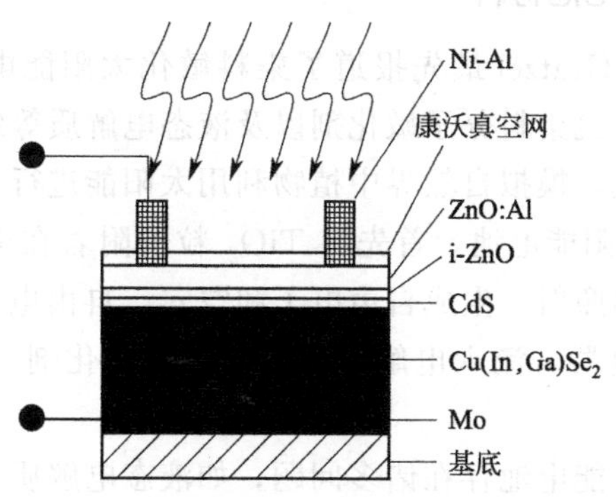

图7.15　CIGS薄膜太阳能电池的一般结构

7.2.3.3 有机化合物半导体

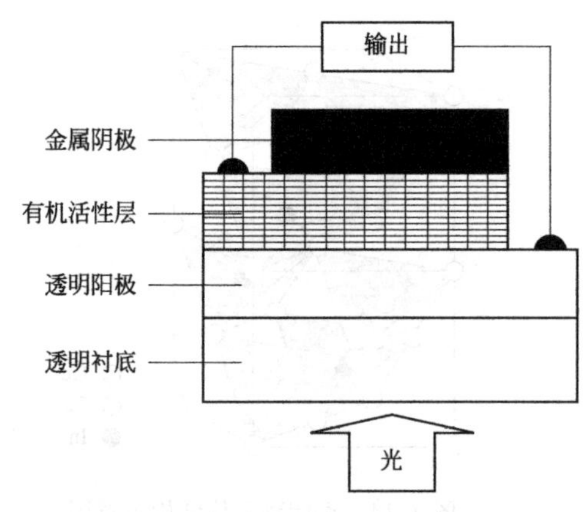

图 7.16 有机太阳能电池结构示意图

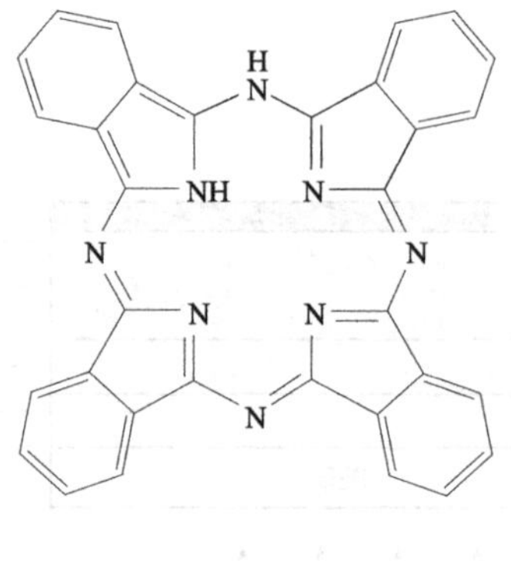

图 7.17 酞菁结构示意图

由有机材料如有机小分子或有机高聚物构成太阳能电池的核心部分，该类太阳能电池被称为有机太阳能电池，其结构如图 7.16 所示。有机太阳能电池的工作原理是有机半导体内的电子在光照下激发，产生电子-空穴对，电子被低功函数的电极提取，而空穴则被来自高功函数电极的电子填充，由此在光照下形成光电流。有机化合物半导体材料大多数具有一定的平面共轭结构，这种特点有利于形成自组装多晶膜。有机化合物半导体材料包括酞菁、卟啉、苝类化合物和菁类化合物等。

典型的有机太阳能电池材料酞菁属于 P 型半导体，为 18 个电子的大共轭体系，如图 7.17 所示。该结构对 600～800nm 的光谱有较大的吸收系数，可将金属-酞菁作为电子供体、C_{60} 作为电子受体，进行异质结有机太阳能电池组装。研究发现，该类电池的短路电流和金属-酞菁的空穴迁移率呈现良好的线性关系。

有机太阳能电池的优点包括化合物吸光性强、材料柔性好、结构可设计性强、重量轻、加工性能好、制造成本低、适于制造大面积的太阳能电池。缺点是材料本身电阻较高、载流子迁移率较低、光电转换效率较低、耐久性差等。

7.2.3.4 染料敏化太阳能电池材料

1991 年瑞士科学家 M. Gratzel 最先报道了染料敏化太阳能电池，结构如图 7.18 所示，包含纳米晶介孔光阳极、有机染料分子敏化剂以及液态电解质等组成部分。染料敏化太阳能电池主要利用光合作用原理，模拟自然界中植物利用太阳能进行光合作用，将太阳能转化为电能。如 TiO_2 染料敏化太阳能电池，首先将 TiO_2 粒子附着在染料敏化剂上，然后浸泡在电解液中，敏化剂受到光的照射，生成自由电子和空穴，自由电子被 TiO_2 吸收，从电极流出进入外电路，再经过用电器，流入电解液，最后回到敏化剂。染料敏化太阳能电池成本低、工艺简单及性能稳定。

但是液态染料敏化太阳能电池存在诸多问题，如液态电解质容易挥发、不易封装以及器件稳定性难以解决。此外，所用染料还有合成周期长且相对昂贵、消光系数低、吸光范围较窄、相对稳定性差以及激发寿命短等缺点。钙钛矿太阳能电池可以有效地解决染料敏化太阳能电池存在的一些问题。

有机/无机杂化卤化物钙钛矿 ABX_3 被认为是下一代最具有应用前景的太阳能电池材料，其晶体结构如图 7.19 所示，通常由有机部分 A^+[A= CH_3NH_3(MA)，$HC(NH_2)_2$(FA)]和无机部分 B^{2+}(B= Pb，Sn)组成，X 是卤素阴离子。当有机阳离子 A 或者金属阳离子 B 被取代时，都会产生钙钛矿组分和晶体对称性的变化，进而对钙钛矿的带隙、光吸收、载流子输运性质产生重要影响。

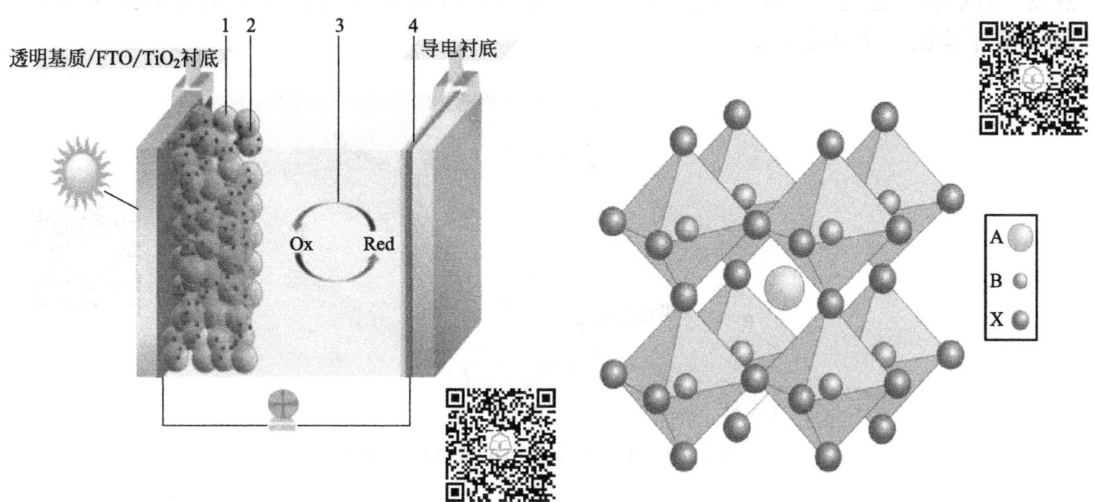

图 7.18　染料敏化太阳能电池结构示意图
1—纳米晶 TiO_2 薄膜；2—染料；
3—氧化还原电解质；4—对电极

图 7.19　有机/无机杂化卤化物钙钛矿晶体结构

通常不同太阳能电池结构有所不同，所需材料也有所不同。比如硅太阳能电池要在硅材料表面加保护涂层，主要降低对光的反射率，从而提高光电转换效率，同时可以减小腐蚀等破坏作用。保护涂层要具有良好的透光性，主要有金属氧化物和导电聚合物两类。金属氧化物保护涂层有氧化钌、钌和钛的混合氧化物、锡和铟的混合氧化物。例如厚度为几十纳米的 SnO_2-In_2O_3 导电膜可见光透射率达到90%。导电聚合物如聚吡咯、聚苯胺和聚乙炔具有在数量级上与金属接近的电导率，在电解液中的化学稳定性高，也适合做保护涂层。所选用的电极材料也因电池不同而不同。

7.2.4　太阳能电池

例 1　照明用硅太阳能电池

以煤、石油、天然气为主要原材料提供照明能源，通常材料不可再生，排出二氧化碳和硫的氧化物等破坏环境。太阳能资源丰富，洁净无污染，利用方便，是非常理想、可持续的新能源之一，因此利用太阳能电池提供照明具有非常重要的意义，几乎覆盖了整个照明领域，包括家用电灯、信号灯、标识灯、路灯、景观灯、草坪灯、杀虫灯、手电筒等。

太阳能照明系统一般由太阳能电池、充放电控制器、蓄电池、照明灯具组件及电缆等组成。工作要求：①环境温度变化范围−40～50℃。选择光源和各种电器元件时必须考虑此环境温度下的使用与寿命问题。②由于雨、雪、冰雹、雷电的侵蚀和干扰，必须具有合理的安全防护等级和措施。③连续阴雨天需要太阳能电池板、蓄电池具有足够的容量。④通过控制器对蓄电池进行保护，并要保证光源在高、低电压下均能可靠启动和稳定工作。

照明太阳能电池板一般分为单晶硅、多晶硅和非晶硅太阳能电池板三类，其中单晶硅太阳能电池板性能参数稳定，适合阴雨天较多、阳光不是十分充足的地区使用；多晶硅太阳能电池板生产工艺相对简单、价格低，适合阳光充足、日照好的地方使用；非晶硅太阳能电池板对光照要求较低，适合室外阳光不充足的地方使用。图 7.20 为单晶硅太阳能电池结构示意图。其制备工艺过程：硅片加工→ 表面制绒→ 扩散制结→ 刻蚀→ 镀减反射膜→ 丝网印刷→ 烘干烧结→ 检测分级。

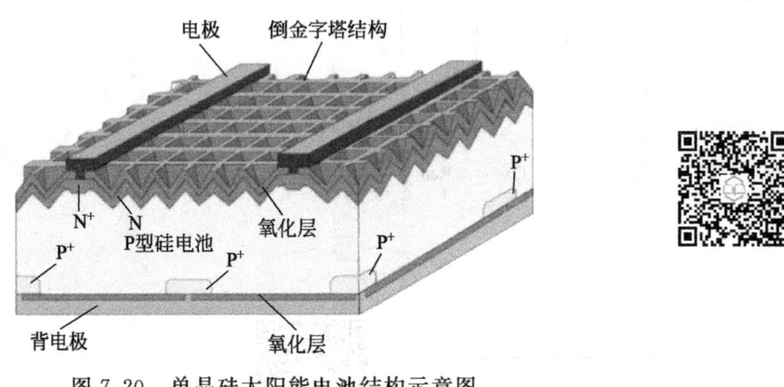

图 7.20　单晶硅太阳能电池结构示意图

① 硅片加工　将硅棒加工成硅片，厚度 0.18～0.2mm。常规电池硅片表面（111）面，绒面电池硅片（100）面，电阻率通常为 0.3～10Ω·cm。加工顺序是：切片→晶边圆磨→晶面研磨→抛光。

采用线切割方式对硅棒或硅锭进行切片，切片时在高速往复运动的张力钢线或铜线上喷洒陶瓷磨料或聚乙二醇与碳化硅按比例混合均匀的切割液，得到翘曲度特性较好的硅片。因硅片边缘较尖，倒角形成光滑边缘，防止晶片边缘破裂，使硅片边缘有低的中心应力，同时防止热应力集中，避免热应力产生位错与滑移等缺陷。晶面研磨是为了去除切片时所产生的锯痕与破坏层，同时降低表面粗糙度，主要靠陶瓷磨料以抹磨的方式完成。为了进一步减小切、磨时对硅片表面的损伤需进行抛光，可采取化学抛光和机械化学抛光。

② 表面制绒　利用硝酸对硅表面进行氧化，打破硅表面的硅氢键，使硅氧化为二氧化硅，然后利用氢氟酸溶解二氧化硅生成络合物氟硅酸，从而导致硅表面发生各向同性非均匀性腐蚀，腐蚀后在硅表面形成的半球状绒面有利于减少光反射，增强光吸收。反应原理如下：

$$Si + HNO_3 \longrightarrow SiO_2 + H_2O + NO_x \uparrow$$

$$SiO_2 + 6HF \longrightarrow H_2SiF_6 + 2H_2O$$

③ 扩散制结　PN 结制造是太阳能电池生产最关键的工序，主要采用扩散方法——一种由热运动所引起的杂质原子和基体原子的输运过程。常见的扩散方法有涂源扩散和液态源扩散。涂源扩散是把杂质源涂覆在硅片表面使其扩散的方法，整个扩散过程中，涂源的浓度不变，可认为是一种恒定源扩散。液态源扩散也是一种恒定源扩散，一般采用石英管式炉进行扩散，即用纯净干燥的氮气作载体，流经盛液态源的容器，氮气载带杂质蒸气进入石英管，在特定温度下扩散。

④ 刻蚀　刻蚀的作用是去除扩散后硅片四周的 N 型硅，防止漏电。一般采用干法刻蚀和湿法刻蚀。干法刻蚀采用高频辉光放电反应，使反应气体激活成活性粒子，如原子或游离

基，这些活性粒子扩散到需刻蚀的部位，在那里与被刻蚀材料进行反应，形成挥发性生成物而被去除，刻蚀速率快速，物理形貌良好。

湿法刻蚀的腐蚀机制是将硅氧化生成二氧化硅，然后用氢氟酸除去二氧化硅，水在张力的作用下吸附于硅的表面，反应式如下：

$$3Si + 4HNO_3 = 3SiO_2 + 4NO + 2H_2O$$

$$SiO_2 + 4HF = SiF_4 + 2H_2O$$

$$SiF_4 + 2HF = H_2SiF_6$$

⑤ 镀减反射膜　硅抛光后表面反射率约为 35%，为了减少对光的反射，提高电池的转换效率，需要在硅表面沉积一层氮化硅减反射膜。氮化硅薄膜的折射率为 2.0～2.2，透明波段中心与太阳光的可见光光谱波段（550nm）吻合，且具有表面和体钝化的作用。此外，氮化硅还有介电常数高、碱离子阻挡能力强、质硬耐磨等优点，是太阳能电池比较理想的减反射及钝化膜。

目前，常采用等离子增强型化学气相沉积法，其技术原理是利用低温等离子体做能量源，将硅片置于低气压下辉光放电的阴极上，利用辉光放电使硅片升温到预定的温度，然后通入适量的反应气体甲硅烷和氨气，气体经过一系列的化学反应和等离子体反应，在硅片表面形成固态薄膜，即氮化硅薄膜。采用此法沉积的薄膜厚度约为 70nm，具有很好的光学性能。

⑥ 丝网印刷　丝网印刷使上、下表面形成电极。用丝网印刷的方法完成背场、背电极、正栅线电极的制作，以便引出产生的光生电流。正面电极用银金属浆料制作，由两部分构成——主栅线和副栅线，主栅线直接连接电池外部引线，副栅线起电流收集并传递到主线的作用。栅线状在实现良好接触的同时可使光线有较高的透过率。

⑦ 烘干烧结　硅片表面涂刷银浆、铝浆后需要对其进行烘干及进一步烧结，最终使电极和硅片本身形成欧姆接触，从而提高电池片的开路电压和填充因子两个关键参数，使电极的接触具有电阻特性，达到生产高效率电池片的目的。

⑧ 检测分级　电池制备过程中不可避免地会引入一些缺陷，包括隐裂、碎片、断栅、虚焊以及其他微观缺陷等，可采用人工和显微镜对电池片进行检测。

例 2　光伏建筑用 CIGS 太阳能电池

光伏建筑一体化是应用太阳能发电的一种新概念，将光伏发电方阵安装在建筑的围护结构外表面来提供电力。光伏方阵与建筑的结合是一种常用的形式，特别是与建筑屋面的结合，如太阳能墙、太阳能窗、太阳能屋顶等。光伏方阵与建筑的结合不占用额外的地面空间，是光伏发电系统在城市中广泛应用的最佳安装方式，如图 7.21。

具有层状结构的 CIGS 吸收系数和转换效率高、重量轻、具有很好的环境稳定性，其薄膜太阳能电池最适合光伏建筑一体化需求。CIGS 薄膜太阳能电池结构如图 7.22 所示，包括金属栅状电极、窗口层（ZnO）、缓冲层（CdS）、光吸收层（CIGS）、金属背电极（Mo）、玻璃衬底等。

一般采用真空溅射、蒸发或者其他非真空方法，分别在衬底上沉积多层薄膜形成 PN 结构而构成光电转换器件。减反射膜层、窗口层、缓冲层及背电极多采用溅射法镀膜。CIGS 薄膜太阳能电池制备的关键工艺在于光吸收层 CIGS 的制备，其制备方法较多，包括共蒸发法、溅射后硒化法、电化学沉积法、喷涂热解法和丝网印刷法等。现在研究最广泛、制备出的电池效率比较高的是共蒸发法和溅射后硒化法，被产业界广泛采用。

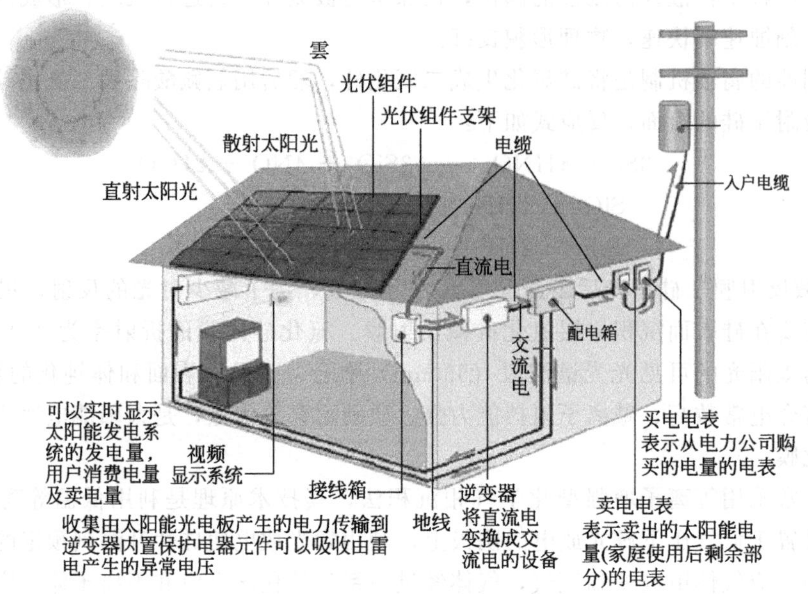

图 7.21　光伏建筑一体化示意图

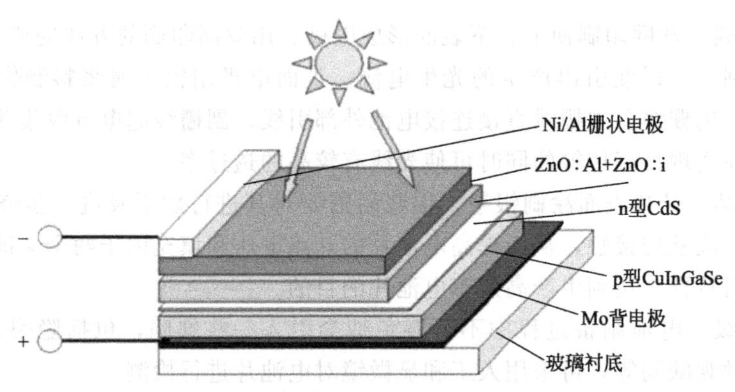

图 7.22　CIGS 薄膜太阳能电池结构示意图

共蒸发方法沉积的 CIGS 薄膜质量明显高于其他技术手段，电池效率较高，基本工艺如下：a. 衬底温度保持在 350℃左右，真空蒸发 In、Ga、Se 三种元素，制备(In,Ga)Se 预置层；b. 将衬底温度提高到 550～580℃，共蒸发 Cu、Se，形成表面富 Cu 的 CIGS 薄膜；c. 保持第二步的衬底温度不变，在富 Cu 的薄膜表面根据需要补充蒸发适量的 In、Ga、Se，最终得到成分为 CuInGaSe 的薄膜。

溅射硒化法是目前国际上普遍采用的方法，可以在大面积玻璃上溅射金属合金层，成分可以精确控制；硒化材料可以采用固态的硒源，避免了有剧毒的 H_2Se 气体；制备的薄膜性能优良，大面积电池组件的效率可以达到 13%～15%，非常适合大面积开发。溅射硒化法的基本工艺过程如下：①溅射时通入少量惰性气体，利用气体辉光放电产生 Ar^+；② Ar^+ 在电场的加速作用下，离子能量得到提高，加速飞向金属靶材；③高能量离子轰击靶表面，溅射出 Cu、In、Ga 离子；④溅射出的粒子沉积在基片（玻璃沉积 Mo 形成的底电极）表面，形成 CIG 金属预置层；⑤在真空环境中使 Se 在高温条件下蒸发，产生 Se 蒸汽，使其和预置膜反应，得到 CIGS 层。

7.3 燃料电池材料与器件

7.3.1 燃料电池简介

燃料电池（FC）是一种效率极高、对环境友好的新型发电装置。与火力发电相比，燃料电池的能量转换方式是直接的，将存在于燃料与氧化剂中的化学能直接转化为电能。从理论上讲，只要连续地供给燃料和空气，燃料电池便能连续发电，从外表上看有正、负极和电解质等，像一个蓄电池，但实质上不能“储电”。燃料电池的工作过程不经过燃烧步骤，不是一种热机，不受卡诺循环的限制，理论上可以获得 100%的转化效率，实际也可达到 60%～80%，是普通内燃机效率的 2～3 倍。

燃料电池最早问世于 1839 年，由英国科学家格罗夫通过电解水实验提出这一概念。经过一百多年的发展，因为各个国家迫切需要解决环境污染及能源枯竭问题而对燃料电池的关注与研究日益重视。美国最先用燃料电池系统为阿波罗登月飞船提供了电力和饮用水，之后对燃料电池进行民用化研究开发，建造了总装机容量达 11 万千瓦的燃料电池电站。日本等一些国家也对这项高技术进行了大量研究，目前已在 30 千瓦级水平上获得了成功。我国将燃料电池技术列为国家重大计划之一，促使我国燃料电池快速发展。

7.3.2 燃料电池的结构组成

燃料电池主要由电极（阳极和阴极）、电解质、隔膜与集电器（双极板）等组件构成，如图 7.23。

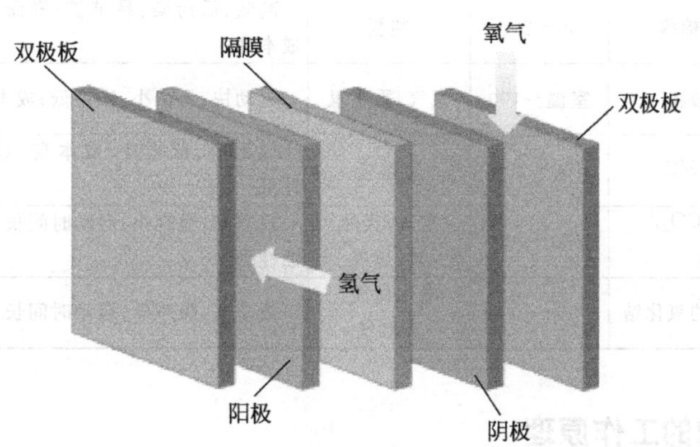

图 7.23　燃料电池单元结构示意图

电极是燃料发生氧化反应与氧化剂发生还原反应的电化学反应场所，电极性能好坏与催化剂的性能、电极材料的性能以及电极制备过程等有关。电极主要分为阳极和阴极两部分，厚度一般为 200～500mm；结构与一般电池的平板电极不同，为多孔结构，主要是因为燃料电池所使用的燃料及氧化剂大多为气体（例如氧气、氢气等），气体在电解质中的溶解度不高，为了提高燃料电池的实际工作电流密度与降低极化作用，发展了多孔结构的电极，以增加参与反应的电极表面积，使燃料电池从理论研究步入实用化。

电解质隔膜的主要功能是分隔氧化剂与还原剂，并传导离子，故电解质隔膜越薄越好，但需要强度高，一般厚度数十毫米至数百毫米。其中一种是将石棉膜、碳化硅膜、铝酸锂膜等绝缘材料制成多孔隔膜，再浸入熔融锂-钾碳酸盐、氢氧化钾与磷酸等中，使其附着在隔膜孔内形成的电解质隔膜。也有采用全氟磺酸树脂（如质子交换膜燃料电池）及以氧化钇稳定的氧化锆隔膜（如固体氧化物燃料电池）作电解质隔膜的。

集电器又称作双极板，具有收集电流、分隔氧化剂与还原剂、疏导反应气体等功能，性能主要取决于材料特性、流场设计及其加工技术。

7.3.3 燃料电池的分类与特征

迄今已研究开发出多种类型燃料电池。按所用电解质不同，可将燃料电池分为：碱性燃料电池（AFC），一般以氢氧化钾为电解质；磷酸燃料电池（PAFC），以浓磷酸为电解质；质子交换膜燃料电池（PEMFC），以全氟化或部分氟化的磺酸型质子交换膜为电解质；熔融碳酸盐燃料电池（MCFC），以熔融锂-钾碳酸盐或锂-钠碳酸盐为电解质；固体氧化物燃料电池（SOFC），以固体氧化物为氧离子导体，如以氧化钇稳定的氧化锆膜为电解质。

按电池的工作温度将燃料电池分为：低温燃料电池（工作温度低于100℃），包括碱性燃料电池和质子交换膜燃料电池；中温燃料电池（工作温度在100～300℃），包括碱性燃料电池和磷酸燃料电池；高温燃料电池（工作温度在600～1000℃），包括熔融碳酸盐燃料电池和固体氧化物燃料电池。各种燃料电池的分类及特点见表7.1。

表7.1 各种燃料电池分类及特点

类型	电解质隔膜	工作温度/℃	燃料	特点	应用领域
AFC	KOH/石棉膜	50～200	纯氢	高效、低污染、易维护；寿命短、成本高	飞行器、车辆、军用装备
PEMFC	全氟磺酸膜	室温～100	氢气，重整氢	启动快、污染小、噪声低；成本高	电动车、潜艇动力源等
PAFC	H_3PO_4/SiC	100～200	重整气	低污染、低噪声；成本高、效率较低	发电厂
MCFC	$(Li, K)_2CO_3$/$LiAlO_2$	650～700	氢气，天然气，煤气	效率高、噪声小；启动时间长、腐蚀性强	热电发、复合电厂
SOFC	氧化钇稳定的氧化锆	900～1000	净化煤气，天然气	效率高、噪声低；启动时间长	热电发、复合电厂

7.3.4 燃料电池的工作原理

（1）碱性燃料电池

工作原理如图7.24所示。碱性燃料电池使用碱性电解质水溶液或稳定的氢氧化钾基质。电池工作时，阳极（负极）发生氧化反应：

$$H_2 + 2OH^- = 2H_2O + 2e^-$$

阳极中的氢气在催化剂作用下与氢氧根反应生成水和电子，电子经外电路移动到阴极。阴极（正极）发生还原反应：

$$O_2 + 2H_2O + 4e^- = 4OH^-$$

氧气和水在催化剂作用下生成氢氧根，氢氧根经隔膜渗透到阳极。电池总反应：

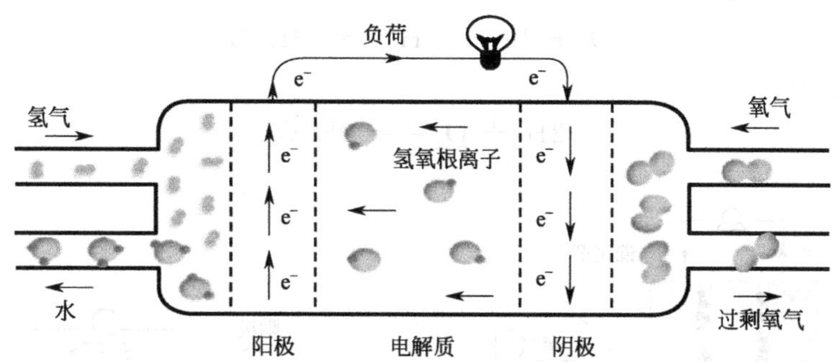

图 7.24　碱性燃料电池的工作原理示意图

$$2H_2 + O_2 \longrightarrow 2H_2O$$

(2) 磷酸燃料电池

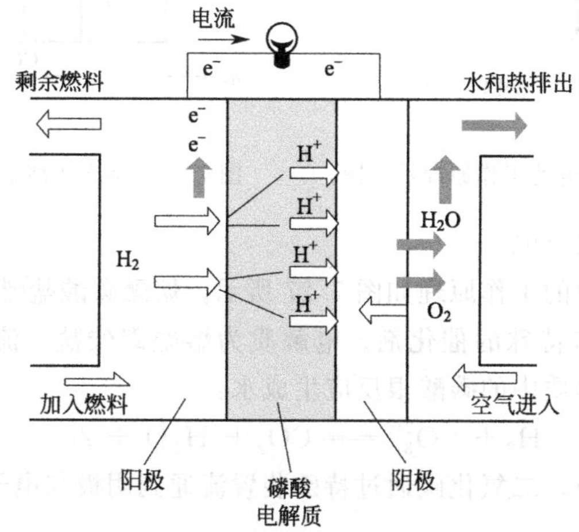

图 7.25　磷酸燃料电池的基本组成和工作原理示意图

磷酸燃料电池的基本组成和工作原理如图 7.25 所示。阳极（负极）的氧化反应和阴极（正极）的还原反应为：

$$H_2 \longrightarrow 2H^+ + 2e^-$$

$$O_2 + 4H^+ + 4e^- \longrightarrow 2H_2O$$

燃料气体氢气在催化剂作用下转变为氢离子和电子，电子经外电路转移到阴极，氢离子则在电池内部通过磷酸电解液传送并透过隔膜移动到阴极，与电子和阴极氧化剂氧气反应生成水，生成的水和未反应的原料由另一侧经过双极板排出。氢离子的转移和电子在外电路的移动构成了整个电回路。如果在外电路接上负载，则有电流通过。电池总反应：

$$2H_2 + O_2 \longrightarrow 2H_2O$$

(3) 质子交换膜燃料电池

主要由燃料发生氧化作用的阳极和氧化剂发生还原作用的阴极以及质子交换膜组成，工作原理如图 7.26 所示。在电池的阳极，氢气接触催化剂，发生氧化反应：

$$H_2 \longrightarrow 2H^+ + 2e^-$$

电子通过外电路到达电池的阴极，氢离子则通过电解质膜到达阴极。氧气在阴极催化剂的作用下发生还原反应生成水：

$$O_2 + 4e^- + 4H^+ \longrightarrow 2H_2O$$

电池总反应为：

$$2H_2 + O_2 \longrightarrow 2H_2O$$

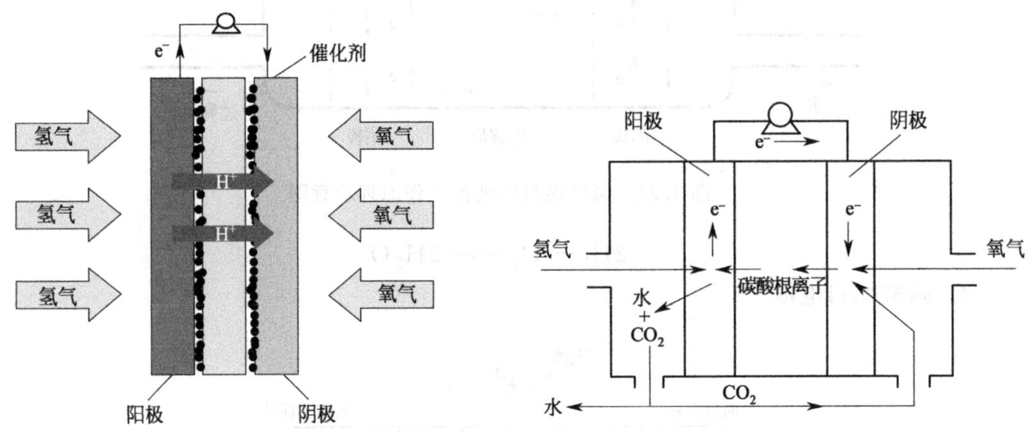

图 7.26 质子交换膜燃料电池工作原理示意图　　图 7.27 熔融碳酸盐燃料电池工作原理示意图

(4) 熔融碳酸盐燃料电池

熔融碳酸盐燃料电池的工作原理如图 7.27 所示。熔融碳酸盐燃料电池是一种高温电池，工作过程中电极反应无需特殊的催化剂。电解质为熔融碳酸盐，流动离子为碳酸根。工作时，阳极中的氢气与电解质中的碳酸根反应生成水：

$$H_2 + CO_3^{2-} \longrightarrow CO_2 + H_2O + 2e^-$$

电子经外电路转移至阴极，二氧化碳通过特殊装置流通到阴极与电子和阴极氧化剂氧气反应生成碳酸根离子：

$$O_2 + 2CO_2 + 4e^- \longrightarrow 2CO_3^{2-}$$

生成的碳酸根离子通过电解质隔膜运动到阳极，持续地与氢气反应。电池总反应：

$$O_2 + 2H_2 \longrightarrow 2H_2O$$

(5) 固体氧化物燃料电池

在固体氧化物燃料电池的阳极一侧持续通入燃料气体，例如氢气（H_2）、甲烷（CH_4）、城市煤气等，具有催化作用的阳极表面吸附燃料气体，并通过阳极的多孔结构扩散到阳极与电解质的界面。在阳极一侧，电解质中的氧离子与燃料气体发生反应失去电子，失去的电子通过外电路流到阴极；在阴极一侧持续通入氧气或空气，具有多孔结构的阴极表面吸附氧，由于阴极本身的催化作用，使得 O_2 得到电子变为 O^{2-}，在化学势的作用下，O^{2-} 进入起电解质作用的固体氧离子导体，浓度梯度引起扩散，最终到达固体电解质与阳极的界面，持续与燃料反应。以 CH_4 为例的反应机理如下：

阳极反应：$CH_4 + 4O^{2-} \longrightarrow CO_2 + 2H_2O + 8e^-$

阴极反应：$O_2 + 4e^- \longrightarrow 2O^{2-}$

总反应：$2O_2 + CH_4 \longrightarrow 2H_2O + CO_2$

固体氧化物燃料电池的工作原理如图 7.28 所示。

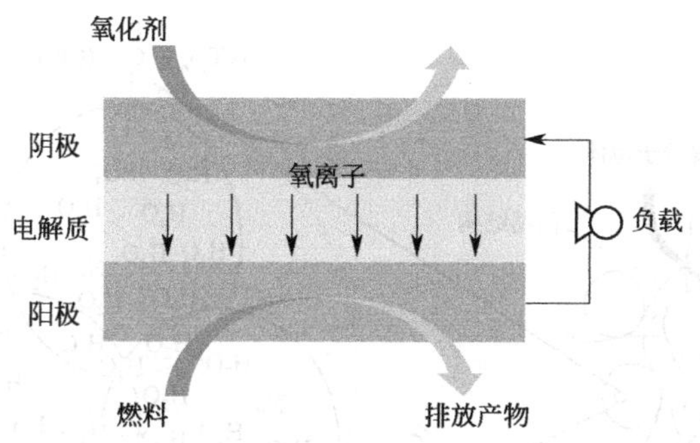

图 7.28　固体氧化物燃料电池的工作原理示意图

7.3.5　燃料电池材料

以低温型质子交换膜燃料电池和高温型熔融碳酸盐燃料电池为例，对两种电池的各部分组成材料进行介绍。质子交换膜燃料电池的结构可分为三合一膜电极组件和双极板，膜电极与双极板决定着电池的性能和运行的稳定性，因此，构成质子交换膜燃料电池的关键材料是质子交换膜材料、双极板材料和电极材料。熔融碳酸盐燃料电池的关键材料亦包括电极材料、隔膜材料和双极板材料。

7.3.5.1　质子交换膜材料

质子交换膜（PEM）是质子交换膜燃料电池的核心部件，与一般化学电源中使用的隔膜有很大不同，既是一种选择透过性隔膜又是电解质和电极活性物质（电催化剂）的基底。用作质子交换膜的材料，应当满足以下条件：①具有良好的离子导电性，可以降低电池内阻并提高电流密度；②材料的分子量充分大，即材料的互聚和交联程度高，以减弱高聚物的水解作用；③水分子在膜中的电渗作用小，H^+ 在其间的迁移速度高，防止膜中的浓度梯度过大；④分子在平行离子交换膜表面的方向上有足够大的扩散速度，避免电池局部缺液；⑤气体（尤其是氢气和氧气）在膜中的渗透性尽可能小，以免氢气和氧气在电极表面发生反应，造成电极局部过热，影响电池的电流效率；⑥膜的水合和脱水可逆性好，不易膨胀，否则电极变形将引起质子交换膜局部应力增大和变形；⑦膜对氧化、还原和水解具有稳定性，能够阻止聚合链在活性物质氧化/还原和酸性作用下降解；⑧具有足够高的机械强度和结构强度，可以将质子交换膜在张力下的变形减至最小；⑨膜的表面性质适合与催化剂结合。

质子交换膜燃料电池曾采用过酚醛树脂磺酸型膜、聚苯乙烯磺酸型膜和全氟磺酸型膜等几种。全氟磺酸型膜是目前最适用的质子交换膜，具有优良的导电性能、高的化学稳定性和机械强度等优点。全氟磺酸型膜的主要基体材料是全氟磺酸型离子交换树脂，这种膜是一种与聚四氟乙烯相似的固体磺酸化含氟聚合物水合薄片，其微观结构如图 7.29 所示。

燃料电池用全氟磺酸型膜的制备方法主要包括熔融挤出法和浇铸成膜法两种。熔融挤出法是将全氟磺酸树脂在一定温度（160～230℃）下用挤出机直接挤出，挤出温度应高于树脂的熔融温度且低于其分解温度。浇铸成膜法是使用 5%左右的树脂溶液在平面或曲面上成膜，脱模后的膜平整度较好、强度较高。

熔融碳酸盐燃料电池的工作温度高达 700℃，因此电池所用隔膜除需具备阻隔电子、导通离子、阻气密封等作用之外，还必须具备高强度和耐高温等性能。适合作为熔融碳酸盐燃

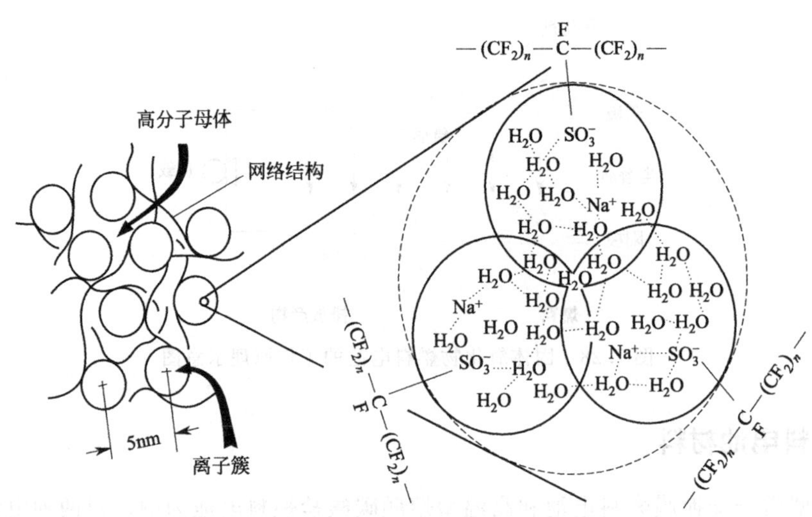

图 7.29 全氟磺酸型膜的微观结构示意图

料电池隔膜的材料主要为金属氧化物，如氧化镁（MgO）、氧化铝（Al_2O_3）、氧化铝锂（$LiAlO_2$）等材料。氧化镁在熔融碳酸盐中会有微量溶解，且在高温环境下易烧结；氧化铝材料在高温下易与熔融碳酸盐发生反应，从而导致隔膜破裂。目前没有特别有效的方法抑制上述情况发生，因此这两种廉价易制备的金属氧化物材料未能在生产中规模化。相比于氧化镁和氧化铝，氧化铝锂作为隔膜材料的性能较为稳定，具备很强的抗高温溶解性和抗自烧结性能。目前在熔融碳酸盐燃料电池中使用较多的隔膜材料为 α-$LiAlO_2$ 和 γ-$LiAlO_2$ 两种晶相材料。

7.3.5.2 双极板材料

双极板又称隔板，如图 7.30 所示。双极板主要用于传递反应气体，排出反应生成物，提供气体流道，防止电池气室中的氢气与氧气串通，并在串联的阴、阳两极之间建立电流通路。在保持一定机械强度和良好阻气作用的前提下，双极板厚度应尽可能薄，以减少对电流和热的传导阻力。双极板的表面有许多沟槽，以实现其传递气体反应物的功能，而沟槽的边缘部分（脊）则与电极的扩散基底紧密结合，形成电子通道。双极板也是影响电池性能（尤其是电池功率密度）和制造成本的另一个重要因素。

图 7.30 超薄石墨双极板

制备质子交换膜燃料电池双极板广泛采用的材料是石墨和金属板。常用的双极板材料包括三大类：①碳极板材料。碳双极板材料包括石墨、模压碳材料及柔性石墨。传统双极板采用致密石墨，经机械加工制成气体流道。石墨双极板化学性质稳定，与膜电极之间的接触电阻小。②金属极板材料。铝、镍、钛及不锈钢等金属材料可用于制作双极板。金属双极板易加工，可批量制造，成本低，厚度薄，电池的体积功率密度与能量密度高。③复合极板材料。若双极板与膜电极之间的接触电阻大，欧姆电阻产生的极化损失多，运行效率下降。在常用的各种双极板材料中，石墨材料的接触电阻最小，不锈钢和钛的表面均会形成不导电的氧化物膜使接触电阻增高。

熔融碳酸盐燃料电池用双极板材料所面临的主要问题仍是耐高温和耐熔融碳酸盐腐蚀等性能的提升，因要求双极板具备导电集流等功能，因此不能使用耐高温和耐腐蚀性能较好的金属氧化物类陶瓷材料。曾经研究较多的双极板材料为金属合金系列，如镍合金、钴合金、铁合金、铬合金、铝合金等，但它们作为高温燃料电池双极板材料的性能都有待提高。目前 316 或 310 不锈钢作为高温燃料电池双极板材料的研究也较多，但仍存在一定的问题，如不锈钢的耐熔融碳酸盐腐蚀性尚无法满足实用化要求，尤其在阳极侧的腐蚀速度要比阴极侧高 2 个数量级，其解决的办法就是寻求适当的表面防护技术或找到合适的替代材料。

7.3.5.3　电极材料

质子交换膜燃料电池电极是一种气体扩散电极，一般由扩散层和催化层组成。扩散层的作用在于支撑催化层、收集电流，并为电化学反应提供电子通道、气体通道和排水通道。催化层则是发生电化学反应的场所，是电极的核心部分，如图 7.31 所示。

气体扩散层由高疏水性的基底材料与微孔层组成，基底材料通常为疏水改性的碳纤维复合成的碳纸，微孔层为负载金属催化剂的炭黑颗粒。金属材料具有比碳纤维材料更高的电子电导率和热导率。作为燃料电池气体扩散层具有其独特的优势，而且其成本比碳纤维材料更低，但在实际应用中易腐蚀、寿命较短限制了其发展应用。气体扩散层材料需要具有以下特性：①多孔透气，使气体分子与催化剂层的活性位点充分接触；②具有高电子电导率，使气体被分解后产生的电子迅速通过极板向外电路迁移；③具有高热导率，防止内部体系温度过高引起质子交换膜老化；④具有好的疏水性，使反应产物水可以迅速排出，控制反应气源的浓度；⑤在大电流下具有好的耐受性。

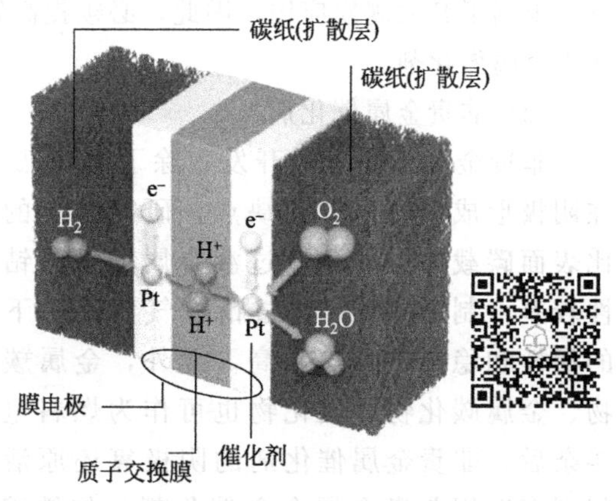

图 7.31　电极材料的催化层与扩散层

质子交换膜燃料电池通常采用氢气和氧气（或空气）作为反应气体，其电池反应生成物是水，阳极发生为氢的氧化反应，阴极发生氧的还原反应。为了加快电化学反应的速度，气体扩散电极上都必须含有一定量的催化剂。

电极催化剂包括阴极催化剂和阳极催化剂两类。无论是阴极催化剂还是阳极催化剂，燃料电池对催化剂的性能要求包括：①高催化活性，如对氢的催化氧化（阳极）或对氧的催化还原（阴极）；②循环稳定性好，即长期稳定的催化能力；③对杂质气体不敏感，当燃料或氧化剂气体中含有其他杂质，或燃料为含碳有机物质（如直接甲醇燃料电池）时，催化剂在催化过程中应不被杂质影响；④成本低，廉价催化剂可大幅度降低燃料电池的总生产成本，加速大规模商业化进程。依照成本高低，催化剂可分为贵金属催化剂和非贵金属催化剂两大类。贵金属催化剂以铂基催化剂为代表，目前已商业化；非贵金属催化剂的种类繁多，因其催化活性无法与铂媲美，目前仍处于研发阶段。

(1) 贵金属催化剂

贵金属催化剂既可作为阳极氢氧化催化剂，又可作为阴极氧还原催化剂。贵金属催化剂包括铂基催化剂、钌基催化剂、铑基催化剂等，主要为各类贵金属及其组成的合金。作为商业化的典型，尽管铂基催化剂中使用了储量稀少的贵金属，价格高昂，但由于它在强酸性电解质中的高稳定性和高氧化还原催化活性，目前无论在基础研究还是应用、开发领域，铂黑及高分散的碳负载铂催化剂都是低温燃料电池催化剂的主要活性物质。质子交换膜燃料电池研究早期主要采用纯铂黑催化剂，铂用量至少 $4mg \cdot cm^{-2}$。

铂基催化剂的制备方法较多，包括化学还原法、模板法、微波液相合成法、微乳液法、电化学法、辐射法和气相蒸发法等。其中最经典的制备纳米催化剂的方法是化学还原法，此方法工艺简单，易于在实际生产中得到应用。化学还原法采用还原性物质如多聚甲醛和碳酸钠的混合液对氯铂酸进行还原，得到纳米铂颗粒作为燃料电池催化剂。为克服铂催化剂易CO中毒的缺点，人们又进行了铂基合金电极的制备，已有的成熟的催化剂有铂-钌、铂-锡等合金催化剂。

质子交换膜燃料电池主要采用贵金属铂作为电催化剂，它对两个电极反应均具有催化活性，而且可长期工作。由于铂的价格高昂，资源匮乏，使得质子交换膜燃料电池成本居高不下，限制了其大规模应用，因此，必须提高铂的利用率、降低用量或者寻找新的价格较低的非贵金属催化剂。

(2) 非贵金属催化剂

非贵金属催化剂的开发，除了可降低成本外，还可以避免铂催化剂对甲醇敏感、易在阴极形成混合电势的缺点，研究最多的是过渡金属大环螯合物类催化剂。吸附在高比表面碳载体上的含有过渡金属如铁、钴的螯合物是一种有前途的催化剂，但其稳定性较差，制备困难，经过惰性气氛保护下的热处理，过渡金属大环螯合物催化氧还原的活性和稳定性显著提高。此外，金属羰基化合物、金属陶瓷基化合物以及金属氧化物、金属碳化物和氮化物也可作为燃料电池阴极氧还原催化剂，经过硫、氮等杂原子掺杂后，非贵金属催化剂的阴极氧还原活性均有不同程度的提高。而阳极氢氧化催化剂则多选用非贵金属合金催化剂，如铁镍合金、铁钴合金等，此外，金属氧化物、金属碳化物也相继被作为阳极催化剂进行研究报道。

目前，对非贵金属催化剂制备方法的研究颇多，如微波水热法、溶剂热法、氧化还原法、电化学沉积法、模板法等，但无论何种方法制得的非贵金属催化剂在催化活性和稳定性上仍无法超越商用铂催化剂。未来对燃料电池催化剂的研究仍集中于开发低成本、但催化活性和稳定性都能够媲美甚至超越商用铂催化剂的非贵金属催化剂材料。

为了能够让催化剂充分发挥其催化效率，常将有催化活性的金属纳米颗粒负载在某些载体上，提高其分散性。如金属的分散、金属-金属相互作用、金属-载体相互作用等都与载体有关，并最终影响催化剂的性能。适合电池催化剂用的载体应具备如下条件：良好的电子传导性能；大的比表面积；合理的孔结构，即具有较大的中孔比例，满足反应气体、产物的传质要求；优异的抗腐蚀性能。从催化剂稳定性等方面考虑，常用的催化剂载体主要有碳纳米管、有序介孔碳、炭黑等。

炭黑是目前常用的碳载体，其中 Vulcan XC-72 活性炭是由粒径为 30～60nm 的无定形碳纳米颗粒经过石墨化处理的一种炭黑材料，具有较大的比表面积（$254m^2 \cdot g^{-1}$）、丰富的孔道结构和良好的导电性。

碳纳米管是由碳原子经 sp^2 杂化形成石墨原子层后绕同轴缠绕而成的管状物，因此具有石墨优良的特征，如良好的耐腐蚀性、高的电导率和优良的机械性，是新型的具有高比表面积和稳定的物理、化学性质的碳材料。碳纳米管独特的一维结构能与金属离子发生相互作用，提高催化剂的催化性能。

介孔碳是孔径介于 2～50nm，具有高的比表面积、良好的导电性的碳材料，根据孔道结构和合成方法可以分为有序介孔碳材料和无序介孔碳材料。有序介孔碳具有规则的孔道结构，这种孔径能提供足够的气液相接触面积，有利于气液相的传质，其高的比表面积、大的孔容、良好的热稳定性和化学稳定性，不仅能改善金属活性粒子的分散性，而且可提高金属活性颗粒的利用率，还可增加气液相的质子传输速率，是有良好应用前景的碳载体。

因熔融碳酸盐燃料电池工作温度较高，在电极材料的组成中无需添加特殊的催化剂。该类燃料电池的阴极材料和阳极材料分别为多孔氧化镍和高温合金。阴极氧化镍是多孔金属镍在电池升温过程中经高温氧化而成的，氧化镍在电池运行过程中可溶解于熔盐电解质中产生二价镍离子，镍离子扩散进入电解质被阳极渗透过来的氢气还原为金属镍沉积在电解质板上，最终导致电池短路。为解决这一问题，研究者将氧化钴锂作为阴极材料或者将氧化钴锂涂敷在氧化镍表面制备电极，以防止镍的溶解和析出。熔融碳酸盐燃料电池的阳极材料必须具备良好的导电性、抗腐蚀性和抗高温性能，此外电极材料自身要有很好的催化性能，可以使阳极燃料氢气快速发生氧化反应变成氢离子。考虑到镍的耐高温性能及良好的催化活性，目前较适合用作该类高温电池阳极的材料多为添加铬、铜或铝元素的镍合金，合金元素的添加降低了镍的蠕变性能，同时提高了电极的稳定性。

7.3.6 燃料电池

例1 无线电通信供电燃料电池

要求无线电通信电源体积小、重量轻、成本低、不受环境限制、方便运输、发电时间长短无限制、不会带来噪声和污染等问题。熔融碳酸盐燃料电池是无线电通信供电系统的理想电源，具有如下特性：a. 燃料适应性强，可使用多种初级燃料，如天然气、煤气、沼气、煤粉甚至火力发电厂不宜使用的低价燃料；b. 工作温度高，不需要使用贵金属催化剂，大幅度降低了电池成本；c. 发电效率高，可达到 60%，耦合热电联供系统后综合发电效率可达 80%以上；d. 发电规模可大可小，易于调控。

发电厂用熔融碳酸盐燃料电池的单体结构材料包括：阳极材料（多孔镍）、阴极材料（多孔氧化镍）、电解质（浸注锂和钾的混合碳酸盐的氧化铝锂多孔陶瓷板）。供电系统的形成包括电解质板的制备、电极板的制备及电池堆的组装三个关键技术。

氧化铝锂多孔陶瓷电解质板的制备：将 γ-$LiAlO_2$ 粉料、非水溶剂、黏结剂、增塑剂和分散剂经过球磨共混配制成浆料，再用流延机流延成型，干燥后得到含有聚合物黏结剂的柔性薄膜，在一定条件下烧去有机聚合物就可得到最终稳定形状的隔膜。为改善隔膜的抗热冲击性能，可在 γ-$LiAlO_2$ 粉料中掺入一定量的 Al_2O_3 纤维。

电极板的制备：将羰基镍粉、黏结剂和造孔剂混合均匀后进行轧制，然后将轧制的薄板直接送入真空中，在合适温度下烧结即成为电极。阴极为多孔烧结 Ni 板，厚度为 0.75mm，平均孔径为 10μm，孔隙率为 70%，在电池堆启动通入氧化剂后原位氧化成 NiO；阳极为多孔烧结 Ni-Cr 板，厚度为 0.75mm，平均孔径为 8μm，孔隙率为 60%。

双极板材质为不锈钢 316L，面积为 560mm×420mm，厚度为 10mm。双极板的上、下表面分别是阳、阴极气室，采用机加工的方法在双极板的上、下表面刻绘出流道，然后分别对流道和密封边框做耐腐蚀（如阳极流道侧镀镍、密封边框处镀铝）处理，备用。

图 7.32 单电池构成 MCFC 电池堆

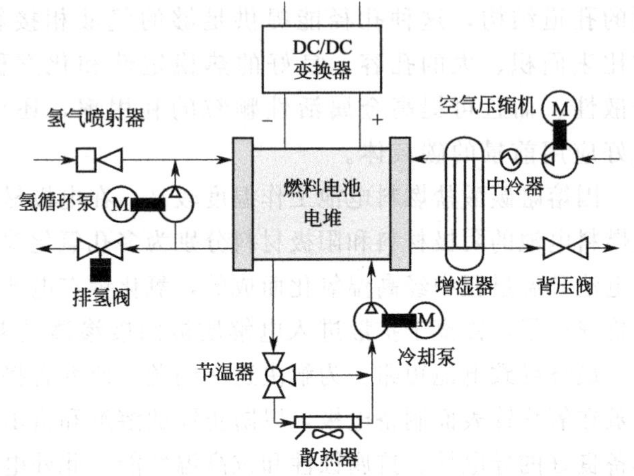

图 7.33 燃料电池发电系统

图 7.32 是 15 个单电池构成的 MCFC 电池堆的照片，电池堆上、下两端分别为阴、阳极端板，中间每两个单电池之间为一双极板，单电池由阴极、盐膜、隔膜、盐膜、阳极组成。每个单电池的阴极、阳极通过双极板与相邻单电池的阳极、阴极相连，阴极反应气与阳极反应气对流。

由一组电极和电解质板构成的单电池工作时输出电压约为 0.6～0.8V，电流密度为 150～200mA·cm^{-2}。将多个单电池进行串联构成电堆可获得高电压，电堆被安装在圆形或方形的压力装置中，如图 7.33 所示。单独的燃料电池本体还无法完成大规模的发电工作，必须有一套完整的发电系统，包括燃料预处理系统（燃气喷射器、循环泵、排气阀等）、空气处理系统（空气压缩机、控制阀等）、电能转换系统（变换器等）、热量管理与回收系统（散热器、冷却泵等）。依靠这些辅助系统，燃料电池本体才能够安全持续地供电。

例 2 汽车动力燃料电池

汽车发动机用燃料电池多为质子交换膜燃料电池，具有可快速启动、工作温度较低的优势。燃料电池单体的核心器件为膜电极，即将阴极、阳极催化剂分别涂敷在质子交换膜的两侧，被称为“三合一”膜电极。

膜电极材料包括：阴、阳极催化剂（Pt）、载体（碳纳米管）、质子交换膜（全氟磺酸膜）、溶剂（全氟磺酸树脂溶液）、固化剂（异丙醇、乙酸乙酯、四氢呋喃）、第三添加剂（乙醇、丙醇、乙二醇）。膜电极的制备工艺流程为：制浆→涂膜→干燥固化（烘烤），膜电极制备完成后与铝铜双极板材料等进行单电池组装。

汽车用燃料电池发动机系统除燃料电池堆外，还需有高压储氢罐、动力控制单元、燃料电池升压变频器、电动机、动力电池等辅助设施，如图 7.34 所示。

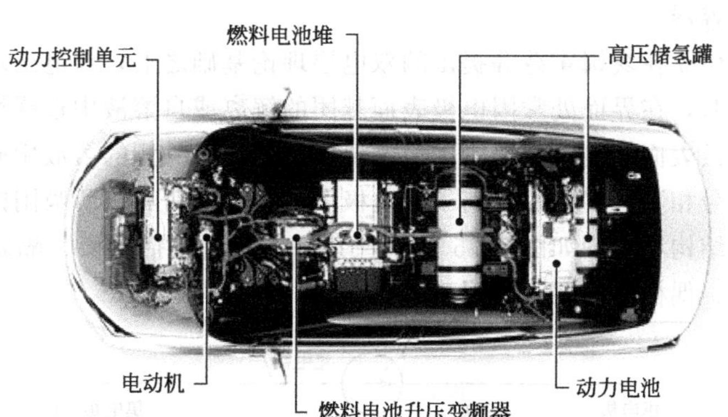

图 7.34　燃料电池发动机系统

7.4 超级电容材料与器件

超级电容器是指介于传统电容器和二次电池之间的一种新型储能装置，它既具有电容器快速充放电的特性，又具有二次电池的大容量储能特性。超级电容器是通过电极与电解质之间形成的界面双电层来存储能量的新型元器件。

7.4.1 超级电容器简介

远在西汉时期，就有文献记录了琥珀的静电现象。直到 18 世纪中期莱顿瓶的发明，才发现静电是能量储存的一种形式，莱顿瓶也就成为人类最早使用的电能储存容器，简称电容器。由于莱顿瓶所储存的能量非常少，富兰克林用平板取代罐体开发了扁平电容器。19 世纪中期，法拉第对电容器的科学概念进行了梳理，为纪念法拉第对电容器的突出贡献，将电容器的核心参数——电容的单位用法拉（F）表示。1874 年鲍尔发明高稳定高频云母电容器。1876 年斐茨杰拉德发明低成本纸介电容器。1897 年波拉克发明了大容量低成本铝电解电容器。进入 20 世纪，业界又相继发明了瓷介电容器、薄膜电容器、贴片电容器、钽电解电容器等。即便是钽电解电容器，其单个元件的电容一般也只有几十微法拉，无法满足储能应用需求，但因为优异的滤波特性在电子工业中获得了广泛的应用。

1879 年，亥姆霍兹发现了电化学界面的双电层电容特性。当电极与电解液接触时，库仑力、分子间力及原子间力的作用，使固液界面出现稳定和符号相反的双层电荷，称为界面双电层。由于双电层之间的距离极小（$<$1nm），双电层所表现出的电容远大于传统电容器的电容，故称为“超电容”，运用双电层原理开发出来的电容器也称为“超级电容器”。随着材料与工艺关键技术的不断突破，大量用于储能的各类超级电容器相继被研发面世，20 世纪 90 年代末开始进入大容量高功率型超级电容器的全面产业化，超级电容器已经在电动汽车、新能源发电、消费电子、军事等领域获得了广泛应用。

7.4.2 超级电容器结构与工作原理

按照储能原理不同，超级电容器可以分为双电层电容器和赝电容器两大类。

(1) 双电层电容器

双电层电容器建立在亥姆霍兹等提出的双电层理论基础之上，双电层理论认为，当电极插入电解质溶液中时，在界面处常因电极表面基团的解离或自溶液中选择性吸附某种离子而使得界面一侧的电极表面带电，由于电中性的要求，界面另一侧的溶液中必然有与电极表面电荷数量相等但符号相反的多余的反离子，电极表面所带电荷和其所吸附的反离子构成双电层。双电层电容器结构和原理如图 7.35 所示，其组成主要包括电极、隔膜、电解液。双电层分为离子双电层、偶极双电层和吸附双电层。

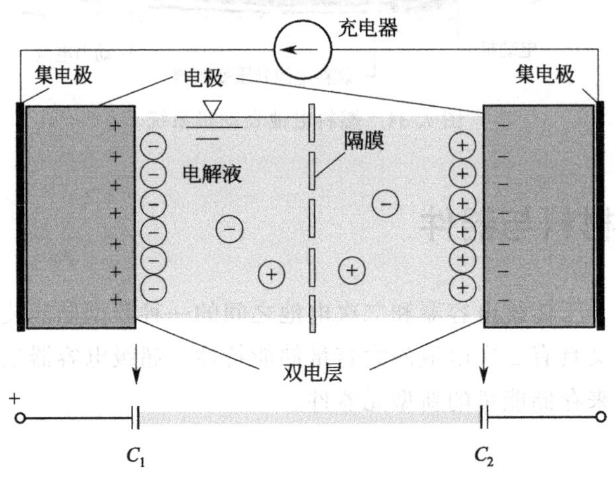

图 7.35 双电层电容器结构和原理示意图

在无外加电源时，两个电极构成的回路各自处于电中性平衡态，体系中没有电荷的转移。当外加电源充电后，在两极间形成的电场使得电极界面处的电荷发生定向排布，这种定向排布的双电层，因层间距离只有数埃，因而储存电容的能力较传统平板电容器可有几个数量级的提高。撤去外加电源后，电极上的正、负电荷与溶液中的相反电荷离子相吸引而使双电层稳定，在正、负极间产生相对稳定的电势差。这时对某一电极而言，会在电极附近一定的距离内产生与电极上电荷等量的异性离子电荷，使其保持电中性。当充满电的电容器接上负载进行放电时，由于两极间电势差的存在，电极上的电荷会迁移到溶液中，从而在外电路中产生电流，直至电容器又恢复到无外加电源的初始状态时放电终止。双电层超级电容 C 具体表达式为：

$$\frac{1}{C}=\frac{1}{C_1}+\frac{1}{C_2} \tag{7.1}$$

(2) 法拉第赝电容器

法拉第赝电容器主要利用金属氧化物的快速可逆氧化还原反应而实现电荷的储存与释放。赝电容理论首先由 B. E. Conway 提出，通过在电极表面、体相二维或准二维空间上电活性物质进行欠电势沉积，发生高度可逆的化学吸附/脱附或氧化/还原反应，产生与电极充电电势有关的电容。其充放电反应如下：

$$\text{酸性条件:}MO_x+H^++e^- \rightleftharpoons MO_{x-1}(OH)$$

$$\text{碱性条件:}MO_x+OH^--e^- \rightleftharpoons MO_x(OH)$$

氧化物电极材料微结构如图 7.36 所示，其具有较大的比表面积，因而会有相当多这样的电化学反应发生，电极中就会存储大量的电荷。根据充放电反应可看出，在放电时进入氧化物中的离子又回到电解液中，所存储的电荷也会通过外电路释放出来，这就是法拉第赝电容的充放电原理。在相同的电极表面积下，由于法拉第赝电容可利用体相原子，因而其电容值达双电层电容的 10～100 倍。

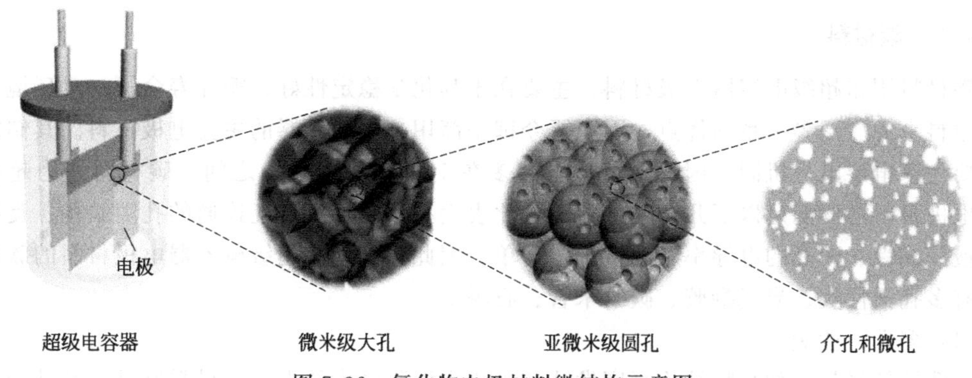

图 7.36　氧化物电极材料微结构示意图

7.4.3　超级电容器的特性参数与优点

超级电容器的核心性能参数为电容，用 C 表示，单位为 F，应用中常用质量比电容，用 C_m 表示，单位为 $F \cdot g^{-1}$。通过三电极体系利用循环伏安法计算质量比电容的公式如下：

$$C_m = \frac{\int I(V)\mathrm{d}V}{vm\Delta V} \tag{7.2}$$

式中，$\int I(V)\mathrm{d}V$ 为循环伏安曲线积分面积；v 为扫描速率；m 为电极活性材料质量；ΔV 为电压区间。通过两电极体系利用恒电流充放电法计算质量比电容的公式如下：

$$C_m = \frac{I\Delta t}{m\Delta V} \tag{7.3}$$

式中，I 为放电电流；Δt 为放电时间。

基于两电极体系衍生的重要特性参数有能量密度（E）和功率密度（P）：

$$E = \frac{1}{2}C_m(\Delta V)^2 \tag{7.4}$$

$$P = \frac{E}{\Delta t} \tag{7.5}$$

此外，循环稳定性、内阻、倍率性能、自放电性能等也是衡量超级电容器的重要参数。

与传统电容器和蓄电池相比，超级电容器作为储能装置的突出优点是：功率密度高、充电时间短、循环寿命长、工作温限宽、维护周期长、绿色环保等。超级电容器、传统电容器与蓄电池的性能比较如表 7.2 所示。

表 7.2　超级电容器、传统电容器与蓄电池的性能比较

性能参数	传统电容器	超级电容器	蓄电池
能量密度/$W \cdot h \cdot kg^{-1}$	<0.1	1～20	20～200
功率密度/$W \cdot kg^{-1}$	$>10^4$	$10^3 \sim 2\times10^4$	50～200
充放电时间/s 或 h	$10^{-6} \sim 10^{-3}$	0.1～60	0.3～5h
充电效率	≈1	0.9～0.95	0.7～0.85
循环周次	10^8	10^6	$500 \sim 2\times10^4$

7.4.4 超级电容器材料

7.4.4.1 碳材料

碳材料用作超级电容器电极材料，主要在于其化学稳定性好、循环寿命长、对环境无污染、原料来源广泛等一系列优点，因而至今都是商用超级电容器的主要电极材料。其储能机制主要为双电层电容机制，因而质量比电容多在 10～100F・g^{-1} 之间。碳材料作为超级电容器电极材料需要满足以下几个条件：大的比表面积、丰富且相互连通的孔隙结构、良好的电解液浸润性、较高的电导率、制备工艺简单。因此，可用作超级电容器电极材料的碳材料主要有多孔活性炭、炭气凝胶、碳纳米管、石墨烯。

(1) 多孔活性炭

多孔活性炭是一种孔隙结构高度发达和内比表面积极大的人工碳材料制品，其结构如图 7.37 所示。因具有电化学性能稳定、制备简单、成本低廉等优点，在双电层电容器中获得了广泛的应用。可以树脂、中间相沥青、高挥发性烟煤、多孔有机生物质等为原料，氢氧化钠/钾为催化剂，采用催化合成、高温炭化等工艺，制得以介孔为主的多孔活性炭。

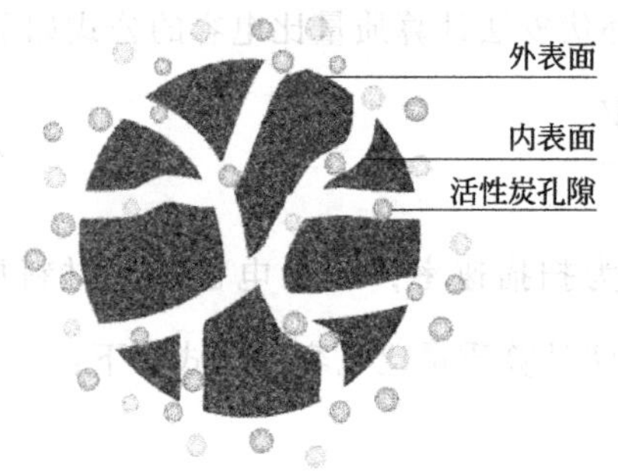

图 7.37 多孔活性炭结构

图 7.38 炭气凝胶结构

(2) 炭气凝胶

炭气凝胶是一种比表面积极大（可达 2000m^2・g^{-1} 以上）、孔隙率极高、密度极小、电化学性能稳定、导电性好的多孔无定形碳材料，结构如图 7.38 所示。制备过程包括形成有机凝胶、超临界干燥、炭化这三步。虽然炭气凝胶已在超级电容器的电极材料上获得初步应用，但其复杂的制备工艺、高昂的价格等限制了进一步发展和应用。

(3) 碳纳米管

碳纳米管是单层或多层石墨卷曲而成的中空管状结构，其结构如图 7.39 所示。碳纳米管管径大小为 0.4～100nm，具有导电性好、比表面积大、电解液润湿性好等优点，是一种理想的超级电容器电极材料。按照层数不同，可分为单壁和多壁碳纳米管，后者因制备容易、力学性能优异而成为主要的研究对象。由于碳纳米管的比表面积都很低（100～400m^2・g^{-1}），所以未经处理的碳纳米管超级电容器的比电容都偏低（100～180F・g^{-1}）。通过修饰一些含氧基团，碳纳米管的比电容值会有所提升，但会影响循环稳定性。另外，碳纳米管价格高昂，相比于活性炭，碳纳米管在成本和性能上没有明显优势，因此多与其他材料复合作为超级电容器的电极材料。

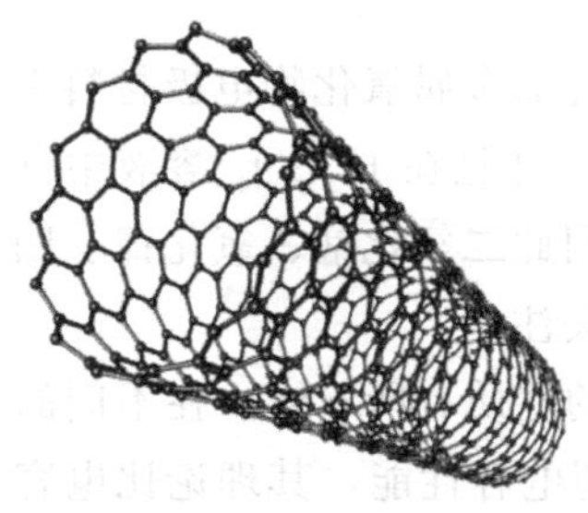

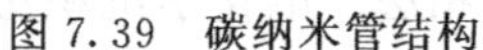

图 7.39　碳纳米管结构

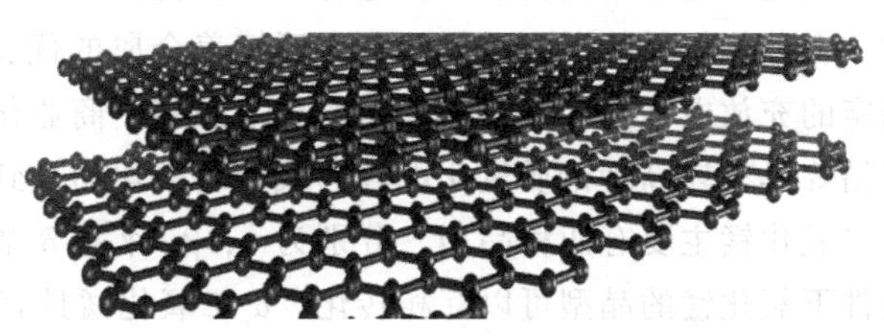

图 7.40　石墨烯结构

（4）石墨烯

石墨烯作为一种近年来研究非常热门的二维碳材料，是由碳原子组成的单层片状结构，其结构如图 7.40 所示。石墨烯的理想比表面积高达 $2675m^2 \cdot g^{-1}$，此外还具有很高的电导率和热导率、很高的力学强度，这些特征高度契合超级电容器对电极材料的性能要求，因而被视为一种理想的超电容电极材料。在石墨烯作为双电层超级电容器电极材料的研究中，一般认为得到的石墨烯比表面积越大，其作为超电容电极材料的电化学性能就越好。但在大量制备石墨烯的过程中，石墨烯层与层之间很容易发生堆叠，严重影响了石墨烯在电解质中的分散性和表面可浸润性，使石墨烯材料的有效比表面积和电导率降低很多。可通过独特的结构设计对其进行改善，或与其他材料复合形成性能优异的复合电极材料。

7.4.4.2　导电聚合物

自 20 世纪 70 年代导电乙炔被发现以来，导电聚合物已经成为了科学领域中的研究热点之一。导电聚合物的出现是对高分子聚合物理论以及科学应用的提升与突破，并且在世界范围研究热潮的推动下，在短期内就取得了巨大的进展，聚噻吩（PTH）、聚吡咯（PPY）、聚苯胺（PANI）等导电高分子聚合物相继也被开发出来。导电聚合物的电导率介于半导体与金属之间，能够通过选择分子的类型来进行结构设计，这一优势使得聚合物性能的提高很容易进行，从而制备出符合要求的材料。这些特性使得导电聚合物适合制作超级电容器电极材料，其储能机制主要为赝电容机制，质量比电容可达碳材料的 3 倍以上。

通过化学合成的方法可以制备具有纳米结构的导电聚合物，比如聚苯胺以及聚吡咯。在单体分散液中加入聚合引发剂就能够得到一定结构的产物。尽管导电聚合物在超级电容器领域的应用远远晚于多孔活性炭、金属氧化物等传统电极材料，但是导电聚合物凭借其廉价的原料、便捷的制备方法、良好的环境稳定性以及改性复合之后所具有的柔性、高性能表现获得了广泛的应用，具备实现全固态柔性电容器并应用于可穿戴设备中的潜质。

目前导电聚合物存在的主要问题是其循环性能不稳定，在长期充放电过程中，会发生体积膨胀或者收缩的现象，导致导电聚合物材料性能下降。为了提升导电聚合物的循环稳定性，近期研究主要集中于开发具有优良掺杂性能的导电聚合物或制备与金属氧化物、碳的复合材料。

7.4.4.3　金属氧化物

为实现更高的电容，具有更大潜能的赝电容电极材料，如金属氧化物、金属氢氧化物、金属硫化物等相继被开发出来，由于其高度可逆的准氧化还原反应、较多的可变价态、易于调控的结构和形貌，可获得 10～100 倍于碳材料的比容量，因而获得越来越多的关注和研究。

二氧化钌是最早被发现的赝电容金属氧化物，也是目前研究的金属氧化物电极材料中公认的综合性能优异的电极材料，具有可媲美金属的优良导电性，并且在 H_2SO_4 溶液中有非常稳定的充放电性能。但是其高昂的成本限制了商业化应用，因此二氧化锰、氧化镍、四氧化三钴等具有较高理论质量比电容的贱金属氧化物受到广泛的关注。

二氧化锰主要有四种晶型，分别为 α、β、γ 和 δ 型，它们的性质有所不同，在不同的外界条件下氧化锰的晶型可以互相转化，α-二氧化锰具有优异的超电容性能，其理论比电容可达 $1370F \cdot g^{-1}$。目前，主要用溶胶-凝胶法、液相沉淀法、低温固相法、电化学沉积法和水热法等制备二氧化锰，同时也可以对二氧化锰进行掺杂和复合。

氧化镍是绿色至黑绿色的立方晶系粉末，在自然界中，氧化镍具有六方结构，以绿镍矿石的形式存在。氧化镍作为超大容量电容器的活性电极材料，其理论比电容可达 $2400F \cdot g^{-1}$ 以上。对于氧化镍自身以及在电极反应中氧化态的变化，普遍认为氧化镍作为超级电容器电极材料在充放电过程中，有近乎连续变化的多种价态参与反应。氧化镍粉体的制备方法主要有化学沉淀法、水热法、溶胶-凝胶法、高温氧化法，氧化镍薄膜的制备方法主要有物理沉积法和化学沉积法。

四氧化三钴晶体为尖晶石结构，其理论比电容很高（$3561F \cdot g^{-1}$），是一种很有潜力的电极材料。制备四氧化三钴的方法主要有溶胶-凝胶法、水热法、模板法以及微乳液法，其中水热法反应温度低，制备过程简单可控。

尽管贱金属氧化物超电容电极材料的研究已取得了很大进展，但其性能仍难以完全取代贵金属氧化物。即便是二氧化钌，其循环稳定性还是与碳材料有着较大的差距，因此，对金属氧化物电极材料来说，进一步全面提高电容、倍率性能和循环稳定性等综合性能，将是较长时间内需要持续研究的热点问题。

7.4.4.4 金属氢氧化物

以氢氧化钴、氢氧化镍为代表的金属氢氧化物，其独特的二维层状结构赋予其良好的氧化还原反应活性、高的赝电容（氢氧化钴、氢氧化镍的理论比电容分别高达 $3460F \cdot g^{-1}$、$2500F \cdot g^{-1}$）等优异特性，加之资源丰富，在超级电容器领域正得到越来越多的研究。其合成制备方法有化学沉淀法、水热法、电沉积法等。但在空气环境中低的化学稳定性严重限制了实际应用，需要进行更多的结构设计和工艺研究。

7.4.4.5 金属硫化物

近年来，过渡金属硫化物如 CoS、NiS、MoS_2 等以其独特的物理和化学性质（有可媲美碳材料的高导电性，比金属氧化物更高的热稳定性），以及有助于高比容量的富氧化还原反应，使它们从众多超电容电极材料中脱颖而出。其中，多元金属硫化物如 $NiCo_2S_4$ 材料晶体结构中 Ni^{2+} 取代了四面体中 Co^{2+} 和八面体中 Co^{3+}，使得该材料比单组分的硫化物具有更好的电化学活性和导电性，而且当发生氧化还原反应时 Ni^{2+}/Ni^{3+} 与 Co^{2+}/Co^{3+} 等可以发生多电子反应，因而具有更高的质量比电容。金属硫化物的合成方法有水热法、固相合成法、溶胶-凝胶法、化学气相沉积法等。虽然部分金属硫化物的稳定性较金属氧化物和金属氢氧化物高，但离碳材料还有较大的差距，同样需要持续改进。

7.4.5 超级电容器

根据集成度不同，超级电容器可以分为单体、模块和系统产品三大类。单体产品主要适用于消费电子、仪器仪表等小功率低容量需求的应用场景。根据产品外形不同，又可分为引线式、贴片式、纽扣式。单体产品的输出电压多为 3V 左右，容量范围从几法拉至几千法拉不等。图 7.41 为不同容量规格的引线式单体产品，结构如图 7.42 所示，其电极材料为高比表面积活性炭，采用对称电极组装，由两片活性炭涂覆制备的电极间隔一片蘸有电解质的隔膜组装而成。其生产工艺流程如图 7.43 所示。

超级电容器的检验测试项目主要有：电容，内阻，漏电流，维持电压；端子可靠性（拉力、折弯、扭转、扭力），焊接耐热性，焊接强度，表面贴装性能；冷热温度冲击，振动，高低温，耐腐蚀，阻燃性能。

图 7.41　不同容量规格的引线式单体产品　　图 7.42　超级电容器单体结构

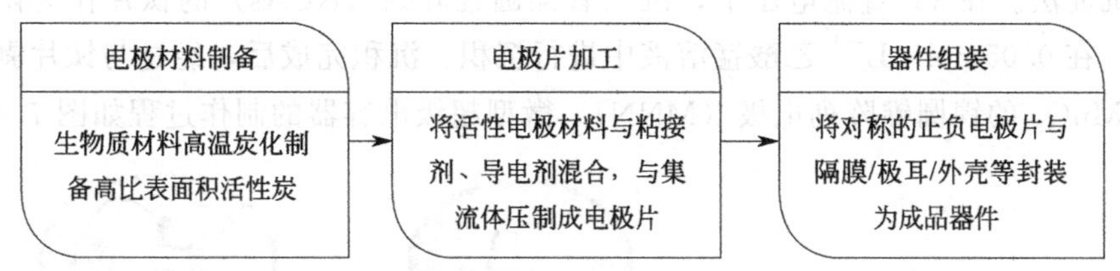

图 7.43　超级电容器单体产品生产工艺流程

由单体产品通过串、并联等方式集成具有更高输出电压、更大容量和更大功率的模块化产品，以适用于太阳能和风电等新能源储能、超级电容公交车供能、汽车发动机启动等高功率、高容量需求的应用场景。由模块产品加入控制单元组成的集成系统产品，具有高容量、高功率、高可靠性等突出优点，以满足城市轨道交通能量回收利用、电网调峰等复杂苛刻的应用场景。如北京城市轨道交通所应用的能量回收利用超级电容储能系统，额定电压 500V、峰值功率 1MW、最大储能量 2.5kW·h，具有可靠性高、寿命长等优点，显著提高了轨道交通系统的能源使用效率。

例 1　石墨烯/二氧化锰微型超级电容器

微型超级电容器较其他微型储能器件性能更好，但有一个缺点就是能量密度低，根据能量密度的计算公式 $E=(1/2)CV^2$，增大比电容 C 和电压窗口 V 是提高能量密度 E 的两个方法。石墨烯电极微型超级电容器属于双层电容，增大电极的比表面积可以有效增大比电容；通过在石墨烯表面负载赝电容典型材料二氧化锰可有效增大电容器的电压窗口。图 7.44 为叉指电极的俯视及剖面示意图。首先在 SiO_2/Si 上沉积 Ni 薄膜，使用掩膜板进行图形化，然后用氩等离子体对 Ni 表面进行刻蚀，工艺参数与前面所述单电极刻蚀参数相同，再使用等离子体增强化学气相沉积法制备石墨烯，利用石墨烯只在催化剂 Ni 表面生长而不会在 SiO_2 表面生长的性质，在 SiO_2/Si 基底上制备石墨烯/Ni 结构的叉指电极，最后通过 $KMnO_4$ 与 C 的氧化还原反应在石墨烯上制备二氧化锰，从而得到以 SiO_2/Si 为支撑基底的 MnO_2/石墨烯/Ni 电极。将最终制备好的叉指电极封装即得到微型超级电容器。

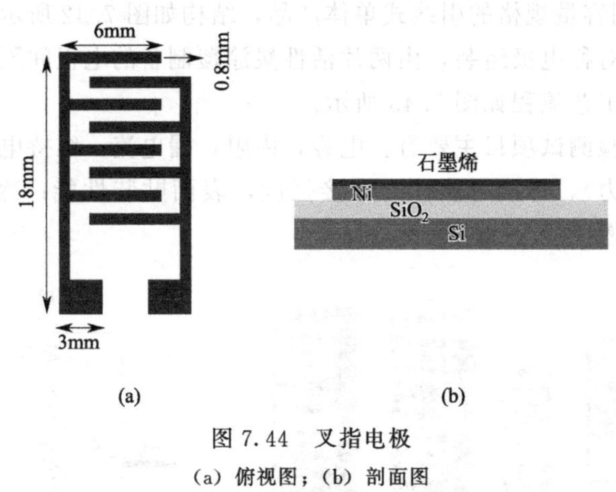

图 7.44 叉指电极

(a) 俯视图；(b) 剖面图

例 2 镍/二氧化锰微型超级电容器

二氧化锰导电性差，严重影响在微型超级电容器中的应用。提高其导电性进而提高电化学性能的一个有效方法是把二氧化锰沉积在高导电性、有序的纳米结构上，微/纳米结构作为一个集电器和机械支持可大大增强离子运输性能。镍/二氧化锰（Ni/MnO_2）电极的制备采用阳极沉淀法。在 3V 直流电压下，沉积有镍圆锥阵列（NCAs）的钛片作为阳极，铂片作为阴极，在 $0.05mol \cdot L^{-1}$ 乙酸锰溶液中进行沉积。沉积完成后，经过与钛片剥离最终得到负载有 MnO_2 的镍圆锥阵列电极（MNN）。微型超级电容器的制作过程如图 7.45 所示。

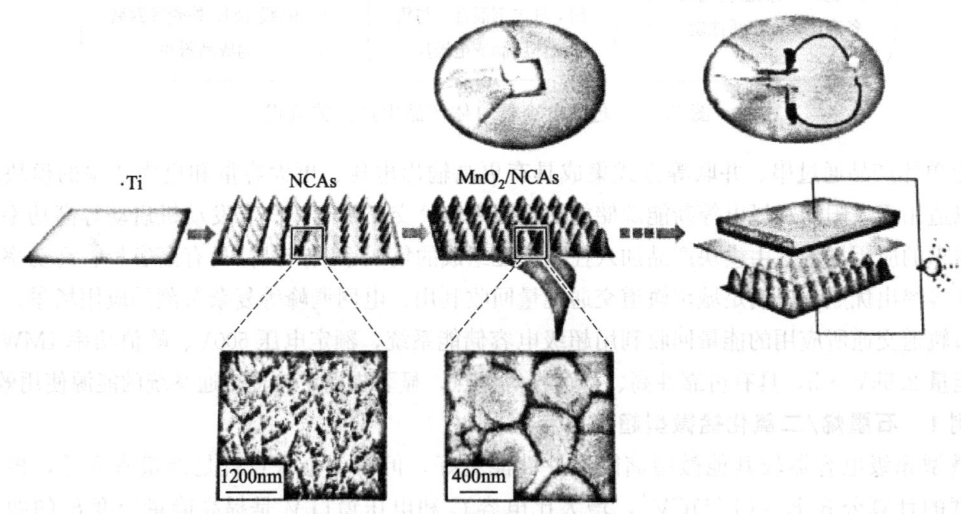

图 7.45 微型超级电容器的制作过程

高度有序的镍圆锥阵列在钛基底上垂直生长，MnO_2 沉积到镍表面，负载有 MnO_2 的镍电极与钛基底剥离，活性炭为对电极，离子凝胶为电解质

思考题

1. 如何理解锂离子电池的工作原理和性能参数？

2. 简述锂离子电池石墨负极材料的制备工艺。

3. 比较氧化钴锂、氧化镍锂、氧化锰锂及磷酸铁锂等正极材料的优、缺点。

4. 简述锂离子电池隔膜的作用、主要材料及其制备工艺。

5. 理解太阳能电池的工作原理，并以单晶硅太阳能电池为例说明结构组成。

6. 太阳能电池主要性能参数有哪些？

7. 比较太阳能电池单晶硅、多晶硅、砷化镓、碲化镉、铜铟镓硒等吸收层材料优、缺点。

8. 简述硅太阳能电池片的制备流程。

9. 按照电解质不同，燃料电池可以分为哪几类？

10. 理解质子交换膜燃料电池的工作原理及其结构组成。

11. 简述质子交换膜燃料电池中隔膜的作用及其主要材料。

12. 理解超级电容器的工作原理及主要性能指标。

附录

实验 1　材料的电导率测量

一、实验目的

① 了解方块电阻测量的基本原理。

② 熟悉半导体电阻率和方块电阻的换算方法。

③ 掌握四探针法测试材料电阻率的方法。

二、实验原理

四探针法的原理见图 1。在前端精磨成针尖状的 1、2、3、4 号金属细棒中，1、4 号和高精度的直流稳流电源相连，2、3 号与高精度（精确到 0.1μV）数字电压表或电势差计相连。四根探针有两种排列方式，一是四根针排列成一条直线[图 1(a)]，探针间可以等距离也可非等距离；二是四根探针呈正方形或矩形排列[图 1(b)]。对于大块状或板状试样（尺寸远大于探针间距），两种探针排布方式都可以使用；对于细条状或细棒状试样，使用第二种方式更为有利。当稳流源通过 1、4 探针提供给试样一个稳定的电流时，在 2、3 探针上测得一个电压 V_{23}。本实验采用第一种探针排布[图 1(a)]形式。

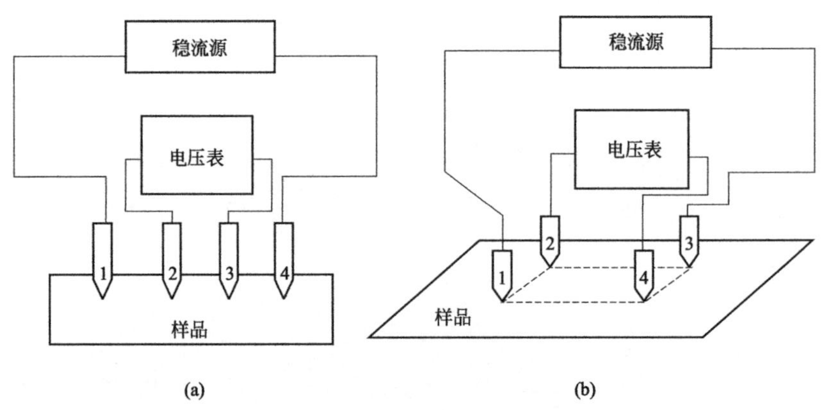

图 1　四探针法测量电阻原理图

对于三维尺寸都远大于探针间距的半无穷大试样，其电阻率为 ρ，探针引入的点电流源的电流强度为 I，则均匀导体内恒定电场的等电势面为一系列球面。以 r 为半径的半球面积为 $2\pi r^2$，则半球面上的电流密度为：

$$j=\frac{I}{2\pi r^2} \tag{1}$$

则距点电源 r 处的电势为：

$$V=\frac{I\rho}{2\pi r} \tag{2}$$

显然导体内各点的电势应为各点电源在该点形成电势的矢量和。进一步分析得到导体的电阻率：

$$\rho=2\pi\frac{V_{23}}{I}\left(\frac{1}{r_{12}}-\frac{1}{r_{24}}-\frac{1}{r_{13}}+\frac{1}{r_{34}}\right)^{-1} \tag{3}$$

当四根探针处于同一平面、同一直线上，并且探针距离相等均为 S 时，试样电阻率：

$$\rho=2\pi S\frac{U}{I} \tag{4}$$

但对于与探针间距相比，不符合半无穷大条件的试样，ρ 的测量结果则与试样的厚度和宽度（垂至于探针所在直线方向的尺寸）有关，对于非规则试样，自然也与试样的形状有关。因此，式(4) 则变为：

$$\rho=2\pi S\frac{U}{I}f(y,z)f(\xi) \tag{5}$$

式中，$f(y,z)$为尺寸修正系数；$f(\xi)$为形状修正系数。

而当四根探针处于同一平面、同一直线上，并且有 $r_{23}=S$ 时，对于宽度和厚度都小于探针间距的条形试样，有：

$$\rho=\frac{V_{23}}{I}\times\frac{WH}{S} \tag{6}$$

计算的电阻率与材料真值间的误差不超过 3%。式中，W 为试样的宽度；H 为样品的厚度；S 为探针间距。

四探针电阻测量的另外一个重要特点是测量系统与试样的连接非常简便，只需将探头压在样品表面确保探针与样品接触良好即可，无需将导线焊接在试样表面。这在不允许破坏试样表面的电阻试验中优势明显。

对于高阻半导体样品，光电导效应和探针与半导体形成金属-半肖特基接触的光生伏特效应可能严重地影响电阻率测试结果，因此对于高阻样品，测试时应该特别注意避免光照。

对于热电材料，为了避免温差电动势对测量的影响，一般采用交流两探针法测量电阻率。

在半导体器件生产中，通常用四探针法来测量扩散层的薄层电阻。在 P 型或 N 型单晶衬底上扩散的 N 型杂质或 P 型杂质形成 PN 结。由于反向 PN 结的隔离作用，可将扩散层下面的衬底视作绝缘层，因而可由四探针法测出扩散层的薄层电阻。相对探针间距来说，当扩散层的厚度 d 可视作无穷小，并且晶片面积视作无穷大时，样品薄层电阻为：

$$R_s=\frac{\pi}{\ln 2}\times\frac{V}{I} \tag{7}$$

实际上只要扩散层厚度 $d\ll 0.5S$ 时就可以视为无限薄层。仪器直接测试出的薄层电阻

R_s，也称为方块电阻 $R_{\square}$，其定义就是表面长 L 和宽 W 相等的一个正方形区域的薄层，在电流方向所呈现的电阻，如图 2 所示。如果一个均匀导体是一长、宽均为 L、厚度为 d 的薄层，则

$$R_{\square}=\rho\frac{L}{S}=\rho\frac{L}{dL}=\frac{\rho}{d} \tag{8}$$

$R_{\square}$单位为 Ω/□。可见，R 大小与边长无关，仅仅与薄膜的厚度有关，故命名为方块电阻。用等距直线排列的四探针法，测量薄层厚度 d 远小于探针间距 S 的无穷大薄层样品，得到的电阻称为薄层电阻。

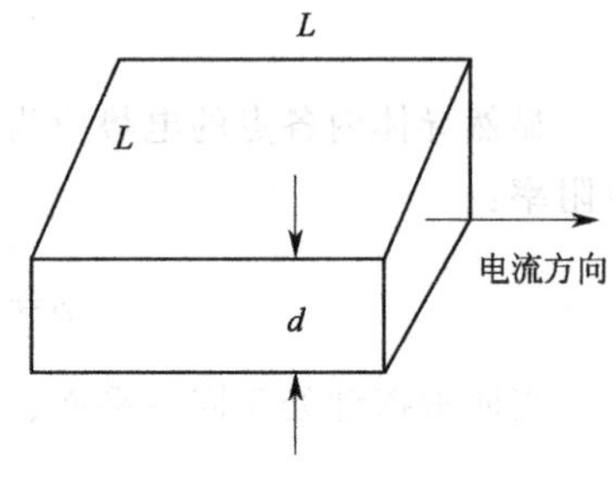

图 2　方块电阻示意图

在用四探针法测量半导体的电阻率时，要求探头边缘到材料边缘的距离远远大于探针间距，一般要求 10 倍以上；要在无振动的条件下进行，要根据被测对象给予探针一定的压力，否则探针振动会引起接触电阻变化。光电导和光电效应严重影响电阻率测量，因此要在无强光直射的条件下进行测量。半导体有明显的电阻率温度系数，过大的电流会导致电阻发热，所以测量要尽可能在小电流条件下进行。高频信号会引入寄生电流，所以测量设备要远离高频信号发生器或者有足够的屏蔽，实现无高频干扰。

三、实验设备及材料

四探针微电阻测量仪，厚度 100μm 的 TiO_2 薄膜，不同扩散率和厚度的硅片。

四、实验内容

① 打开四探针测试仪电源并预热。

② 按下操作面板中“恒流源”按钮，选择“10mA”“电阻率”“正测”测试挡。将 TiO_2 薄膜或硅片放在测试架台上，尽量避免沾污样品表面。缓慢下放测试架使探针轻按在样片上，听到测试仪内部发出的“咔”声，电流表、电压表有示数即可，注意下放速度避免压碎样片。调节“粗调”“细调”旋钮，按“电流选择”键直至电压表示数从首位不为 0 起有 3 位数字，记录此时数据即电阻率。

③ 选择“方块电阻”挡，调节“粗调”“细调”旋钮使电流表示数为“453”，按“电流选择”键直至电压表示数从首位不为 0 起有 3 位数字，记录此时数据即方块电阻值。

五、实验结果及分析处理

① TiO_2 薄膜和硅片电导率和方块电阻的区别。

② 不同尺寸硅片的电阻率和方块电阻。

③ 不同扩散方式硅片的电阻率和方块电阻。

六、实验报告要求

① 实验安全学习报告。

② 写出实验的目的、意义、原理。

③ 列表标明 TiO_2 薄膜和各种硅片的电阻率和方块电阻。

④ 讨论试样的宽度对实验结果的影响及原因。

⑤ 讨论试样的厚度对实验结果的影响及原因。

实验 2　材料压电性能参数测量

一、实验目的

① 熟悉准静态 d_{33} 测试仪的使用方法。
② 掌握压电材料性能参数。
③ 加深对压电常数的理解。

二、实验原理

1. 压电效应基本原理

当沿着某些物质一定方向施加压力或者拉力时，会发生变形，内部产生极化现象，同时在其外表面上产生极性相反的电荷；当外力去掉之后，又恢复到不带电状态；当作用力方向相反时，电荷极性也会相反。电荷量与外力大小成正比，这种现象称为正压电效应。当在某些物质极化方向上施加一定电场时，材料发生机械变形，当外场撤销时，形变也消失，这叫逆压电效应。正压电效应和逆压电效应的示意图如图 1 所示。利用这一特性可以实现力-电的能量转换。

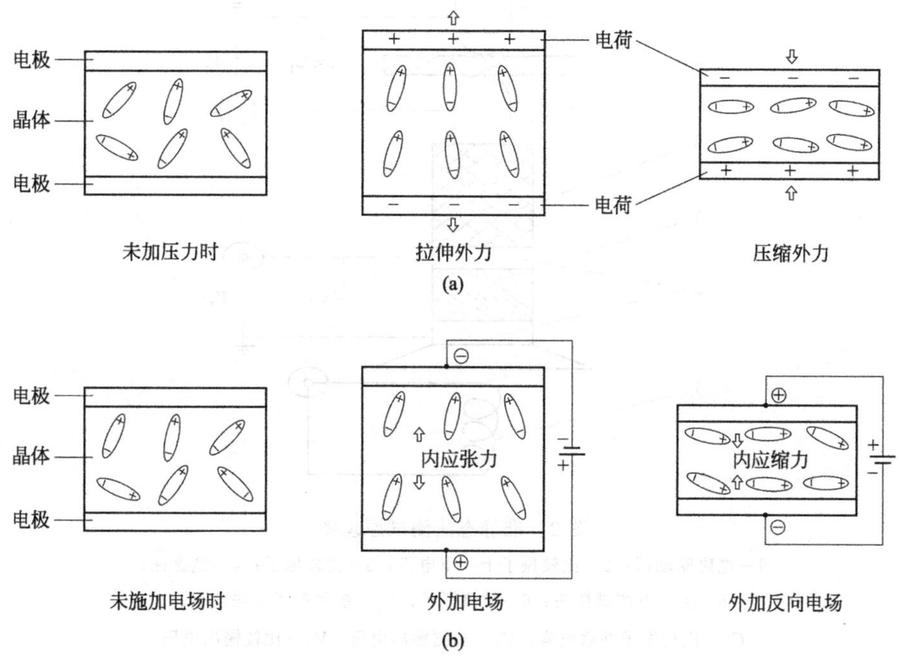

图 1　压电效应示意图

(a) 正压电效应——外力使晶体产生电荷；(b) 逆压电效应——外加电场使晶体产生形变

压电陶瓷是一种经过极化处理的人工多晶铁电体。铁电体具有与铁磁材料磁畴类似的电畴结构，每个单晶形成一个电畴，这种自发极化的电畴在极化处理之前，在晶粒内部随机按任意方向排列，自发极化作用相互抵消，陶瓷极化强度为零，因此原始的压电陶瓷呈现各向同性而不具有压电性。为使其具有压电性，必须在一定温度下做极化处理。

极化处理指陶瓷在一定温度下，以强直流电场迫使电畴自发极化的方向转到与外加电场方向一致，做规则排列，此时压电陶瓷具有一定的极化强度；再降温，撤去电场，电畴方向基本保持不变，余下很强的剩余极化电场，从而显现压电性，即陶瓷片两端出现束缚电荷，一端为正，另一端为负。由于束缚电荷作用，陶瓷片的极化两端很快吸附一层外界自由电荷，此时束缚电荷与自由电荷数值相等、极性相反，因此陶瓷片对外不呈现极性。

如果在压电陶瓷片上加一个与极化方向平行的外力，陶瓷片产生压缩变形，片内束缚电荷之间的距离变小，电畴发生偏转，极化强度变小，因此吸附在其表面的自由电荷有一部分被释放而呈现充电现象。受外力而产生的机械效应转变为电效应，机械能转变为电能，就是压电陶瓷的正压电效应，放电电荷与外力成正比：

$$q=d_{33}F \tag{1}$$

式中，d_{33} 是压电陶瓷的压电应变常数；F 是作用力。

2. 压电性能参数测试的方法原理

准静态法测试压电性能参数的原理是依据正压电效应，在压电振子上施加一个频率远低于振子谐振频率的低频交变力，产生交变电荷，如图 2 所示：

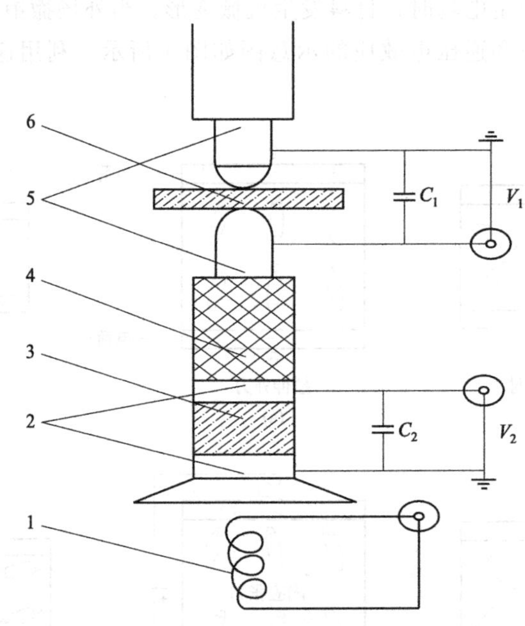

图 2　准静态法测试原理图

1—电磁驱动器；2—比较振子上、下电极；3—比较振子；4—绝缘柱；5—上、下测试探头；6—被测振子；C_1—被测振子并联电容；C_2—比较振子并联电容；V_1—被测输出电压；V_2—比较输出电压

当振子在没有外电场作用，满足电学短路边界条件，只沿平行于极化方向受力时，压电方程可简化为：

$$D_3=d_{33}T_3 \tag{2}$$

即

$$d_{33}=D_3/T_3=Q/F \tag{3}$$

式中，D_3 为电位移分量，$C \cdot m^{-2}$；T_3 为纵向应力，$N \cdot m^{-2}$；d_{33} 为纵向压电应变常数，$C \cdot N^{-1}$ 或 $m \cdot V^{-1}$；Q 为振子释放的压电电荷，C；F 为纵向低频交变力，N。

如果将一被测振子与一比较振子在力学上串联，通过一施力装置内的电磁驱动器产生低频交变力并施加到上述振子，则被测振子所释放的压电电荷 Q_1 在其并联电容器 C_1 上建立起电压 V_1；而比较振子所释放的压电电荷 Q_2 在 C_2 上建立起电压 V_2。

由式(3) 可得到：

$$d_{33}(1) = C_1 V_1 / F \tag{4}$$

$$d_{33}(2) = C_2 V_2 / F \tag{5}$$

式(4) 和式(5) 可进一步化为：

$$d_{33}(1) = V_1 / V_2 \, d_{33}(2) \tag{6}$$

式中比较振子的 d_{33} (2) 值是给定的，V_1和 V_2 可测定，即可求得被测振子的 d_{33} (1) 值。如果 V_1和 V_2 经过电子线路处理后，就可直接得到被测振子的纵向压电应变常数 d_{33} 的准静态值和极性。

3. 压电材料的性能测试

本实验采用 ZJ-3A 准静态 d_{33} 测试仪测试样品的压电应变常数，采用 HP4294A 精密阻抗分析仪测量样品的电容 C^T 与介质损耗 $\tan\delta$，进而计算其他各压电参数的值。

(1) 介电常数 ε

介电常数是综合反应电介质材料介电性质或极化行为的一个宏观物理量，表示材料两电极间的电介质电容与真空状态的电容比值。本实验采用相对介电常数$\varepsilon_{33}^T/\varepsilon_0$ 来表征材料的介电性质，计算如下：

$$\varepsilon_{33}^T/\varepsilon_0 = \frac{DC^T}{A\varepsilon_0} = \frac{DC^T}{\pi\left(\frac{d}{2}\right)^2 \varepsilon_0} \tag{7}$$

式中，D 为样本厚度；A 为样本电极面积；d 为样本直径；C^T 为样本电容；ε_0 为真空介电常数，$8.854 \times 10^{-12} F \cdot m^{-1}$。

(2) 介质损耗 $\tan\delta$

介质损耗主要是极化弛豫和介质漏电引起的，通常以电介质中存在一个损耗电阻 R_n 来表示电能的消耗。把通过介质的电流分成消耗能量的部分 I_R 和不消耗能量的部分 I_C，定义介质损耗正切角为：

$$\tan\delta = I_R / I_C \tag{8}$$

(3) 机械品质因数Q_m

机械品质因数Q_m 表征压电体谐振时因克服内摩擦而消耗的能量，定义为谐振时压电振子内存储的电能 E_e 与谐振时每个周期内振子消耗的机械能 E_m 之比：

$$Q_m = \frac{1}{2\pi f_s R_1 C^T \left(\frac{f_p^2 - f_s^2}{f_p^2}\right)} \tag{9}$$

式中，C^T 为电容；f_s 为串联谐振频率；f_p 为并联谐振频率；R_1 为串联谐振电阻。

(4) 机电耦合系数 k

机电耦合系数 k 是表征压电材料机械能与电能相互转换能力的参数，是衡量材料压电强弱的重要参数之一。k 越大说明压电材料机械能与电能相互耦合能力越强。k 定义为

$$k^2=被转换的电能(机械能)/输入的总机械能(电能) \quad (10)$$

(5) 压电常数 d_{33}

压电应变常数是压电材料把机械能转变为电能或把电能转变为机械能的转换常数，反映压电材料力学性能与介电性能之间的耦合关系，压电应变常数越大，表明材料力学性能与介电性能之间的耦合越强。

三、实验原料及设备

ZJ-3A 准静态 d_{33} 测试仪，PZT 压电陶瓷样品，NBT 基陶瓷样品，华仪 7462 硅油浴高压极化装置，千分尺。

四、实验内容

① 开机预热 10min，显示部分调整为 d_{33} 以及×1。

② 测量样品的压电常数前，必须先对仪器进行校正，取出校正规，将夹具夹住校正规。

③ 旋转校正按钮，直至显示屏为 499 为止。

④ 完成校正后，取出校正规，换待测样品，测量压电材料压电常数 d_{33}。

⑤ 记录不同样品的压电常数数值。

⑥ 采用类似方法，用 HP4294A 精密阻抗分析仪测量样品的电容与介电损耗。

五、实验结果及分析处理

1. 压电测试

① 通过准静态 d_{33} 测试仪对压电陶瓷进行极化和性能测试。

② 判断压电陶瓷极化工艺的三要素。

③ 通过实验测出压电材料主要特性参数。

2. 压电材料性能计算

① 采用 HP4294A 精密阻抗分析仪测量样品的电容与介电损耗。

② 根据样品的频率-阻抗谱得到串联谐振频率 f_s、并联谐振频率 f_p 和串联谐振电阻 R_1，计算出各压电参数的值。

六、实验报告及要求

① 实验安全学习报告。

② 符合实验报告册所述的基本规范。

③ 实验报告册：列表标明材料压电性能参数测量。

实验 3 材料磁性能参数测量

一、实验目的

① 加深对磁性材料的理解。

② 掌握软磁材料磁性能参数的测试方法。

③ 熟悉 MATS 磁性材料自动测试系统的使用。

二、实验原理

1. 软磁材料磁性能参数

软磁材料是具有低矫顽力和高磁导率的磁性材料，容易磁化和去磁，广泛用于电子设备中。软磁材料的性能参数包括磁导率、磁感应强度、矫顽力等。磁感应强度是一个基本物理量，表示垂直穿过单位面积磁力线的数量。磁感应强度也称磁通密度，或简称磁密，常用 B 表示。磁导率 μ 是表征磁体磁性、导磁性和磁化难易程度的一个磁学量，磁导率 μ 为磁介质中磁感应强度 B 与磁场强度 H 之比，即 $\mu = B/H$。

2. MATS 磁性材料自动测试系统工作原理

采用 MATS-2010SA 软磁测量装置可以测试软磁材料在动态条件下的磁滞回线，并能准确测量振幅磁导率 μ_a、损耗角 δ、剩磁 B_r、矫顽力 H_C 等动态磁特性参数。MATS-2010SA 软磁交流测量装置原理图如图 1 所示，设备由程控信号源、功率放大器、电流电压采样与量程控制等部分组成，不同功能模块之间无需手工连接，自动相连，大大提高了仪器可靠性。

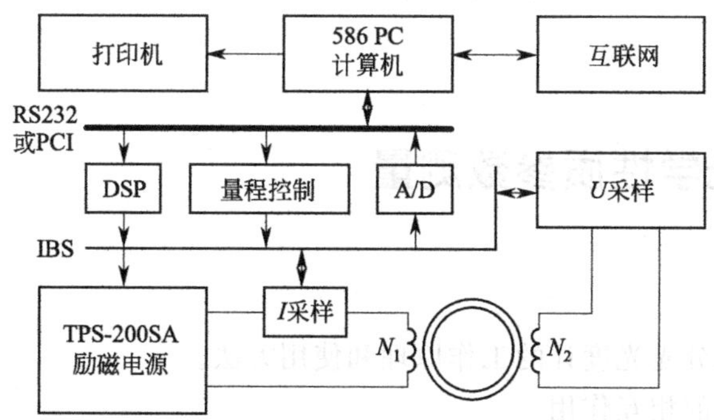

图 1 MATS-2010SA 软磁交流测量装置原理图

设备可以测试的样品种类包括软磁铁氧体、坡莫合金、非晶和纳米晶等多种材料；样品形状可以是环形、E 形或者 U 形；测试样品具有闭合磁路的结构，直接在样品上绕线测量，样品、磁化线圈、测量线圈共同组成一个空载变压器；磁化线圈回路串接无感电阻，通过测量无感电阻上的压降来确定磁化电流，得到磁场强度；通过对测量线圈的电压进行数字积分，得到磁感应强度，磁感峰值的锁定通过数字反馈来实现；根据测量要求不同，选取不同的功率源；采用伏安法和数字积分测量动态磁滞回线，可以准确测量振幅磁导率 μ_a、损耗角 δ、剩磁 B_r、矫顽力 H_C 等动态磁特性参数。

三、实验原料及设备

MATS-2010SA 软磁交流测量装置，软磁材料，千分尺。

四、实验内容

① 打开 MATS-2010SA 软磁直流装置电源，预热 10min。

② 依次打开显示器、电脑主机电源，等待操作系统正常开启。

③ 运行 SMTest 软磁测量软件，进入主界面。

④ 将样品按磁路要求绕好线圈，并接入仪器的测试接口。

⑤ 在样品参数区选择测试样品的类型。

⑥ 输入测试样品的尺寸、密度以及重量等参数。

⑦ 输入样品匝数 N_1（初级）与 N_2（次级）。

⑧ 在测试方式栏中选择交流测试。

⑨ 选择设定 B_m 和固定 B_m。

⑩ 输入测试样品编号顺序、温度、样品材质、测试日期等信息，单击测试开始测量。

⑪ 结束测试，取出样品并关机。

五、实验结果及分析处理

① 找出剩磁、矫顽力、饱和磁感应强度等。

② 通过磁滞回线分析软磁材料性能。

六、实验报告及要求

① 实验安全学习报告。

② 实验报告册。

③ 符合实验报告册所述的基本规范。

实验 4 材料光学性质参数测量

一、实验目的

① 熟悉紫外可见分光光度计的工作原理和使用方法。

② 掌握物质与光的相互作用。

③ 掌握样品的透射、反射、吸收光谱测量方法。

④ 掌握根据吸收光谱推算材料的禁带宽度。

二、实验原理

1. 仪器构造

① 光源：钨灯或卤钨灯——可见光源，350～1000nm；氢灯或氘灯——紫外光源，200～360nm。

② 单色器：包括狭缝、准直镜、色散元件。

色散元件：棱镜——对不同波长的光折射率不同，分出的光波长不等距；光栅——衍射和干涉分出的光波长等距。

③ 吸收池：玻璃——能吸收紫外光，仅适用于可见光区；石英——不能吸收紫外光，适用于紫外和可见光区。

④ 检测器：将光信号转变为电信号。如光电池、光电管（红敏和蓝敏）、光电倍增管、二极管阵列检测器。

紫外可见分光光度计的工作流程如图1。

2. 光吸收定律

单色光垂直入射到半导体内（图 2）的光强遵守吸收定律：

$$I_t = I_0 e^{-\alpha \cdot d} \tag{1}$$

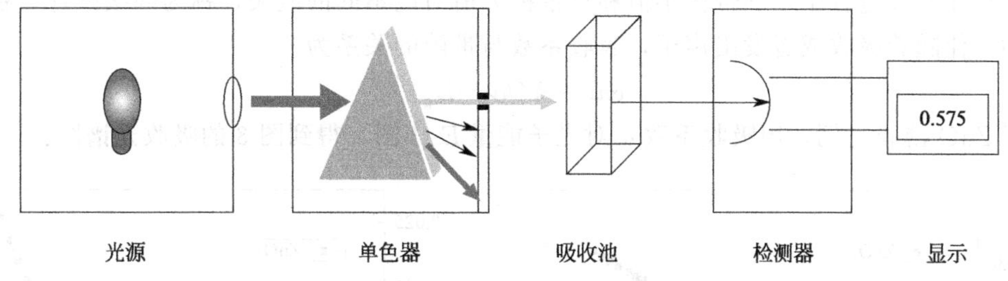

图 1　紫外可见分光光度计工作流程

式中，I_0 为入射光强；I_t 为透过薄膜的光强；α 为材料吸收系数，与材料、入射光波长等因素有关。

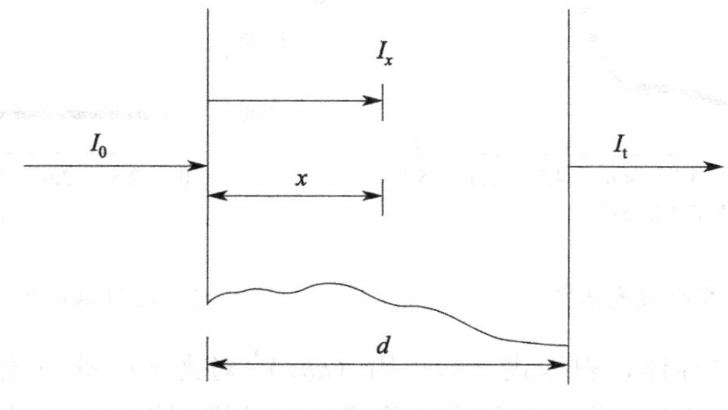

图 2　半导体光吸收示意图

透射率 T 为：

$$T=\frac{I_t}{I_0}=e^{-\alpha \cdot d} \tag{2}$$

则

$$\ln\left(\frac{1}{T}\right)=\ln e^{\alpha \cdot d}=\alpha \cdot d \tag{3}$$

即半导体薄膜对不同波长 λ_i 单色光的吸收系数为：

$$\alpha_i=\frac{\ln(1/T_i)}{d} \tag{4}$$

3. 能带宽度的测量

任何一种物质都会或多或少地吸收光波，电子由带与带之间的跃迁所形成的吸收过程称为本征吸收。在本征吸收中，光照将价带中的电子激发到导带，形成电子-空穴对。

本征吸收光子的能量满足：

$$h\nu \leqslant h\nu_0=E_g \tag{5}$$

$$\nu_0=\frac{c}{\lambda} \tag{6}$$

$$\lambda_0=\frac{1240}{E_g}(\mathrm{nm}) \tag{7}$$

电子在跃迁过程中，导带极小值和价带极大值对应相同的波矢，称为直接跃迁。在直接跃迁中，吸收系数与带隙的关系为：

$$(\alpha h\nu)^2=A(h\nu-E_g) \tag{8}$$

电子在跃迁过程中，导带极小值和价带极大值对应不同的波矢，称为间接跃迁。在间接跃迁中，伴随着吸收或者发出声子，吸收系数与带隙的关系为：

$$\alpha h\nu = A(h\nu - E_g)^2 \tag{9}$$

以 ZnO 薄膜为例，用吸收系数 α 对光子能量 E 作图，得到图 3 的吸收光谱图：

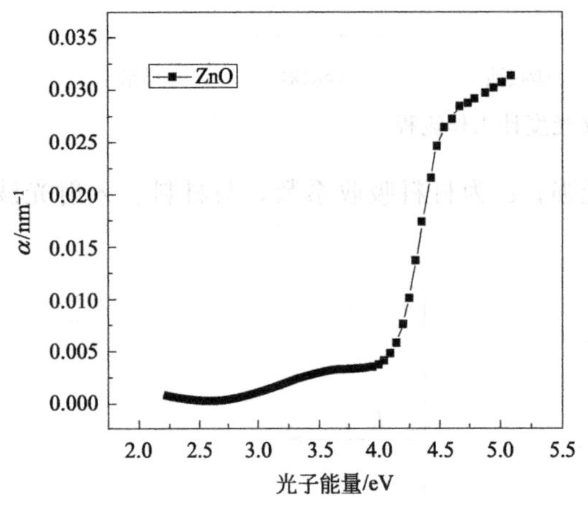

图 3　ZnO 薄膜吸收光谱图

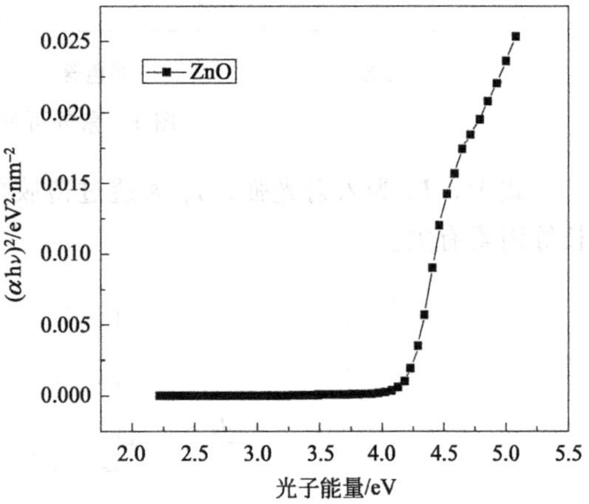

图 4　ZnO 薄膜的 $(\alpha h\nu)^2$ 对 $h\nu$ 图

ZnO 是直接带隙半导体，根据式 (8)，用 $(\alpha h\nu)^2$ 对光子能量 $h\nu$ 作图得到图 4。然后在吸收边处选择线性最好的几点做线形拟合，将线性区外推到横轴上的截距就是禁带宽度 E_g，即纵轴 $(\alpha h\nu)^2$ 为 0 时的横轴值 $h\nu$，如图 5 所示。

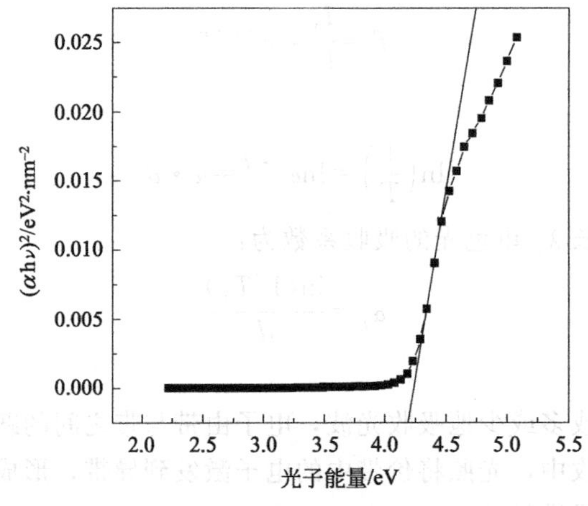

图 5　ZnO 薄膜能带宽度

三、实验设备及材料

紫外可见分光光度计，四探针微电阻测量仪，厚度 100μm 的 TiO_2 薄膜，不同扩散率和厚度的硅片。

四、实验内容

① 开机并自检。

② 将 TiO_2 薄膜和空白样置于光路中，在主菜单中选择“光谱测量”，并设置测量参数。

③ 保存 TiO_2 薄膜透射率数据。

④ 用不同的拟合关系[式(8)和式(9)]计算 TiO_2 的禁带宽度，并与理论值比较，确定其跃迁类型（TiO_2 的禁带宽度为 3.2eV）。

五、实验结果及分析处理

① 根据式(4)～式(9)作图。

② 确定半导体带隙类型，如果是直接带隙，计算 $(\alpha h\nu)^2$；如果是间接带隙，计算$(\alpha h\nu)^{1/2}$。

③ 画出 $h\nu$ 为 X 轴、$(\alpha h\nu)^2$ 或者 $(\alpha h\nu)^{1/2}$ 为 Y 轴的曲线，在函数曲线单调上升的区域，找到接近直线的地方（即斜率最大的地方），作切线。

④ 将切线外推和 X 轴相交，交点即为带隙宽度。

六、实验报告要求

① 实验安全学习报告。

② 写出实验的目的、意义、原理。

③ 有实验数据分析，TiO_2 薄膜吸收光谱和带隙宽度推定图，并说明 TiO_2 薄膜的禁带宽度和跃迁类型。

实验 5 氧化钴锂的固相合成及充放电性能测试

一、实验目的

① 了解锂离子电池正极材料的电化学性能分析方法。

② 熟悉管式炉和电化学工作站等设备的使用方法。

③ 掌握锂离子电池正极材料 $LiCoO_2$ 的固相合成方法。

④ 掌握锂离子电池正极材料循环伏安、充放电及交流阻抗测试的基本原理和方法。

二、实验原理

1. 锂离子电池正极材料 $LiCoO_2$ 的固相法合成

① Li_2CO_3 与 $CoCO_3$ 按 $n(Li)/n(Co)=1$ 的比例配合。

② 在空气气氛下于 700℃烧结。原理：在 200℃以上，$CoCO_3$ 开始分解生成 Co_3O_4、Co_2O_3，在 300℃时其主体为 Co_3O_4，在高于此温度时钴氧化物与 Li_2CO_3 进行固相反应生成 $LiCoO_2$，反应式为：

$$3CoCO_3 = Co_3O_4 + CO\uparrow + 2CO_2\uparrow$$

$$2Co_3O_4 + 3Li_2CO_3 = 6LiCoO_2 + CO\uparrow + 2CO_2\uparrow$$

或

① Co_3O_4 与 Li_2CO_3 按 $n(Li)/n(Co)=1$ 的比例配合。

② 在 600℃烧结 5h，然后在 900℃烧结 10h。原理：在高于 300℃时，Co_3O_4 与 Li_2CO_3 进行固相反应生成 $LiCoO_2$，反应式为：

$$2Co_3O_4 + 3Li_2CO_3 \xlongequal{} 6LiCoO_2 + CO\uparrow + 2CO_2\uparrow$$

2. 循环伏安（CV）法测试

CV法控制电极电势以不同的速率，随时间以三角波形一次或多次反复扫描，电势范围能使电极上交替发生不同的还原和氧化反应，并记录电流-电势曲线。根据曲线形状可以判断电极反应的可逆程度、控制步骤和反应机理，并观察整个电势扫描范围内可发生哪些反应，及其性质如何等。如将等腰三角形的脉冲电压加在工作电极上，得到的电流-电势曲线包括两个分支，如果前半部分电势向阴极方向扫描，电活性物质在电极上还原，产生还原波，那么后半部分电势向阳极方向扫描，还原产物又会重新在电极上氧化，产生氧化波。一次三角波扫描，完成一个还原和氧化过程的循环，其电流-电势曲线称为循环伏安曲线，如图1。如果电活性物质可逆性差，则氧化波与还原波的高度就不同，对称性也较差。循环伏安法中电压扫描速度可从每秒钟数毫伏增加到一伏，除使用汞电极外，还可采用铂、金、玻碳、碳纤维微电极以及化学修饰电极等。

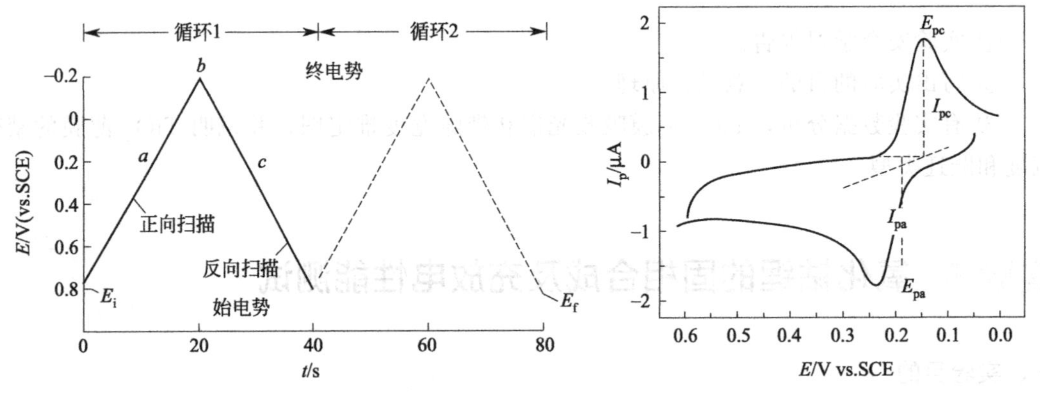

图1 循环伏安法的典型激发信号及循环伏安曲线

3. 交流阻抗谱（ACIS）法测试

（1）交流阻抗谱法原理

交流阻抗谱法也叫电化学阻抗（EIS），是研究电极过程动力学和表面现象的重要手段。它通过往测试体系上施加一个频率可变的正弦波电压微扰，测试其阻抗的频率响应，来得到固体电解质和界面的相应参数。给电化学系统施加一个频率不同的小振幅的交流正弦电势波，测量交流电势与电流信号的比值（系统的阻抗）随正弦波频率 ω 的变化，或者阻抗的相位角 φ 随 ω 的变化。通常作为扰动信号的电势正弦波的幅度在5mV左右，一般不超过10mV。

我们可以将电化学系统看作一个等效电路，这个等效电路由电阻（R）、电容（C）、电感（L）等基本元件按串联或并联等不同方式组合而成，通过EIS，可以测定等效电路的构成以及各元件的大小，利用这些元件的电化学含义，来分析电化学系统的结构和电极过程的性质等。

对于一个电池体系，如图2所示，当施加一个正弦波微扰信号，即给黑箱（电化学系统M，包括电解质和电极）输入一个扰动函数 X 时，它就会输出一个响应信号 Y。用来描述扰动与响应之间关系的函数，称为传输函数 $G(\omega)$。

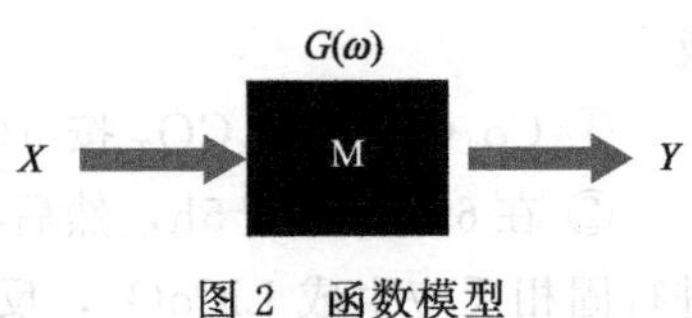

图2 函数模型

若系统的内部结构是线性的稳定结构，则输出信号就是扰动信号的线性函数。

$$Y=G(\omega)X \tag{1}$$

如果 X 为角频率 ω 的正弦波电流信号，则 Y 即为角频率 ω 的正弦电势信号，此时，传输函数 $G(\omega)$ 也是频率的函数，称为频响函数，这个频响函数就称为系统 M 的阻抗，用 Z 表示，Z' 为实部，Z'' 为虚部，二者的关系如图 3 所示。

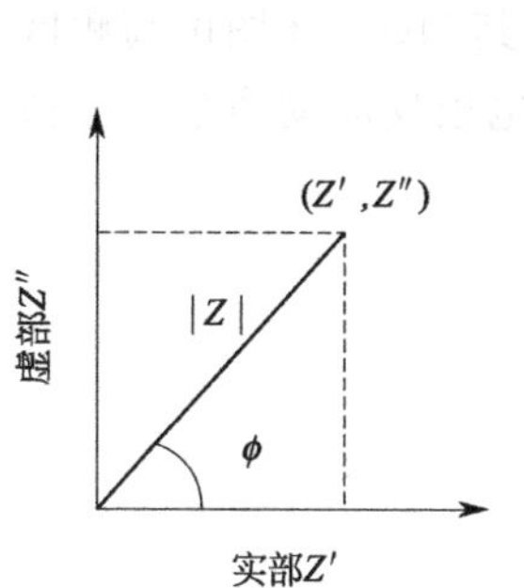

图 3　实部虚部关系图

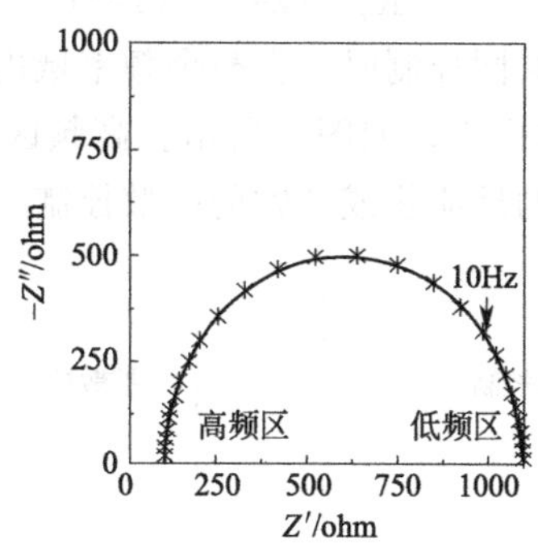

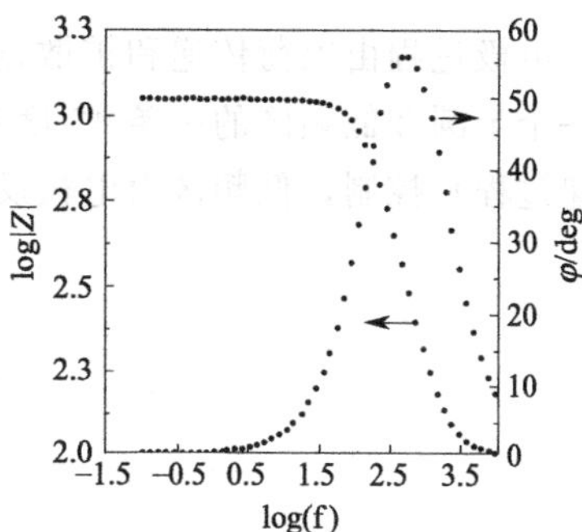

图 4　Nyquist 图和波特图

若 G 为阻抗，则有：

$$Z=Z'+jZ'' \tag{2}$$

阻抗 Z 的模值：

$$|Z|=Z'^2+Z''^2 \tag{3}$$

阻抗的相位角为 φ，则

$$\tan\varphi=\frac{-Z''}{Z'} \tag{4}$$

EIS 技术测定不同频率 ω 的扰动信号 X 和响应信号 Y 的比值，得到不同频率下阻抗的实部 Z'、虚部 Z''、模值 $|Z|$ 和相位角 φ，将这些量绘制成各种形式的曲线，得到 EIS 谱。常用电化学阻抗谱有两种：Nyquist 图和波特图，如图 4 所示。

(2) 电极过程的等效电路

如果电极过程由电荷传递过程（电化学反应步骤）控制，扩散过程引起的阻抗可以忽略，则电化学系统的等效电路可简化，如图 5 所示。

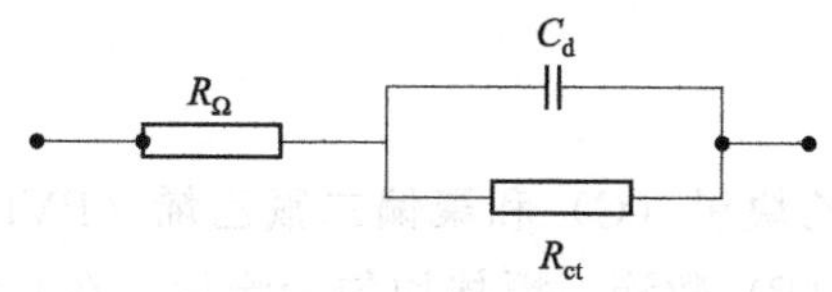

图 5　电荷传递过程的等效电路图

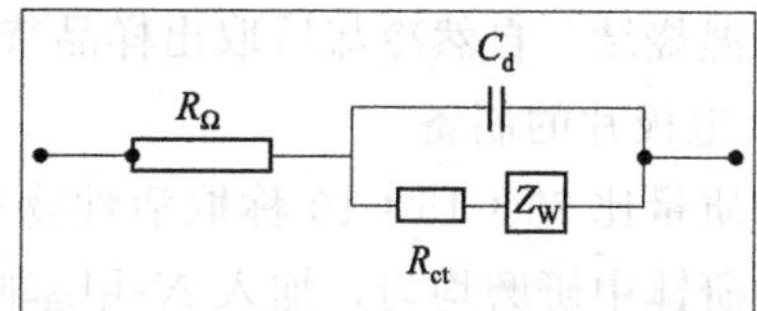

图 6　电荷传递过程及扩散过程的等效电路图

等效电路的阻抗则为：

$$Z=R_\Omega+\frac{R_{ct}}{1+\omega^2C_d^2R_{ct}^2}-j\,\frac{\omega C_dR_{ct}^2}{1+\omega^2C_d^2R_{ct}^2} \tag{5}$$

电极过程的控制步骤为电化学反应步骤时，Nyquist 图为半圆，据此可以判断电极过程的控制步骤。从 Nyquist 图上可以直接求出 R_Ω 和 R_{ct}。由半圆顶点的 ω 可求得 C_d。

如果电荷传递动力学不是很快，电荷传递过程和扩散过程共同控制总的电极过程，电化学极化和浓差极化同时存在，则电化学系统的等效电路可简单表示，如图 6 所示。
电路的阻抗公式则为：

$$Z=R_{\Omega}+\frac{1}{j\omega C_{\mathrm{d}}+\frac{1}{R_{\mathrm{ct}}+\sigma\omega^{-1/2}(1-j)}} \tag{6}$$

电极过程由电荷传递和扩散过程共同控制时，在整个频率域内，其 Nyquist 图由高频区的一个半圆和低频区的一条 45 度直线构成，如图 7 所示。高频区由电极反应动力学（电荷传递过程）控制，低频区由电极反应的反应物或产物的扩散控制。

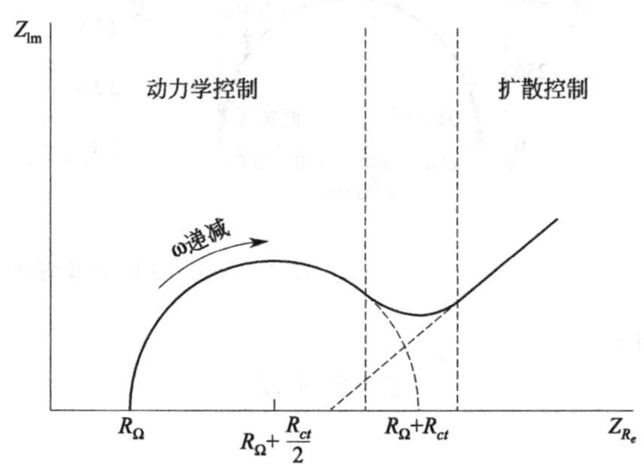

图 7 电荷传递过程及扩散过程的 Nyquist 图

三、实验原料及设备

碳酸锂、碳酸钴或氧化钴，$LiPF_6$ 电解液；管式炉；电化学工作站；三电极体系；模拟锂离子电池。

四、实验内容

1. 正极材料 $LiCoO_2$ 的合成

称取 1mol 碳酸锂和 1mol 碳酸钴，用玛瑙研钵研磨均匀，将均匀的混合物质用方瓷舟盛装放入管式炉中，调节管式炉的升温程序（600℃保温 5h，然后 900℃保温 10h）对样品进行高温烧结，自然冷却后取出样品待用。

2. 电极片的制备

按质量比 75∶15∶10 称取活性物质 $LiCoO_2$、乙炔黑（C）和聚偏二氟乙烯（PVDF），在玛瑙研钵中研磨均匀，加入 *N*-甲基吡咯烷酮（NMP）数滴，搅拌均匀后涂片，在真空干燥箱于 130℃干燥 8～10h 后滚压，然后在 100℃真空干燥 10～12h，冲成直径约 10mm 的电极片，电极片质量不超过 7mg。以金属锂为负极材料，电解液为 1.0mol·L^{-1} $LiPF_6$ 溶液（溶质为 PC∶EC∶DMC＝1∶1∶1 的混合液），在氩气气氛的手套箱中进行模拟电池的装配。

3. 电化学性能测试

在 0.1C 倍率恒电流、电压 2.7～4.5V 的条件下，对模拟电池进行循环充放电性能测试；以 0.1mV·s^{-1} 的电势扫描速率，从开路电势开始向高电势方向扫起，在 3.0～4.2V

间循环扫描，测试电池的循环伏安曲线；在开路电势下进行交流阻抗测试，交流振幅10mV，频率$10\sim10^6$Hz。

五、实验结果及分析处理

1. 充放电容量计算

① 计算在0.1C倍率下的首次充放电容量；

② 得出电池的充放电平台电压。

2. 循环伏安曲线测试

① 找出氧化还原峰及其位置；

② 通过氧化还原峰的位置及高度说明问题。

3. 交流阻抗测试

① 通过测出的Nyquist图绘制等效电路图；

② 判断离子转移过程中的电阻；

③ 通过充放电的Nyquist曲线分析判断离子转移过程中的阻力情况。

六、实验报告及要求

① 实验报告目的、原理、材料与设备、步骤、分析等各部分齐全。

② 实验报告数据记录准确。

③ 符合实验报告的基本规范。

参考文献

[1] 陈玉安．现代功能材料［M］．重庆：重庆大学出版社，2008.
[2] 朱敏．功能材料［M］．北京：机械工业出版社，2002.
[3] 郑子樵．新材料概论［M］．长沙：中南大学出版社，2009.
[4] 马如璋，蒋民华．功能材料概论［M］．北京：冶金工业出版社，1999.
[5] 杨军．超导电性的研究及应用［J］．现代物理知识，2004，16（5）：28-31.
[6] 金建勋．高温超导材料及其强电应用技术［M］．北京：冶金工业出版社，2009.
[7] 韩汝珊．铜氧化物高温超导电性：实验与理论研究［M］．北京：科学出版社，2007.
[8] 李廷希，张文丽．功能材料导论［M］．长沙：中南大学出版社，2019.
[9] Prakash C.，Singh S.，Davim J. P.. Functional and Smart Materials［M］. New York：CRC Press，2020.
[10] 韦丹．固体物理［M］．北京：清华大学出版社，2003.
[11] 阎守胜．固体物理基础［M］．北京：北京大学出版社，2003.
[12] 黄昆，韩汝琦．固体物理学［M］．北京：高等教育出版社，1988.
[13] 谢希德，陆栋．固体能带理论［M］．上海：复旦大学出版社，1998.
[14] HuebenerR. P.. Conductors，Semiconductors，Superconductors：An Introduction to Solid-State Physics Third Edition［M］. Cham：Springer Nature Switzerland AG，2019.
[15] 黄昆，韩汝琦．半导体物理基础［M］．北京：科学出版社，2015.
[16] 张裕恒．超导物理［M］．合肥：中国科学技术大学出版社，2019.
[17] 彭海琳．拓扑绝缘体：基础及新兴应用［M］．北京：科学出版社，2020.
[18] 刘恩科，朱秉升，罗晋生．半导体物理学［M］．北京：电子工业出版社，2008.
[19] 李名复．半导体物理学［M］．北京：科学出版社，1998.
[20] 陈治明，王建农．半导体器件的材料物理学基础［M］．北京：科学出版社，1999.
[21] 杨树人，王宗昌，王兢．半导体材料［M］．北京：科学出版社，2004.
[22] 贺格平，魏剑，金丹．半导体材料［M］．北京：冶金工业出版社，2018.
[23] 章立源．超越自由神奇的超导体［M］．北京：科学出版社，2005.
[24] 杨兵初，钟心刚．固体物理学［M］．长沙：中南大学出版社，2002.
[25] 德热纳著．金属与合金的超导电性［M］．邵惠民译．北京：高等教育出版社，2013.
[26] 管惟炎，李宏成，蔡建华，等．超导电性物理基础［M］．北京：科学出版社，1981.
[27] 王正品，张路，要玉宏．金属功能材料［M］．北京：化学工业出版社，2004.
[28] 孙目珍．电介质物理基础［M］．广州：华南理工大学出版社，2000.
[29] 王春雷，李吉超，赵明磊．压电铁电物理［M］．北京：科学出版社，2009.
[30] 邢林栋．高性能 Ba（$Ti_{0.8}Zr_{0.2}$）O_{3-x}（$Ba_{0.7}Ca_{0.3}$）TiO_3 基压电传感器的制备及动态应变传感性能研究［D］．南京：东南大学，2017.
[31] 庞宏博．复合铁电薄膜热释电性质理论研究［D］．长春：吉林大学，2008.
[32] 国世上．电子辐照铁电共聚物 P（VDF-TrFE）及超声传感器的研究［D］．武汉：武汉大学，2004.
[33] 邓学伟．铁电晶体畴壁及畴的非线性光学性质研究及其应用［D］．上海：上海交通大学，2011.
[34] 李婷．电子陶瓷技术及其产业走向未来［J］．现代技术陶瓷，2012，33（03）：20-26.
[35] 刘少波，李艳秋．非制冷型热释电薄膜红外探测器的制备及应用［J］．激光与红外，2004，01：14-17.
[36] 陈祝．Sol-Gel 前驱单体法制备 PZT 铁电薄膜技术与性能研究［D］．成都：电子科技大学，2004.
[37] 陈敏．稀土掺杂的钛酸铋铁电材料的研究［D］．武汉：华中科技大学，2004.
[38] 刘思思．PBLZST 反铁电陶瓷制备工艺研究［D］．武汉：华中科技大学，2013.
[39] 伍君博．锆酸铅钡基反铁电陶瓷的介电性能研究［D］．广州：广东工业大学，2011.
[40] 程守洙，江之勇．普通物理学［M］．北京：高等教育出版社，2005.
[41] 邱成军，王元化，曲伟．材料物理性能［M］．哈尔滨：哈尔滨工业大学出版社，2009.
[42] 戴道生，钱昆明．铁磁学（上册）［M］．第二版．北京：科学出版社，2020.
[43] 钟文定．铁磁学（下册）［M］．第二版．北京：科学出版社，2020.

[44] Crangle J.. The Magnetic Properties of Solids [M]. 1997.
[45] 严密，彭晓领. 磁学基础与磁性材料 [M]. 杭州：浙江大学出版社，2019.
[46] 周智刚等. 铁氧体磁性材料 [M]. 北京：科学出版社，1981.
[47] 特贝尔，克雷克著. 磁性材料 [M]. 北京冶金研究所译. 北京：科学出版社，1979.
[48] HeckD. C.. Magnetic Materials and Their Application [M]. 1974.
[49] 施密特编. 材料的磁性 [M]. 中国科学院物理研究所磁学室译. 北京：科学出版社，1978.
[50] 李荫远，李国栋. 铁氧体物理学 [M]. 北京：科学出版社，1978.
[51] 张永林，狄红卫. 光电子技术 [M]. 北京：高等教育出版社，2012.
[52] 朱京平. 光电子技术基础 [M]. 北京：科学出版社，2003.
[53] 余金中. 半导体光电子技术 [M]. 北京：化学工业出版社，2003.
[54] 张季熊. 光电子技术教程 [M]. 广州：华南理工大学出版社，2001.
[55] 陈立东. 热电材料与器件 [M]. 北京：科学出版社，2018.
[56] 邓乐，贾晓鹏，马红安. 热电材料性能研究与制备 [M]. 北京：化学工业出版社，2019.
[57] 李涵，唐新峰. 熔体旋甩法制备高性能纳米结构方钴矿热电材料 [M]. 武汉：武汉理工大学出版社，2012.
[58] 赵昆渝，葛振华，李智东. 新热电材料概论 [M]. 北京：科学出版社，2016.
[59] 曲秀荣，白丽娜. 中低温热电材料的理论与实验研究 [M]. 哈尔滨：哈尔滨工程大学出版社，2015.
[60] Goldsmid H. J.. Introduction to Thermoelectricity Second Edition [M]. Berlin：Springer Press，2016.
[61] Ren Z. F.，Lan Y. C. Zhang Q. Y. Advanced Thermoelectrics：Materials，Contacts，Devices，and Systems [M]. New York：CRC Press，2019.
[62] Ctirad Uher. Materials Aspect of Thermoelectricity [M]. New York：CRC Press. 2016.
[63] Rowe D. M. Materials，Preparation，and Characterization in Thermoelectrics [M]. New York：CRC Press，2012.
[64] Koumoto K.，Mori T.. Thermoelectric Nanomaterials：Materials Design and Applications [M]. Berlin：Springer Press，2013.
[65] Zlatić V.，Hewson A.. C. Properties and Applications of Thermoelectric Materials：The Search for New Materials for Thermoelectric Devices [M]. Dordrecht：Springer Press，2009.
[66] Araiz M.，Casi Á.，Catalán L.，et al. Prospects of Waste-Heat Recovery from a Real Industry Using Thermoelectric Generators：Economic and Power Output Analysis [J]. Energy Conversion and Management，2020，205：112376.
[67] 周志敏，纪爱华. 热敏电阻及其应用电路 [M]. 北京：中国电力出版社，2013.
[68] 祝炳和. PTC 陶瓷制造工艺与性质 [M]. 上海：上海大学出版社，2001.
[69] 莫以豪. 半导体陶瓷及其敏感元件 [M]. 上海：上海科学技术出版社，1983.
[70] 徐开先，叶济民. 热敏电阻器 [M]. 北京：机械工业出版社，1981.
[71] 陈永甫主编. 常用电子元件及其应用 [M]. 北京：人民邮电出版社，2005.
[72] 松井邦彦著. 传感器应用技巧 141 例 [M]. 梁瑞林译. 北京：科学出版社，2006.
[73] 温殿忠，赵晓锋，张振辉. 传感器原理及其应用 [M]. 哈尔滨：黑龙江大学出版社，2008.
[74] Liptak B. G.. Temperature Measurement [M]. New York：CRC Press，1993.
[75] Mukhopadhyay S. C.，Lay-Ekuakille A.，Fuchs A.. New Developments and Applications in Sensing Technology [M]. Berlin：Springer Press，2011.
[76] Sapoff M.，Oppenheim R. M.. Theory and Application of Self-heated Thermistors [J]. Proceedings of the IEEE，1963，51 (10)：1292-1305.
[77] Muralidharan M. N.，Sunny E. K.，Dayas K. R.，et al. Optimization of Process Parameters for the Production of Ni-Mn-Co-Fe based NTC Chip Thermistors through Tape Casting Route [J]. Journal of Alloys and Compounds，2011，509：9363-9371.
[78] Raslan H. A.，El-Saied H. A.，Mohamed R. M.，et al. Gamma Radiation Induced Fabrication of Styrene Butadiene Rubber/ Magnetite Nanocomposites for Positive Temperature Coefficient Thermistors Application [J]. Composites Part B：Engineering，2019，176：1073.
[79] 孙兰. 功能材料及应用 [M]. 成都：四川大学出版社，2015.
[80] 王碧文，王涛，王祝堂. 铜合金及其加工技术 [M]. 北京：化学工业出版社，2006.

[81] 李念奎，凌杲，聂波，等．铝合金材料及其热处理技术［M］．北京：冶金工业出版社，2012.

[82] 张训鹏．冶金工程概论［M］．长沙：中南大学出版社，2005.

[83] 尹建华，李志伟．半导体硅材料基础［M］．北京：化学工业出版社，2012.

[84] 种法力，滕道祥．硅太阳能电池光伏材料［M］．北京：化学工业出版社，2015.

[85] 克莱，西蒙．半导体锗材料与器件［M］．屠海令，译．北京：冶金工业出版社，2010.

[86] 陈光华，邓金祥，等．新型电子薄膜材料［M］．北京：化学工业出版社，2002.

[87] 夏建白，朱邦芬．半导体超晶格物理［M］．上海：上海科学技术出版社，1995.

[88] 田莳．材料物理性能［M］．北京：北京航空航天大学出版社，2004.

[89] 胡兴军．电子陶瓷的广泛应用［J］．现代技术陶瓷，4：45-47.

[90] 臧佳栋．凝聚态物理学中的拓扑现象［D］．上海：复旦大学，2012.

[91] 李小帅．Bi_2Se_3 拓扑绝缘体制备与力学、电化学性能研究［D］．南京：东南大学，2015.

[92] 代锋．功能梯度材料板、壳力-电-热多场耦合主动控制仿真［D］．南京航空航天大学，2006.

[93] 郑慈航．PZT 薄膜的溶胶凝胶法制备及在 MEMS 中的应用研究［D］．上海：上海交通大学，2011.

[94] 张益．自校准智能水听器研究［D］．太原：中北大学，2007.

[95] 刘彦东．橡胶基压电阻尼减振复合材料的制备［D］．北京：北京化工大学，2006.

[96] 朱睿健．压电纤维基纳米发电机制备及其压电势诱导传递机理研究［D］．南京：东南大学，2018.

[97] 王宇辉．FBAR 滤波器仿真及 AlN 压电薄膜研究［D］．武汉：华中科技大学，2012.

[98] 李松键．基于压电陶瓷的微位移驱动器的设计和实验研究［D］．长春：吉林大学，2008.

[99] 杨文．非制冷焦平面用热释电材料研究［D］．成都：电子科技大学，2002.

[100] 陈亭亭．$Ba_{(1-x)}$ $SrxTiO_3$ 基陶瓷的铁电性能及电卡效应［D］．杭州：浙江大学，2013.

[101] 蔡苇．钛酸钡基陶瓷的制备、微结构及介电性能研究［D］．重庆：重庆大学，2011.

[102] 内野研二．铁电器件［M］．董蜀湘等译．西安：西安交通大学出版社，2016.

[103] 刘慧斌．溶胶-凝胶法制备 PZT 纳米点薄膜研究［D］．杭州：浙江大学，2007.

[104] 张建中．温差电技术［M］．天津：天津科学技术出版社，2013.

[105] 卞之．温差电致冷及其应用技术［M］．海口：海南出版社，2007.

[106] 朱铁军．热电材料与器件研究进展［J］．无机材料学报，2019，34（03）：233-235.

[107] 张骐昊，柏胜强，陈立东．热电发电器件与应用技术：现状、挑战与展望［J］．无机材料学报，2019，34（03）：279-293.

[108] Maciá E.. Thermoelectric Materials: Advances and Applications［M］. New York: CRC Press，2015.

[109] Minnich A. J.，Dresselhaus M. S.，Ren Z. F.，et al. Bulk Nanostructured Thermoelectric Materials: Current Research and Future Prospects［J］，Energy & Environmental Science，2009，2：466-479.

[110] Tan G. J.，Zhao L. D.，Kanatzidis M. G.. Rationally Designing High-Performance Bulk Thermoelectric Materials［J］. Chemical Reviews，2016，116：12123-12149.

[111] He J.，Tritt T. M.，Advances in Thermoelectric Materials Research: Looking Back and Moving Forward［J］. Science，2017，357：9997.

[112] Nolas G. S.，Slack G. A.，Morelli D. T.，et al. The Effect of Rare-Earth Filling on the Lattice Thermal Conductivity of Skutterudites［J］. Journal of Applied Physics，1996，79：4002-4008.

[113] Sales B. C.，Mandrus D.，Williams R. K.. Filled Skutterudite Antimonides: A New Class of Thermoelectric Materials［J］. Science，1996，272：1325.

[114] Kim J. H.，Okamoto N. L.，Kishida K.，et al. High Thermoelectric Performance of Type-Ⅲ Clathrate Compounds of the Ba-Ge-Ga System［J］. Acta Materialia，2006，54：2057-2062.

[115] Culp S. R.，Poon S. J.，Hickman N.，et al. Effect of Substitutions on the Thermoelectric Figure of Merit of Half-Heusler Phases at 800℃［J］. Applied Physics Letters，2006，88：042106.

[116] Brown S. R.，Kauzlarich S. M.，Gascoin F.，et al. $Yb_{14}MnSb_{11}$: New High Efficiency Thermoelectric Material for Power Generation［J］. Chemistry of Materials，2006，18：1873-1877.

[117] 周东祥，龚树萍著．PTC 材料及应用［M］．武汉：华中理工大学出版社，1989.

[118] Pithan C.，Katsu H.，Waser R.. Defect Chemistry of Donor-Doped $BaTiO_3$ with BaO-Excess for Reduction Resist-

ant PTCR Thermistor Applications-Redox-Behavior [J] . Physical Chemistry Chemical Physics, 2020, 22: 8219-8232.

[119] Triyono D., Akbar A., Laysandra H.. Annealing-Temperature Dependence of The Electrical Properties of $Ba_{0.8}Pb_{0.2}TiO_3$ as a PTC material [J] . Journal of Physics: Conference Series, 2020, 1442: 012012.

[120] Liu T., Zhang H. M., Zhou J. Y., et al. Novel Thermal-Sensitive Properties of NBT-BZT Composite Ceramics for High-Temperature NTC Thermistors [J] . Journal of the American Ceramic Society, 2020, 103: 48-53.

[121] 张兆刚，陈敏，李建军，等 . V_2O_3 系 PTC 陶瓷材料的研究进展 [J] . 稀有金属，2011，35 (04)：581-586.

[122] Zeng Y., Lu G. X., Wang H., et al. Positive Temperature Coefficient Thermistors Based on Carbon Nanotube/Polymer Composites [J] . Scientific Reports, 2014, 4: 6684.

[123] 曲远方 . 功能陶瓷材料 [M] . 北京：化学工业出版社，2003.

[124] 蒋亚东 . 敏感材料与传感器 [M] . 北京：科学出版社，2016.

[125] 薛雯 . PTC 热敏电阻在锂离子动力电池中的应用 [J] . 科学技术创新，2017，21：55-56.

[126] 李小龙 . 热敏电阻的分类、特性与应用研究 [J] . 科技展望，2016，26 (24)：104-105.

[127] 刘燕儒 . 高温 NTC 热敏电阻的研究 [D] . 西安：西安电子科技大学，2015.

[128] 邓雷 . NTC 热敏电阻在精确测温系统中的应用分析 [J] . 数字技术与应用，2013，10：100-101.

[129] 韩涛，曹仕秀，杨鑫 . 光电材料与器件 [M] . 北京：科学出版社，2017.

[130] 汪贵华 . 光电子器件 [M] . 北京：国防工业出版社，2014.

[131] 候宏录 . 光电子材料与器件 [M] . 北京：北京航空航天大学出版社，2018.

[132] 朱美芳，熊绍珍 . 太阳电池基础与应用 [M] . 北京：科学出版社，2014.

[133] 肖旭东，杨春雷 . 薄膜太阳能电池 [M] . 北京：科学出版社，2014.

[134] 张道礼，张建兵，胡云香 . 光电子器件导论 [M] . 武汉：华中科技大学出版社，2015.

[135] 杨小丽 . 光电子技术基础 [M] . 北京：北京邮电大学出版社，2005.

[136] 王继扬，郭永解，李静，张怀金 . 电光晶体研究进展 [J] . 中国材料进展，2010，29 (10)：49-58.

[137] Chikazumi S.. Physics of Ferromagnetism [M] . Oxford: Clarendon Press, 1997.

[138] Nicola A. Spaldin.. 磁性材料 [M] . 世界图书出版公司，2015.

[139] 田民波 . 图解磁性材料 [M] . 北京：化学工业出版社，2019.

[140] 唐祝兴 . 新型磁性纳米材料的制备、修饰及应用 [M] . 北京：机械工业出版社，2016.

[141] Szymczak H.. Magnetic Materials and Applications [M] . Encyclopedia of Condensed Matter Physics, 2005.

[142] O'Handley R. C.. Magnetic Materials [M] . Encyclopedia of Physical Science and Technology, 2003.

[143] Zhukov A.. Novel Functional Magnetic Materials: Fundamentals and Applications [M] . Springer International Publishing Switzerland, 2016.

[144] Coey J. M. D.. Magnetism and Magnetic Materials [M] . Cambridge University Press, 2010.

[145] Spaldin N. A.. Magnetic Materials: Fundamentals and Applications [M] . Cambridge University Press, 2010.

[146] 王耕福 . 高频电源变压器磁芯的设计原理 [J] . 磁性材料及器件，2000，4：26-31.

[147] 孙光飞，强文江 . 磁功能材料 [M] . 北京：化学工业出版社，2007.

[148] 朱建国，孙小松，李卫 . 电子与光电子材料 [M] . 北京：国防工业出版社，2007.

[149] 王青圃，张行愚，赵圣之 . 激光物理学 [M] . 济南：山东大学出版社，1993.

[150] 赵连城，国风云 . 信息功能材料学 [M] . 哈尔滨：哈尔滨工业大学出版社，2005.

[151] 娄淑琴，李曙光 . 微结构光纤设计、制备及应用 [M] . 北京：科学出版社，2019.

[152] 张育新，刘晓英，董帆 . 二氧化锰基超级电容器：原理及技术应用 [M] . 北京：科学出版社，2017.

[153] 周忠祥，田浩，孟庆鑫，等 . 光电功能材料与器件 [M] . 北京：高等教育出版社，2017.

[154] 李祥高，王世荣等 . 机光电功能材料 [M] . 北京：化学工业出版社，2012.

[155] 雷永泉 . 21 世纪新材料丛书——新能源材料 [M] . 天津：天津大学出版社，2000.

[156] Wenham S., Watt M., Green M.. Applied Photovoltaics [M] . Earthscan Ltd, 2006.

[157] Capitaine F., Gravereau P., Delmas C.. A New Variety of $LiMnO_2$ with a Layered Structure [J] . Solid State Ionics, 1996, 89: 197-202.

[158] 郑宇亭 . 层状锰酸锂的掺杂改性及新制备工艺研究 [D] . 太原：中北大学，2016.

[159] 高洁．低温锂离子电池负极材料的制备及其电化学性能研究［D］．上海：复旦大学，2007.
[160] 叶舒展，蔡朝晖，黄海星，等．湿法生产锂离子电池隔膜流程简介［J］．塑料制造，2009，3：63-66.
[161] 冯松．真空蒸发制备 Sb 掺杂 CdTe 薄膜及特性的研究［D］．呼和浩特：内蒙古大学，2013.
[162] 赵嘉毅．CIGS 半导体材料的制备及其光电化学性能的研究［D］．北京：北京理工大学，2017.
[163] 孙雷．铜铟镓硒太阳能电池吸收层制备工艺及性质研究［D］．北京：中国科学院大学，2016.
[164] 谈晓辉．铜铟镓硒薄膜太阳能电池关键材料研究［D］．杭州：浙江大学，2011.
[165] 王欢．高效高稳定钙钛矿太阳能电池关键材料与器件结构研究［D］．武汉：华中科技大学，2017.
[166] 李广大．基于窄带隙受体光伏材料的有机太阳能电池的制备及表征［D］．苏州：苏州大学，2019.
[167] 傅建龙．新型氢能储备技术研究进展现状［J］．当代化工研究，2018，10：121-123.
[168] 李璐伶，樊栓狮，陈秋雄，等．储氢技术研究现状及展望［J］．储能科学与技术，2018，4：586-594.
[169] 马通祥，高雷章，胡蒙均，等．固体储氢材料研究进展［J］．功能材料，2018，4：4001-4006.
[170] 贾超，原鲜霞，马紫峰．金属有机骨架化合物（MOFs）作为储氢材料的研究进展［J］．化学进展，2009，9：1954-1962.
[171] 胡乔木．中国大百科全书（第二版）［M］．北京：中国大百科全书出版社，2009.
[172] 康维．电化学超级电容器：科学原理及技术应用［M］．北京：化学工业出版社，2005.
[173] 何铁石，金振兴，张纯娇．超级电容器制备与应用［M］．北京：原子能出版社，2011.
[174] 邓梅根．电化学电容器电极材料研究［M］．合肥：中国科学技术大学出版社，2009.
[175] 刘玉荣．碳材料在超级电容器中的应用［M］．北京：国防工业出版社，2013.
[176] J. M. Miller. 超级电容器的应用［M］．北京：机械工业出版社，2014.
[177] 袁国辉．电化学电容器［M］．北京：化学工业出版社，2006.
[178] Zhu Y.，Murali S.，Stoller M. D.. Carbon-Based Supercapacitors Produced by Activation of Graphene［J］. Science，2011，332（6037）：1537.
[179] Futaba D.，Hata K.，Yamadal T.. Shape-Engineerable and Highly Densely Packed Single-Walled Carbon Nanotubes and Their APplication as Super-Capacitor Electrodes［J］. Nature Materials，2006，5（12）：987-94.
[180] Lang X.，Hirata A.，Fujita T. Nanoporous Metal/Oxide Hybrid Electrodes for Electrochemical Supercapacitors［J］. Nature Nanotechnology，2011，6（4）：232-236.